物件導向程式設計

結合生活與遊戲的 C#語言

(附範例光碟)

邏輯林　編著

全華圖書股份有限公司　印行

PREFACE

序言

日常生活中，我們處理問題時，只要遵循程序，使用人工作業的方式，就能達成問題所要求的目標。但以下案例告訴我們，以人工方式處理事務，不但效率低浪費時間，且不一定可以在既定時間內完成。

1. **不斷重複的問題。例**：早期人們要存提款，都必須請親臨銀行櫃檯，由服務人員辦理。在人多的時候，等候的時間就必須拉長。現在有了可供存提款的自動櫃員機（ATM），存提款變成一件輕鬆的事了。
2. **大量計算的問題。例**：設 $f(x) = x^{100} + x^{99} + \cdots + x + 1$，求 $f(2)$。若用人工方式計算，則無法在短時間內完成；有了計算機以後，很快就能得知結果。
3. **大海撈針型的問題。例**：從 500 萬輛車子中，搜尋車牌號碼爲 888-8888 的汽車。若用肉眼的方式去搜尋，則曠日廢時；現在有了車輛辨識系統，很快就能發現要搜尋的車輛。

一個好的工具，可以使問題處理更加方便及快速。以上案例都可以利用設計好的電腦程式求解出來，由此可見，程式設計與生活的關聯性。程式設計是一種利用電腦程式語言解決問題的工具，只要將所要處理的問題，依據程式語言的語法描述出問題之流程，電腦便會根據我們所設定之程序，完成所要達成的目標。

多數的初學者，對學習程式設計的恐懼與排斥，導致學習效果不佳的主要原因有下列三點：

1. 對所要處理的問題不了解，即，不了解問題的作業流程或規則，或是畫不出問題的完整流程圖。
2. 上機練習時間不夠，無法熟悉電腦程式語言之語法，導致經驗不足，進而對程式設計缺乏信心。
3. 未能將電腦程式應用在日常生活所遭遇的問題上，使得學習的過程缺乏樂趣。

因此，初學者在學習程式設計時，除了要不斷上機練習，熟悉電腦程式語言的語法外，對於所要處理問題本身的作業流程或規則，也要完全掌握，如此才能使學習達到事半功倍的效果。

本書所撰寫之文件，若有謬錯或疏漏之處，尚祈先進及讀者們指正。謝謝！

2018/12/17 卯時
邏輯林於

CONTENTS

目錄

第一篇

Visual C# 程式語言與主控台應用程式

Chapter 01 電腦程式語言及主控台應用程式

Chapter 02 資料型態、變數與運算子

Chapter 03 資料輸入／輸出方法

Chapter 04 程式之流程控制（一）——選擇結構

Chapter 05 程式之流程控制（二）——迴圈結構

Chapter 06 內建類別

Chapter 07 陣列

Chapter 08 例外處理

第二篇

類別與物件

Chapter 09 自訂類別

Chapter 10 繼承

Chapter 11 抽象類別和介面

第三篇

視窗應用程式

Chapter 12 視窗應用程式

Chapter 13 常用控制項

Chapter 14 共用事件及動態控制項

Chapter 15 鍵盤事件及滑鼠事件

Chapter 16 對話方塊控制項與檔案處理

第一篇

Visual C#程式語言與主控台應用程式

本篇共有八章，主要是介紹 Visual C# 程式語言的語法、Visual C# 程式的基本架構，以及 Visual C# 主控台應用程式。本篇各章的標題如下：

CHAPTER 1

電腦程式語言及主控台應用程式

當人類在日常生活中遇到問題時，常會開發一些工具來解決它。例如：發明筆來寫字、發明腳踏車來替代雙腳行走等。而電腦程式語言也是解決問題的一種工具，過去傳統的人工作業方式，有些都已改由電腦程式來執行。例如：過去的車子都是手排車，是由駕駛人手動控制變速箱的檔位；現在的自排車，則都是由電腦程式根據當時的車速來控制變速箱的檔位。另外一個例子：過去大學選課作業是靠行政人員處理；現在則可透過電腦程式來撮合。因此，電腦程式在日常生活中，已是不可或缺的一種工具。

人類必須借助共通的語言交談溝通；同樣地，當人類要與電腦溝通時，也必須使用彼此都能理解的語言，像這樣的語言我們稱為電腦程式語言（Computer Programming Language）。電腦程式語言分成下列三大類：

一、編譯式程式語言

第一類為編譯式程式語言，執行速度快。利用這一種類型的程式語言所撰寫的原始程式碼（Source Code），必須經過編譯器（Compiler）編譯成機器碼（Machine Code）後才能執行，我們稱這種程式語言為「編譯式程式語言」。例如：COBOL、C、C++ 等。若原始程式碼編譯無誤，就可執行它，且下次再執行時不需要重新編譯；但若是修改程式，則需要重新編譯。

編譯式程式語言從原始程式碼變成可執行檔的過程分成：編譯（Compile）及連結（Link）兩部分，分別由編譯程式（Compiler）及連結程式（Linker）負責。編譯程式負責檢查程式的語法是否正確，以及使用的函式或方法是否有定義。當原始程式碼編譯正確後，接著才由連結程式去連結函式或方法所在的位址，若連結正確，進而產生原始程式碼的可執行檔（.exe）。

二、直譯式程式語言

第二類為直譯式程式語言，執行速度較差。若利用一種程式語言所撰寫的原始程式碼，必須經過直譯器（Interpreter）將指令一列一列翻譯成機器碼後才能執行，則稱這種程式語言為「直譯式程式語言」。例如：BASIC、HTML 等。利用直譯式程式語言所撰寫的原始程式碼，每次執行都要重新經過直譯器翻譯成機器碼，若執行過程中發生錯誤，程式就會停止運作。

三、編譯式兼具直譯式程式語言

第三類為結合編譯與直譯兩種方式的程式語言，其執行速度比純編譯式語言慢一些。若利用這種程式語言撰寫原始程式碼，必須經過編譯器將它編譯成中間語言（Intermediate Language）後，再經過直譯器產生原生碼（Native Code）才能執行，這種程式語言稱為「編譯式兼具直譯式程式語言」。例如：Visual C++、Visual C#、Visual Basic 等。

1-1 .NET Framework架構

.NET Framework 是 Microsoft 公司所開發的一種架構，它由 Common Language Runtime（CLR，共同語言執行環境）及 .NET Framework Class Library（.NET Framework 類別庫）所組成。.Net（讀成 dot net）主要的目的，是提供作業系統一個共同的語言執行環境平台，讓程式開發者只要專注在與共同語言執行環境的互動，而與作業系統溝通及呼叫系統相關函式，則交由共同語言執行環境來負責。

支援 .NET Framework 的程式語言有 Visual C++、Visual C# 及 Visual Basic。利用支援 .NET Framework 的程式語言所撰寫的「原始程式碼」，必須透過「.NET Framework 編譯器」將它編譯成副檔名為 .dll 或 .exe 的「中間程式語言」（Microsoft Intermediate Language，簡稱 MSIL），再經由「共同語言執行環境」的「即時直譯程式」（Just in Time，JIT）及連結「.NET 類別庫」，將中間程式語言直譯成「原生碼」（Native Code）後才能執行。中間程式語言與電腦之作業系統（例：UNIX/Linux、Windows 及 Mac OS）無關，只要在電腦的作業系統中有安裝「共同語言執行環境」就能執行它。因此，支援 .NET Framework 的程式語言屬於跨平台的程式語言。

.NET 提供的共同語言執行環境，除了能讓支援 .NET Framework 的程式語言所撰寫的程式在不同的平台上執行外，還能讓不同程式語言所開發的原始程式碼在編譯之後，產生相同的語法及資料型態名稱，使不同程式語言彼此間能夠相互溝通。

1-2 物件導向程式設計

利用任何一種電腦程式語言所撰寫的指令集，稱為電腦程式。而撰寫程式的整個過程，稱為程式設計。程式設計方式可分成下列兩種類型：

一、程序導向程式設計

第一類為程序導向程式設計（Procedural Programming）。設計者依據解決問題的程序，完成電腦程式的撰寫；程式執行時，電腦會依據流程進行各項工作的處理。

二、物件導向程式設計

第二類爲物件導向程式設計（Object Oriented Programming，OOP）。它結合程序導向程式設計的原理與眞實世界中的物件觀念，建立物件與眞實問題間的互動關係，使程式在維護、除錯及新功能擴充上更容易。

何謂物件（Object）呢？物件是具有屬性及方法的實體。例如人、汽車、火車、飛機、電腦等。這些實體都具有屬於自己的特徵及行爲，其中特徵以屬性（Properties）來表示，而行爲則以方法（Methods）來描述。物件可以藉由它所擁有的方法，改變它擁有的屬性值及與不同的物件溝通。例：人具有胃、嘴巴等屬性，及吃、說等方法。可藉由「吃」這個方法，來降低胃的饑餓程度；可藉由「說」這個方法，與別人溝通或傳達訊息。因此，OOP 就是模擬眞實世界之物件運作模式的一種程式設計概念。

常見的 OOP 電腦程式語言有 Visual C++、Visual C#、Visual Basic、Java 等。本書以介紹 Visual C# 程式語言爲主。

程式設計的步驟如下：

1. 了解問題的背景知識。
2. 構思解決問題的程序，並繪出流程圖。
3. 選擇一種電腦程式語言，依據步驟 2 的流程圖撰寫指令集。
4. 編譯程式並執行，若編譯正確且執行結果符合問題的需求，則結束；否則必須重新檢視步驟 1~3。

Visual C# 的程式，從撰寫到可以執行的過程，請參考「圖 1-1　程式設計流程圖」。

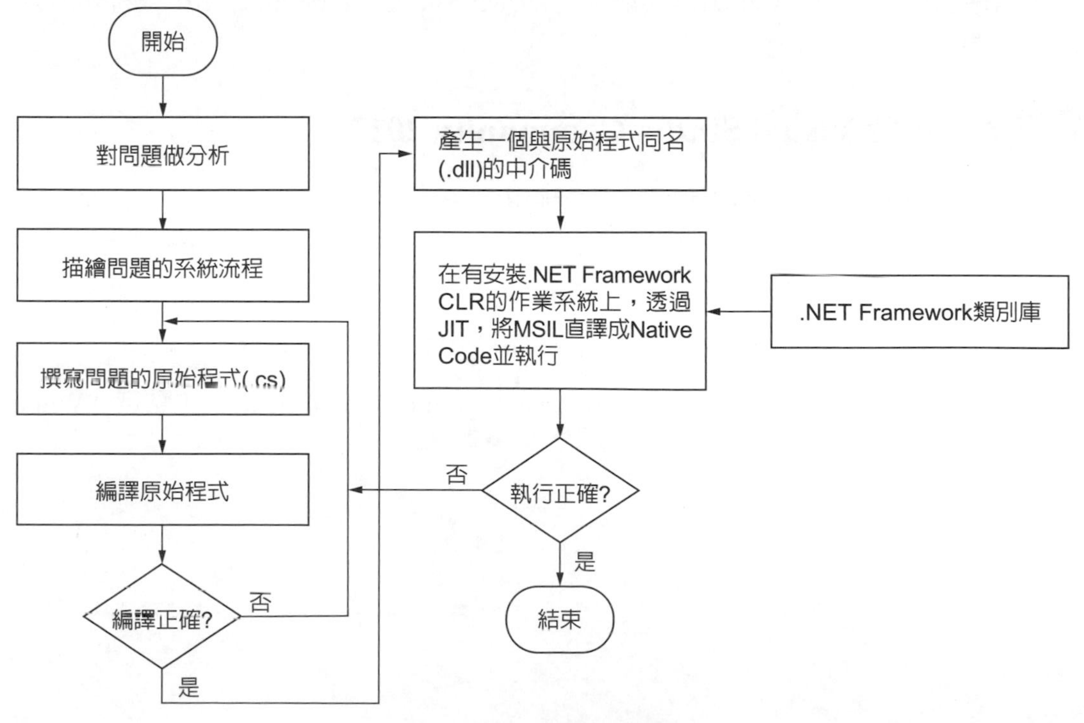

圖 1-1　程式設計流程圖

程式從撰寫階段到執行階段，可能產生的錯誤有編譯時期錯誤（compile error）及執行時期錯誤（run-time error）。編譯時期錯誤是指程式敘述違反程式語言之撰寫規則，這類錯誤稱爲「語法錯誤」。例如：在 Visual C# 語言中，大多數的指令是以分號「;」作爲該指令之結束符號。若違反此規則，就無法完成編譯。執行時期錯誤是指程式執行時產生的結果不符合需求或發生錯誤，這類錯誤稱爲「語意錯誤」或「例外」。例如：a=b/c; 在語法上是正確的，但執行時，若 c 爲 0，則會發生例外「System.DivideByZeroException: ' 嘗試以零除。'」。

1-3 Visual Studio簡介

現有的高階程式語言，都會提供「整合開發環境」（Integrated Development Environment，IDE）介面，以簡化開發應用程式的過程。Visual Studio 是微軟公司所開發的 IDE 介面，它提供支援 .NET Framework 的 Visual C++、Visual C#、Visual Basic 及 JavaScript 程式語言的編輯、編譯、除錯、執行、管理及部署之整合開發平台，讓程式開發和管理，更加快速且有效率。

目前最新版的 Visual Studio 是 Visual Studio 2017。Visual Studio 2017 提供 Community（社群版）、Professional（專業版）及 Enterprise（企業版）三種版本，解決不同應用開發方案。其中，Visual Studio Community 2017 爲免費的初學者程式開發工具，它提供 Windows Desktop 單機應用程式開發、Web 網頁應用程式開發、Azure 雲端應用程式開發、Unity 遊戲開發、Xamarin 行動應用程式開發等不同類型的應用程式開發。本書所有的 Visual C# 範例程式都是在 Visual Studio Community 2017 整合開發環境中所完成的。

1-3-1 安裝 Visual Studio Community 2017

開發 Visual C# 主控台應用程式及視窗應用程式前，請先到 Microsoft 官方網站下載免費最新版的 Visual C# 整合開發環境（IDE）：Visual Studio Community（目前爲 2017 版），以方便 Visual C# 應用程式從撰寫到執行的過程。

請依下列程序下載 Visual Studio Community 2017，並安裝：

1. 請到 Microsoft 官方網站：https://www.visualstudio.com/zh-hant/，並點選「Windows 下載 / Community 2017」。

圖 1-2　Microsoft 官方網站

2. 按「儲存 (S)」，將安裝程式 vs_community_1794283963.1520649367.exe，儲存於電腦磁碟中。

註：

不同時期下載的安裝程式，檔名會有所不同。

圖 1-3　Visual Studio Community 2017 下載

3. 執行 vs_community_1794283963.1520649367.exe。

4. 按「繼續」。

圖 1-4　Visual Studio Community 2017 安裝 (一)

5. 稍待一下…正在擷取您的檔案。

圖 1-5　Visual Studio Community 2017 安裝 (二)

6. 點選「通用 Windows 平台開發」及「.NET 桌面開發」選項，並按「安裝」。

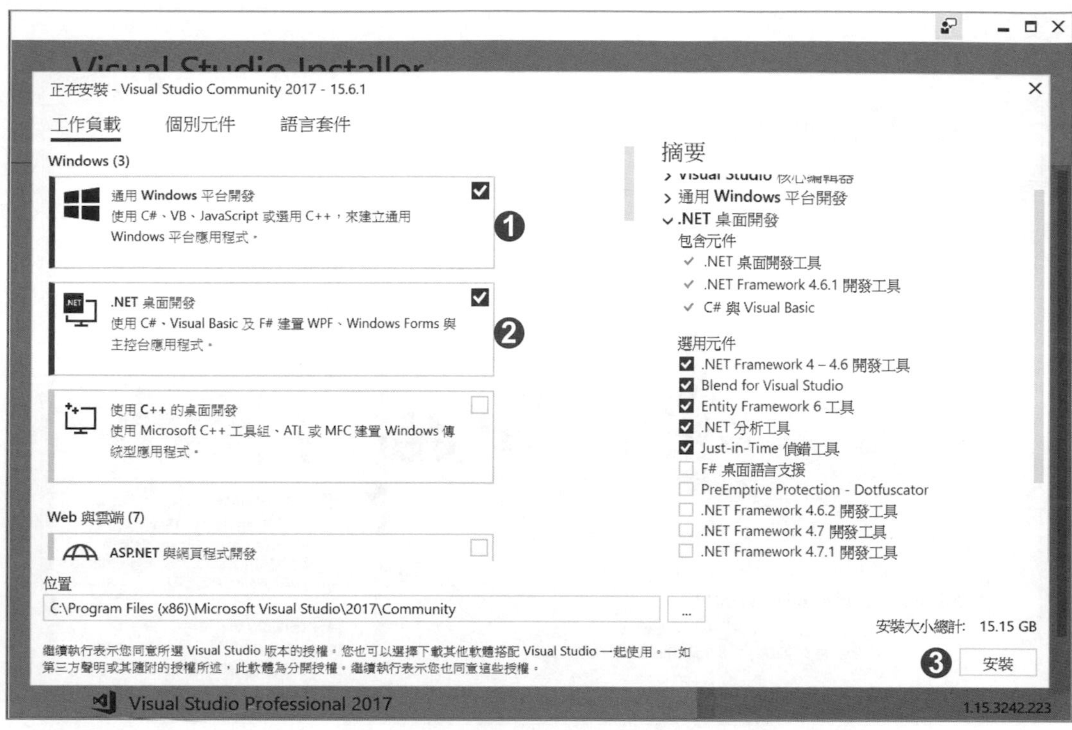

圖 1-6　Visual Studio Community 2017 安裝（三）

7. 安裝進行中，請稍候。

圖 1-7　Visual Studio Community 2017 安裝（四）

8. 安裝成功後，按「啓動」，進入「註冊」視窗。

圖 1-8　Visual Studio Community 2017 註冊(一)

9. 按「不是現在，以後再說。」，進入環境及色彩佈景設定視窗。

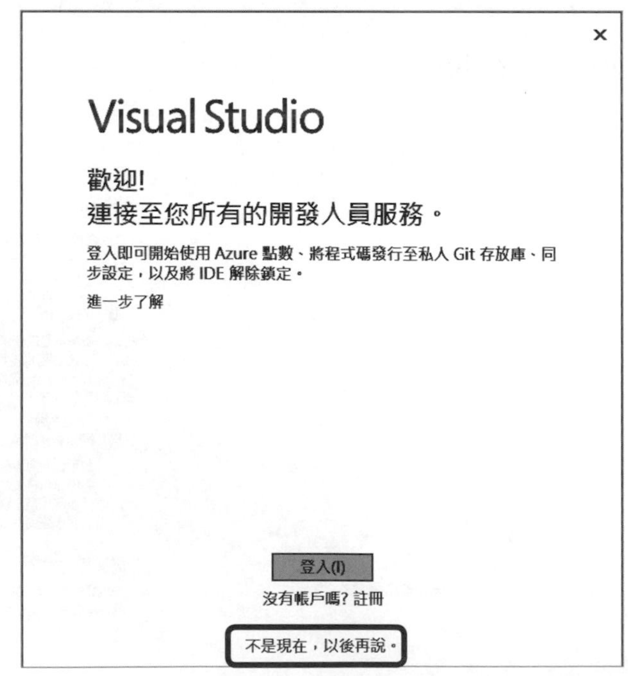

圖 1-9　Visual Studio Community 2017 註冊(二)

10.按「啓動 Visual Studio(S)」，進入「Visual Studio 2017」的「起始頁」畫面。

圖 1-10　Visual Studio Community 2017 啓動 (一)

11.按「起始頁」頁籤旁的 X 關閉這個頁面，進入 Visual Studio 2017 整合開發環境視窗。

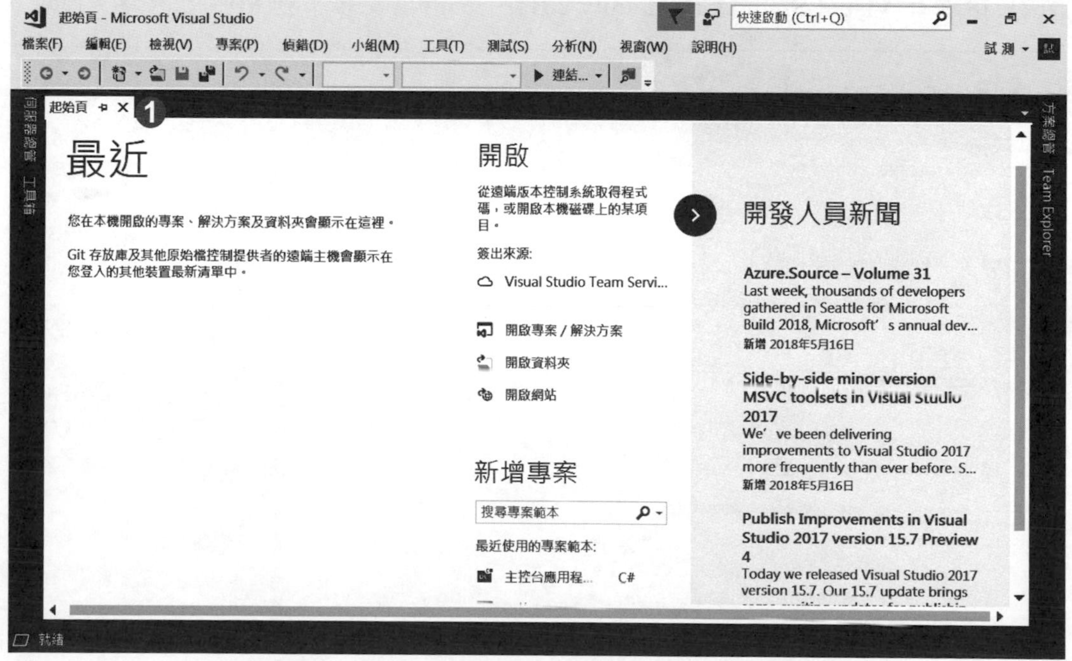

圖 1-11　Visual Studio Community 2017 啓動 (二)

12. Visual Studio 2017 整合開發環境視窗。

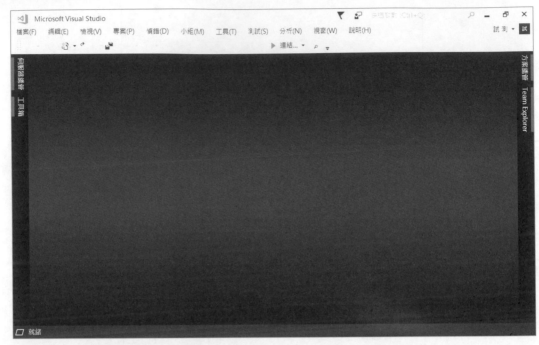

圖 1-12　Visual Studio Community 2017 啓動（三）

註：

若要變更 Visual Studio 2017 的功能，則依下列程序進行：

(1) 執行當初下載的程式 vs_community_1794283963.1520649367.exe。

(2) 接著在 Visual Studio Community 2017 下面的「更多」選項中，選擇「修改」。

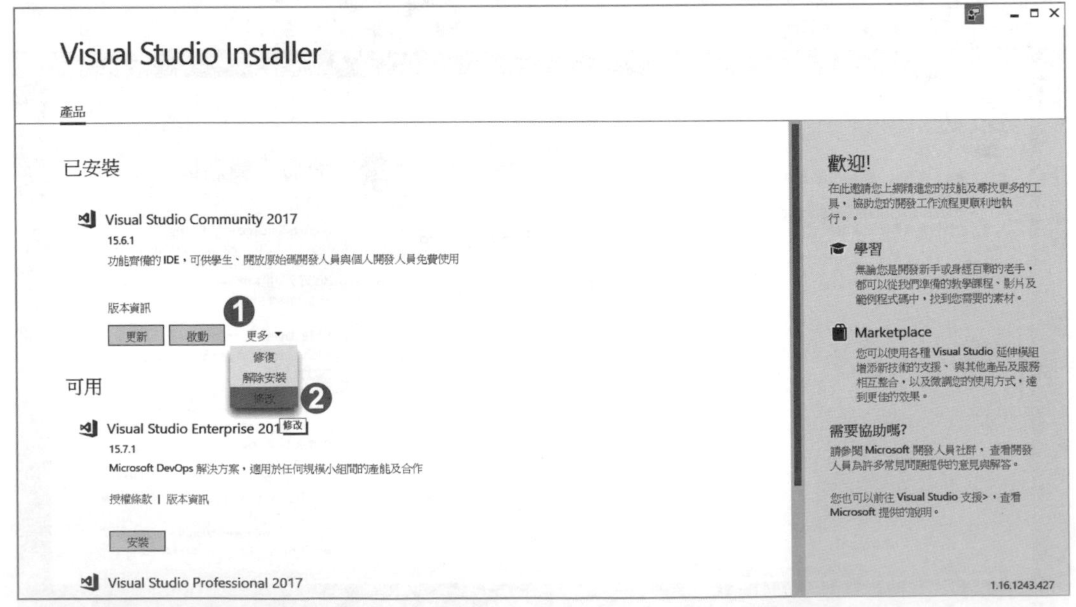

圖 1-13　Visual Studio Community 2017 功能變更（一）

(3) 在以下的畫面中，勾選要變更的功能，並按「修改」，進行變更。

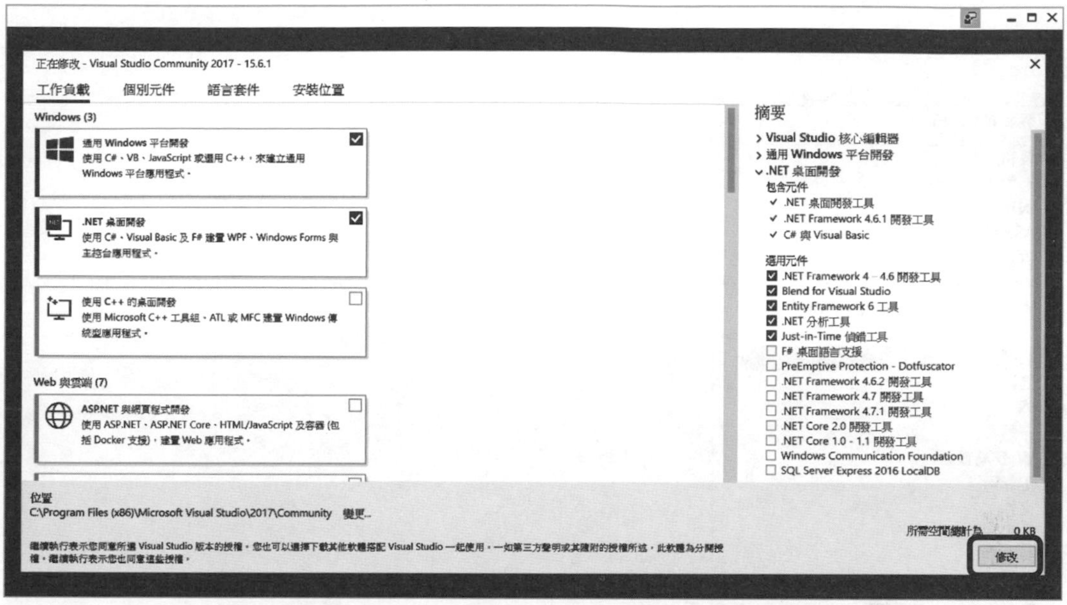

圖 1-14　Visual Studio Community 2017 功能變更（二）

1-3-2　Visual Studio 2017 操作環境設定

第一次執行 Visual Studio 2017 時，請依下列程序，分別設定專案位置（預設在安裝的磁碟機 :\Users\ 使用者名稱 \Documents\Visual Studio 2017）及程式文字的字型大小（預設為 10 點），使設計者在存取專案及撰寫程式時，更輕鬆自在。

1. **設定專案位置：**

   (1) 點選功能表中的「工具 (T) / 選項 (O)」。

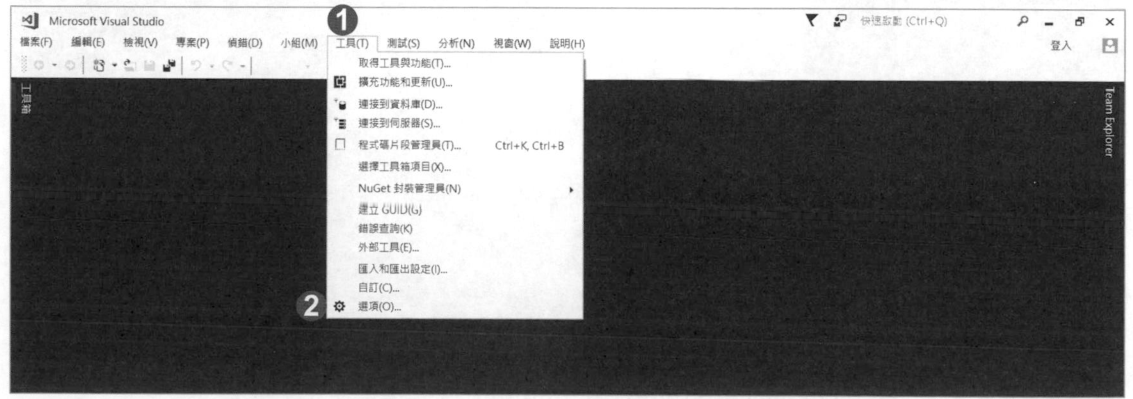

圖 1-15　Visual Studio Community 2017 環境設定（一）

(2) 點選「專案和方案 / 位置」，並在「專案位置 (P)」中輸入「D:\C#」，最後按「確定」。

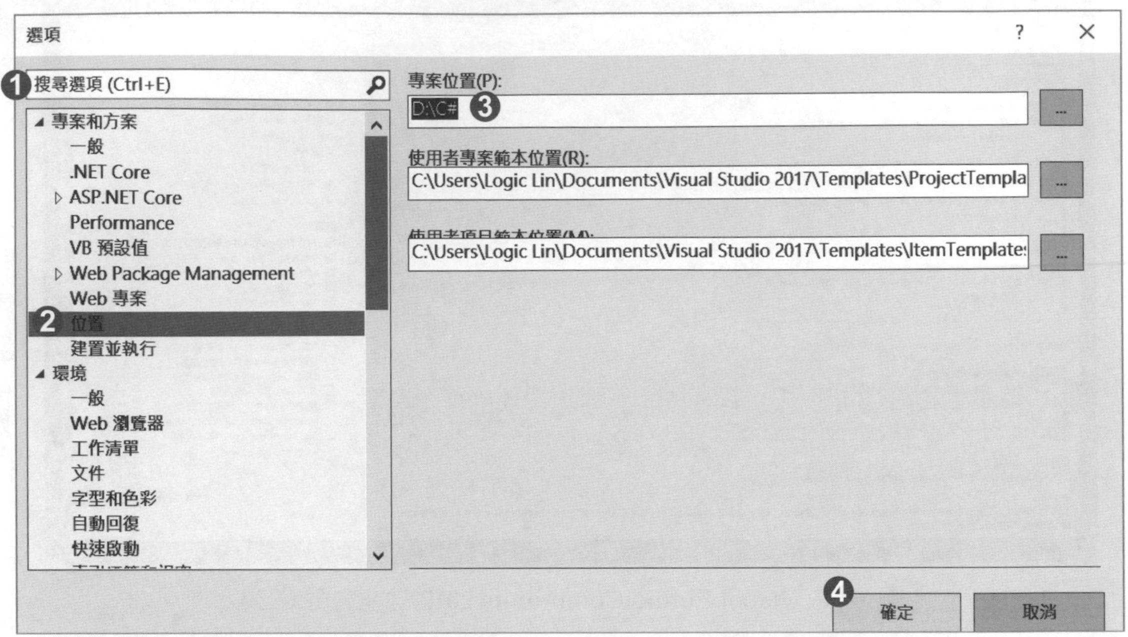

圖 1-16　Visual Studio Community 2017 環境設定（二）

2. 設定程式文字的字型大小：

(1) 點選功能表中的「工具 (T) / 選項 (O)」。

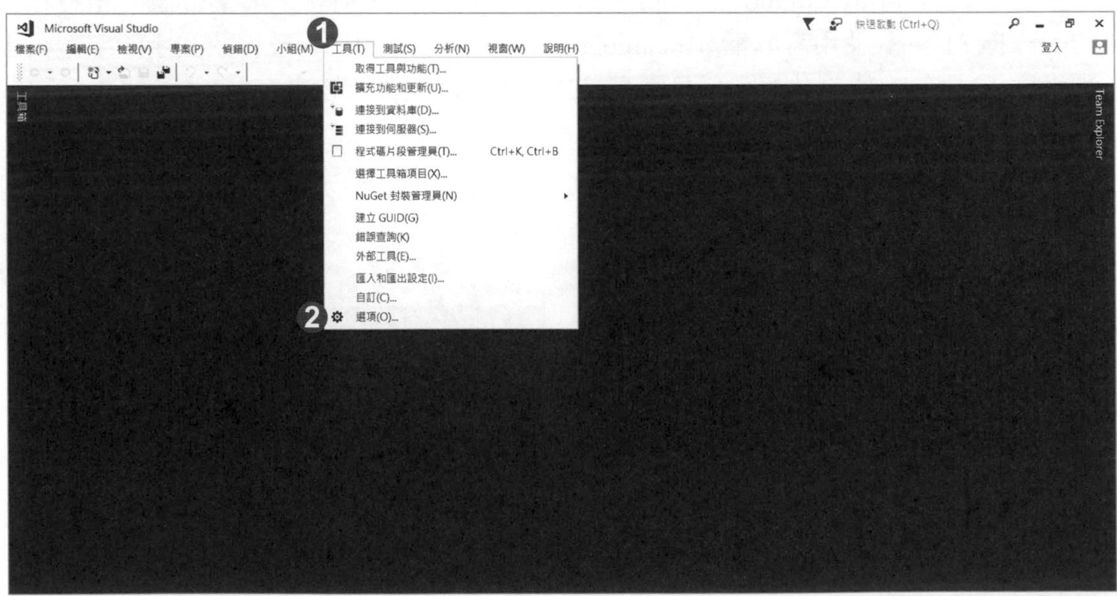

圖 1-17　Visual Studio Community 2017 環境設定（三）

(2) 點選「環境 / 字型和色彩」，及點選「顯示項目 (D) / 純文字」，並在「大小 (S)」中輸入「15」，最後按「確定」。

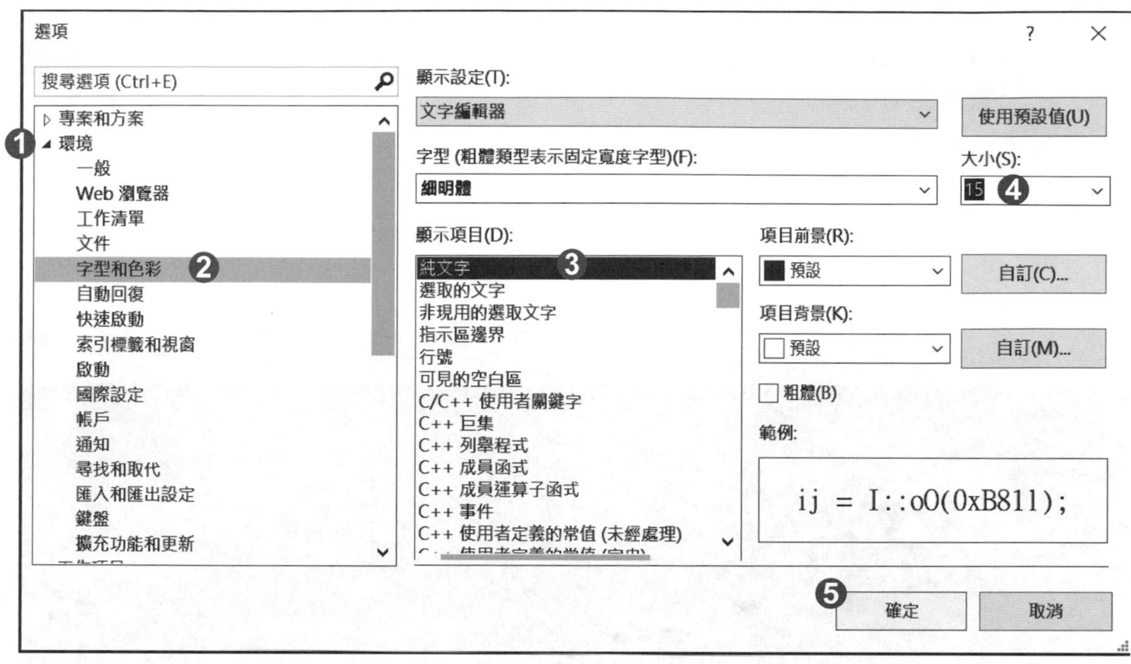

圖 1-18 Visual Studio Community 2017 環境設定 (四)

1-3-3 建立 Visual C# 主控台應用程式

Visual Studio 2017 是以專案模式來建立及管理 Visual C# 應用程式及相關的資源檔與參考檔。因此，開發應用程式時，會將應用系統分成多個專案程式來撰寫，方便日後團隊合作（或功能獨立）設計及維護。進入 Visual Studio 2017 整合開發環境的程序如下：

1. 點選「開始」中的「Visual Studio 2017」，進入 Visual Studio 2017 整合開發環境的「起始頁」視窗。

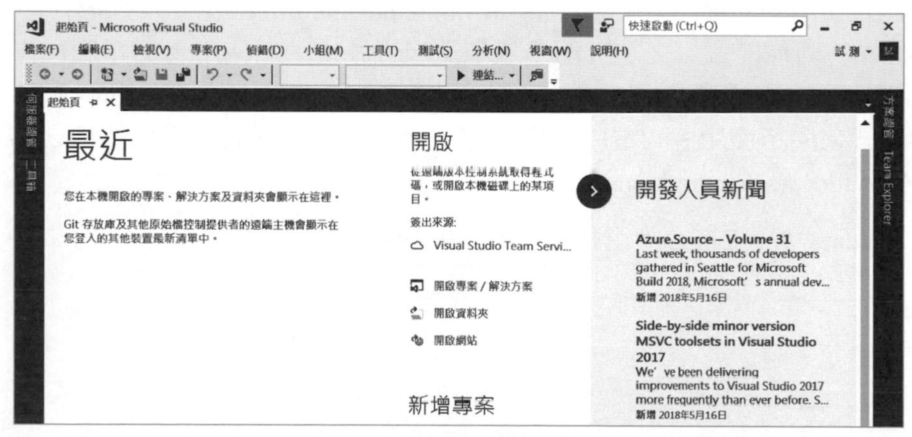

圖 1-19 建立主控台應用程式專案 (一)

註：

- 「起始頁」視窗包含「最近使用過的專案資訊」、「開啓專案」、「新增專案」、「開發人員新聞」等功能及資訊。
- 若要開啓 Visual Studio 2017 的「起始頁」視窗，則可點選功能表中的「檔案 (F) / 起始頁面 (E)」。

2. 關閉「起始頁」（即點按「起始頁」頁籤上的 X），即可進入「Visual Studio 2017 整合開發環境」。

圖 1-20　建立主控台應用程式專案（二）

應用程式使用的介面，有文字介面（Command-line Interface）及圖形介面（Graphic User Interface）兩種模式。文字介面是以純文字方式來顯示使用者的電腦操作介面，使用這種介面的應用程式稱之爲「主控台應用程式」(Console Applications)。圖形介面則是以圖形方式來顯示使用者的電腦操作介面，使用這種介面的應用程式稱之爲「視窗應用程式」（Windows Applications）。

建立 Visual C#「主控台應用程式專案」的程序如下：

以專案名稱 Ex1 爲例，且將專案名稱 Ex1 建立在資料夾「D:\C#\ch01」中。

1. 點選功能表中的「檔案 (F) / 新增 (N) / 專案 (P)」。

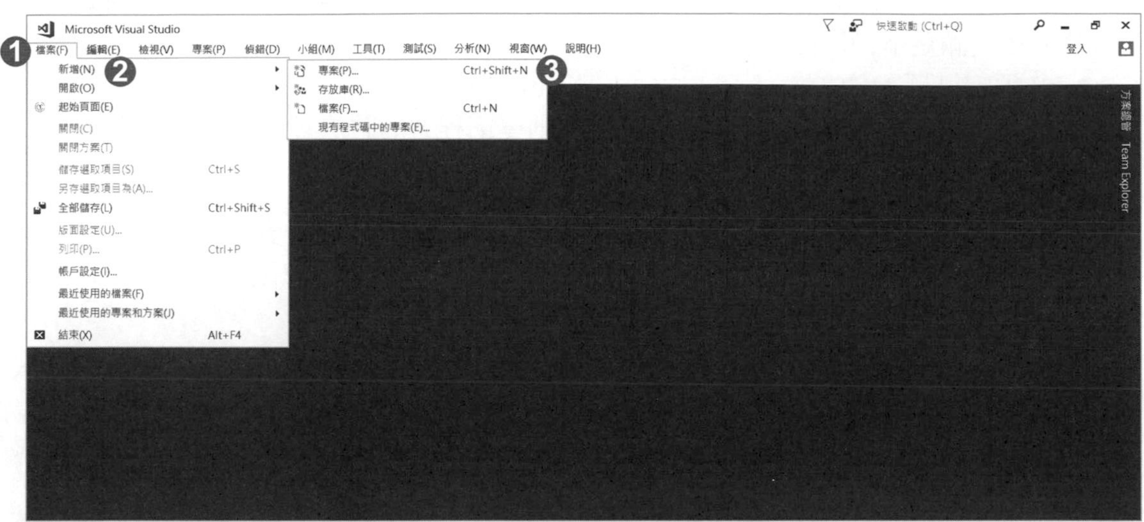

圖 1-21　建立主控台應用程式專案 (三)

2. (1) 點左邊的「Visual C#」，
   (2) 點中間的「主控台應用程式 (.NET Framework)」，
   (3) 在「名稱 (N)」欄位中，輸入「Ex1」，
   (4) 在「位置 (L)」欄位中，輸入「D:\C#\ch01」，
   (5) 按「確定」，完成專案建立。

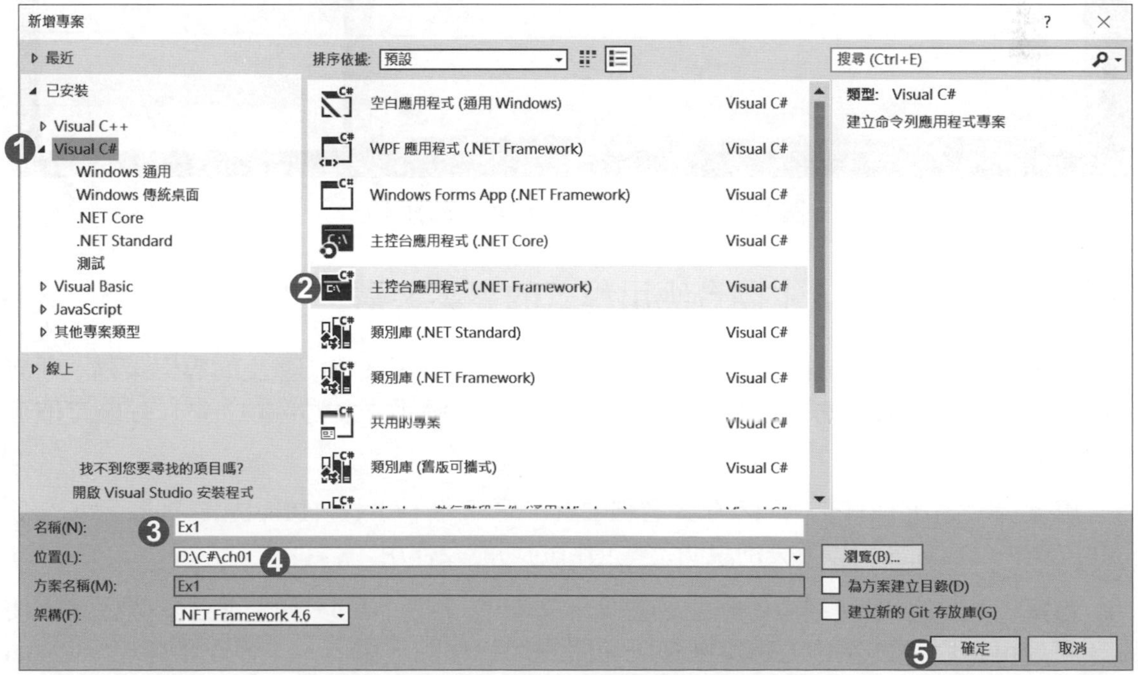

圖 1-22　建立主控台應用程式專案 (四)

註：

「架構 (F)」欄位中的「.NET Framework 4.6」版本，表示選擇在「.NET Framework 4.6」環境中開發專案程式。若希望專案程式能在其他電腦上正常運作，則該電腦環境必須滿足下列狀況之一：

- 必須安裝「.NET Framework 4.6」或以上環境。
- 若環境低於「.NET Framework 4.6」，則專案程式的語法必須相容較低的環境。

完成圖 1-22 之操作後，會在資料夾 D:\C#\ch01 中新增一個子資料夾 Ex1，且在資料夾 Ex1 中會產生 Ex1.sln 方案檔及 Ex1.csproj 專案檔。完成此步驟後，會出現如圖 1-23 的視窗：

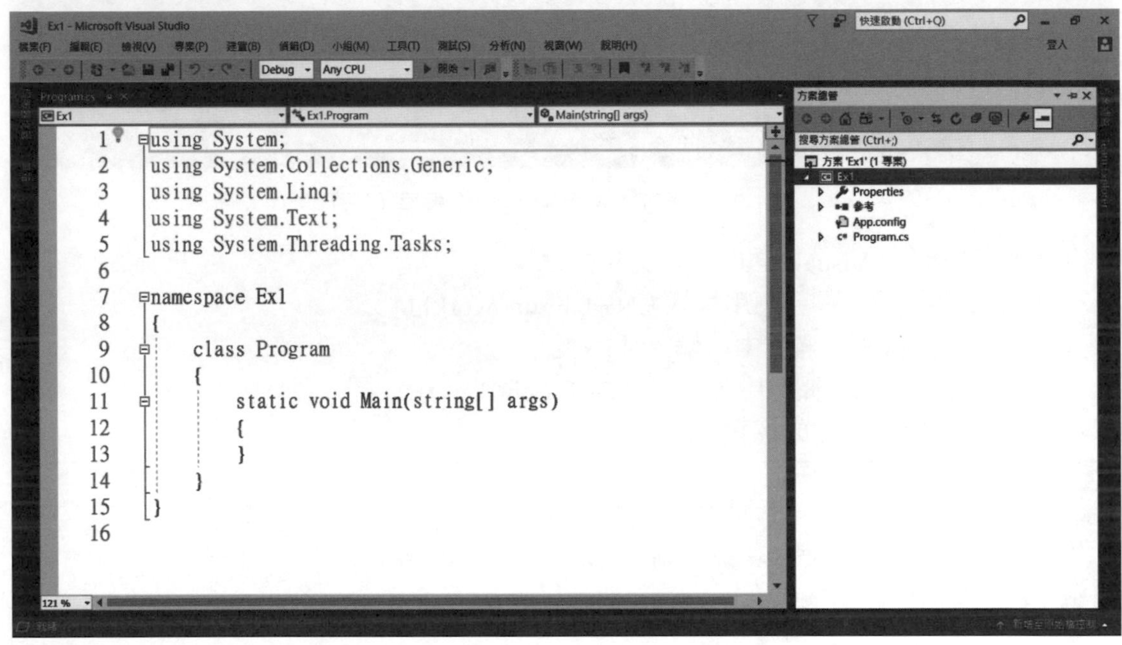

圖 1-23　建立主控台應用程式專案 (五)

1-3-4　Visual C# 主控台應用程式的專案架構

圖 1-23 右邊的「方案總管」視窗內容，是建立 Ex1 專案時所產生的專案架構。「方案總管」主要用來管理專案及其相關資訊，使用者透過「方案總管」，可以輕鬆存取專案中的檔案。

專案架構中的項目，包括方案名稱 Ex1、專案名稱 Ex1、Properties、參考、App.config 及 Program.cs。以下分別說明這些項目的功能及作用。

1. **方案**：用來管理使用者所建立的專案。一個方案底下可以同時建立多個專案，使用者可以點選方案中的專案名稱，並對它進行移除、更名、... 等作業處理。Visual Studio 將方案的定義，儲存在「方案名稱 .sln」檔案和「.suo」(方案使用者選項)

檔案中。圖 1-23 右上方的「方案總管」視窗內的方案名稱 Ex1 與專案名稱 Ex1 同名，是建立 Ex1 專案時自動產生的，同時在資料夾 D:\C#\ch01\Ex1 中也會自動產生一個 Ex1.sln 檔，其內容主要記錄專案和方案的相關資訊。「.suo」檔案是儲存方案時自動產生的一個二進位檔，用來記錄使用者處理方案時所做的選項設定，它位於資料夾 D:\C#\ch01\Ex1\.vs\Ex1\v15 中。

2. **專案**：主要記錄與此專案相關的資訊，包括 Properties、參考、App.config 及 Program.cs。使用者可以點選專案中的檔案名稱或項目，並對它進行刪除、更名、移除、... 等作業處理。Visual Studio 將專案的定義，儲存在專案名稱 .csproj 中。以圖 1-23 右上方的「方案總管」視窗內的 Ex1 專案爲例，在資料夾「D:\C#\ch01\Ex1」中包含一個 Ex1.csproj 檔。
3. **Properties**：用來記錄專案的版本等資訊。
4. **參考**：是存放 Microsoft 公司或個人或第三方公司所開發的組件（.dll）區。若在專案程式中引用（using）「參考」中的組件，就能使用組建中的類別。
5. **App.config**：記錄專案的組態設定，記錄 xml 的版本、原始程式碼的字元編碼方式、.NET Framework 的版本、…等。
6. **Program.cs**：爲專案預設的啓動程式檔名稱。一個專案，可以同時建立多個類別檔 (.cs)。

圖 1-23 左邊的「程式碼」視窗內容，是建立 Ex1 專案時，預設的程式碼。「程式碼」開頭的 using…敘述區，提供程式設計者引用 Microsoft 公司或個人或第三方公司所開發的元件，這樣就不必重新撰寫已存在的類別，使撰寫程式更有效率。

namespace Ex1 是建立 Ex1 專案時，系統預設以專案名稱 Ex1 去定義 Ex1 命名空間，且會自動建立 Ex1 資料夾，將與 Ex1 專案有關的所有檔案都儲存在這裡。

「Program」類別中的「Main(…)」主方法，是核心程式撰寫區，且是應用程式的主要進入點。

撰寫「主控台應用程式 (.NET Framework)」時，在 Visual Studio 整合開發環境中，較常使用的工作視窗有「方案總管」、「程式撰寫區」及「錯誤清單」三個視窗。

- 在「方案總管」視窗中，可以瀏覽、新增或移除方案中的專案及專案所使用的相關檔案。
- 「程式撰寫區」視窗是 Visual C# 的原始程式碼撰寫的地方。
- 「錯誤清單」視窗主要是列出程式編譯時所產生的錯誤訊息。

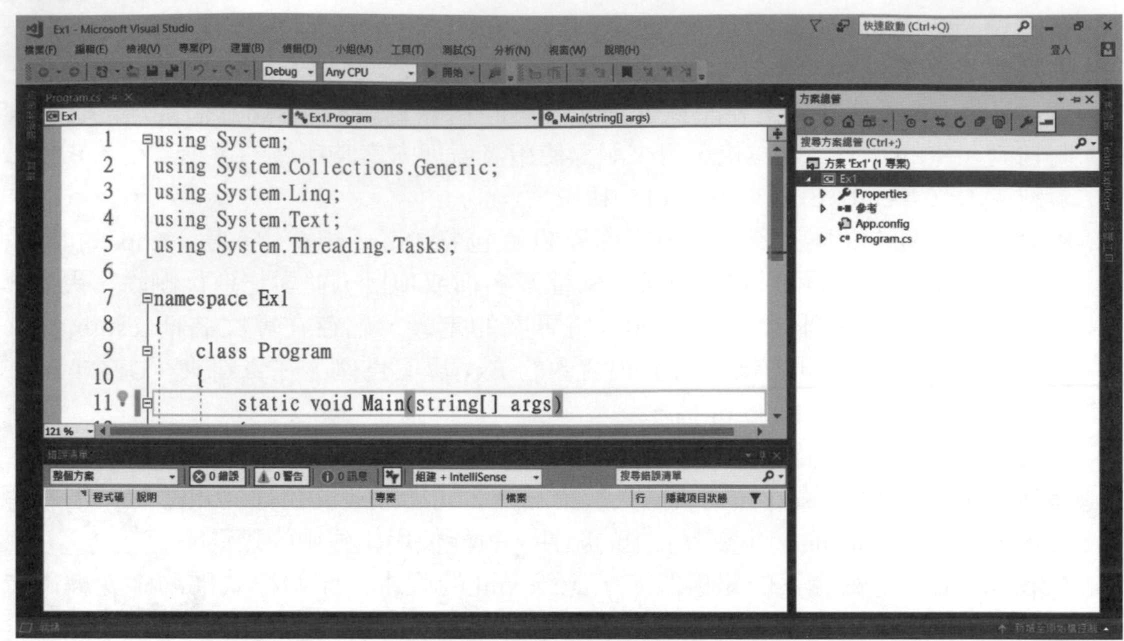

圖 1-24 方案總管視窗

「方案總管」視窗消失時，可點選功能表的「檢視 (V) / 方案總管 (P)」來開啟。「程式撰寫區」視窗消失時，可點「方案總管」視窗中的「Program.cs」來開啟。「錯誤清單」視窗消失時，可點選功能表的「檢視 (V) / 錯誤清單 (I)」來開啟。

「範例 1」，是建立「D:\C#\ch01」資料夾中的專案「Ex1」。

範例 1

寫一程式，輸出「歡迎您來到 Visual C# 的世界 !」。

```
using System;
using System.Collections.Generic;
using System.Linq;
using System.Text;
using System.Threading.Tasks;

namespace Ex1
{
    class Program
    {
        static void Main(string[] args)
        {
                    // 在螢幕上顯示"歡迎您來到Visual C#的世界!"(並換列)
                    Console.WriteLine("歡迎您來到Visual C#的世界!");

          // 程式暫停，等待使用者輸入一按鍵(通常是Enter)，然後繼續執行
          Console.ReadKey();
        }
    }
}
```

執行結果

```
歡迎您來到Visual C#的世界!
```

程式說明

1. 程式中的 namespace Ex1（命名空間「Ex1」）敘述，代表此專案名稱爲 Ex1。與 Ex1 專案相關的檔案都儲存在 D:\C#\ch01\Ex1 資料夾中。例如 Ex1.csproj 專案檔、Ex1.sln 等。
2. 程式中的 class Program 敘述，表示在 D:\C#\ch01\Ex1 資料夾中，含有一個 Program.cs 類別檔。若程式中還有其他 class xxx 敘述，則在 D:\C#\ch01\Ex1 資料夾中，一樣會出現 xxx.cs 類別檔。
3. Console.WriteLine(" 歡迎您來到 Visual C# 的世界 !"); 敘述，表示將「" "」內的「歡迎您來到 Visual C# 的世界 !」輸出到螢幕，然後換列。
4. Console.ReadKey(); 敘述，表示程式執行到此會暫停，並等待使用者按某個鍵（通常是 Enter），然後繼續執行。
5. 程式撰寫過程中，當文字排列方式雜亂時，請點選功能表中的「編輯 (E) / 進階 (V) / 格式化文件 (Ctrl+K，Ctrl+D)」。完成後，就能將雜亂的程式排列整齊。

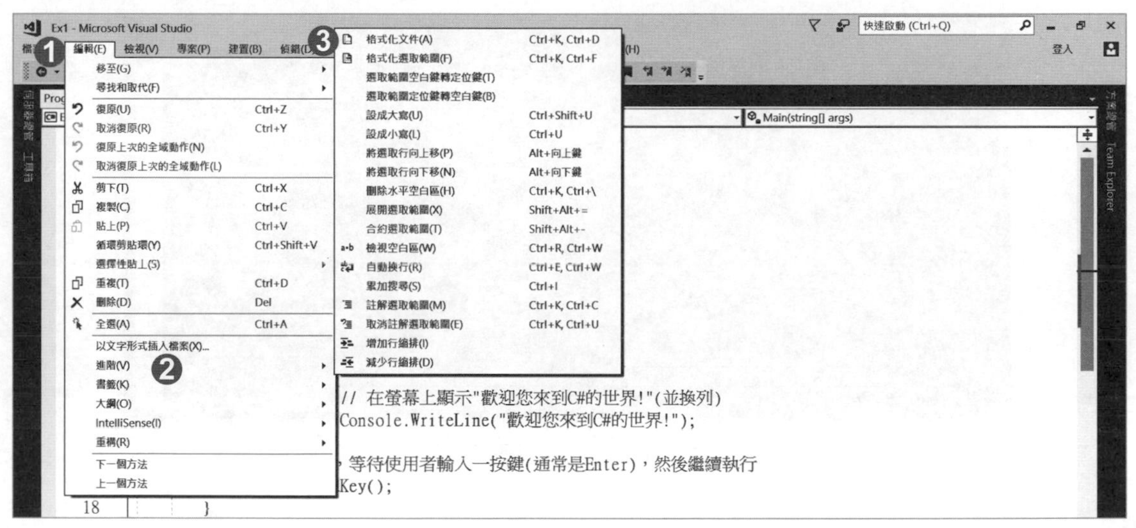

圖 1-25　主控台應用程式程式碼排列美化

專案原始程式碼完成後，接著點選工具列的「開始」，編譯專案原始程式碼並執行。若沒有產生錯誤，則會在「命令提示字元」視窗中看到執行結果；否則請修正原始程式碼，再重複此步驟。

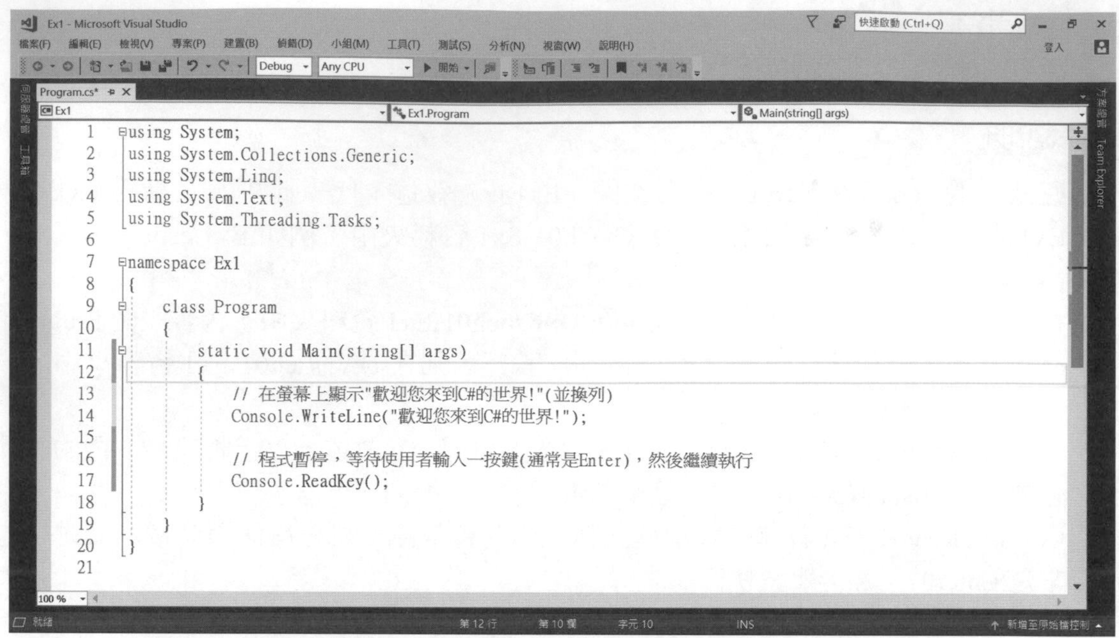

圖 1-26　專案原始程式碼編譯並執行

圖 1-27　主控台應用程式執行結果

1-3-5　專案管理

一個 Visual C# 的專案，可以包含多個類別檔、資源檔等。如何在專案內部新增或移除一個檔案，請看以下說明。

若要在專案 Ex1 中新增與專案相關的檔案（以新增 Second.cs 類別檔爲例），則可對著「方案總管」視窗中的專案名稱 Ex1 按滑鼠右鍵，點選「加入 (D) / 新增項目 (W)」。

圖 1-28　在 Ex1 專案中新增 Second.cs 檔案（一）

點選「Visual C# 項目 / 類別」，在「名稱 (N)」中輸入「Second.cs」，並按「新增(A)」。

圖 1-29　在 Ex1 專案中新增 Second.cs 檔案（二）

完成後，在「方案總管」視窗中，會產生「Second.cs」類別檔名稱。

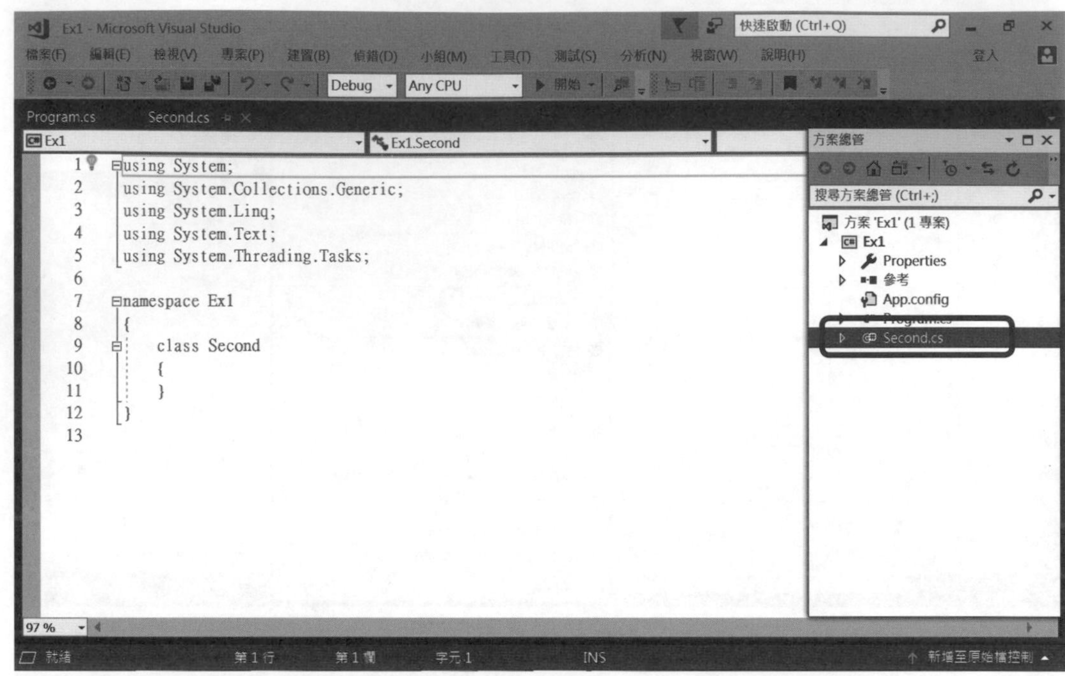

圖 1-30　在 Ex1 專案中新增 Second.cs 檔案 (三)

若要移除專案 Ex1 中的檔案（以 Second.cs 爲例），則對著該檔案名稱按滑鼠右鍵，點選「從專案移除 (J)」。

圖 1-31　移除 Ex1 專案中的 Second.cs 檔案 (一)

完成後，「方案總管」視窗中的 Second.cs 就消失了。

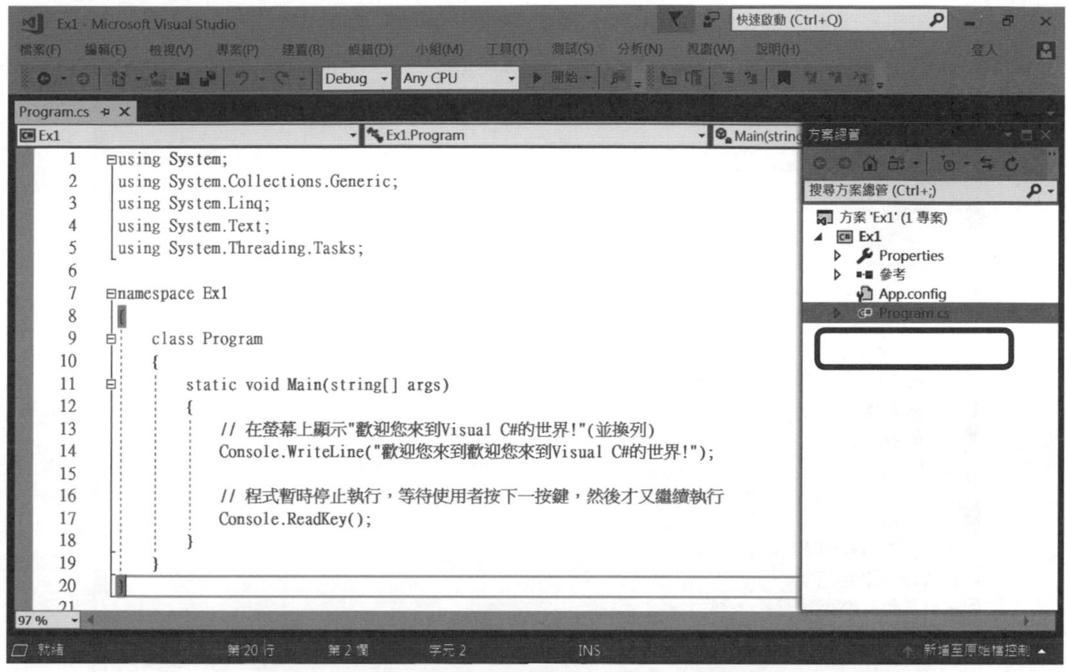

圖 1-32　移除 Ex1 專案中的 Second.cs 檔案（二）

若要在專案 Ex1 中加入已存在的檔案（以 Second.cs 為例），則可對著「方案總管」視窗中的專案名稱 Ex1 按滑鼠右鍵，點選「加入 (D) / 現有項目 (G)」。

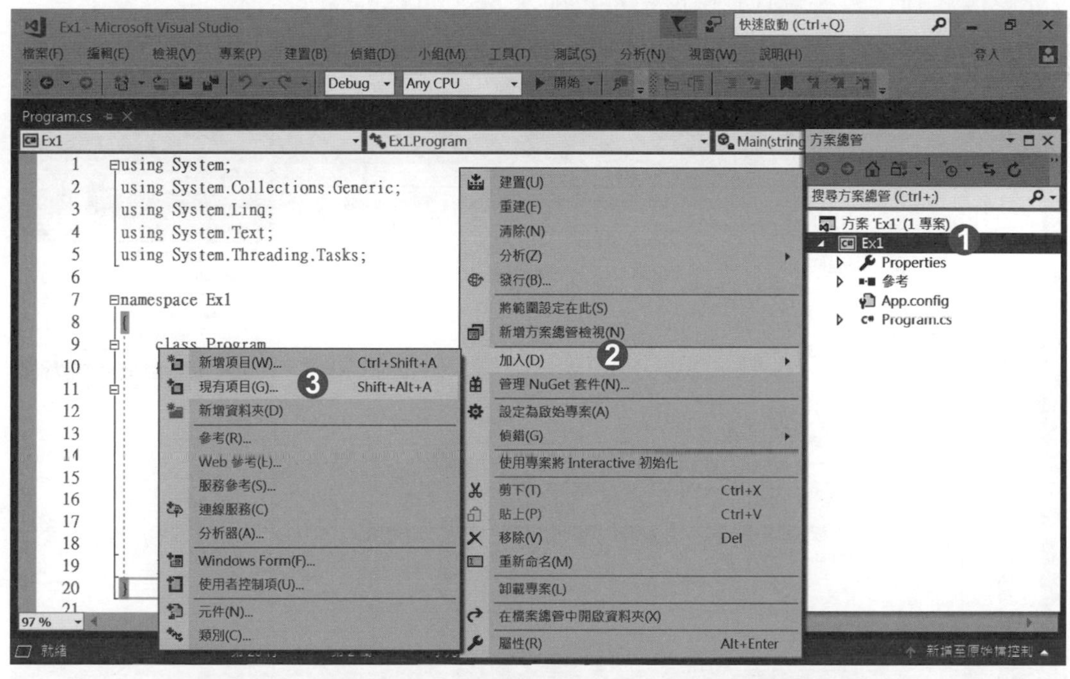

圖 1-33　在 Ex1 專案中加入現有的 Second.cs 檔案（一）

進入 Second.cs 所在的資料夾，選取 Second.cs，並按「加入 (A)」，就能加入 Second.cs。

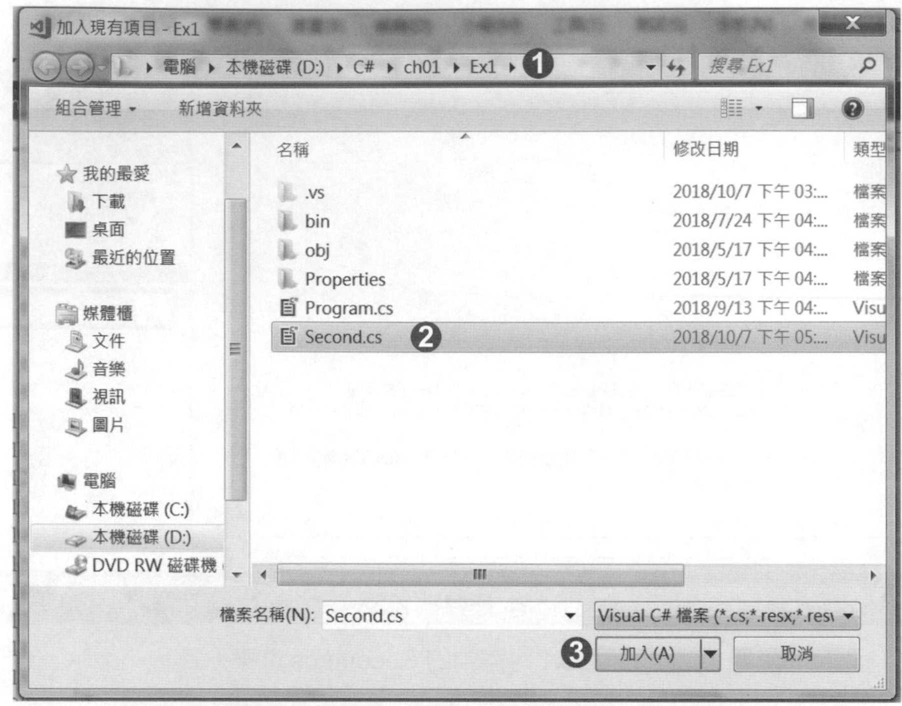

圖 1-34 在 Ex1 專案中加入現有的 Second.cs 檔案（二）

完成後，在「方案總管」視窗中，會加入 Second.cs 檔案名稱。

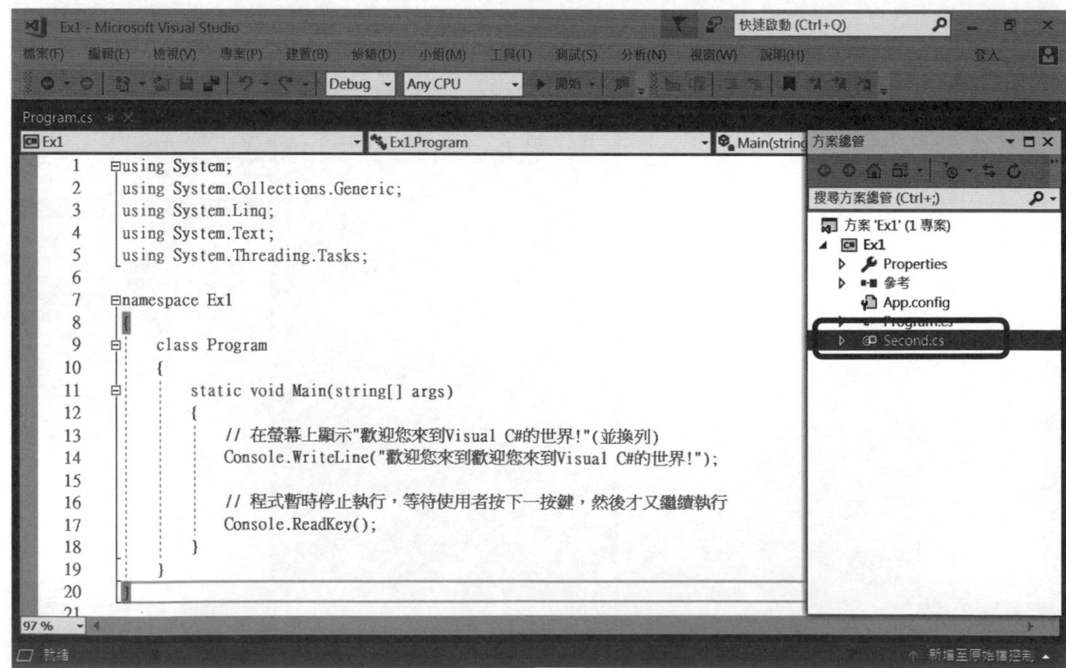

圖 1-35 在 Ex1 專案中加入現有的 Second.cs 檔案（三）

結束專案前，先點選功能表中的「檔案 (F) / 全部儲存 (L)」，儲存所有已開啓的檔案，然後點選功能表中的「檔案 (F) / 結束 (X)」，離開 Visual Studio 2017。

1-3-6 方案管理

一個 Visual C# 的方案，可以包含多個專案。若要在方案內部新增一專案，則可對著「方案總管」視窗中的方案「名稱」按滑鼠右鍵，點選「加入 (D) / 新增專案 (N)」或「加入 (D) / 現有專案 (E)」。若要設定方案中的一專案爲啓始專案，則可對著「方案總管」視窗中的該專案「名稱」按「右鍵」，點選「設定啓始專案 (A)」。

1-4 Visual C#程式語言架構

Visual C# 程式語言的「主控台應用程式(.NET Framework)」架構，撰寫順序依次爲：

1. **命名空間引用區：**

   建立專案程式時，會在命名空間引用區中，自動產生以下程式敘述：

```
using System;
using System.Collections.Generic;
using System.Linq;
using System.Text;
using System.Threading.Tasks;
```

   關鍵字「using」的目的，是告訴編譯器目前的專案程式檔（.csproj）引用哪些命名空間。引用「命名空間」名稱後，就能直接使用此「命名空間」中的類別，能簡化程式的撰寫及已存在程式碼的再利用。

   以上所列的命名空間名稱：System、System.Collections.Generic、…、System.Threading.Tasks，都是 Visual C# 預設的命名空間。其他 Visual C# 的命名空間，可參考 .NET Framework 類別庫（https://msdn.microsoft.com/zh-tw/library/gg145045(v=vs.110).aspx）。

   在原始程式碼中，除了能引用 Visual C# 所提供的命名空間外，還能引用自行設計的命名空間。語法如下：

```
using 命名空間名稱;
```

   編譯原始程式碼過程中，遇到無法辨識的識別名稱，系統會自動比對已引用的「命名空間」中是否包含此無法辨識的識別名稱。若有包含，則可以通過編譯，否則會出現編譯錯誤。

   例如：（以下爲一程式的部分內容，假設命名空間 Test 中包含類別 Welcome，不包含類別 welcome）

```
using Test;
…
welcome …
…
```

因命名空間 Test 中，無 welcome 類別，故編譯器無法辨識 welcome，編譯時產生以下錯誤訊息：

```
名稱 'welcome' 不存在於目前的內容中
```

2. **命名空間（namespace）宣告區：**

建立專案程式時，專案名稱若設定為 Ex1（假設），則在專案原始程式碼中，會自動建立 Ex1 命名空間區段：namespace Ex1{ }，且在 Ex1 命名空間區內自動建立 Program 主類別區段：class Program { }，並在 Program 主類別定義區中，自動建立 Program 主類別的 static void Main(…) { } 主方法區段。

在主類別 Program 中的 static void Main(string[] args) { } 主方法上方，還可以加入 Program 主類別的屬性宣告，代表 Program 主類別的特徵。在 static void Main(string[] args) { } 主方法下方，還可以定義 Program 主類別的其他方法，代表 Program 主類別的其他行為。

在 class Program { } 主類別區段的下方，還可以定義其他的類別區。在這個類別區內，可以宣告屬於該類別的屬性及定義該類別的方法，分別代表該類別的特徵及行為。此區可以同時連續定義多個類別區。

註：

與 Ex1 專案有關的檔案都儲存在 Ex1 資料夾中。關鍵字 namespace 主要用來宣告專案中所訂定的類別要存放之「資料夾」名稱，以方便管理眾多的類別。

- static void Main(string[] args) { } 主方法是 Visual C# 程式的進入點，程式執行時，會自動執行主方法內的程式碼。Main(string[] args) 前面的 void 表示程式執行結束時，不會回傳任何資料給作業系統。以關鍵字 static（靜態）定義的方法，稱為「靜態方法」，它在執行 Visual C# 程式時，會立刻自動被建立或執行。因此，執行 Visual C# 程式時，static void Main(string[] args) { } 主方法會自動執行，而其他方法則不會。
- static void Main(string[] args) 括號內的參數（args），是負責接收執行程式時所傳入的實際字串陣列，而實際字串陣列可有可無。
- class（類別）的相關說明，請參考「第九章　自訂類別」。

Visual C# 語言的程式架構，是由 class（類別）組成。每一個可被獨立執行的專案程式檔（.csproj），必須包含兩個成員：Program 主類別及 Main() 主方法。

每個可以被直接執行的「主控台應用程式」，必須包含以下 14 列程式敘述：

```
using System;
using System.Collections.Generic;
using System.Linq;
using System.Text;
using System.Threading.Tasks;
namespace 命名空間名稱
 {
  class Program  //主類別定義區
   {
    static void Main(string[] args)        //主方法定義區
     {
     }
   }
 }
```

註：

此程式在 namespace 命名空間名稱 { } 內，只包含 class Program { } 主類別定義區，以及它內部的 static void Main(string[] args) { } 主方法定義區。

- 「命名空間」名稱必須與專案程式檔（.csproj）的名稱相同。
- 「命名空間」名稱及類別名稱的字首以大寫爲原則。
- 寫在「//」後的那些文字，稱爲「單行文字註解」（Single comment），但文字不可超過一列。註解是寫給人看的，主要是爲了增加程式的可讀性，並降低程式維護時間。由於註解會被編譯器忽略，而不做任何處理，因此註解可寫可不寫。除了可用「// 文字」，來表示單行文字註解外，也可用「/* 文字 */」來表示「多行文字註解」（Multiple comment）。註解不能以巢狀形式呈現。例：/*…/*…*/…*/。另外有一種多行註解「///」，用來說明類別、介面、方法等的目的及其他說明，請參考「第九章　自訂類別」的範例 1。
- 「{」及「}」爲程式區塊的開始敘述及結束敘述。
- 「;」表示一個程式敘述的結束，大多數的程式敘述尾部都要加上「;」。只有少數程式敘述，例如：「{」、「}」、「if」、「else」、「else if」、「switch」、「for」、「while」、「do while」、「class」定義的首列、「方法」定義的首列、「interface」定義的首列等，不必在尾部加上「;」。

1-5 良好的撰寫程式方式

撰寫程式不是只貪圖快速方便，還要考慮到將來程式維護及擴充。貪圖快速方便，只會讓將來程式維護及擴充付出更多的時間及代價。因此，養成良好的撰寫程式方式，是學習程式設計的必經過程。以下是良好的撰寫程式方式：

1. **一列一個指令敘述**：方便程式閱讀及除錯。
2. **程式碼的適度內縮**：內縮是指程式碼往右移動幾個空格的意思。當程式碼屬於多層結構時，適度內縮內層的程式碼，使程式具有層次感，方便程式閱讀及除錯。
3. **善用註解**：讓程式碼容易被了解，並使程式的維護和擴充更快速方便。

1-5-1 撰寫程式常疏忽的問題

1. 忘記使用關鍵字「using」引用類別所在的命名空間。
2. 忘記加或多加「;」(分號)。
3. 忽略了大小寫字母的不同。
4. 忽略了不同資料型態間，在使用上的差異性。
5. 將字元常數與字串常數的表示法混淆。
6. 忘記在一個區間的開始處加上「{」，或在一個區間結束處加上「}」。
7. 將「=」與「==」的用法混淆。

1-5-2 提升讀者對程式設計的興趣

爲了提升讀者對程式設計的興趣，書中以生活中的例子當作程式範例，來幫助讀者了解生活中所遇到的問題，是如何運用程式設計來解決，使學習程式設計不再與生活脫節。另外，書中也提供許多兒時的益智遊戲程式範例，讓讀者能重溫兒時的回憶，並增進學習程式設計的動力。

書中的範例程式，是以生活體驗及益智遊戲爲主。生活體驗範例：綜合所得稅計算、電費計算、車資計算、油資計算、停車費計算、百貨公司買千送百活動、棒球投手的平均勝場數、數學四則運算問題、文字跑馬燈、大樂透彩券號碼、紅綠燈小綠人行走、紅綠燈轉換、…等。益智遊戲範例：八數字推盤（又名重排九宮）、十五數字推盤、河內塔、踩地雷、…等單人遊戲；剪刀石頭布及猜數字等人機互動遊戲；撲克牌對對碰、井字 (OX)、最後一顆玻璃彈珠及五子棋等雙人互動遊戲。

1-6 隨書光碟之使用說明

首先請將隨書光碟內的程式檔，複製到 D:\C# 資料夾底下。接著依下列步驟，即可將光碟內的專案程式載入 Visual Studio 2017 整合開發環境：

1. 依照 1-3-3 節的步驟 1 及 2，進入 Visual Studio 2017 整合開發環境。
2. 在 Visual Studio 2017 整合開發環境中，點選功能表的「檔案 (F) / 開啓 (O) / 專案 / 方案 (P)」。

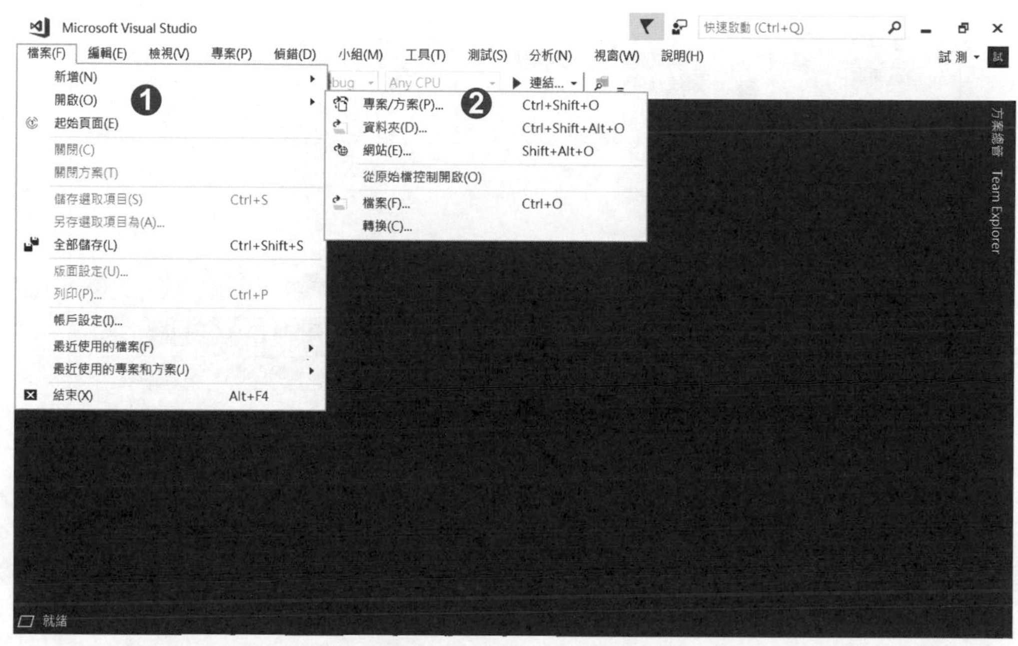

圖 1-36 開啓已存在的專案程式 (一)

3. 進入該專案所在的資料夾，選取專案檔名稱（.csproj）或方案檔名稱（.sln），並按「開啓 (O)」，就能載入該專案程式。

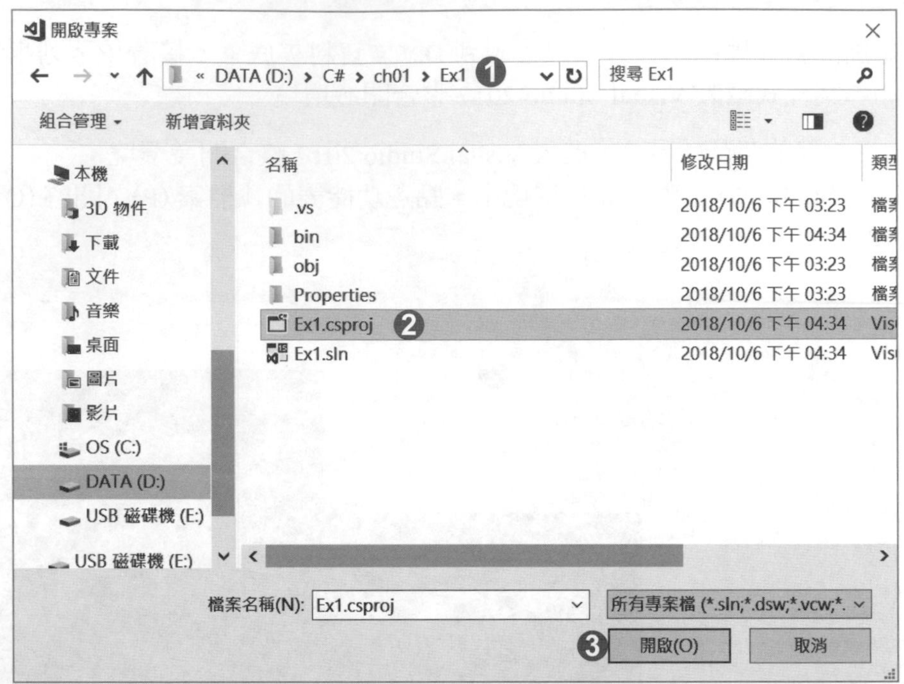

圖 1-37　開啓已存在的專案程式 (二)

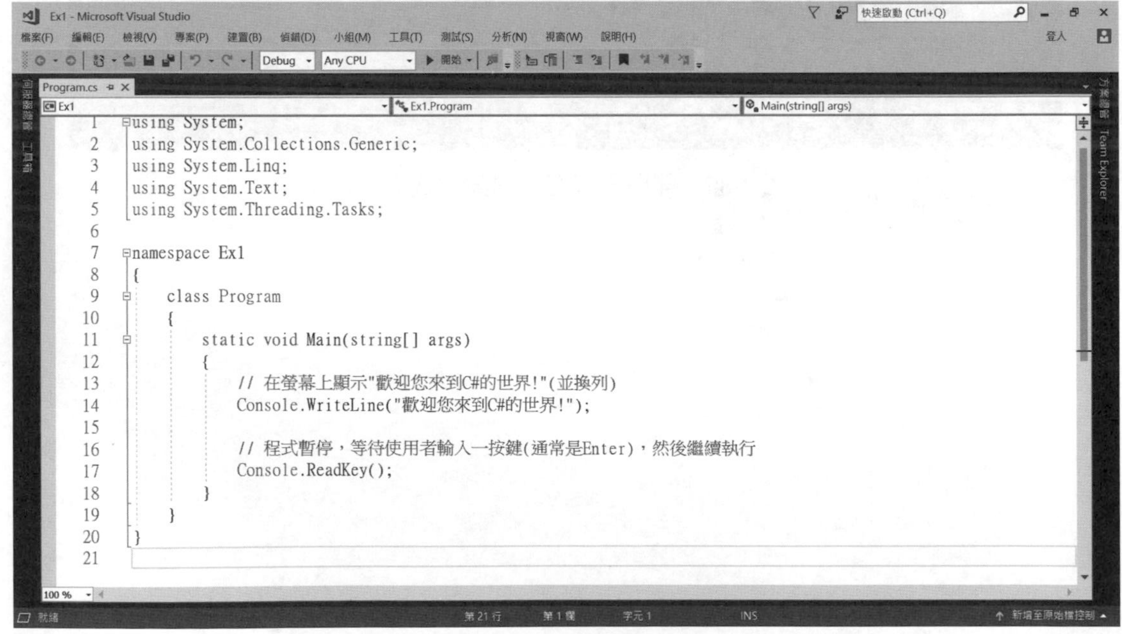

圖 1-38　開啓已存在的專案程式 (三)

自我練習

選擇題

(　) 1. Visual C# 使用哪個關鍵字來宣告命名空間？
(A)class　(B)namespace　(C)void　(D)public

(　) 2. Visual C# 用哪個關鍵字來引用命名空間？
(A)import　(B)include　(C)using　(D)contain

(　) 3. Visual C# 應用程式執行的起點？
(A)Main()　(B)Start()　(C)Load()　(D)Begin()

簡答題

1. 說明直譯式語言與編譯式語言的差異。
2. 描述 Visual C# 語言程式架構。
3. 使用變數或屬性之前，都必須經過什麼動作？
4. Visual C# 程式碼中，「;」代表的意義為何？
5. 說明「//」及「/* */」的差異。
6. 撰寫程式的良好習慣有哪些？
7. 什麼是原始程式碼，什麼是中間程式語言？
8. Visual C# 方案的副檔名為何？專案的副檔名為何？

CHAPTER 2

資料型態、變數與運算子

資料，是任何事件的核心。一個事件隨著狀況不同，會產生不同資料及因應之道。

例一：隨著交通事故通報資料的嚴重與否，交通警察大隊派遣處理事故的人員會有所增減。

例二：隨著年節的到來與否，鐵路局對運送旅客的火車班次會有所調整。

對不同事件，所要處理的資料型態也不盡相同。

例一：對乘法「*」事件而言，處理的資料一定為數字。

例二：對「輸入姓名」事件而言，處理的資料一定為文字。因此，了解資料型態，是學習程式設計的基本課題。

2-1 資料型態

當我們設計程式解決日常生活中的問題時，都會提供資料讓程式來處理。資料處理包括資料輸入、資料運算及資料輸出。

程式中使用的資料，都儲存在記憶體位址中。設計者是透過變數名稱來存取記憶體中的對應資料，而這個變數名稱就相當於某個記憶體位址的代名詞。在 Visual C# 語言中，變數的型態分成實值型態（Value Type）及參考型態（Reference Type）。

一、實值型態

常用的實值型態有整數型態、浮點數型態、char（字元）型態、bool（布林）型態、enum（列舉）型態及 struct（結構）型態六大類。

- 整數型態包括 byte（不帶正負號的位元組整數）、sbyte（帶正負號的位元組整數）、ushort（不帶正負號的短整數）、short（帶正負號的短整數）、uint（不帶正負號的整數）、int（帶正負號的整數）、ulong（不帶正負號的長整數）及 long（帶正負號的的長整數）八種型態。

- 浮點數型態包括 float（帶正負號的單精度浮點數）及 double（帶正負號的倍精度浮點數）兩種。
- char 型態的資料，除了可依據 C/C++ 的規則呈現外，還可直接以 16bits Unicode 編碼方式來表示。
- bool 型態的資料，其內容只能是「true」或「false」。
- enum 型態及 struct 型態都是使用者自訂的資料型態。自訂 struct 結構無法繼承自其他結構。有興趣的讀者請參考 Microsoft 官方網站：

https://docs.microsoft.com/zh-tw/dotnet/csharp/language-reference/keywords/struct

每一個實值型態的變數，一次只能儲存一項資料；若要將多項資料儲存在實值型態的變數中是不可行的。

二、參考型態

參考型態變數儲存的不是它所指向的資料，而是儲存此資料所在的記憶體位址之起始位置。透過參考型態變數中的記憶體位址，才能存取該資料。

參考型態變數有 string（字串）變數（請參考「第六章　內建類別」）、陣列變數（請參考「第七章　陣列」）、class（類別）變數（請參考「第六章　內建類別」和「第九章　自訂類別」）及 interface（介面）變數（請參考「第十一章　抽象類別和介面」）。

本章以介紹實值型態的資料爲主。

2-1-1 整數型態

整數型態共有以下 8 種：

- sbyte（帶正負號的位元組整數）：沒有小數點的數字。系統會提供 1 個位元組（byte）的記憶體空間給 sbyte 型態的資料存放。
- byte（不帶正負號的位元組整數）：沒有小數點的數字。系統會提供 1 個位元組的記憶體空間給 byte 型態的資料。
- short（帶正負號的短整數）：沒有小數點的數字。系統會提供 2 個位元組的記憶體空間給 short 型態的資料。
- ushort（不帶正負號的短整數）：沒有小數點的數字。系統會提供 2 個位元組的記憶體空間給 ushort 型態的資料。
- int（帶正負號的整數）：沒有小數點的數字。系統會提供 4 個位元組的記憶體空間給 int 型態的資料存放。
- uint（不帶正負號的整數）：沒有小數點的數字。系統會提供 4 個位元組的記憶體空間給 uint 型態的資料存放。
- long（帶正負號的長整數）：沒有小數點且無正負號的數字。系統會提供 8 個位元組的記憶體空間給 long 型態的資料存放。

▶ ulong（不帶正負號的長整數）：沒有小數點且無正負號的數字。系統會提供 8 個位元組的記憶體空間給 ulong 型態的資料存放。

表 2-1　整數型態所佔用的記憶體空間及範圍

資料型態	佔用記憶體空間	資料範圍
sbyte	1 byte	-128 至 127
byte	1 byte	0 至 255
short	2 byte	-32768 至 32767
ushort	2 byte	0 至 65535
int	4 byte	-2147483648 至 2147483647
uint	4 byte	0 至 4,294,967,295
long	8 byte	-9,223,372,036,854,775,808 至 9,223,372,036,854,775,807
ulong	8 byte	0 至 18,446,744,073,709,551,615

註：

- 若一整數常數無特別註明，則預設爲 int 型態。例：1234 是 int 型態。
- 若一整數常數想要代表長整數型態（long），則必須在數字後面加上 L 或 l。例：56L 或 56l 是 long 型態。
- 若 short 整數常數超過 short 型態的範圍，則編譯時會產生類似

  ```
  常數值 'xxx' 不可轉換成 'short'
  ```

  的錯誤訊息。原因是常數識別字 xxx 的值超過 short 型態的範圍。

  例如：若將 32768 存入 short 型態的變數中，則會出現錯誤訊息「常數值 '32768' 不可轉換成 'short'」。

其他的整數型態，也有類似狀況出現。

一般我們在處理整數運算時，通常是以十進位方式來表示整數，但在有些特殊的狀況下，被要求以二進位方式或十六進位方式來表示整數。二進位表示整數的方式，是直接在數字前加上「0b」或「0B」，而十六進位表示整數的方式，是直接在數字前加上「0x」或「0X」。

例：宣告兩個整數變數 b 及 h，且 b 的初值爲 6_{10}，h 的初值爲 58_{10}。以二進位方式表示 b 的值，十六進位方式表示 h 的值。

解：int b=0b110; // 或 int b=0B110; 6_{10} 等於 110_2

int h=0x3a; // 或 int h=0X3a; 58_{10} 等於 $3a_{16}$

2-1-2 浮點數型態

浮點數型態共有以下 2 種：

- **float（帶正負號的單精度浮點數）**：帶有小數點的數字。系統會提供 4 個位元組（byte）的記憶體空間給 float 型態的資料存放。
- **double（帶正負號的倍精度浮點數）**：帶有小數點的數字。系統會提供 8 個位元組（byte）的記憶體空間給 double 型態的資料存放。

表 2-2　浮點數型態所佔用的記憶體空間及約略範圍。

資料型態	佔用記憶體空間	資料約略範圍
float	4 byte	$-3.4028235*10^{38}$ 至 $-1.4*10^{-45}$ 與 $1.4*10^{-45}$ 至 $3.4028235*10^{38}$
double	8 byte	$-1.7976931348623157*10^{308}$ 至 $-4.9*10^{-324}$ 與 $4.9*10^{-324}$ 至 $1.7976931348623157*10^{308}$

註：

- float 型態的資料儲存時，一般只能準確到 6~7 位（整數位數 + 小數位數）。若 float 型態的常數（例：4e+38F）超過 float 型態的範圍，則編譯時會產生錯誤訊息：

  浮點常數的值超出類型 'float' 的範圍

- double 型態的資料儲存時，一般只能準確 14~15 位（整數位數 + 小數位數）。若 double 型態的常數（例：4e+308）超過 double 型態的範圍，則編譯時會產生錯誤訊息：

  浮點常數的值超出類型 'double' 的範圍

- 有關浮點數準確度，請參考「3-3　發現問題」之範例 4。

不管資料是單精度浮點數型態或倍精度浮點數型態，都能以下列兩種方式來表示：

1. 以一般常用的小數點方式來表示。例：9.8、-3.14、1.2f 、-5.6F。
2. 以科學記號方式來表示。例：-2.38e+01 、5.143E+21。

2-1-3 字元型態

若文字資料的內容，只有一個中文字、一個英文字母、一個全形字或一個符號，則稱此文字資料爲 char（字元）型態資料。char 型態的資料，必須放在一組單引號「'」中。

有一些具有特殊意義的字元（例，雙引號「"」）或用來指定螢幕游標動作（例，定位鍵「Tab」），必須以一個反斜線「\」後面加上該字元或該字元所對應的 Unicode

碼，才能顯示在螢幕上或產生指定的動作。這種組合方式稱爲「逸出序列」（Escape Sequence）。逸出序列相關說明，請參考「表 2-3　常用的逸出序列」。

表 2-3　常用的逸出序列

逸出序列	作用	對應的十進位 ASCII 碼	對應的十六進位 Unicode 碼
\n	換列字元（New Line）：讓游標移到下一列的開頭。	10	'\u000A'
\b	倒退字元（Backspace）：讓游標往左一格，相當於按「←」鍵。	8	'\u0008'
\t	水平跳格字元（Horizontal Tab）：讓游標移到下一個定位格，相當於按「Tab」鍵。	9	'\u0009'
\r	歸位字元（Carriage Return）：讓游標移到該列的開頭，相當於按 Home 鍵。	13	'\u000D'
\"	顯示雙引號「"」。	34	'\u0022'
\'	顯示單引號「'」。	39	'\u0027'
\\	顯示反斜線「\」。	92	'\u005C'

註：

預設定位格位置爲水平的 1,9,17,25,33,41,49,57,65,73。

在 Visual C# 中，char 型態資料是以 16 位元的無號數整數 Unicode 碼來表示，而不是以 8 位元的無號數整數 ASCII 碼來表示。

Unicode 被稱爲「萬國碼」，它包含全世界大多數國家或地區的文字及符號，而這些文字及符號是以 16 bits（2 bytes）編碼成唯一的字元碼，讓所有電腦使用者在傳遞及處理資料時，不受語言及平台的限制。無論是一個中文字、一個英文字母、一個全形字或一個符號，都是以一個 Unicode 碼來表示。Unicode 碼的範圍，介於 '\u0000' 到 '\uFFFF' 之間。中文字元所對應的 Unicode 範圍，在 [4e00,9eae] 區間內（以十進位表示，則在 [19968,40622]）。英文字元對應的 Unicode 範圍，在 [0041,005A] 及 [0061,007A] 區間內（以十進位表示，則在 [65,90] 及 [97,122]）。數字字元對應的 Unicode 範圍在 [0030,0039] 區間內（以十進位表示，則在 [48,57]）。「符號」字元對應的 Unicode 範圍，在 [0021,002F]，[003A,0040]，[005B,0060] 及 [007B,007E] 區間內（以十進位表示，則在 [33,47]，[58,64]，[91,96] 及 [123,126]）。「空白」字元對應的 Unicode 爲 [0020]（以十進位表示，則爲 32）。詳細的 Unicode 編碼資訊，請參考 http://www.unicode.org/charts/PDF/。相關範例，請參考「3-2　資料輸入」之範例 3。

char 型態資料的表示法有以下三種方式：

1. 直接表示法。例，'0'、'A'、'a'、'一'、'{' 等。
2. 以「(char) 十進位整數」方式，來表示所對應的字元。例，(char) 48 表示 '0'、(char)

65 表示 'A'、(char) 97 表示 'a'、(char) 19968 表示 '一'、(char) 123 表示 '{' 等。

3. 以「\u」開始，後面跟著十六進位的 Unicode 碼方式，來表示所對應的字元。例：'\u0041' 表示 'A'、'\u4e00' 表示 '一' 等。

註：

對非 ASCII 字元集或鍵盤上沒有的字元或符號，可使用方式 2 或 3 來表示。

若文字資料的內容超過一個字元，則稱此文字資料爲 string（字串）型態資料。string 型態資料，必須放在一組雙引號「"」中。例：「早安」應以「"早安"」表示，「morning」應以「"morning"」表示。字串相關說明，請參考「6-4　字串類別之屬性及方法」。

2-1-4　布林型態

若資料的內容只能是「true」或「false」，則稱之爲 bool（布林）型態的資料。系統會提供 1 個位元組（byte）的記憶體空間給 bool 型態的資料存放。bool 型態的資料，是作爲判斷條件是否爲「true」（眞）或「false」（假）之用。

2-1-5　列舉型態

當實值資料型態未必能滿足使用者所需時，使用者可以利用 Visual C# 程式語言提供的 enum 關鍵字，制定一種稱爲「列舉」的資料型態。自訂列舉型態的目的，是定義一組常數整數值來限制列舉型態的範圍。每一個常數整數值，是使用一個有意義的名稱來表示。這一組有意義的名稱，是這個自訂列舉型態的列舉成員。

自訂列舉型態，是以關鍵字 enum 爲首，其語法如下：

```
public enum 列舉名稱 {列舉成員1, 列舉成員2,… };
```

註：

- 關鍵字 public 表示列舉名稱中的列舉成員爲公開的，任何地方都可使用。
- 列舉成員 1，列舉成員 2，…等之資料型態，都預設爲 int。
- 若未設定「列舉成員 1」的值，則預設爲 0。
- 某個列舉成員的值等於前一個列舉成員的值加 1。
- 列舉型態名稱定義的位置，若在命名空間內，則命名空間中的所有類別都可以存取該列舉型態名稱的列舉成員；若在類別或結構中，則只能在同一個類別或結構中存取該列舉型態名稱的列舉成員。列舉型態名稱不可定義在方法中。
- 列舉成員的使用語法，視需求可選擇下列 8 種方式之一：

```
(sbyte)      列舉型態名稱.列舉成員名稱
(byte)       列舉型態名稱.列舉成員名稱
```

```
(short)     列舉型態名稱.列舉成員名稱
(ushort)    列舉型態名稱.列舉成員名稱
(int)       列舉型態名稱.列舉成員名稱
(uint)      列舉型態名稱.列舉成員名稱
(long)      列舉型態名稱.列舉成員名稱
(ulong)     列舉型態名稱.列舉成員名稱
```

例：定義列舉型態Season，且其成員有Spring，Summer，Fall及Winter，分別代表春、夏、秋及冬。定義敘述如下：

```
public enum Season {Spring, Summer, Fall, Winter};
```

註：

- 因 Spring 沒設初始值，故
  (int) Season.Spring　　　為 0，
  (int) Season.Summer　　　為 1，
  (int) Season.Fall　　　　為 2，
  (int) Season.Winter　　　為 3。
- 若 enum Season {Spring, Summer, Fall, Winter}; 改成
  enum Season {Spring=1, Summer, Fall=5, Winter};，則
  (int) Season.Spring　　　為 1，
  (int) Season.Summer　　　為 2，
  (int) Season.Fall　　　　為 5，
  (int) Season.Winter　　　為 6。

定義列舉型態名稱之後，就能宣告資料型態為列舉名稱的列舉變數。列舉變數的宣告語法，依是否要設定初始值，分成下列兩種方式：

```
1. 列舉型態名稱 列舉變數;
2. 列舉型態名稱 列舉變數 = 列舉型態名稱.列舉成員名稱;
```

承上例，宣告資料型態為 Season 的列舉變數 s，其宣告語法如下：

```
Season s;
```

承上例，宣告資料型態為 Season 的列舉變數 s，且初始值為 Fall，其宣告語法如下：

```
Season s = Season.Fall;
```

若要知道列舉變數 s 代表列舉型態 Season 中的哪一成員，及其所代表的常數值，則可使用下列語法輸出結果：

```
Console.Write("{0}所代表的常數值 = {1}",s , (int) s);
```

其他列舉範例，請參考「4-2-4　switch 選擇結構——多種狀況、多方決策」的範例 7。

2-2 常數與變數宣告

程式執行時，無論是輸入的資料或產生的資料，它們都是存放在電腦的記憶體中。但我們並不知道資料是放在哪一個記憶體位址，那要如何存取記憶體中的資料呢？大多數的高階語言，都是透過常數識別字或變數識別字，來存取其所對應的記憶體中之資料。

程式設計者自行命名的常數（Constant）、變數（Variable）、類別（Class）及介面（Interface）等名稱，都稱爲識別字（Identifier）。識別字的命名規則如下：

1. 識別字名稱必須以 A~Z，a~z，_（底線），或「中文字」爲開頭，但不建議以中文字開頭。
2. 識別字名稱的第二個字（含）開始，只能是 A~Z，a~z，_，0~9，或「中文字」，但不建議是中文字。

註：

- 盡量使用有意義的名稱當作識別字名稱。

3. 一般識別字命名的原則如下：
   - 命名空間、介面、類別、結構、屬性、方法、事件等名稱的字首爲大寫。若名稱由多個英文單字組成，則採用英文大寫駱駝式（upper camel case）的命名方式。例：CarStructure、TestType 等。
   - 常數名稱以大寫英文爲主。
   - 其他識別字的字首爲小寫。若名稱由多個英文單字組成，則採用英文小寫駱駝式（lower camel case）的命名方式。例： getOptimalSoution、myAge 等。
4. 識別字名稱有大小寫字母區分。若英文字相同但大小寫不同，則這兩個識別字是不同的。
5. 不能使用關鍵字（Keywords）當作其他識別字名稱。關鍵字爲編譯器專用的識別字名稱，每一個關鍵字都有其特殊的意義，因此不能當作其他識別字名稱。若要使用關鍵字作爲識別字名稱，則必須在關鍵字前加上「@」，才是合法的識別字名稱。常見的關鍵字如表 2-4。

表 2-4 Visual C# 語言的關鍵字

abstract	as	base	bool	break	byte
case	catch	char	checked	class	const
continue	decimal	default	delegate	do	double
else	enum	event	explicit	extern	false
finally	fixed	float	for	foreach	goto
if	implicit	in	int	interface	internal

is	lock	long	namespace	new	null
object	operator	out	override	params	private
protected	public	readonly	ref	return	sbyte
sealed	short	sizeof	stackalloc	static	string
struct	switch	this	throw	true	try
typeof	uint	ulong	unchecked	ushort	using
virtual	void	volatile	while		

- 合法的識別字名稱：_a、b1、c_a_2 、aabb_cc3_d44 及 @if。
- 不合法的識別字名稱：1a、%b1、c?a_2 及 if。

常數識別字（Constant Identifier）與變數識別字（Variable Identifier），都是用來存取記憶體中的資料。常數識別字儲存的內容是固定不變的，而變數識別字儲存的內容可隨著程式進行而改變。

Visual C# 是限制型態式的語言，當我們要存取記憶體中的資料內容之前，必須要先宣告常數識別字或變數識別字，電腦才會配置適當的記憶體空間給它們，接著才能對其所對應的記憶體中之資料進行各種處理；否則編譯時會產生類似

```
名稱 'xxx' 不存在於目前的內容中
```

的錯誤訊息。其中的 xxx，代表常數識別字名稱或變數識別字名稱。

常數識別字的宣告語法如下：

```
[存取修飾詞] const 資料型態 常數名稱1 = 數值(或文字)運算式
                          [,常數名稱2 = 數值(或文字)運算式 ,…] ;
```

註：

- [存取修飾詞]，表示「存取修飾詞」可視需要填入適當的關鍵字。常用的存取修飾詞有 public，protected 及 private（預設）三種。若存取修飾詞為 public，則常數識別字可在不同的類別中被使用；若存取修飾詞為 protected，則常數識別字能在它所屬的類別，以及所屬類別的子類別中被使用；若存取修飾詞為 private 或不寫，則常數識別字只能在它所屬的類別中被使用。
- 常用的資料型態有 sbyte、byte、short、ushort、int、uint、long、ulong、float、double、char、string 及 bool。
- [, 常數名稱 2 = 數值或文字運算式 ,…]，表示若同時宣告多個資料型態相同的常數識別字，則必須利用逗號「,」將不同的常數識別字隔開；否則可去掉。
- 常數識別字宣告的位置，若在類別或結構內，則類別或結構中都可使用該常數識別字；若在類別或結構中的方法內，則只能在類別或結構中的方法內使用該常數識別字。

例：圓周率是固定的常數，與圓的大小無關。宣告一常數識別字 PI 代表圓周率，且值為 3.14f。

解：const float PI = 3.14f; // 3.14f 或 3.14F 為單精度浮點數

變數識別字的宣告語法如下：

```
方式1：資料型態 變數1[,變數2,…,變數n];
方式2：資料型態 變數1=初始值[,變數2=初始值,…];
```

註：

- 常用的資料型態有 sbyte、byte、short、ushort、int、uint、long、ulong、float、double、char、string 及 bool。
- [, 變數 2,…, 變數 n] 及 [, 變數 2= 初始值 ,…]，表示若同時宣告多個資料型態相同的變數，則必須利用逗號「,」將不同的變數名稱隔開；否則可去掉。

例：宣告兩個整數變數 a 及 b。

解：int a,b;

例：宣告兩個整數變數 a 及 b，且 a 的初值 =0，b 的初值 =1。

解：int a=0,b=1;

或

int a,b;

a=0;

b=1;

例：宣告三個變數，其中 a1 為單精度浮點數變數，a2 及 a3 為字元變數。

解：float a1;

char a2,a3;

例：宣告五個變數，其中 i 為整數變數，f 為單精度浮點數變數，d 為倍精度浮點數變數，c 為字元變數，b 為布林變數。且 i 的初值為 0，f 的初值為 0.0f，d 的初值為 0.0，c 的初值為 'A'，b 的初值為 false。

解：int i=0;

// 浮點數，Visual C# 語言預設 double 型態

// 數字要設定為 float 型態，必須在數字後加上 f 或 F

float f=0.0f;

double d=0.0;

char c='A';

bool b=false;

或

int i;

float f;

```
double d;
char c;
bool b;
i=0;
f=0.0f;
d=0.0;
c='A';
b=false;
```

宣告常數識別字或變數識別字的主要目的，是告訴編譯器要配置多少記憶空間給常數識別字或變數識別字使用，及以何種資料型態來儲存常數識別字或變數識別字的內容。

Visual C# 語言對記憶體配置的方式有下列兩種：

1. **靜態配置記憶體**：是指在編譯階段時，就爲程式中所宣告的變數配置所需的記憶體空間。

   例：double x = 3.14; // 靜態記憶體配置

   宣告 x 爲倍精度浮點數變數時，編譯器會配置 8bytes 的記憶體空間給變數 x 使用，如上圖所示 0x005e6888~0x005e6890。

2. **動態配置記憶體**：是指在執行階段時，程式才動態宣告陣列變數的數量，並向作業系統要求所需的記憶體空間（請參考「第七章　陣列」的範例 14）。

2-3　資料運算處理

利用程式來解決日常生活中的問題，若只是資料輸入及資料輸出，而沒有做資料處理或運算，則程式執行的結果是很單調的。因此，爲了讓程式每次執行的結果都不盡相同，程式中必須包含輸入資料，並加以運算處理。

資料運算處理，是以運算式的方式來表示。運算式，是由運算元（Operand）與運算子（Operator）組合而成。運算元可以是常數、變數、方法或其他運算式。運算子包括指定運算子、算術運算子、遞增遞減運算子、比較（或關係）運算子、邏輯運算子及位元運算子。運算子以其相鄰運算元的數量來分類，有一元運算子（Unary Operator）、二元運算子（Binary Operator）及三元運算子（Triple Operator）。

結合算術運算子的運算式，稱之爲算術運算式；結合比較（或關係）運算子的運算式，稱之爲比較（或關係）運算式；結合邏輯運算子的運算式，稱之爲邏輯運算式；以此類推。

例：a-b*2+c / 5 % 7 + 1.23*d，其中 a、b、2、c、5、7、1.23 及 d 爲運算元，而 -、+、*、/ 及 % 爲運算子。

2-3-1 指定運算子—— =

指定運算子「=」的作用，是將 = 右方的值指定給 = 左方的變數。= 的左邊必須爲變數，右邊則可以爲變數、常數、方法或其他運算式。

例：（程式片段）

```
sum=0; // 將 0 指定給變數 sum
// 將變數 a 及變數 b 相加後除以 2 的結果，指定給變數 avg
avg=(a+b)/2;
```

2-3-2 算術運算子

一般與數值運算有關的運算子有算術運算子、遞增運算子及遞減運算子三種。

算術運算子的使用方式，請參考「表 2-5　算術運算子的功能說明」（假設 a=-2，b=23）。

表 2-5　算術運算子的功能說明

運算子	運算子類型	作用	例子	結果	說明
+	二元運算子	將兩數字相加	a + b	21	數字可以是整數或浮點數
-	二元運算子	將兩數字相減	a - b	-25	
*	二元運算子	將兩數字相乘	a * b	-46	
運算子	運算子類型	作用	例子	結果	說明
/	二元運算子	將兩數字相除	b / 2 b / 2.0	11 11.5	整數相除，結果為整數 數字為浮點數時，相除結果為浮點數
%	二元運算子	兩數相除之餘數	b % 3 b % 2.5	2 0.5	數字可以是整數或浮點數
+	一元運算子	將數字乘以「+1」	+(a)	-2	
-	一元運算子	將數字乘以「-1」	-(a)	2	

註：

- 整數相除時，若分母為 0，則編譯時會產生「除以常數零」的錯誤訊息。
- 浮點數相除時，若分子與分母都為 0.0，則結果為「不是一個數字」；若分子 > 0，分母為 0.0，則結果為「正無限大」；若分子 < 0，分母為 0.0，則結果為「負無限大」。

2-3-3 遞增運算子（++）及遞減運算子（--）

遞增運算子「++」及遞減運算子「--」的作用，分別是對數字資料做「+1」及「-1」的處理。

遞增及遞減運算子的使用方式，請參考「表 2-6　遞增及遞減運算子的功能說明」（假設 a=10）。

表 2-6　遞增及遞減運算子的功能說明

運算子	運算子類型	作用	例子	結果	說明
++	一元運算子	將變數值 +1	a++;	11	數字可以是整數或浮點數
			++a;	11	
--	一元運算子	將變數值 -1	a--;	9	
			--a;	9	

註：

- 若運算式中含有 ++ 及其他運算子，則 ++ 放在變數之前與之後，其執行的順序是不同的，且運算式的結果也不同，請參考範例 1 及範例 2。
- 若運算式中含有 -- 及其他運算子，則 -- 放在變數之前與之後，其執行的順序是不同的，且運算式的結果也不同，請參考範例 3 及範例 4。

範例 1，是建立在「D:\C#\ch02」資料夾中的專案 Ex1。以此類推，範例 4，是建立在「D:\C#\ch02」資料夾中的專案 Ex4。

範例 1

後置型的 ++（遞增）運算子應用。

```
using System;
using System.Collections.Generic;
using System.Linq;
using System.Text;
using System.Threading.Tasks;

namespace Ex1
{
```

```
    class Program
    {
        static void Main(string[] args)
        {
            int a = 0, b = 1, c;
            c = a++ + b; // 先處理c=a+b;，然後再處理a++;
            Console.Write("a=" + a + " , c=" + c);
            Console.ReadKey();
        }
    }
}
```

執行結果

a=1 , c=1

範例 2

前置型的 ++（遞增）運算子應用。

```
using System;
using System.Collections.Generic;
using System.Linq;
using System.Text;
using System.Threading.Tasks;

namespace Ex2
{
    class Program
    {
        static void Main(string[] args)
        {
            int a = 0, b = 1, c;
            c = ++a + b; // 先處理++a;，然後再處理c=a+b;
            Console.Write("a=" + a + " , c=" + c);
            Console.ReadKey();
        }
    }
}
```

執行結果

a=1 , c=2

範例 3

後置型的 --（遞減）運算子應用。

```
using System;
using System.Collections.Generic;
using System.Linq;
using System.Text;
using System.Threading.Tasks;

namespace Ex3
{
    class Program
    {
        static void Main(string[] args)
        {
            int a = 0, b = 1, c;
            c = a-- + b; // 先處理c=a+b;，然後再處理a--;
            Console.Write("a=" + a + " , c=" + c);
            Console.ReadKey();
        }
    }
}
```

執行結果

```
a=-1 , c=1
```

範例 4

前置型的 --（遞減）運算子應用。

```
using System;
using System.Collections.Generic;
using System.Linq;
using System.Text;
using System.Threading.Tasks;

namespace Ex4
{
    class Program
    {
        static void Main(string[] args)
        {
            int a = 0, b = 1, c;
            c = --a + b; // 先處理--a;，然後再處理c=a+b;
            Console.Write("a=" + a + " , c=" + c);
            Console.ReadKey();
        }
    }
}
```

執行結果

```
a=-1 , c=0
```

2-3-4 比較運算子

比較（或關係）運算子是用來判斷兩個資料間何者爲大、何者爲小，或兩者相等。若問題中提到條件或狀況，則必須配合比較運算子來處理。

比較運算子通常撰寫在 if 選擇結構，for 或 while 迴圈結構的條件中，請參考「第四章　程式之設計模式——選擇結構」及「第五章　程式之設計模式——迴圈結構」。

比較運算子的使用方式，請參考「表 2-7　比較運算子的功能說明」（假設 a=2，b=1）。

表 2-7　比較運算子的功能說明

運算子	運算子類型	作用	例子	結果	說明
>	二元運算子	判斷「>」左邊的資料是否大於右邊的資料	a > b	true	各種比較運算子的結果不是 false 就是 true。false 表示「假」，true 表示「真」。
<	二元運算子	判斷「<」左邊的資料是否小於右邊的資料	a < b	false	
>=	二元運算子	判斷「>=」左邊的資料是否大於或等於右邊的資料	a >= b	true	
<=	二元運算子	判斷「<=」左邊的資料是否小於或等於右邊的資料	a <= b	false	
==	二元運算子	判斷「==」左邊的資料是否等於右邊的資料	a == b	false	
!=	二元運算子	判斷「!=」左邊的資料是否不等於右邊的資料	a != b	true	

2-3-5 邏輯運算子

邏輯運算子的作用，是連結多個比較（或關係）運算式來處理更複雜的條件或狀況的問題。若問題中提到多個條件（或狀況）要同時成立或部分成立，則必須配合邏輯運算子來處理。

邏輯運算子通常撰寫在 if 選擇結構，for 或 while 迴圈結構的條件中，請參考「第四章　程式之設計模式——選擇結構」及「第五章　程式之設計模式——迴圈結構」。

邏輯運算子的使用方式，請參考「表 2-8　邏輯運算子的功能說明」（假設 a=2，b=1，c=3）。

表 2-8　邏輯運算子的功能說明

運算子	運算子類型	作用	例子	結果	說明
&&	二元運算子	判斷 && 兩邊的比較運算式結果，是否都為 true	(a>3) && (b<2)	false	各種比較運算子的結果不是 false 就是 true。 false 表示「假」，true 表示「真」。
||	二元運算子	判斷 || 兩邊的比較運算式結果，是否有一個為 true	(a>3) || (b<=2)	true	
^	二元運算子	判斷 ^ 兩邊的比較運算式結果，是否一個為 true 一個為 false	(a>3) ^ (b<2)	true	
!	一元運算子	判斷！右邊的比較運算式結果，是否為 false	!(a>3)	true	

「眞值表」是比較運算式在邏輯運算子 &&，||，^ 或！處理後的所有可能結果，請參考「表 2-9　&&、||、^ 及！運算子之眞值表」。

表 2-9　&&，||，^ 及！運算子之真值表

&&（且）運算子		
A	B	A && B
true	true	true
true	false	false
false	truc	false
false	false	false

||（或）運算子		
A	B	A || B
true	true	true
true	false	true
false	true	true
false	false	false

^（互斥或）運算子		
A	B	A ^ B
true	true	false
true	false	true
false	true	true
false	false	false

!（否定）運算子	
A	!A
true	false
false	true

註：

- A 及 B 分別代表任何一個比較運算式（即條件）。
- &&（且）運算子：當 && 兩邊的比較運算式皆爲 true（即同時成立）時，其結果才爲 true；當運算子兩邊的比較運算式中，有一邊爲 false 時，其結果都爲 false。

- ||（或）運算子：當 || 兩邊的比較運算式皆爲 false（即同時不成立）時，其結果才爲 false；當運算子兩邊的比較運算式中，有一邊爲 true 時，其結果都爲 true。
- ^（互斥或）運算子：當運算子兩邊的比較運算式中，一邊爲 true，另一邊爲 false 時，其結果都爲 true；當 ^ 兩邊的比較運算式同時爲 false 或 true 時，其結果爲 false。
- !（否定）運算子：比較運算式爲 false 時，其否定之結果爲 true；比較運算式爲 true 時，其否定之結果爲 false。

2-3-6 位元運算子

位元運算子的作用，是在處理 2 進位整數。對於非 2 進位的整數，系統會先將它轉換成 2 進位整數，然後才能進行位元運算。

位元運算子的使用方式，請參考「表 2-10　位元運算子的功能說明」（假設 a=2，b=1）。

表 2-10　位元運算子的功能說明

運算子	運算子類型	作用	例子	結果	說明
&	二元運算子	將兩個整數轉成 2 進位整數後，對兩個 2 進位整數的每一個位元值做 &（且）運算	a & b	0	若兩個 2 進位整數對應的位元值皆為 1，則運算結果為 1；否則為 0 將每一個對應的位元運算後的結果，轉成 10 進位整數，才是最後的結果
|	二元運算子	將兩個整數轉成 2 進位整數後，對兩個 2 進位整數的每一個位元值做 |（或）運算	a | b	3	若兩個 2 進位整數對應的位元值皆為 0，則運算結果為 0；否則為 1 將每一個對應的位元運算後的結果，轉成 10 進位整數，才是最後的結果
^	二元運算子	將兩個整數轉成 2 進位整數後，對兩個 2 進位整數的每一個位元值做 ^（互斥或）運算	a ^ b	3	若兩個 2 進位整數對應的位元值皆為 0 或 1，則運算結果為 0；否則為 1 將每一個對應的位元運算後的結果，轉成 10 進位整數，才是最後的結果

運算子	運算子類型	作用	例子	結果	說明
~	一元運算子	將整數轉成二進位整數後，對二進位整數的每一個位元值做 ~（否）運算	~ a	-3	若 2 進位整數的位元值為 0，則運算結果為 1；否則為 0 若最高位元值為 1，表示最後結果為負，則必須使用 2 的補數法（即 1 的補數之後 +1），將它轉成 10 進位整數
<< n	二元運算子	將整數轉成 2 進位整數後，往左移動 n 個位元，相當於乘以 2^n	a << 1	4	1. 往左移動後，超出儲存範圍的數字捨去，而右邊多出的位元就補上 0 2. 若最高位元值為 1，表示最後結果為負，必須使用 2 的補數法（即 1 的補數之後 +1），將它轉成 10 進位整數
>> n	二元運算子	將整數轉成 2 進位整數後，往右移動 n 個位元，相當於除以 2^n	a >> 1	1	往右移動後，超出儲存範圍的數字捨去，而左邊多出的位元就補上 0

例：2 & 1= ？

解：2 的 2 進位表示法如下：

0 0 0 0 0 0 0 0 0 0 0 0 0 0 0 0 0 0 0 0 0 0 0 0 0 0 0 0 0 0 1 0

1 的 2 進位表示法如下：

0 0 0 0 0 0 0 0 0 0 0 0 0 0 0 0 0 0 0 0 0 0 0 0 0 0 0 0 0 0 0 1

```
  0 0 0 0 0 0 0 0 0 0 0 0 0 0 0 0 0 0 0 0 0 0 0 0 0 0 0 0 0 0 1 0
& 0 0 0 0 0 0 0 0 0 0 0 0 0 0 0 0 0 0 0 0 0 0 0 0 0 0 0 0 0 0 0 1
-------------------------------------------------------------------
  0 0 0 0 0 0 0 0 0 0 0 0 0 0 0 0 0 0 0 0 0 0 0 0 0 0 0 0 0 0 0 0
```

故 2 & 1=0。

例：2 << 1= ？

解：2 的 2 進位表示法如下：

0 0 0 0 0 0 0 0 0 0 0 0 0 0 0 0 0 0 0 0 0 0 0 0 0 0 0 0 0 0 1 0

2 << 1 的結果之 2 進位表示法如下：

0 0 0 0 0 0 0 0 0 0 0 0 0 0 0 0 0 0 0 0 0 0 0 0 0 0 0 0 0 1 0 0

轉成 10 進位爲 4。

例：2 >> 1= ？

解：2 的 2 進位表示法如下：

00000000000000000000000000000010

2 >> 1 的結果之 2 進位表示法如下：

00000000000000000000000000000001

轉成 10 進位爲 1。

例：~ 2= ？

解：2 的 2 進位表示法如下：

00000000000000000000000000000010

~2 的 2 進位表示法如下：

11111111111111111111111111111101

因最高位元值爲 1，所以 ~2 的結果是一個負值。

使用 2 的補數法（= 1 的補數 + 1），將它轉成 10 進位整數。

(1) 做 1 的補數法（0 變 1，1 變 0）：

00000000000000000000000000000010

(2) 將 (1) 的結果 +1：

00000000000000000000000000000011

故值爲 3，但爲負的。

2-4 運算子的優先順序

不管哪一種運算式，式子中一定含有運算元與運算子。運算處理的順序是依照運算子的優先順序爲準則，運算子的優先順序在前的先處理；運算子的優先順序在後的後處理。

表 2-11　常用運算子的優先順序

運算子優先順序	運算子	說明
1	()，[]	小括號，中括號
2	+，-，++，--，!，~	取正號，取負號，前置型遞增、前置型遞減，邏輯否，位元否
3	*，/，%	乘，除，取餘數
4	+，-	加，減
5	<<，>>	位元「左移」，位元「右移」
6	>，>=，<，<=	大於，大於或等於，小於，小於或等於

運算子優先順序	運算子	說明
7	==，!=	等於，不等於
8	&	位元「且」
9	^	位元「互斥或」或邏輯「互斥或」
10	|	位元「或」
11	&&	邏輯「且」
12	||	邏輯「或」
13	=，+=，-=，*=，/=，%=，&=，^=，|=，<<=，>>=	指定運算及各種複合指定運算
14	++，--	後置型遞增、後置型遞減

2-5 資料型態轉換

當不同型態的資料放在運算式中，資料是如何運作？資料處理的方式有下列兩種：

1. **自動轉換資料型態（或隱式型態轉換**：Implicit Casting）：由編譯器來決定轉換成何種資料型態。Visual C# 編譯器會將數值範圍較小的資料型態轉換成數值範圍較大的資料型態。數值資料型態的範圍由小到大依序為 (sbyte、byte 、char、short 及 int 的範圍，都屬於 int)、(uint 及 long 的範圍，都屬於 long)、float、double。

例：（程式片段）

```
char c='A';
int i=10;
float f=3.6f;
double d;
d=c+i+f；
Console.Write(d);
// 將 c 值轉換為整數 65，再執行 65+i ➔ 75
// 將 75 的值轉換為單精度浮點數 75.0，
// 再執行 75.0+f ➔ 78.6
// 最後將單精度浮點數 78.6 轉換為倍精度浮點數 78.6
// 並指定給 d，結果 d=d=78.5999999046326
```

註：

並不是所有的浮點數都能準確地儲存在記憶體中。

2. **強制轉換資料型態（或顯式型態轉換**：Explicit Casting）：由設計者自行決定轉換成何種資料型態。當問題要求的資料型態與執行結果的資料型態不同時，設計者就必須對執行結果的資料型態做強制轉換。強制轉換資料型態的語法有下列三種：

(1) 將一般型態的資料，強制轉換成其他一般型態的資料。語法如下：

```
(指定的資料型態名稱) 變數(或運算式)
```

(2) 使用指定的結構所提供 Parse 方法，將字串型態的資料強制轉換成指定結構型態的資料。語法如下：

```
指定的結構名稱.Parse(字串變數(或運算式))
```

註：

請參考「3-2-1　標準輸入方法」之範例 2。

(3) 將參考型態的資料，強制轉換成其他參考型態的資料。語法如下：

```
(指定的參考型態名稱) 物件變數
```

註：

- 物件變數，請參考「第九章　自訂類別」。
- 請參考「第十一章　抽象類別和介面」之範例 1。

例：（程式片段）

```
int a=1,b=2,c=1;
float avg;
avg=(float) (a+b+c)/3;
// 將 a+b+c 的值轉換為單精度浮點數，再除以 3
```

例：（程式片段）

```
int a=1,b=2,c=3,avg;
avg=(int) (a*0.3+b*0.3+c*0.4);
// 將 a*0.3+b*0.3+c*0.4 的值轉換為整數 ( 即，將小數去掉 )。
```

自我練習

一、選擇題

(　) 1. 下列變數的命名，何者有誤？
(A)age　(B)123a　(C)@else　(D)if&else　(E)my age

(　) 2. (7 < 4) && (4 > 3) 結果為？
(A)true　(B)false

二、簡答題

1. 變數未經過宣告，是否可直接使用？
2. 變數 age 與 Age 是否為同一個變數？
3. 20 除以 7 取餘數的程式語法為何？
4. 判斷 a 是否等於 b+3 的程式語法為何？
5. 說明運算子 = 與 == 的差異。
6. （程式片段）

```
int a=10;
float b;
b=(float)a+1;
```

在執行 b=(float)a+1; 指令後，a 的資料型態為何？

7. 說明下列字元的意義。
(a)\b
(b)\n
(c)\t

CHAPTER 3

資料輸入／輸出方法

資料輸入與資料輸出是任何事件的基本元素，猶如因果關係。

例一：考試事件，學生將考題的作法寫在考卷上（資料輸入）；考完後老師會在學生的考卷上給予評分（資料輸出）。

例二：開門事件，當我們將鑰匙插入鎖孔並轉動鑰匙（資料輸入），門就會被打開（資料輸出）。

若資料輸入與資料輸出不是同時存在於事件中，則事件的結果不是千篇一律（因沒有資料輸入，所以資料輸出就沒有變化），就是不知其目的為何（因沒有資料輸出）。

Visual C# 語言對於資料輸入與資料輸出處理，並不是直接下達一般指令敘述，而是分別藉由呼叫資料輸入類別與資料輸出類別的方法（Method）來達成。「方法」為具有特定功能的指令，不能單獨執行，必須經由其他程式呼叫它。方法被呼叫之前，一定要先引用其所在類別，即告知編譯器，方法定義在哪裡。

以類別是否存在於 Visual C# 語言中來區分，可分成下列兩類：

1. **內建類別**：Visual C# 語言所提供的類別，請參考「第六章　內建類別」。

   註：

   在程式中，要使用命名空間中的內建類別之前，必須先下達 **using 命名空間名稱**; 敘述，將命名空間名稱中的類別庫引用到程式裡；否則編譯時可能會出現類似下列的錯誤訊息：

   ```
   名稱 'xxx' 不存在於目前的內容中
   ```

   原因是程式中沒有定義 xxx 類別。

2. **自訂類別**：使用者自行定義的類別，請參考「第九章　自訂類別」。

本章主要在介紹與資料輸入及資料輸出有關的內建類別之方法，其他未介紹的內建類別之方法，請參考「第六章　內建類別」。

3-1 資料輸出

程式執行時所產生的資料，可以輸出到標準輸出裝置（即螢幕）或檔案（請參考「第十六章　交談式控制項與檔案處理」）。本節主要在介紹程式執行階段，如何將資料呈現在螢幕上的方法。

與標準輸出有關的方法，都定義在命名空間 System 中的 Console 類別裡。因此，必須使用 **using System;** 敘述，將 Console 類別引用後才能使用；否則編譯時可能會出現錯誤訊息：

```
名稱Console不存在於目前的內容中
```

Console 類別常用的標準輸出方法，有 Write( ) 及 WriteLine( )，兩者的作用都是將程式所產生的資料輸出到螢幕上。請參考「表 3-1　Console 類別常用的標準輸出方法」。

表 3-1　Console 類別常用的標準輸出方法

回傳資料的型態	方法名稱	作用說明
void	Write(資料型態 var)	將 var 變數或常數顯示在螢幕上。若有兩個以上的資料項要輸出到螢幕上，則可使用「+」將這些資料連接在一起。
void	WriteLine(資料型態 var)	將 var 變數或常數顯示在螢幕上，並換列。若有兩個以上的資料項要輸出到螢幕上，則可使用「+」將這些資料項連接在一起
void	Write(" 輸出格式字串 "[, 資料串列])	將資料串列中的資料，依照輸出格式顯示在螢幕上
void	WriteLine(" 輸出格式字串 "[, 資料串列])	將資料串列中的資料，依照輸出格式顯示在螢幕上，並換列

方法說明

1. 上述所有的方法，都是 Console 類別的公用靜態（public static）方法。
2. var 是方法 Write( ) 及 WriteLine( ) 的參數，且資料型態可為 Byte、Int16、Int32、Int64、Char、String、Single、Double 及 Boolean。var 對應的引數變數（或常數）之資料型態必須分別為 Byte、Int16、Int32、Int64、Char、String、Single、Double 及 Boolean。

註：

Byte 是 C# 的內建結構型態，而 byte 型態是 Byte 的別名。
Int16 是 C# 的內建結構型態，而 short 型態是 Int16 的別名。
Int32 是 C# 的內建結構型態，而 int 型態是 Int32 的別名。
Int64 是 C# 的內建結構型態，而 long 型態是 Int64 的別名。
Single 是 C# 的內建結構型態，而 float 型態是 Single 的別名。
Double 是 C# 的內建結構型態，而 double 型態是 Double 的別名。
Boolean 是 C# 的內建結構型態，而 bool 型態是 Boolean 的別名。
以上這些結構型態都定義在命名空間「System」中。

3. **"輸出格式字串"** 及 **[,資料串列]**) 也是方法 Write( ) 及 WriteLine( ) 的參數。若在「輸出格式字串」中含有 {…}，則 [, 資料串列] 內的資料串列必須填寫，才能得到正確的結果；否則只會直接將 {…} 輸出。若「輸出格式字串」內含有 n 個 {…}，則資料串列中的資料項就要有 n 個，且必須以「,」隔開。
   在「輸出格式字串」中，可以使用的文字包含以下三種：
   (1) 不包含 \ 或 {…} 的一般文字。其目的是將一般文字直接輸出到螢幕上。
   (2) 含有 {…} 的資料型態控制字元。其目的是將要輸出的資料以指定的格式輸出到螢幕上。常用的資料型態控制字元之格式如下：

```
{n[:F[m]]}
```

註：

- n 表示第 (n+1) 個資料項。
- 有 [ ] 者，表示 :F[m] 或 m 可填可不填，視需要而定。
  - 若資料不是浮點數，則 :F[m] 都可省略。
  - F：表示資料以浮點數型態輸出，主要作用於浮點數資料。
  - m：表示將浮點數資料四捨五入到小數點後第 m 位，然後輸出。例，若 m=2，則將浮點數資料四捨五入到小數點後第 2 位，然後輸出。

   (3) 以 \ 開頭的組合文字（請參考「第二章 C# 語言的資料型態」之「表 2-3 常用的逸出序列」）。

4. 使用語法如下：

```
Console.Write(變數(或常數));
Console.WriteLine(變數(或常數));
Console.Write("輸出格式字串",變數(或常數)串列);
Console.WriteLine("輸出格式字串",變數(或常數)串列);
```

範例 1，是建立在 D:\C#\ch03 資料夾中的專案 Ex1。以此類推，範例 4，是建立在 D:\C#\ch03 資料夾中的專案 Ex4。

範例 1

將資料輸出到螢幕上之應用練習。

```
1  using System;
2  using System.Collections.Generic;
3  using System.Linq;
4  using System.Text;
5  using System.Threading.Tasks;
6  
7  namespace Ex1
8  {
9      class Program
10     {
11         static void Main(string[] args)
12         {
13             string name = "邏輯林"; // 參考「6-4 字串類別之屬性及方法」
14             int age = 28;
15             char blood = 'A';
16             float height = 168.5f; //或168.5F
17             Console.Write("123456789012345678901234567890");
18             Console.WriteLine("12345678901234567890");
19             Console.WriteLine("我是" + name + "\t今年" + age + "歲");
20             Console.WriteLine("血型是" + blood + "\t\t身高" + height + "\t");
21             Console.Write("------------------------------");
22             Console.WriteLine("--------------------");
23             Console.WriteLine("我是{0}\t今年{1}歲 ", name, age);
24             Console.WriteLine("血型是{0}\t\t身高{1:F1}", blood, height);
25             Console.ReadKey();
26         }
27     }
28 }
```

執行結果

```
12345678901234567890123456789012345678901234567890
我是邏輯林        今年28歲
血型是A           身高168.5
--------------------------------------------------
我是邏輯林        今年28歲
血型是A           身高168.5
```

程式說明

1. 程式中的 \t 相當於 Tab 鍵。Tab（水平定位鍵）的預設位置，分別爲 1，9，17，25，33，41，49，57，65 及 73。
2. 第 23 列中的 {0} 及 {1}，分別代表輸出資料項 name 及 age。第 24 列中的 {1:F1} 表示將變數 height 四捨五入到小數點後第 1 位，然後輸出。
3. 與標準輸出／入方法有關的 Console 類別，可參考 https://msdn.microsoft.com/zh-tw/library/system.console(v=vs.110).aspx。
4. 找尋其他 C# 內建的命名空間（例：System.Threading）中的類別（例：Thread）及其所定義的屬性及方法之相關資訊，請參考 https://msdn.microsoft.com/zh-tw/library/mt472912(v=vs.110).aspx。

3-2 資料輸入

程式執行時，所需要的資料如何取得呢？資料取得的方式共有下列四種：

1. 在程式設計階段，將資料直接寫在程式中。這是最簡單的資料取得方式，但每次執行結果都一樣。因此，只能解決固定的問題（請參考範例 1）。
2. 在程式執行階段，資料才從鍵盤輸入。資料取得會隨著使用者輸入的資料不同而不同，且執行結果也隨之不同。因此，適合解決同一類型的問題（請參考範例 2，求兩個整數之和）。
3. 在程式執行階段，資料才由亂數隨機產生。其目的在自動產生資料，或不想讓使用者掌握資料內容，進而預先得知結果（請參考「第七章　陣列」）。
4. 在程式執行階段，才從檔案中讀取資料。若程式需要處理很多資料，則可事先將這些資料儲存在檔案中，當程式執行時，才從檔案中取出（請參考「第十六章　交談式控制項與檔案處理」）。

本節主要在介紹程式執行階段，從鍵盤輸入資料的方法。

與標準輸入有關的方法，也是定義在命名空間 System 中的 Console 類別裡。因此，必須使用 using System; 敘述，將 Console 類別引用後，才能使用，否則編譯時可能會出現錯誤訊息：

```
名稱 Console不存在於目前的內容中
```

Console 類別常用的標準輸入方法，有 Read( )、ReadKey( ) 及 ReadLine( )，三者的作用都是從鍵盤輸入的資料。請參考「表 3-2　Console 類別常用的標準輸入方法」。

表 3-2　Console 類別常用的標準輸入方法

回傳資料的型態	方法名稱	作用說明
Int32	Read( )	讀取一個字元，並傳回此字元所對應的 Unicode 碼。
ConsoleKeyInfo	ReadKey( )	讀取一個字元。
String	ReadLine( )	讀取一列文字資料，直到「換列」鍵為止。

方法說明

1. 上述所有的方法，都是 **Console** 類別的公用靜態（public static）方法。
2. 使用語法如下：

```
Console.Read()
Console.ReadKey()
Console.ReadLine()
```

範例 2

寫一程式，由鍵盤輸入兩個整數，輸出這兩個整數的和。

```
using System;
using System.Collections.Generic;
using System.Linq;
using System.Text;
using System.Threading.Tasks;

namespace Ex2
{
    class Program
    {
        static void Main(string[] args)
        {
            int num1, num2;
            Console.WriteLine("輸入兩個整數，輸出這兩個整數的和");
            Console.Write("輸入第1個整數:");
            num1 =Int32.Parse(Console.ReadLine());
            Console.Write("輸入第2個整數:");
            num2 =Int32.Parse(Console.ReadLine());

            Console.WriteLine(num1 + "+" + num2 + "=" + (num1 + num2));
            // 若改成 Console.Writeln(num1 + "+" + num2 + "=" + num1 + num2);
            // 且num1=1,num2=2,則結果為1+2=12(不是3)

            Console.ReadKey();
        }
    }
}
```

執行結果

```
輸入兩個整數，輸出這兩個整數的和
輸入第1個整數:10
輸入第2個整數:20
10+20=30
```

程式說明

1. 利用 Console.ReadLine( ) 敘述所輸入的資料都屬於 String（字串）型態。若需要數值型態的資料，則可藉由下列方法來轉換。
2. Parse( ) 是 C# 內建結構 Byte、Int16、Int32、Int64、Single 及 Double 之靜態（static）方法，分別將 String 型態的數字換成 byte、short、int、long、float 及 double 型態的數字。語法分別為：

```
Byte.Parse(字串常數或變數)
Int16.Parse(字串常數或變數)
Int32.Parse(字串常數或變數)
Int64.Parse(字串常數或變數)
Single.Parse(字串常數或變數)
Double.Parse(字串常數或變數)
```

由於每一個國家有各自的文字編碼方式，例：台灣的 Big5 碼、大陸的 GBK 碼、日本的 SJIS 碼、香港的 HK-SC 碼等。國家彼此間若要藉由電腦傳達訊息，會出現語意的誤會或亂碼的現象。有鑒於此，美國的 Unicode 學會制定名爲 Unicode（標準萬國碼）的編碼方式，以唯一的兩個位元組（16 位元）之內碼表示每一個字元，來統一全世界的文字編碼方式。不論是什麼平臺、什麼程式及什麼語言，每個字元都只對應於唯一的 Unicode 碼。常用的中文字元所對應的 Unicode 碼，請參考：http://www.unicode.org/charts/PDF/U4E00.pdf。

範例 3

寫一程式，輸入一 Unicode（標準萬國碼），輸出其對應的字元；輸入一字元，輸出其對應的 Unicode 碼。

```
using System;
using System.Collections.Generic;
using System.Linq;
using System.Text;
using System.Threading.Tasks;

namespace Ex3
{
    class Program
    {
        static void Main(string[] args)
        {
            int unicode;
            char ch;

            //    目前各種語言中的字元是16位元的Unicode(國際標準碼)來表示
            //1. 中文字元所對應的Unicode範圍在19968~40622區間內
            //    (即,十六進位的4E00~9EAE區間內)

            //2. 英文字元對應的Unicode範圍在[]及[]65-90及97-122區間內
            //    (即,十六進位的0041~005A及0061~007A區間內)

            //3. 數字字元對應的Unicode範圍在[]49~57 區間內
            //    (即,十六進位的0031~0039區間內)

            //4. 符號字元對應的Unicode範圍在33-47,58-64,91-96及123-126區間內
            //    (即,十六進位的0021~002F,003A~0040,005B~0060及007B~007E)

            //5. 空白字元對應的Unicode為32 (即,十六進位的20)

            Console.Write("輸入unicode碼(十進位):");
            unicode =Int32.Parse(Console.ReadLine());
            ch = (char) unicode;
            Console.WriteLine("unicode碼為" + unicode + "所對應的字元為" + ch);
            Console.Write("輸入字元:");
            ch = (char) Console.Read();
```

```
37
38              unicode = (int) ch;
39              Console.WriteLine("字元為" + ch + "所對應的unicode碼為" + unicode);
40
41              Console.ReadKey();
42          }
43      }
44  }
```

執行結果

```
輸入unicode碼:19968
unicode碼爲19968所對應的字元爲一
輸入字元:一
字元爲一所對應的unicode碼爲19968
```

程式說明

第 36 列的 Console.Read() 是讀取鍵盤所輸入的文字中之第一個字元所對應 Unicode 碼，而 (char) Console.Read() 則是將 Unicode 碼轉成對應的字元。

3-3 發現問題

範例 4

float 型態及 double 型態的資料之準確度問題。

```
using System;
using System.Collections.Generic;
using System.Linq;
using System.Text;
using System.Threading.Tasks;

namespace Ex4
{
    class Program
    {
        static void Main(string[] args)
        {
            float a = 1.2345673901234567890f;
            Console.WriteLine("a={0:F20}", a);
            // 1.23456700000000000000

            a = 1.2345678901234567890f;
            Console.WriteLine("a={0:F20}", a);
            // 1.23456800000000000000

            double b = 1.2345678901234547890;
```

```
            Console.WriteLine("b={0:F20}", b);
            // 1.23456789012345000000

            b = 1.2345678901234567890;
            Console.WriteLine("b={0:F20}", b);
            // 1.23456789012346000000

            Console.ReadKey();
        }
    }
}
```

執行結果

```
a=1.23456700000000000000
a=1.23456800000000000000
b=1.23456789012345000000
b=1.23456789012346000000
```

（有畫底線的部分表示準確的數字）

程式說明

大部分的浮點數型態資料，都無法準確地儲存在記憶體中。float 型態的資料，儲存在記憶體中只能準確 6~7 位（整數位數 + 小數位數），且 double 型態的資料，儲存在記憶體中只能準確 14~15 位（整數位數 + 小數位數）。因此，顯示浮點數型態資料時，資料可能會有誤差產生。

自我練習

一、選擇題

(　) 1. Console.WriteLine("a={0:F4}",10.55656); 的執行結果為何？
(A)a=10.4　(B)a=10.55　(C)a=10.5565　(D)a=10.5566

(　) 2. 能將 string 型態的資料轉換成 int 型態的方法為何者？
(A)Byte.Parse()　(B)Int32.Parse()　(C)Int64.Parse()　(D)int

二、程式設計

1. 寫一程式，輸入兩個整數 a 及 b，輸出 a 除以 b 的商及餘數。
2. 假設某百貨公司周年慶活動，購物滿 1000 元送 100 禮券，滿 2000 元送 200 禮券，以此類推。寫一程式，輸入購物金額，輸出禮券金額。
3. 寫一程式，輸入三角形的底與高，輸出其面積。
4. 寫一程式，輸入體重（kg）和身高（m），輸出 BMI 值。
（BMI = 體重 (kg) / (身高 (m))^2）
5. 寫一程式，將華氏溫度轉換成攝氏溫度。

CHAPTER 4

程式之流程控制(一)——選擇結構

日常生活中，常會碰到需要做決策的事件。例:陰天時，出門前需決定要不要帶傘？到餐廳吃飯時，需決定吃什麼？找工作時，需決定什麼性質的行業適合自己？決策代表方向，其會影響後續的發展。由此可見，決策與後續發展的因果關係。

4-1 程式運作模式

程式的運作模式是指程式的執行流程。Visual C# 語言有下列三種運作模式：

1. **循序結構**：程式敘述由上而下，一個接著一個執行。循序結構之運作方式，請參考「圖 4-1　循序結構流程圖」。

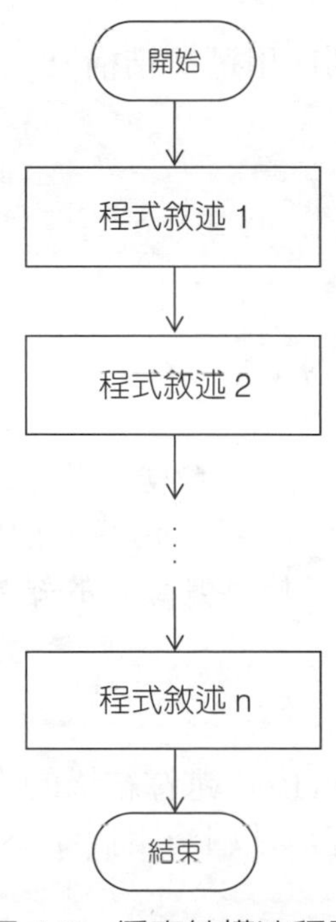

圖 4-1　循序結構流程圖

2. **選擇結構**：為一決策結構，內部包含一個條件判斷式。若條件判斷式的結果為 true（真）時，則執行某一區塊的程式敘述；若條件判斷式的結果為 false（假）時，則執行另一區塊的程式敘述。選擇結構之運作方式，請參考「圖 4-2　選擇結構流程圖」。

3. **重複結構**：為一種迴圈控制結構，內部包含一個條件判斷式。當程式執行到此結構時，是否重複執行迴圈內部的程式敘述，是由條件判斷式的結果來決定。若條件判斷式的結果為 true，則會執行迴圈控制結構內部的程式敘述；若條件判斷式的結果為 false，則不會進入迴圈控制結構內部。重複結構之運作方式，請參考「第五章程式之流程控制 (二) ——迴圈結構」。

4-2 選擇結構

當一個事件設有條件或狀況說明時，就可使用選擇結構來描述事件的決策點。選擇就是決策，其結構必須結合條件判斷式。Visual C# 語言的選擇結構語法有以下四種：

1. if …（單一狀況、單一決策）
2. if … else … （兩種狀況、正反決策）
3. if … else if … else … （多種狀況、多方決策）
4. switch （多種狀況、多方決策）

4-2-1 if 選擇結構（單一狀況、單一決策）

若一個事件只有一種決策，則使用選擇結構 if …來撰寫最適合。選擇結構 if …的語法如下：

```
if (條件)
 {
  程式敘述區塊；
 }
程式敘述;…
```

當程式執行到選擇結構 if …開端時，會檢查「if (條件)」內的條件判斷式，若條件判斷式的結果為 true，則執行「if (條件)」底下 { } 內的程式敘述，然後跳到選擇結構 if …外的第一個程式敘述去執行；若條件判斷式的結果為 false，則直接跳到選擇結構 if …外的第一個程式敘述去執行。

註：

若 if... 、if…else 及 if… else if… else…選擇結構的大括號 { } 內的程式敘述只有一行，則 { } 可省略；若是有兩行（含）以上，則 { } 不可省略。

選擇結構 if 之運作方式，請參考「圖 4-2　if 選擇結構流程圖」。

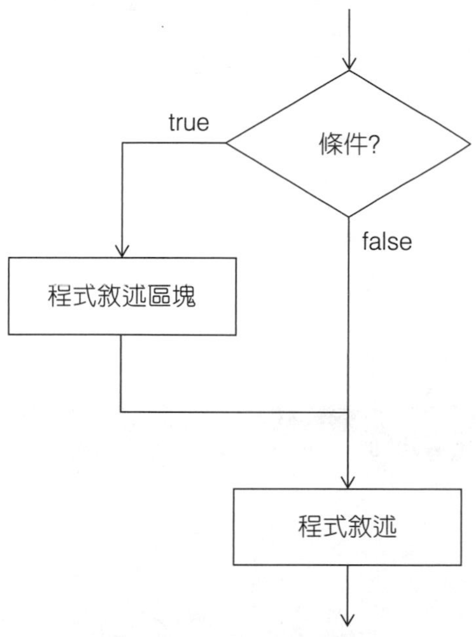

圖 4-2　if …選擇結構流程圖

> 範例 1，是建立在 D:\C#\ch04 資料夾中的專案 Ex1。以此類推：範例 10，是建立在 D:\C#\ch04 資料夾中的專案 Ex10。

範例 1

若手中的統一發票號碼末 3 碼與本期開獎的統一發票頭獎號碼末 3 碼一樣時，至少獲得 200 元獎金。寫一程式，輸入本期的統一發票頭獎號碼及手中的統一發票號碼，判斷是否至少獲得 200 元獎金。

```
using System;
using System.Collections.Generic;
using System.Linq;
using System.Text;
using System.Threading.Tasks;

namespace Ex1
{
    class Program
    {
        static void Main(string[] args)
        {
            int topPrize, num;
            Console.Write("輸入本期開獎的統一發票頭獎號碼(8碼):");
            topPrize = Int32.Parse(Console.ReadLine());
            Console.Write("輸入手中的統一發票號碼(8碼):");
            num = Int32.Parse(Console.ReadLine());
```

```
            if (num % 1000 == topPrize % 1000) //末3碼一樣時
                Console.WriteLine("至少獲得200元獎金.");
            Console.ReadKey();
        }
    }
}
```

執行結果 1

```
輸入本期開獎的統一發票頭獎號碼:36822639
輸入手中的統一發票號碼:38786639
至少獲得200元獎金.
```

執行結果 2

```
輸入本期開獎的統一發票頭獎號碼:36822639
輸入手中的統一發票號碼:58765839
(無任何資料輸出)
```

程式說明

流程圖如下：

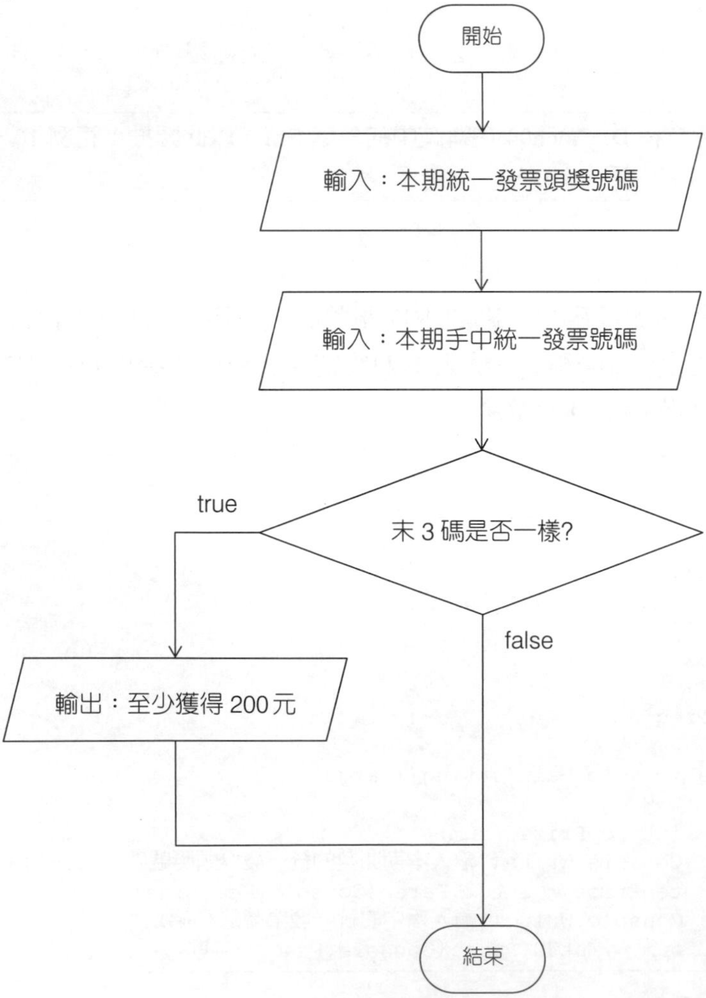

開始

輸入：本期統一發票頭獎號碼

輸入：本期手中統一發票號碼

末 3 碼是否一樣?

true

輸出：至少獲得 200元

false

結束

範例 1 流程圖

範例 2

假設某家餐廳的消費金額每人 400 元，持貴賓卡打 9 折，無貴賓卡不打折。寫一程式，輸入是否持貴賓卡及消費人數，輸出消費金額。

```
using System;
using System.Collections.Generic;
using System.Linq;
using System.Text;
using System.Threading.Tasks;

namespace Ex2
{
    class Program
    {
        static void Main(string[] args)
        {
            double money = 400;
            int vip, people;
            Console.Write("持貴賓卡?(1:持 2:無):");
            vip = Int32.Parse(Console.ReadLine());
            Console.Write("消費人數:");
            people = Int32.Parse(Console.ReadLine());
            money = 400 * people;
            if (vip == 1)
                money = money * 0.9;
            Console.WriteLine("消費金額:{0:F0}", money);
            Console.ReadKey();
        }
    }
}
```

執行結果 1

```
持貴賓卡?(1:持 2:無):1
消費人數:3
消費金額:1080
```

執行結果 2

```
持貴賓卡?(1:持 2:無):2
消費人數:3
消費金額:1200
```

程式說明

流程圖如下：

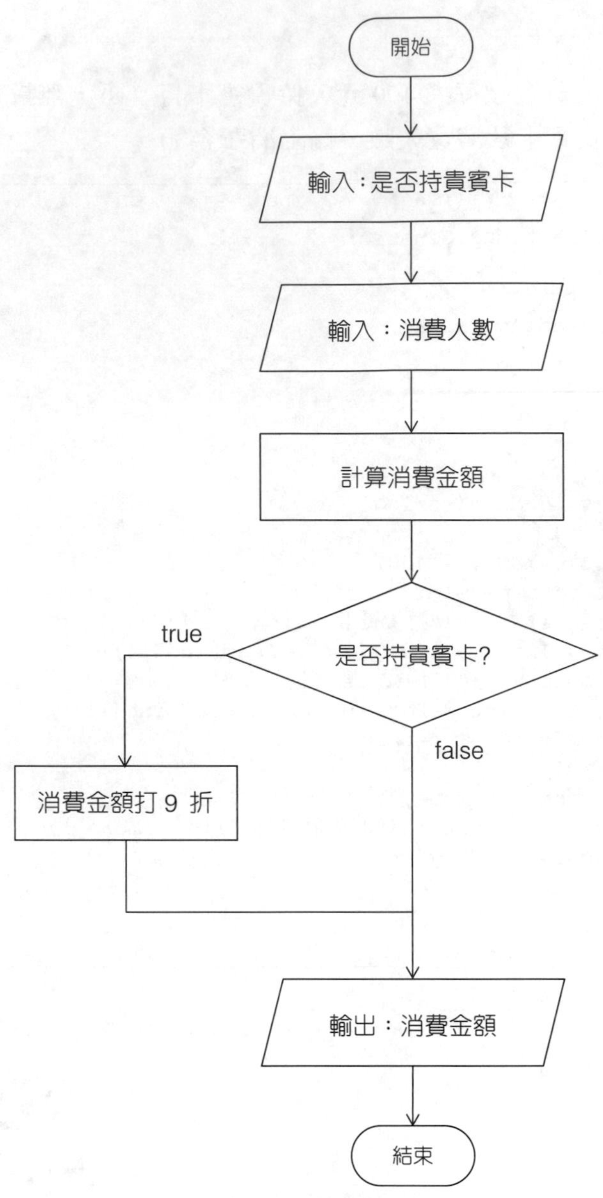
開始
輸入:是否持貴賓卡
輸入：消費人數
計算消費金額
是否持貴賓卡?
true
false
消費金額打 9 折
輸出：消費金額
結束

範例 2 流程圖

4-2-2　if…else…選擇結構（兩種狀況、正反決策）

若一個事件有兩種決策，則使用選擇結構 if…else…來撰寫是最適合。選擇結構 if…else…的語法如下：

```
if (條件)
 {
  程式敘述區塊1；
 }
 else
 {
  程式敘述區塊2；
 }
程式敘述;…
```

當程式執行到選擇結構 if…else…開端時，會檢查「if (條件)」內的條件判斷式，若條件判斷式的結果爲 true，則執行「if (條件)」底下 { } 內的程式敘述，然後跳到選擇結構 if…else…外的第一個程式敘述去執行；若條件判斷式的結果爲 false，則執行 else 底下 { } 內的程式敘述，執行完繼續執行下面的程式敘述。

選擇結構 if…else…之運作方式，請參考「圖 4-3　if...else... 選擇結構流程圖」。

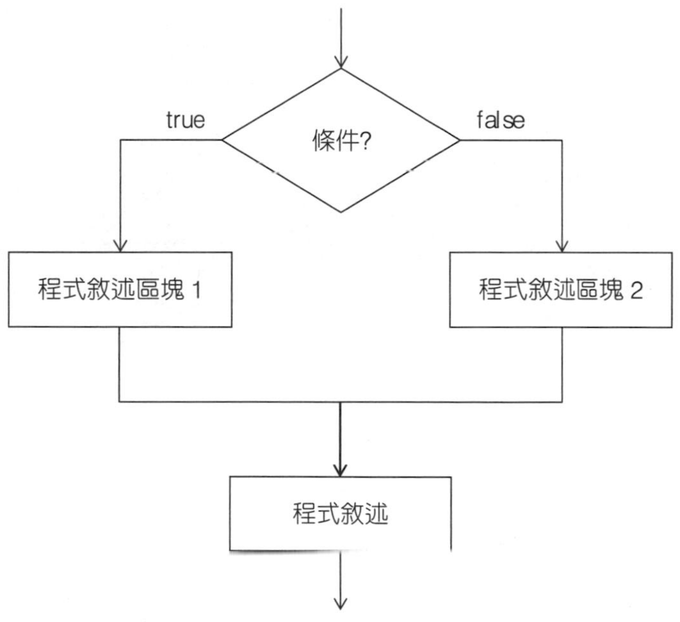

圖 4-3　if...else... 選擇結構流程圖

範例 3

成績若大於或等於 60 分，則這科就及格，否則就不及格。寫一程式，輸入成績，判斷是否及格。

```
using System;
using System.Collections.Generic;
using System.Linq;
using System.Text;
using System.Threading.Tasks;

namespace Ex3
{
    class Program
    {
        static void Main(string[] args)
        {
            int score;
            Console.Write("輸入成績:");
            score = Int32.Parse(Console.ReadLine());
            if (score >= 60)
                Console.WriteLine("及格");
            else
                Console.WriteLine("不及格");
            Console.ReadKey();
        }
    }
}
```

執行結果

```
輸入成績:86
及格
```

程式說明

流程圖如下：

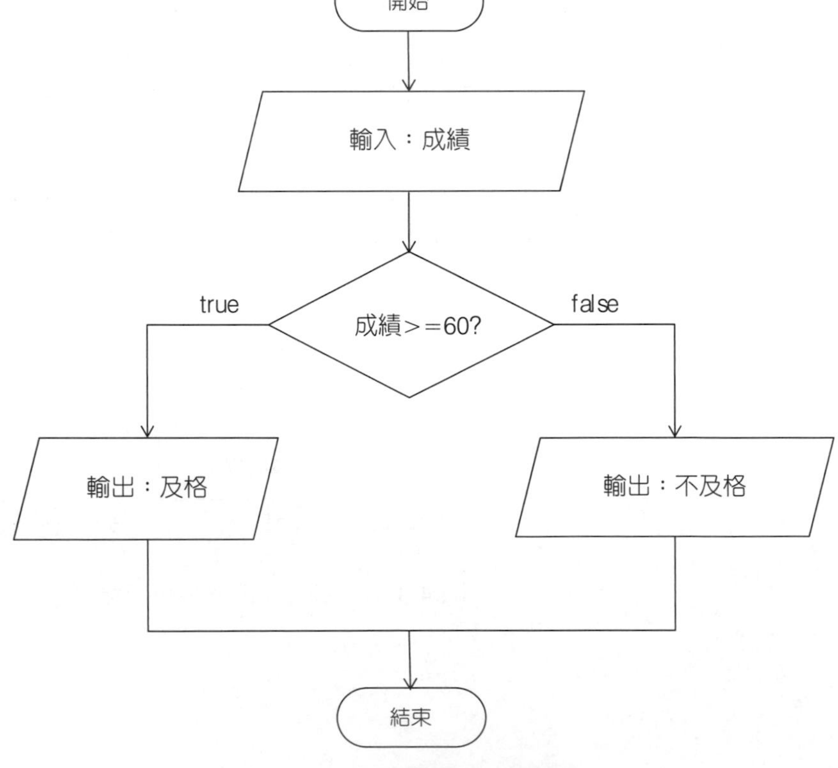

範例 3 流程圖

4-2-3　if…else if…else…選擇結構（多種狀況、多方決策）

若一個事件有三種（含）決策以上，則使用選擇結構 if…else if…else…來撰寫是最適合。選擇結構 if…else if…else…的語法如下：

```
if (條件1)
 {
  程式敘述區塊1；
 }
else if (條件2)
 {
  程式敘述區塊2；
 }
.
.
.
else if (條件n)
 {
  程式敘述區塊n；
 }
else
 {
  程式敘述區塊(n+1)；
 }
程式敘述;…
```

當程式執行到選擇結構 if…else if…else…開端時，會先檢查「if (條件 1)」內的條件 1 判斷式，若條件 1 判斷式的結果為 true，則會執行「if (條件 1)」底下 { } 內的程式敘述，然後跳到選擇結構 if…else if…else…外的第一個程式敘述去執行；若條件 1 判斷式的結果為 false，則會去檢查 else if (條件 2) 內的條件 2 判斷式，若條件 2 判斷式的結果為 true，則會執行 else if (條件 2) 底下 { } 內的程式敘述，然後跳到選擇結構 if…else if…else…外的第一個程式敘述去執行；若條件 2 判斷式的結果為 false，則會去檢查 else if (條件 3) 內的條件 3 判斷式；以此類推。若條件 1 判斷式、條件 2 判斷式、…及條件 n 判斷式的結果都為 false，則會執行 else 底下 { } 內的程式敘述，執行完繼續執行下面的程式敘述。

在選擇結構 if…else if…else…中，else { 程式敘述區塊 (n+1)；} 這部分是選擇性的。若省略，則選擇結構 if…else if…else… 內的程式敘述，可能連一個都沒被執行到；若沒省略，則會從選擇結構 if…else if…else… 的 (n+1) 個條件中，擇一執行其所包含的程式敘述。

選擇結構 if…else if…else…之運作方式，請參考「圖 4-4　if...else if...else... 選擇結構流程圖」。

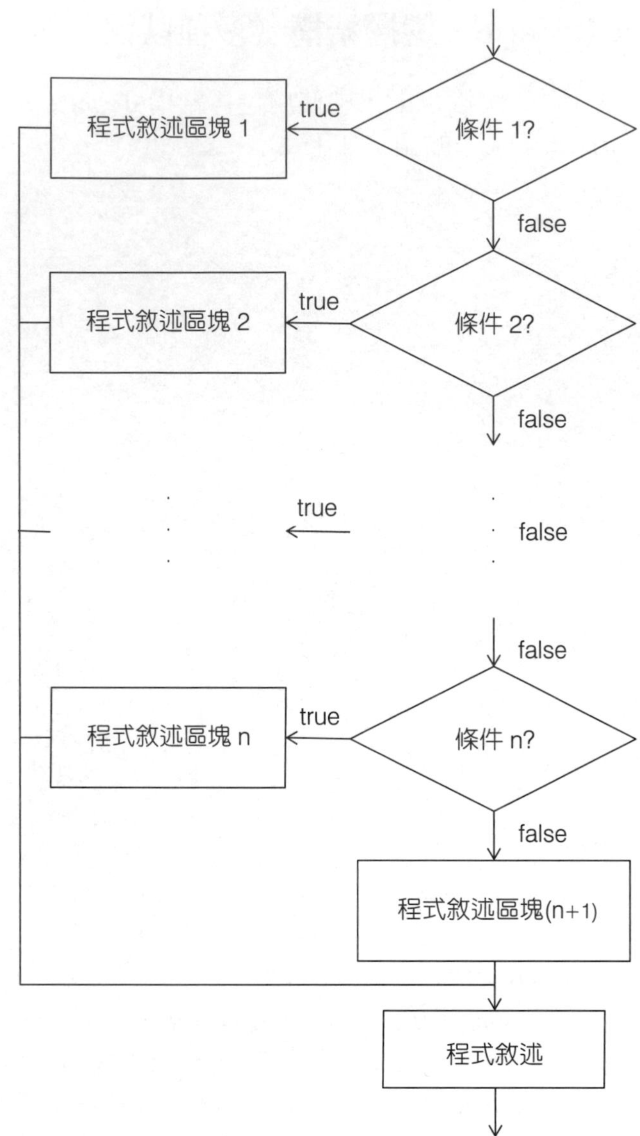

圖 4-4　if…else if…else…選擇結構流程圖

範例 4

美國大學成績分數與成績等級的關係如下：

分數	90-100	80-89	70-79	60-69	0-59
等級	A	B	C	D	F
表現	極佳	佳	平均	差	不及格

寫一個程式，輸入數字成績，輸出成績等級。

```
using System;
using System.Collections.Generic;
using System.Linq;
using System.Text;
using System.Threading.Tasks;

namespace Ex4
{
    class Program
    {
        static void Main(string[] args)
        {
            int score;
            Console.Write("輸入成績:");
            score = Int32.Parse(Console.ReadLine());
            if (score >= 90)
                Console.WriteLine("等級:A");
            else if (score >= 80)
                Console.WriteLine("等級:B");
            else if (score >= 70)
                Console.WriteLine("等級:C");
            else if (score >= 60)
                Console.WriteLine("等級:D");
            else
                Console.WriteLine("等級:F");
            Console.ReadKey();
        }
    }
}
```

執行結果

```
輸入成績:68
等級:D
```

程式說明

流程圖如下：

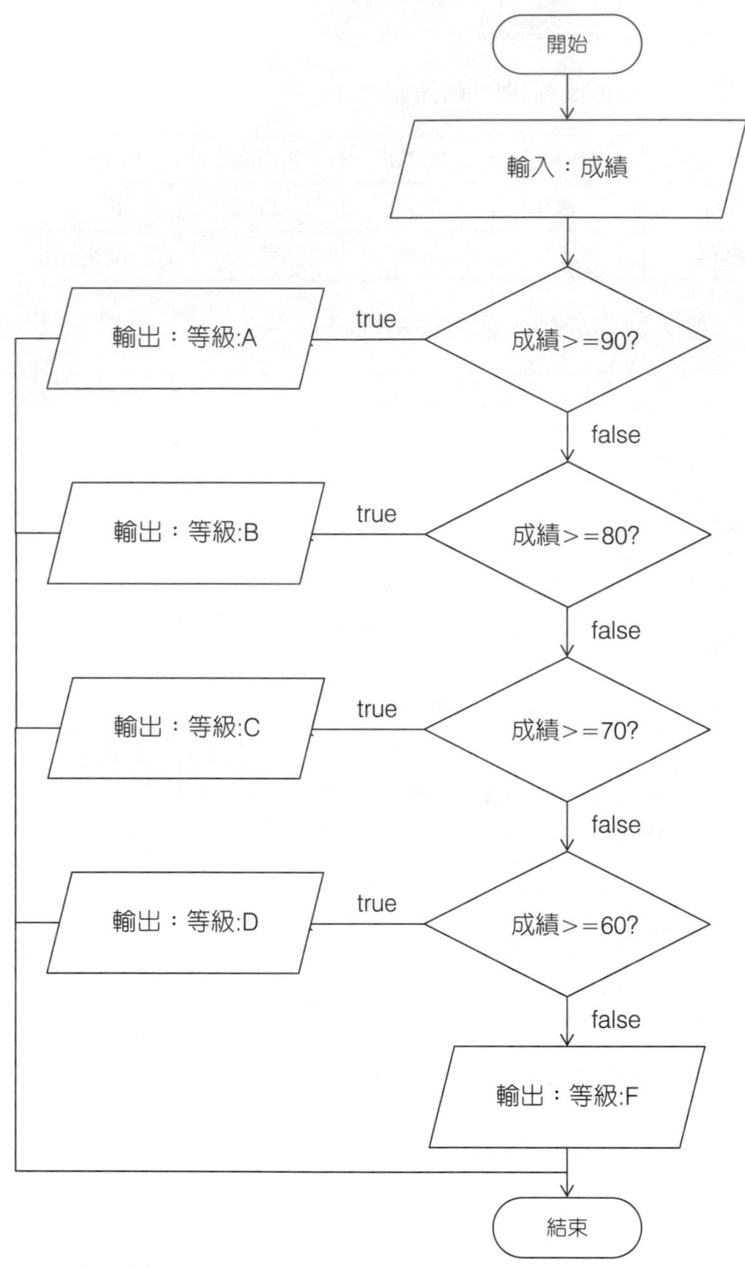
開始
輸入：成績
成績>=90?
true
輸出：等級:A
false
成績>=80?
true
輸出：等級:B
false
成績>=70?
true
輸出：等級:C
false
成績>=60?
true
輸出：等級:D
false
輸出：等級:F
結束

範例 4 流程圖

4-2-4　switch 選擇結構（多種狀況、多方決策）

若一個事件有三種（含）決策以上，除了可用選擇結構 if … else if … else … 來撰寫外，還可使用 switch 結構來撰寫。

選擇結構 switch 的語法如下：

```
switch (運算式)
{
  case 常數1：
     程式敘述；…
     break；
  case 常數2：
     程式敘述；…
     break；
     .
     .
     .
  case 常數n：
     程式敘述；…
     break；
  default：
     程式敘述；…
     break；
}
```

程式執行到選擇結構 switch 時，會先計算 switch (運算式) 內的運算式。若運算式的結果與某個 case 後之常數值相等，則直接執行該 case 底下的程式敘述 ;…，遇到 break; 敘述時，程式會直接跳到選擇結構 switch 外的第一個程式敘述去執行；若運算式的結果與任何一個 case 後之常數值都不相等，則執行 default: 底下的程式敘述。

在選擇結構 switch 中，default: 程式敘述 ; 這部分是選擇性的。若省略，則選擇結構 switch 內的程式敘述，可能連一個都沒被執行到；若沒省略，則會從選擇結構 switch 的 (n+1) 個狀況中，擇一執行其所包含的程式敘述。

在選擇結構 switch 中，每一個 case 後之常數值只能寫一個。每個 case 底下的最後一列 break; 敘述，是作爲離開選擇結構 switch 之用。若某個 case 底下無 break; 敘述，則此 case 底下就不能有任何程式敘述，且此 case 被執行時，程式會繼續執行下一個 case 底下的程式敘述，直到 break; 敘述出現，才會離開選擇結構 switch。

選擇結構 switch 之運作方式，請參考上頁「圖 4-5　switch 選擇結構流程圖」。

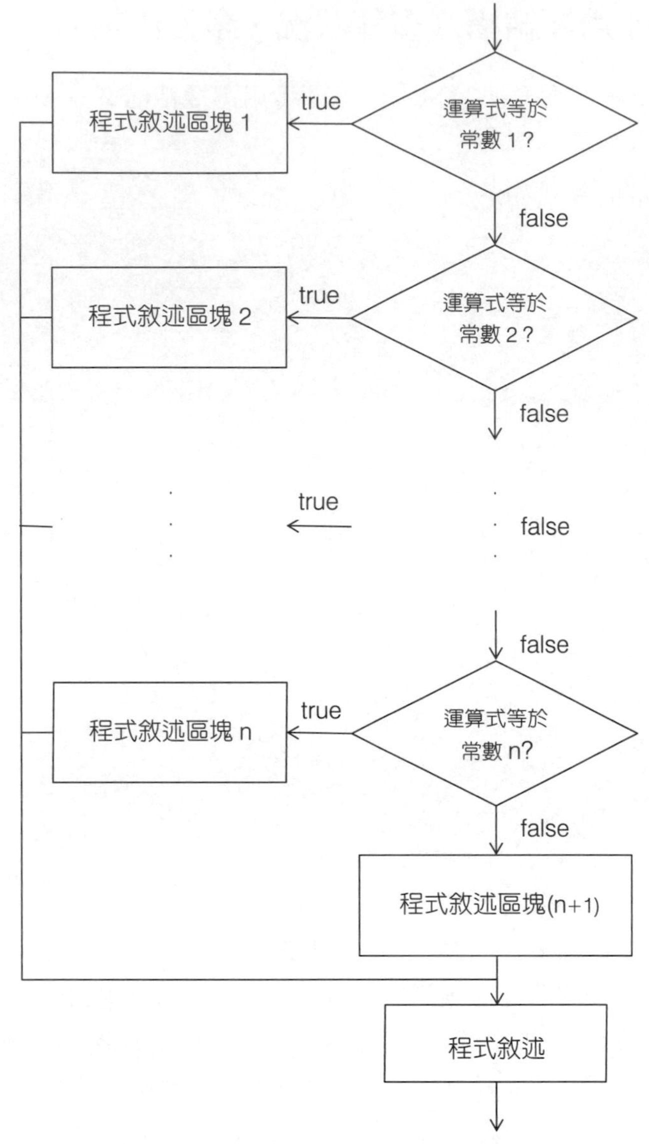

圖 4-5　switch 選擇結構流程圖

範例 5

假設家庭用電度數 0~200 度，每度 1.63 元；201~300 度，每度 2.1 元；301 度以上，每度 2.89 元。寫一程式，輸入用電度數，輸出電費（限制說明：用電度數必須爲 >=0 的浮點數）。

```
1  using System;
2  using System.Collections.Generic;
3  using System.Linq;
4  using System.Text;
5  using System.Threading.Tasks;
6
7  namespace Ex5
8  {
9      class Program
10     {
11         static void Main(string[] args)
12         {
13             int power;
14             double bill;
15             Console.Write("輸入用電度數(>=0):");
16             power = Int32.Parse(Console.ReadLine());
17             switch ((power - 1) / 100)
18             {
19                 case 0: // 0  -100 度
20                 case 1:  // 101-200 度
21                     bill = power * 1.63;
22                     break;
23                case 2:  // 201-300 度
24                     bill = 200 * 1.63 + (power - 200) * 2.1;
25                     break;
26                 default:  // 301度以上
27                     bill = 200 *1.63 + 100 * 2.1 + (power - 300) * 2.89;
28                     break;
29             }
30             Console.WriteLine("電費={0:F0}元", bill);
31             Console.ReadKey();
32         }
33     }
34 }
```

執行結果

```
輸入用電度數(>=0):98
電費=160元
```

程式說明

1. 在程式第 17 列 switch ((power-1)/100) 中，(power-1)/100 的目的是將用電度數區段轉換成不同的整數值，並利用這個整數值去計算對應用電度數區段的電費。「100」代表這三個用電度數區段的最大公因數 GCD(200,100)。因為 power / 100 對於用電度數 power 為 201 度得到的結果與 power 為 200 度相同，而用電度數 power 為 301 度得到的結果，與 power 為 300 度相同，這樣違反「不同用電度數區段電費應不同」規定。最後歸納出用 (power-1)/100，代表用電度數 power 所屬的區段。這種作法，適用於不同範圍間彼此有公因數的問題。
2. 輸入的度數為 98，在 switch「( )」中的運算式 (power-1)/100 結果為 0，則執行 case 0: 底下的程式敘述，但 case 0: 底下沒有任何程式敘述，因此程式會繼續執行 case 1: 底下的程式敘述，直到遇到 break; 敘述才會跳出 switch 結構。

3. 第 17 列到 29 列，可以改成下列寫法：

```
switch((power-1)/100)
 {
   case 0 :  // 0  -100 度
      bill=power*1.63;
      break;
   case 1:  // 101-200 度
      bill=power*1.63;
      break;
   case 2:  // 201-300 度
      bill=200*1.63+(power-200)*2.1;
      break;
   default:  // 301度以上
      bill=200*1.63+100*2.1+(power-300)*2.89;
      break;
 }
```

4. 第 30 列 Console.WriteLine(" 電費 ={0:F0} 元 ", bill); 中的 {0:F0}，表示將 "" 後的第 1 個浮點數資料 bill 四捨五入到整數。
5. 流程圖如下：

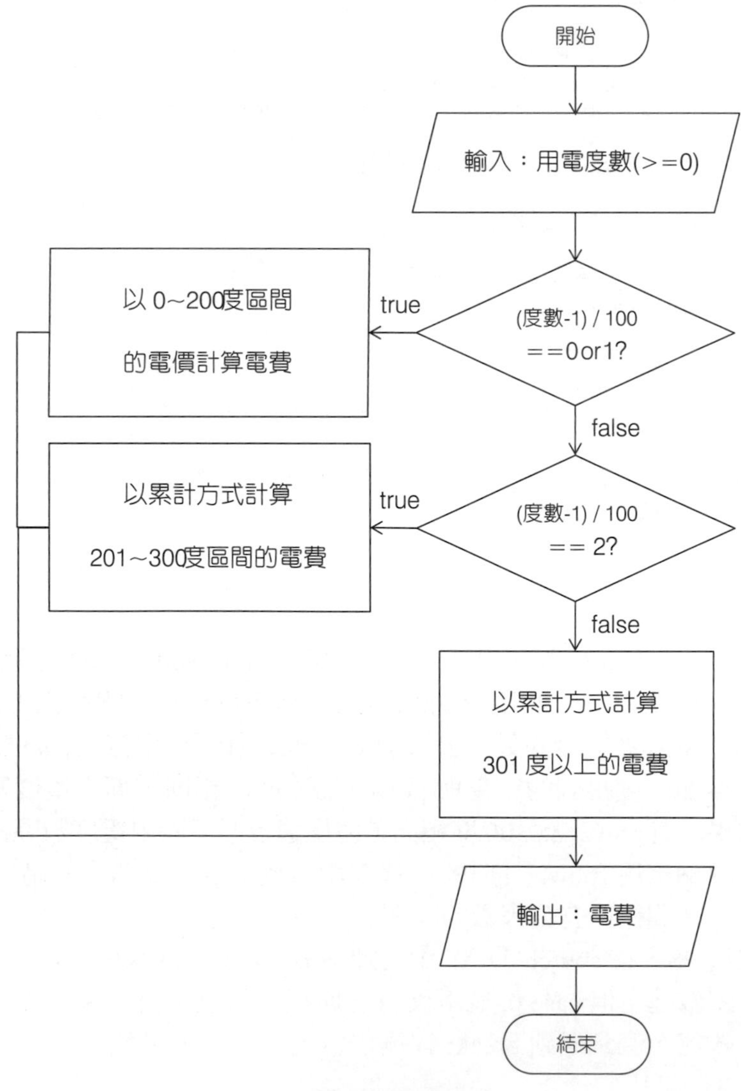

範例 5 流程圖

範例 6

寫一程式，輸入一個運算符號（+，-，*，/）及兩個整數，最後輸出結果。

```
using System;
using System.Collections.Generic;
using System.Linq;
using System.Text;
using System.Threading.Tasks;

namespace Ex6
{
    class Program
    {
        static void Main(string[] args)
        {
            char op;
            int num1, num2, answer = 0;
            Console.Write("輸入一個運算符號(+，-，*，/):");
            op = (char) Console.Read();

            //將留在鍵盤緩衝區內的資料清空，避免被下一個輸入敘述直接接收
            Console.ReadLine();

            Console.Write("輸入第1個整數:");
            num1 = Int32.Parse(Console.ReadLine());
            Console.Write("輸入第2個整數:");
            num2 = Int32.Parse(Console.ReadLine());
            switch (op)
            {
                case '+':
                    answer = num1 + num2;
                    break;
                case '-':
                    answer = num1 - num2;
                    break;
                case '*':
                    answer = num1 * num2;
                    break;
                case '/':
                    answer = num1 / num2;
                    break;
            }
            Console.Write("{0}{1}{2}={3}", num1,op,num2,answer);
            Console.ReadKey();
        }
    }
}
```

執行結果

```
輸入一個運算符號(+，-，*，/):+
輸入第1個整數:10
輸入第2個整數:20
10+20=30
```

程式說明

1. 當使用 (char) Console.Read(); 輸入一個字元時，會將 Enter 鍵留在鍵盤緩衝區內，造成下一個要輸入的資料無法從鍵盤輸入，而是直接從鍵盤緩衝區內讀取 Enter 鍵。因此，為了避免這種問題發生，必須在 (char) Console.Read(); 下面增加 Console.ReadLine();，將留在鍵盤緩衝區內的資料清空，使下一個要輸入的資料可以從鍵盤輸入。
2. 流程圖如下：

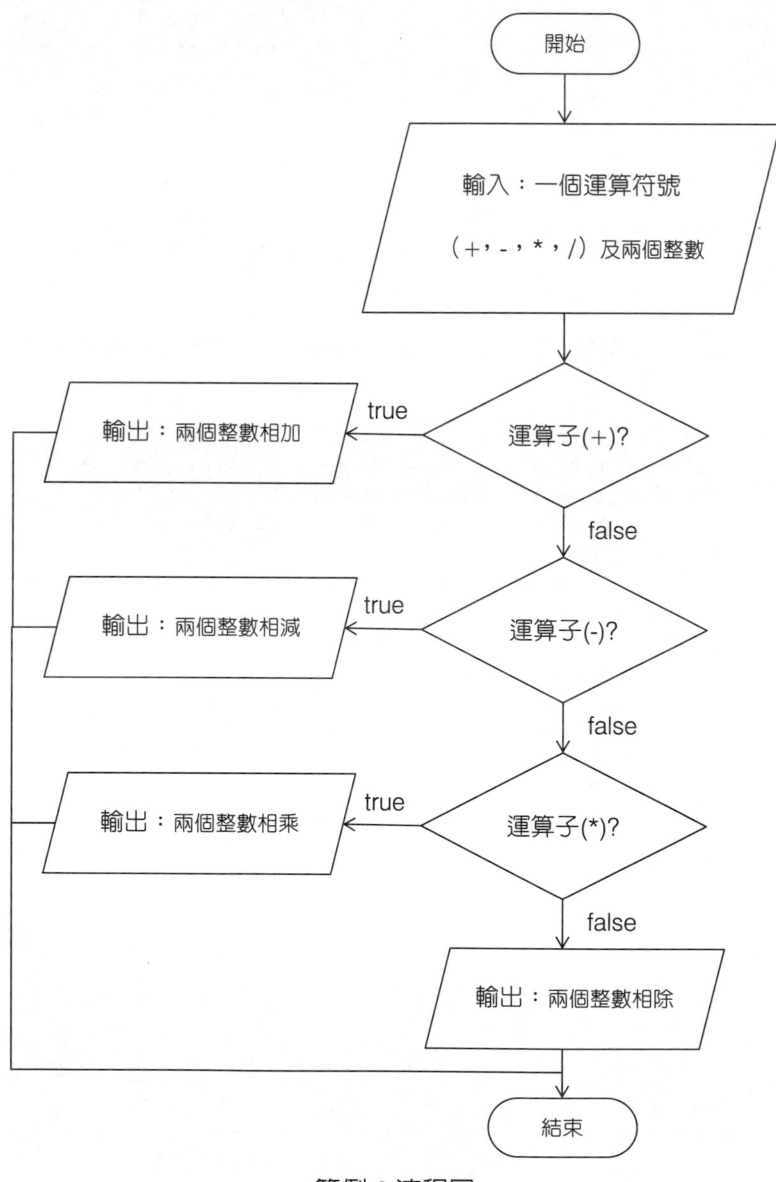

範例 6 流程圖

範例 7

寫一程式，定義列舉型態 Operator，其成員包含 add，subtract，multiply 及 divide，分別代表加，減，乘及除，且它們所代表的值分別為 0，1，2 及 3。輸入一個整數 0~3 之間），並將它轉成對應於列舉 Operator 中的成員，代表某個運算符號，接著輸入兩個整數，最後輸出兩個整數與運算符號的運算結果（提示：先輸入 3，再輸入 10，最後再輸入 3，輸出 10 divide 3 is 3）。

```
using System;
using System.Collections.Generic;
using System.Linq;
using System.Text;
using System.Threading.Tasks;

namespace Ex7
{
    public enum Operator { add, subtract, multply, divide };
    class Program
    {
        static void Main(string[] args)
        {
            public Operator op;
            int num1, num2, answer = 0;
            Console.Write("輸入運算符號代碼(0:Add，1:subtract，2:multiply，3:divide):");
            op = (Operator)Int32.Parse(Console.ReadLine());
            Console.Write("輸入第1個整數:");
            num1 = Int32.Parse(Console.ReadLine());
            Console.Write("輸入第2個整數:");
            num2 = Int32.Parse(Console.ReadLine());
            switch (op)
            {
                case Operator.add:
                    answer = num1 + num2;
                    break;
                case Operator.subtract:
                    answer = num1 - num2;
                    break;
                case Operator.multply:
                    answer = num1 * num2;
                    break;
                case Operator.divide:
                    answer = num1 / num2;
                    break;
            }
            Console.Write("{0} {1} {2} is {3}", num1, op, num2, answer);
            Console.ReadKey();
        }
    }
}
```

執行結果

```
輸入運算符號代碼(0:Add，1:subtract，2:multiply，3:divide):3
輸入第1個整數:10
輸入第2個整數:3
10 divide 3 is 3
```

程式說明

1. 程式第 17 列中的 (Operator)Int32.Parse(Console.ReadLine())，目的是將 Int32.Parse(Console.ReadLine()) 所得到的整數值轉換成 Operator 列舉中的成員。
2. 本範例可改用範例 8 的作法。
3. 流程圖如下：

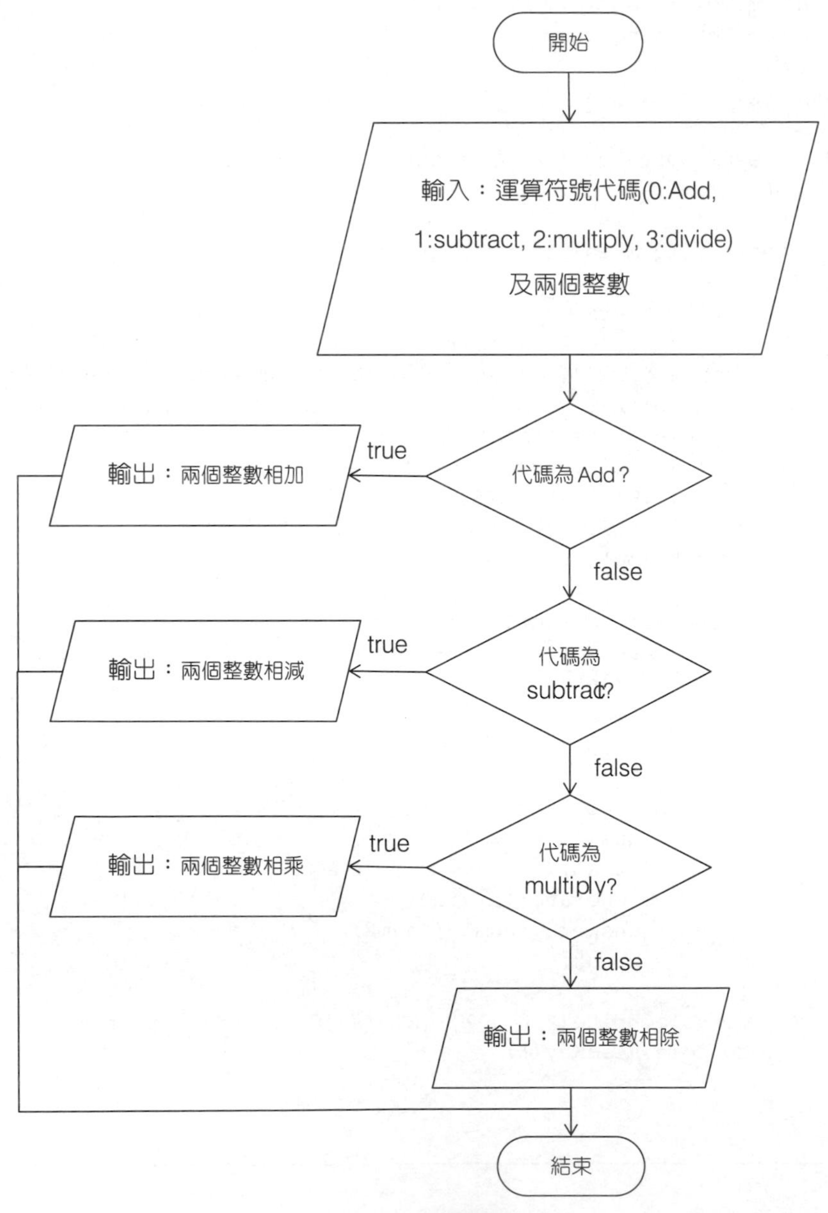

範例 7 流程圖

範例 8

寫一程式，定義列舉型態 Operator，其成員包含 add，subtract，multiply 及 divide，分別代表加，減，乘及除，且它們所代表的值分別爲 0，1，2 及 3。輸入一個整數（0~3 之間），並將它轉成對應於列舉 Operator 中的成員，代表某個運算符號，接著輸入兩個整數，最後輸出兩個整數與運算符號的運算結果（提示：先輸入 3，再輸入 10，最後再輸入 3，輸出 10 divide 3 is 3）。

```
using System;
using System.Collections.Generic;
using System.Linq;
using System.Text;
using System.Threading.Tasks;

namespace Ex8
{
    public enum Operator { add, subtract, multply, divide };
    class Program
    {
        static void Main(string[] args)
        {
            int op;
            int num1, num2, answer = 0;
            Console.Write("輸入運算符號代碼(0:Add，1:subtract，2:multiply，3:divide):");
            op = Int32.Parse(Console.ReadLine());
            Console.Write("輸入第1個整數:");
            num1 = Int32.Parse(Console.ReadLine());
            Console.Write("輸入第2個整數:");
            num2 = Int32.Parse(Console.ReadLine());
            switch (op)
            {
                case (int) Operator.add:
                    answer = num1 + num2;
                    break;
                case (int) Operator.subtract:
                    answer = num1 - num2;
                    break;
                case (int) Operator.multply:
                    answer = num1 * num2;
                    break;
                case (int) Operator.divide:
                    answer = num1 / num2;
                    break;
            }
            Console.Write("{0} {1} {2} is {3}", num1, (Operator) op, num2, answer);
            Console.ReadKey();
        }
    }
}
```

執行結果

```
輸入運算符號代碼(0:Add，1:subtract，2:multiply，3:divide):3
輸入第1個整數:10
輸入第2個整數:3
10 divide 3 is 3
```

程式說明

1. 程式第 24 列中的 (int) Operator.add，第 27 列中的 (int) Operator.subtract，第 30 列中的 (int) Operator.multply 及第 33 列中的 (int) Operator.divide，它們的目的是將 Operator 列舉的成員 add、subtract、multiply 及 divide，分別轉換成數值 0、1、2 及 3。
2. 流程圖如下：

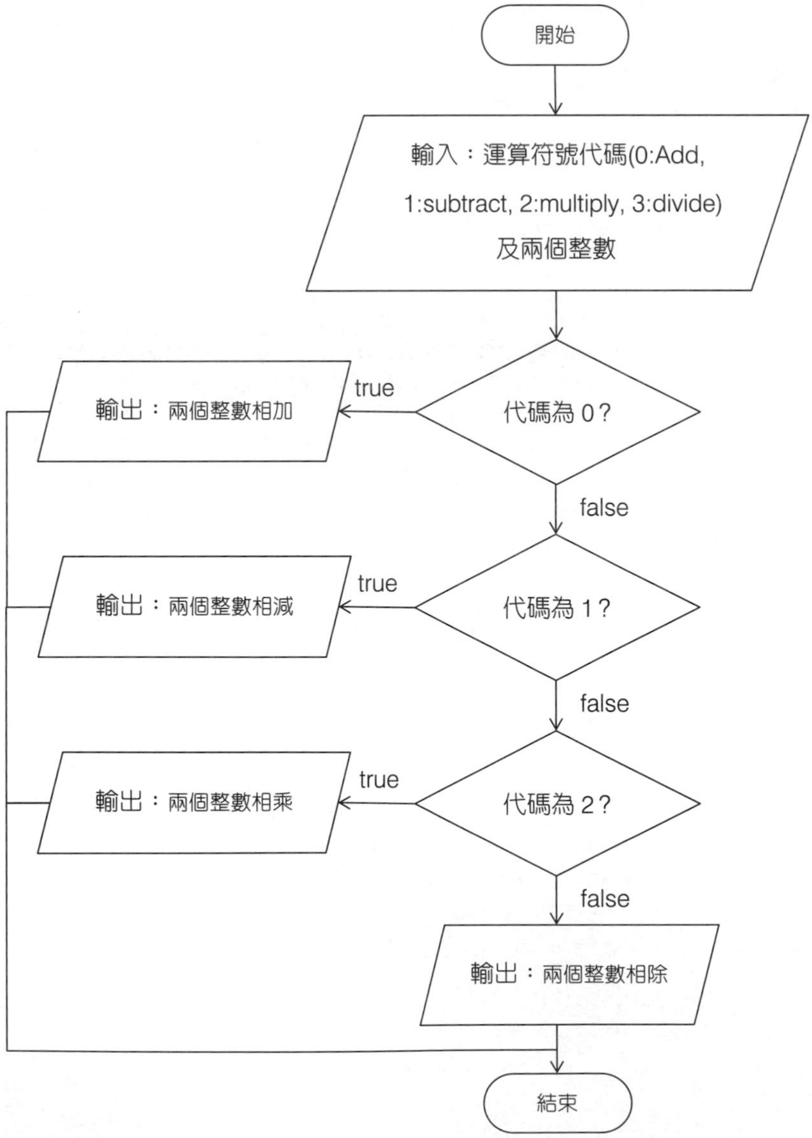

範例 8 流程圖

4-3 巢狀選擇結構

一個選擇結構中還有其他選擇結構的架構，稱之爲巢狀選擇結構。當一個問題提到的條件有兩個（含）以上，且要同時成立，此時就可以使用巢狀選擇結構來撰寫。雖然如此，您還是可以使用一般的選擇結構結合邏輯運算子來撰寫，同樣可以達成問題的要求。

範例 9

寫一程式，輸入一個正整數，判斷是否爲 3 或 7 或 21 的倍數？

```
using System;
using System.Collections.Generic;
using System.Linq;
using System.Text;
using System.Threading.Tasks;

namespace Ex9
{
    class Program
    {
        static void Main(string[] args)
        {
            int num;
            Console.Write("輸入一個正整數:");
            num = Int32.Parse(Console.ReadLine());
            if (num % 3 == 0) // 爲3或7或21的倍數
                if (num % 7 == 0)
                    Console.WriteLine(num + "是21的倍數");
                else
                    Console.WriteLine(num + "是3的倍數");
            else
                if (num % 7 == 0)
                    Console.WriteLine(num + "是7的倍數");
                else
                    Console.WriteLine(num + "不是3的倍數或7的倍數");
            Console.ReadKey();
        }
    }
}
```

執行結果

```
輸入一個正整數:18
18是3的倍數
```

程式說明

流程圖如下：

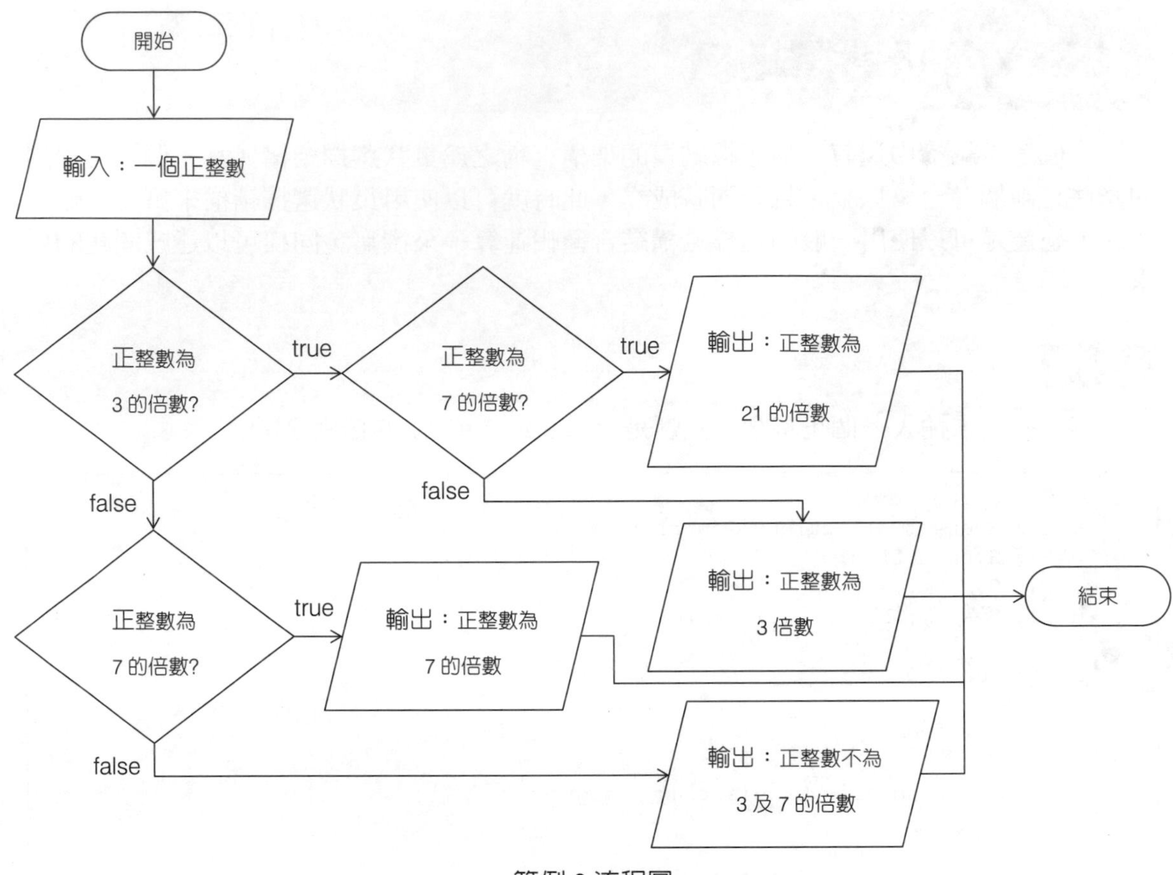
開始
輸入：一個正整數
正整數為
3 的倍數?
true
正整數為
7 的倍數?
true
輸出：正整數為
21 的倍數
false
false
輸出：正整數為
3 倍數
結束
正整數為
7 的倍數?
true
輸出：正整數為
7 的倍數
false
輸出：正整數不為
3 及 7 的倍數

範例 9 流程圖

範例 10

寫一程式，輸入西元年份，判斷是否爲閏年。西元年份若符合下列兩個情況之一，則爲閏年。

(1) 若年份爲 400 的倍數。

(2) 若年份爲 4 的倍數，且年份不爲 100 的倍數。

```
1  using System;
2  using System.Collections.Generic;
3  using System.Linq;
4  using System.Text;
5  using System.Threading.Tasks;
6  
7  namespace Ex10
8  {
9      class Program
10     {
11         static void Main(string[] args)
12         {
13             int year;
14             Console.Write("請輸入西元年份:");
15             year = Int32.Parse(Console.ReadLine());
16             if (year % 400 == 0) // 年份爲400的倍數
17                 Console.WriteLine("西元" + year + "年是閏年");
18             else
19                 if (year % 4 == 0) // 年份爲4的倍數
20                    if (year % 100 != 0) // 年份不爲100的倍數
21                      Console.WriteLine("西元" + year + "年是閏年");
22                    else
23                     Console.WriteLine("西元" + year + "年不是閏年");
24                 else
25                    Console.WriteLine("西元" + year + "年不是閏年");
26             Console.ReadKey();
27         }
28     }
29 }
```

執行結果

```
請輸入西元年份:2017
西元2017年不是閏年
```

程式說明

1. 程式的第 16~25 列，可以改成下列寫法：

```
//年份爲400的倍數或(年份是4的倍數且不是100的倍數)
if (year % 400 ==0 || (year % 4 ==0 && year % 100 !=0))
   Console.WriteLine("西元{0}年是閏年",year);
else
   Console.WriteLine ("西元{0}年不是閏年",year);
```

2. 流程圖如下：

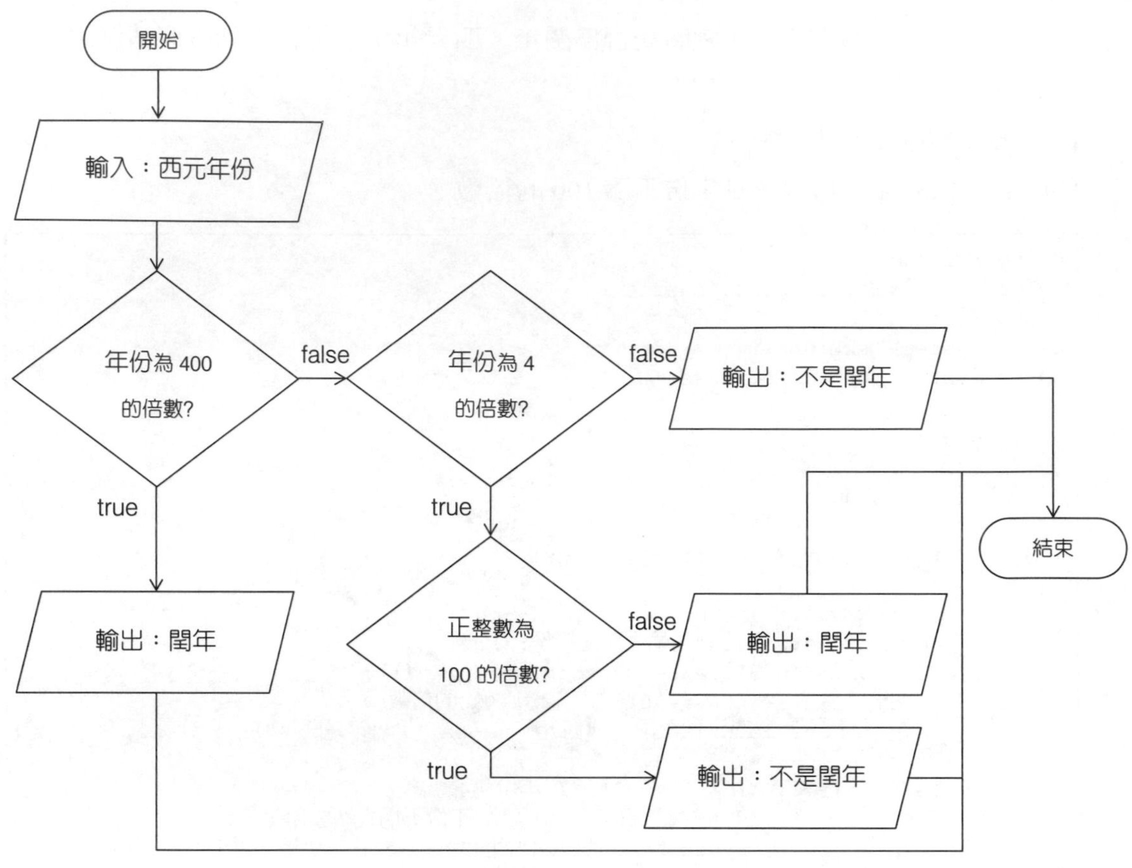

範例 10 流程圖

自我練習

一、選擇題

( ) 1. 以下何者不是 Visual C# 的選擇結構？
(A)if… (B)if…else… (C)if…else if…else… (D)while。

( ) 2. 以下哪一種選擇結構，最適合用於解決兩個條件的問題？
(A)if… (B)if…else… (C)if…else if…else… (D)while。

( ) 3. 離開 switch 選擇結構的敘述為何？
(A)return (B)default (C)break (D)exit。

二、程式設計

1. 寫一程式，輸入一整數，判斷是否為偶數。
2. 寫一程式，輸入大寫字母，轉成小寫字母輸出。
3. 假設某加油站的工讀金，依照下列方式計算：
   60 個小時以內，每小時 98 元；61~80 個小時，每小時工讀金以 1.2 倍計算；超過 80 個小時以後，每小時工讀金以 1.5 倍計算。寫一程式，輸入工讀生的工作時數，輸出實領的工讀金。
4. 寫一程式，輸入三個整數 a、b 及 c，判斷何者為最大值。
5. 寫一程式，輸入三角形的三邊長 a、b 及 c，判斷是否可以構成一個三角形。
6. 我國 106 年綜合所得稅的課徵稅率表如下：

綜合所得淨額	稅率	累進差額
0 ～ 540,000	5%	0
540,001 ～ 1,210,000	12%	37,800
1,210,001 ～ 2,420,000	20%	134,600
2,420,001 ～ 4,530,000	30%	376,600
4,530,000 ～ 10,310,000	40%	829,600
10,310,000 以上	45%	1,345,100

   應納稅額＝綜合所得淨額 × 稅率－累進差額。
   寫一程式，輸入綜合所得淨額，輸出應納稅額。
7. 寫一程式，輸入農曆月份，利用 switch 結構，輸出其所屬的季節。（註：農曆 2~4 月為春季，5~7 月為夏季，8~10 月為秋季，11~1 月為冬季）
8. 寫一程式，輸入一整數，判斷是否為三位數的整數。
9. 寫一程式，輸入一整數，輸出其絕對值。

10. 寫一程式，輸入平面上一點的座標 (x,y)，判斷 (x,y) 是位於哪一個象限中，x 軸上或 y 軸上。
11. 假設某加油站 95 無鉛汽油一公升 35 元，今日推出加油滿 30（含）公升以上打九折。寫一程式，輸入加油公升數，輸出加油金額。
12. 全民健保自 108/03 起，藥品部分負擔費用對照表如下：

藥費	0 ~ 100	101 ~ 200	201~300	301 ~ 400	401 ~ 500	501 ~ 600
藥品 部分負擔	0	20	40	60	80	100
藥費	601 ~ 700	701 ~ 800	801 ~ 900	901 ~ 1000	1001 以上	
藥品 部分負擔	120	140	160	180	200	

寫一程式，輸入藥費，輸出其所對應的藥品部分負擔費用。（限用一個單一選擇結構 if）。

CHAPTER 5

程式之流程控制(二)——迴圈結構

一般學子，常爲背誦數學公式所苦。例，求 1+2+…+10 的和，一般的作法是利用等差級數的公式：(上底＋下底)* 高 /2，得到 (1+10)*10/2 =55。但往往我們要計算的問題，並不是都有公式。例：求 10 個任意整數的和，就沒有公式可幫我們解決這個問題，那該如何是好呢？

日常生活中，常常有一段時間我們會重複做一些固定的事，過了這段時間就換做別的事。

例一：電視卡通節目「海賊王」，若是星期六 5：00PM 播放，那麼每週的星期六 5：00PM 時，電視台就會播放「海賊王」，直到電視台與製作片商的合約到期。

例二：在我們大學制度中，每學期共 18 週。若學生修了一門程式設計的課程，排在星期一的 3、4 節及星期四的 1、2 節。在 18 週中，每週的星期一 3、4 節及星期四 1、2 節，學生都必須上程式設計課。

例三：每天都要進食（食物的種類可以不同）。

當程式重複執行某些特定的敘述，直到違反條件才停止重複執行，這種架構稱爲迴圈結構。當一個問題涉及重複執行完全相同的敘述或敘述相同但資料不同時，不管是否有公式可使用，都可利用迴圈結構來處理。

5-1 程式運作模式

程式的運作模式是指程式的執行流程。Visual C# 語言有下列三種運作模式：

1. **循序結構**：請參考「第四章　程式之流程控制 (一) ——循序結構」
2. **選擇結構**：請參考「第四章　程式之流程控制 (一) ——選擇結構」
3. **重複結構**：爲一種迴圈控制結構，內部包含一個條件判斷式。當程式執行到此結構時，是否重複執行迴圈內部的程式敘述，是由條件判斷式的結果來決定。若條件判斷式的結果爲 true，則會執行迴圈控制結構內部的程式敘述；若條件判斷式的結果爲 false，則不會進入迴圈控制結構內部。請參考「圖 5-1　迴圈結構流程圖」。

當一事件重複某些特定的現象時，就可使用迴圈結構來描述此事件的重複現象。Visual C# 語言的迴圈結構有 for、while 及 do while 三種。

5-2 迴圈結構

根據條件（這些條件通常是由算術運算式、關係算術運算式及邏輯運算式組合而成）撰寫的位置來區分，迴圈結構分為前測式迴圈及後測式迴圈兩種類型：

1. **前測式迴圈**：條件寫在迴圈結構開端的迴圈。當執行到迴圈結構開端時，會先檢查條件。若條件的結果為 true（眞），則會執行迴圈內部的程式敘述，之後會再回到迴圈結構的開端，再檢查條件；若條件的結果為 false（假），則不會進入迴圈內部，而是直接跳到迴圈結構外的第一列程式敘述。

   例：正常的狀況下，在上課時間內學生必須在教室內學習知識，否則可以下課休息。前測式迴圈結構之運作方式，請參考「圖 5-1　前測式迴圈結構流程圖」。

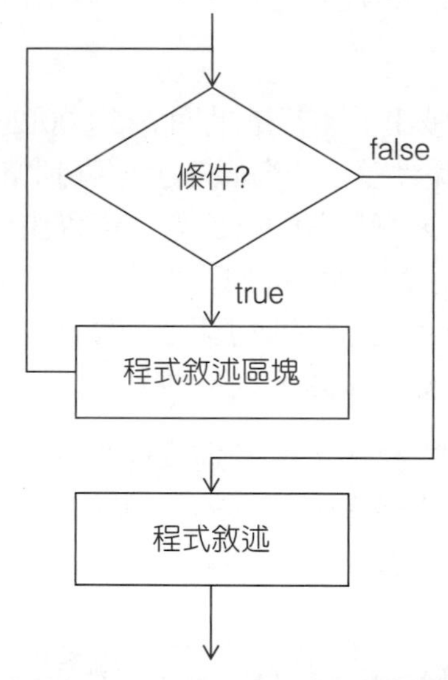

圖 5-1　前測式迴圈結構流程圖

註：

若前測式迴圈的條件一開始就為 false，則前測式迴圈內部的程式敘述，一次都不會執行。

2. **後測式迴圈**：條件寫在迴圈結構尾端的迴圈。當執行到迴圈結構時，是直接執行迴圈內部的程式敘述，並在迴圈結構尾端檢查條件。若條件的結果為 true，則會從迴圈結構的開端，再執行一次；若條件的結果為 false（假），則執行迴圈結構外的第一列程式敘述。

例：一位大學生是否能畢業，必須視該系之規定。若沒符合該系規定，則必須繼續修課。後測式迴圈結構之運作方式，請參考「圖 5-2　後測式迴圈結構流程圖」。

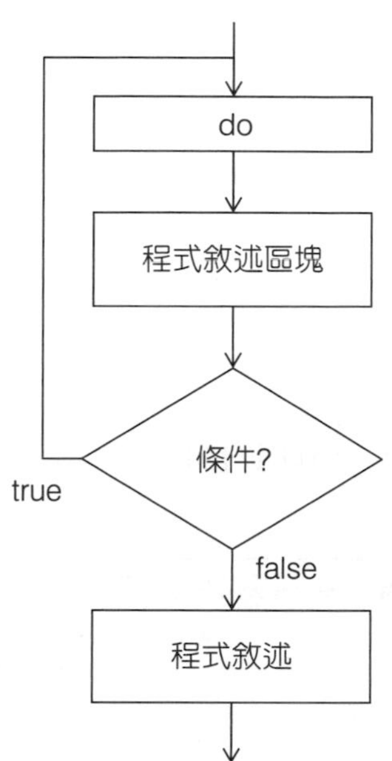

圖 5-2　後測式迴圈結構流程圖

註：

後測式迴圈內部的程式敘述，至少執行一次。

5-2-1　前測式迴圈結構

Visual C# 語言提供的前測式迴圈結構，有 for 及 while 兩種迴圈。

1. **迴圈結構 for**：當知道問題需使用迴圈結構來撰寫，且知道迴圈結構內部的程式敘述要重複執行幾次，此時使用迴圈結構 for 來撰寫是最適合的方式。從迴圈結構 for 中，可以知道迴圈內部的程式敘述會重複執行幾次。因此，for 迴圈又被稱為「計數」迴圈。迴圈結構 for 的語法如下：

```
for (迴圈變數初值設定;進入迴圈的條件;迴圈變數增(或減)量)
{
  程式敘述；…
}
```

當程式執行到迴圈結構 for 時，程式執行的步驟如下：

步驟1. 設定迴圈變數的初值。
步驟2. 檢查進入迴圈結構for的條件是否成立？若不成立，則跳到迴圈結構for外的第一列敘述。
步驟3. 執行for「{}」內的程式敘述。
步驟4. 增加（或減少）迴圈變數的值，然後回到步驟2。

註：

- 在 for 的「( )」裡面，必須要用分號「;」將三個運算式隔開。
- for( ) 及大括號 { } 後面，都不能加上 ;。
- 若 { } 內只有一列敘述，則 { } 可以省略；若 { } 內的敘述有兩列（含）以上，則一定要加上 { }。

接著以範例 1_1 與範例 1_2，說明迴圈結構的使用與否對撰寫程式解決問題的差異及優劣。

範例 1_1，是建立在 D:\C#\ch05 資料夾中的專案 Ex1_1。以此類推，範例 16，是建立在 D:\C#\ch05 資料夾中的專案 Ex16。

範例 1_1

寫一程式，輸出 1+2+…+10 的結果。

```
using System;
using System.Collections.Generic;
using System.Linq;
using System.Text;
using System.Threading.Tasks;

namespace Ex1_1
{
    class Program
    {
        static void Main(string[] args)
        {
            int sum = 0;
            sum = sum + 1;
            sum = sum + 2;
            sum = sum + 3;
            sum = sum + 4;
            sum = sum + 5;
            sum = sum + 6;
            sum = sum + 7;
            sum = sum + 8;
            sum = sum + 9;
            sum = sum + 10;
            Console.WriteLine("1+2+…+10=" + sum);
```

```
25                 Console.ReadKey();
26             }
27         }
28 }
```

執行結果

```
1+2+…+10=55
```

程式說明

1. 由第 14 列到第 23 列，我們發現程式敘述都類似，只是數字由 1 變到 10。
2. 若問題改成輸出 1+2+…+100 的結果，則必須再增加 90 列類似的程式敘述。因此，這種相當於我們在小學時所學的基本解決方法，是比較沒有效率的。

範例 1_2

寫一程式，使用迴圈結構 for，輸出 1+2+…+10 的結果。

```
using System;
using System.Collections.Generic;
using System.Linq;
using System.Text;
using System.Threading.Tasks;

namespace Ex1_2
{
    class Program
    {
        static void Main(string[] args)
        {
            int i, sum = 0;
            for (i = 1; i <= 10; i = i + 1)
                sum = sum + i;
            Console.WriteLine("1+2+…+10=" + sum);
            Console.ReadKey();
        }
    }
}
```

執行結果

```
1+2+…+10=55
```

程式說明

1. 由迴圈結構 for 的 ( ) 中，知道迴圈變數 i 的初值 =1，進入迴圈的條件為 i<=10，及迴圈變數增量 =1（因 i=i+1）。利用這三個資訊，知道迴圈結構 for { } 內的程式敘述，總共會執行 10(=(10-1)/1+1) 次，即執行了 1 ＋ 2+…+10 的計算。直到 i=11 時，才違反迴圈條件而跳離迴圈結構 for。

2. 因 for 的 { } 內只有一列敘述，故 { } 被省略。
3. 若改成輸出 1+2+⋯+100 的結果，則程式只需將 i<=10 改成 i<=100。
4. 流程圖如下：

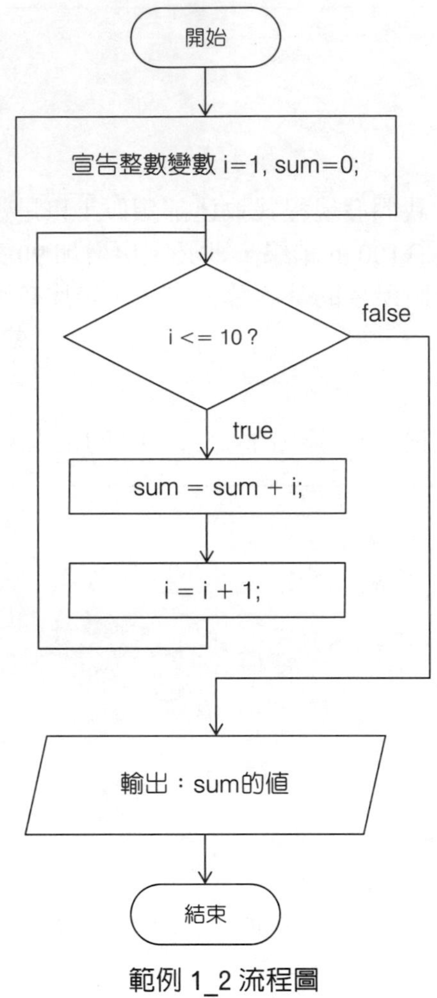

範例 1_2 流程圖

範例 2

寫一程式，輸入您要購買的商品個數，及輸入每個商品的價格，然後輸出全部商品的總金額。

```
using System;
using System.Collections.Generic;
using System.Linq;
using System.Text;
using System.Threading.Tasks;

namespace Ex2
{
    class Program
    {
        static void Main(string[] args)
        {
            int i, n;
            int money, totalmoney = 0;
            Console.Write("輸入購買的商品個數(n>=1):");
            n = Int32.Parse(Console.ReadLine());
            for (i = 1; i <= n; i++)
            {
                Console.Write("輸入第{0}種商品的價格:", i);
                money = Int32.Parse(Console.ReadLine());
                totalmoney = totalmoney + money;
            }
            Console.WriteLine("全部商品的總金額=" + totalmoney);
            Console.ReadKey();
        }
    }
}
```

執行結果

```
輸入購買的商品個數(n>=1):3
輸入第1種商品的價格:10
輸入第2種商品的價格:20
輸入第3種商品的價格:30
全部商品的總金額=60
```

程式說明

1. 由迴圈結構 for 的 ( ) 中，知道迴圈變數 i 的初值 =1，進入迴圈的條件為 i<=n，及迴圈變數增量 =1（因 i=i+1）。利用這三個資訊，知道 for 的 { } 內的程式敘述，總共會執行 n(=(n-1)/1+1) 次，即連續輸入 n 個不同商品的價格並將商品的價格加總。直到 i>n 時，才違反迴圈條件而跳離迴圈結構 for。
2. 流程圖如下：

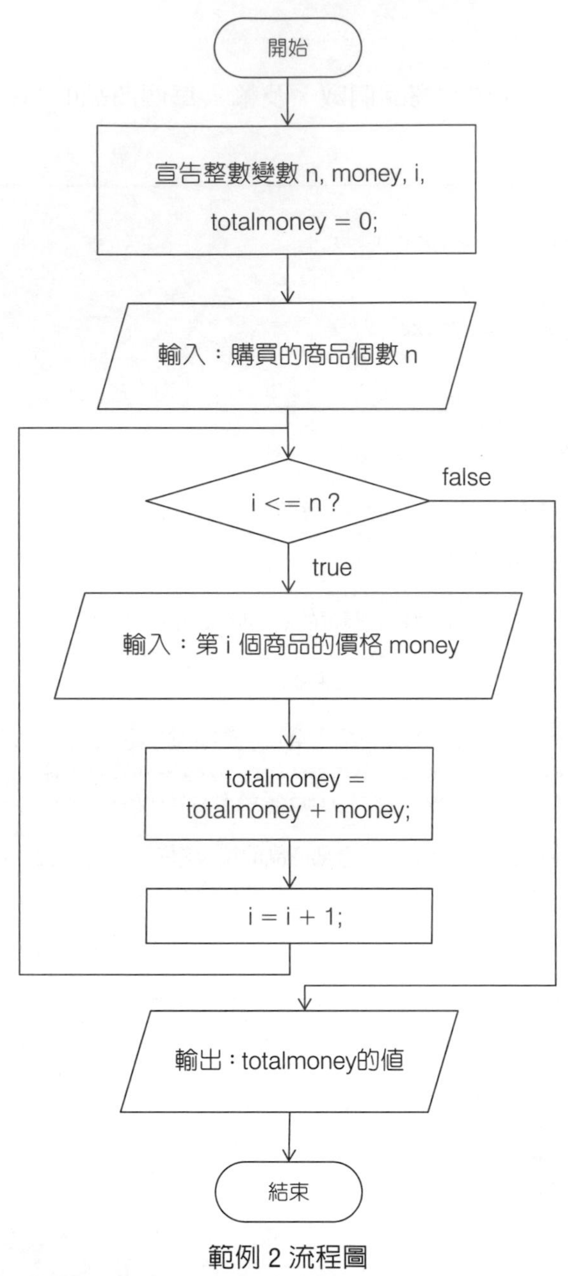

範例 2 流程圖

2. **迴圈結構 while**：當知道問題需使用迴圈結構來撰寫，但不知道迴圈結構內部的程式敘述要會重複執行幾次，此時使用迴圈結構 while 來撰寫是最適合的方式。迴圈結構 while 的語法 (一) 如下：

```
while (進入迴圈的條件)
{
  程式敘述；…
}
```

當程式執行到迴圈結構 while 時，程式執行的步驟如下：

步驟1. 檢查進入迴圈結構while的條件是否成立?
　　若不成立,則跳到迴圈結構while外的第一列敘述。
步驟2. 執行while的{ }內的程式敘述。
步驟3. 回到步驟1。

註:

- 在 while ( ) 及 { } 後面,都不能加上 ;。
- 若 { } 內只有一列敘述,則 { } 可以省略;若 { } 內的敘述有兩列(含)以上,則一定要加上 { }。

範例 3

寫一程式,輸入一正整數,然後將它倒過來輸出(例:1234 → 4321)。

```
using System;
using System.Collections.Generic;
using System.Linq;
using System.Text;
using System.Threading.Tasks;

namespace Ex3
{
    class Program
    {
        static void Main(string[] args)
        {
            int num;
            Console.Write("輸入一正整數:");
            num = Int32.Parse(Console.ReadLine());
            Console.Write(num + "倒過來為");
            // 將正整數倒過來輸出
            while (num > 0)
            {
                Console.Write(num % 10);  // 取出 num 的個位數
                num = num / 10;  // 去掉num的個位數
            }
            Console.WriteLine();
            Console.ReadKey();
        }
    }
}
```

執行結果

```
輸入一正整數:1234
1234倒過來為4321
```

程式說明

1. num%10 表示 num 除以 10 所得的餘數。
2. num/10 表示 num 除以 10 所得的商數(或去掉 num 的個位數後剩下的數)。

3. 流程圖如下：

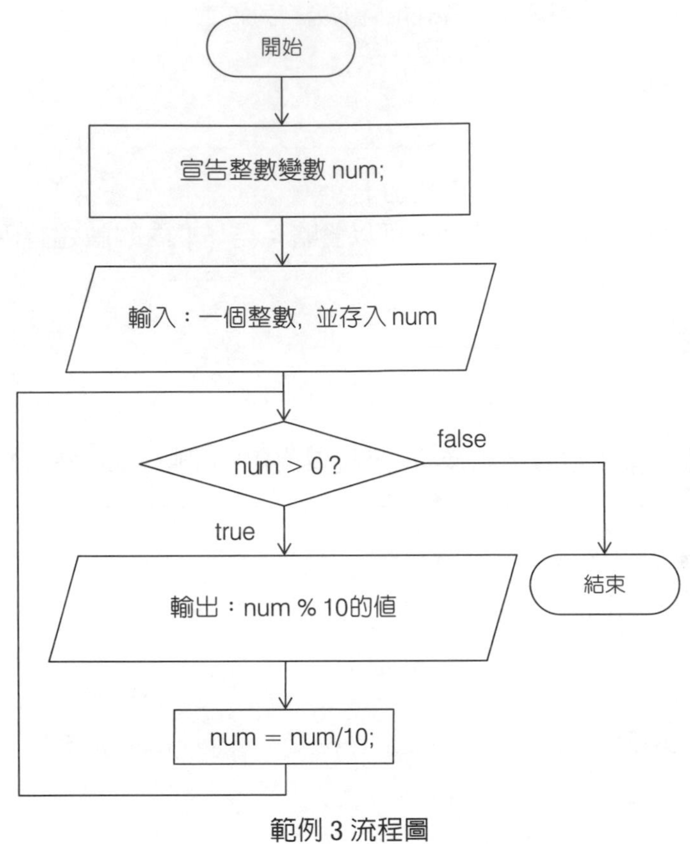

範例 3 流程圖

迴圈結構 while 的語法 (二) 如下：

```
while (true)
{
 程式敘述：…   //包含一選擇結構及break; 敘述
}
```

當程式執行到迴圈結構 while 時，程式會不斷地重複執行 while 的 { } 內的程式敘述。

註：

- while ( ) 及 { } 後面，都不能加上 ;。
- 若 { } 內只有一列敘述，則 { } 可以省略；若 { } 內的敘述有兩列（含）以上，則一定要加上 { }。
- while( ) 內的 true，表示迴圈的條件永遠爲眞。
- 在 while{ } 內的程式敘述中，一定要包含「選擇結構」及 break; 敘述。若選擇結構中的條件成立，則執行 break; 敘述，然後離開迴圈結構 while；否則繼續重複執行 while{ } 內的程式敘述。在 while{ } 內的程式敘述中，若缺少「選擇結構」及 break; 敘述，則會造成無窮迴圈或違反迴圈結構重複執行的精神。

- 若知道問題要使用迴圈結構來撰寫，但迴圈結構的條件無法由迴圈結構外的變數單獨構成時，則使用迴圈結構 while(true) 來撰寫，是最適合的方式。

範例 4

寫一個程式，連續將整數一個一個輸入，直到輸入 0 才表示結束輸入，最後輸出總和。

```
1  using System;
2  using System.Collections.Generic;
3  using System.Linq;
4  using System.Text;
5  using System.Threading.Tasks;
6
7  namespace Ex4
8  {
9      class Program
10     {
11         static void Main(string[] args)
12         {
13             int num, total = 0;
14             Console.WriteLine("連續將整數一個一個輸入，直到輸入0才表示結束輸入:");
15             while (true)
16              {
17                  num = Int32.Parse(Console.ReadLine());
18                  if (num == 0)
19                      break;
20                  total = total + num;
21              }
22             Console.WriteLine("總和=" + total);
23             Console.ReadKey();
24         }
25     }
26 }
```

執行結果

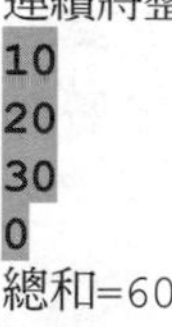

```
連續將整數一個一個輸入，直到輸入0才表示結束輸入:
10
20
30
0
總和=60
```

程式說明

1. 程式第 15~21 列的敘述會不斷執行，直到使用者輸入 0，才跳離迴圈結構 while (true) { }。

2. 流程圖如下：

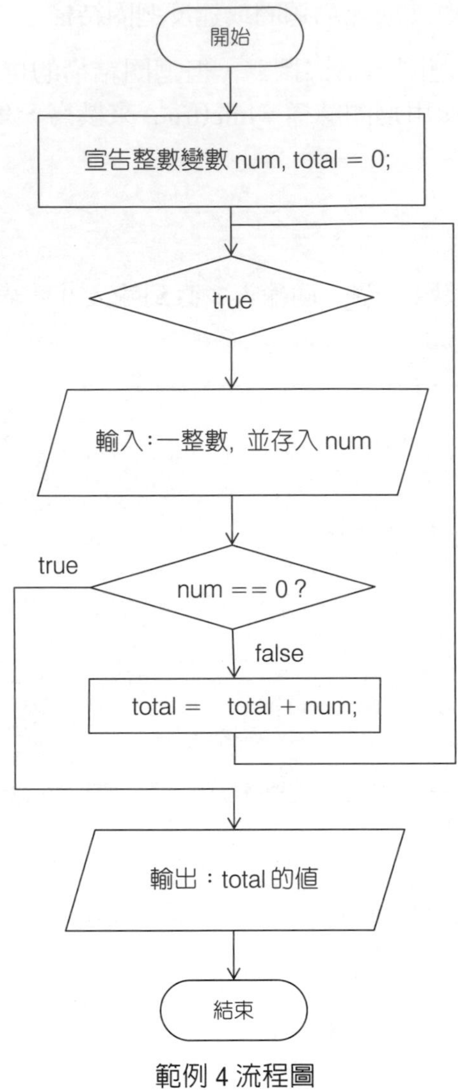

範例 4 流程圖

5-2-2 後測式迴圈結構

Visual C# 語言提供的後測式迴圈結構，只有 do while 迴圈。

當知道問題需要使用迴圈結構來撰寫，且迴圈結構 { } 內的程式敘述至少要被執行一次，但不知道要重複執行幾次，此時使用後測式迴圈結構 do while 來撰寫是最適合的方式。迴圈結構 do while 語法如下：

```
do
{
 程式敘述；…
}
```

while(進入迴圈的條件)；

當程式執行到迴圈結構 do while 時，程式執行的步驟如下：

步驟1.程式會直接執行do while的{ }內的程式敘述。
步驟2.{ }內的程式敘述執行完畢，會檢查進入迴圈的條件是否成立，若成立，則執行步驟1；否則跳到迴圈結構do while外的第一列程式敘述。

註：

- 在 do 及 { } 後面都不能加上「;」。但 while( ) 後面要加上「;」。
- 若 { } 內只有一列敘述，則 { } 可以省略；若 { } 內的敘述有兩列（含）以上，則一定要加上「{ }」。

範例 5

寫一程式，輸入整數 a 及 b，然後再讓使用者回答 a+b 的值。若答對，則輸出答對了；否則輸出答錯了，並讓使用者繼續回答。

```
using System;
using System.Collections.Generic;
using System.Linq;
using System.Text;
using System.Threading.Tasks;

namespace Ex5
{
    class Program
    {
        static void Main(string[] args)
        {
            int a, b, answer;
            Console.Write("輸入第1個整數:");
            a = Int32.Parse(Console.ReadLine());
            Console.Write("輸入第2個整數:");
            b = Int32.Parse(Console.ReadLine());
            do
            {
                Console.Write(a + "+" + b + "=");
                answer = Int32.Parse(Console.ReadLine());
                if (answer != a + b)
                    Console.WriteLine("答錯了!");
            }
            while (answer != a + b);
            Console.WriteLine("答對了!");
            Console.ReadKey();
        }
    }
}
```

執行結果

```
輸入第1個整數:10
輸入第2個整數:20
10+20=30
答對了!
```

程式說明

1. 程式第 18~25 列的敘述會不斷執行，直到使用者回答的結果正確，才跳離迴圈結構「do while」。
2. 流程圖如下：

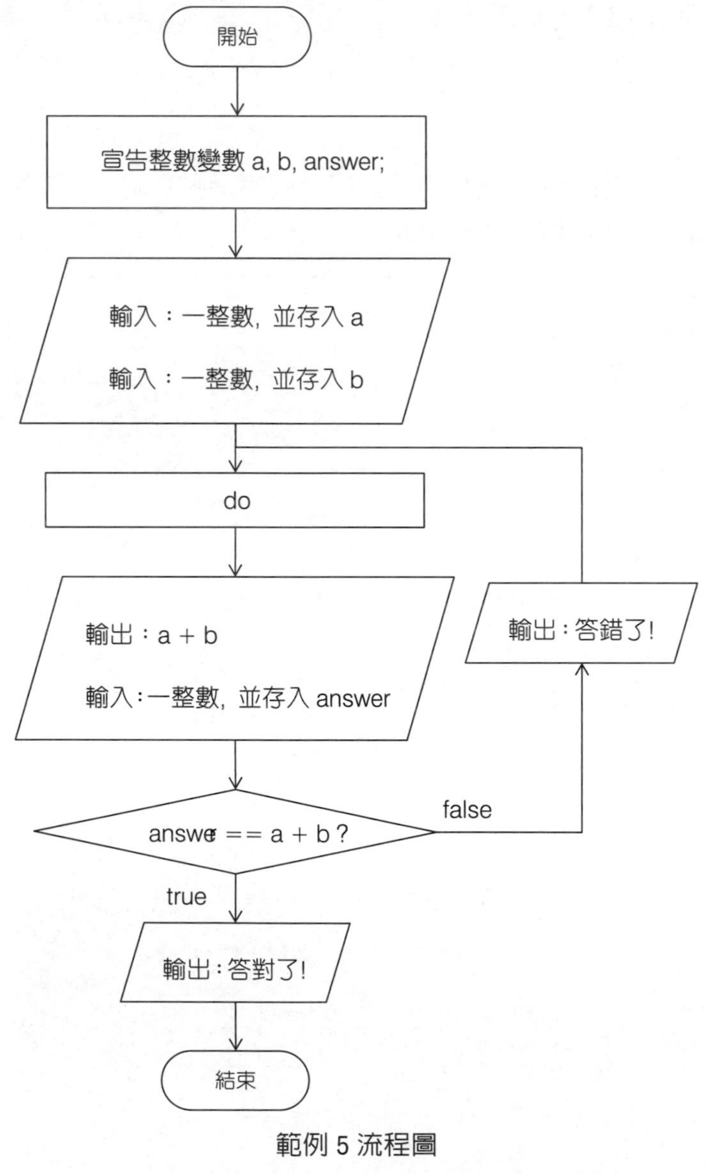

範例 5 流程圖

5-2-3 巢狀迴圈

一層迴圈結構中還有其他迴圈結構的架構，稱之為「巢狀迴圈結構」。巢狀迴圈就是多層迴圈結構的意思。當問題必須重複執行某些特定的敘述，且這些特定的敘述受到兩個或兩個以上的因素影響，此時使用巢狀迴圈結構來撰寫是最適合的方式。使用巢狀迴圈時，先變的因素要寫在內層迴圈；後變的因素要寫在外層迴圈。

當知道問題需使用迴圈結構來撰寫，但到底要用幾層迴圈結構來撰寫最適合呢？想知道到底要用幾層迴圈結構，可根據下列兩個概念來判斷：

若問題只有一個因素在變時，則使用一層迴圈結構來撰寫是最適合的方式；若問題有兩個因素在變時，則使用雙層迴圈結構來撰寫是最適合的方式，以此類推。

若問題結果呈現的樣子為直線，則為一度空間，故使用一層迴圈結構來撰寫是最適合的方式。若結果呈現的樣子為平面（或表格），則為二度空間，故使用兩層迴圈結構來撰寫，是最適合的方式。若結果呈現的樣子為立體（或多層表格），則為三度空間，故使用三層迴圈結構來撰寫是最適合的方式。

範例 6

寫一程式，輸出九九乘法。

```
using System;
using System.Collections.Generic;
using System.Linq;
using System.Text;
using System.Threading.Tasks;

namespace Ex6
{
    class Program
    {
        static void Main(string[] args)
        {
            int i, j;
            for (i = 1; i <= 9; i++)
            {
                for (j = 1; j <= 9; j++)
                    Console.Write(i + "*" + j + "=" + (i * j) + "\t");
                Console.WriteLine();
            }
            Console.ReadKey();
        }
    }
}
```

執行結果

```
1x1=1  1x2=2   1x3=3   1x4=4   1x5=5   1x6=6   1x7=7   1x8=8   1x9=9
2x1=2  2x2=4   2x3=6   2x4=8   2x5=10  2x6=12  2x7=14  2x8=16  2x9=18
3x1=3  3x2=6   3x3=9   3x4=12  3x5=15  3x6=18  3x7=21  3x8=24  3x9=27
4x1=4  4x2=8   4x3=12  4x4=16  4x5=20  4x6=24  4x7=28  4x8=32  4x9=36
5x1=5  5x2=10  5x3=15  5x4=20  5x5=25  5x6=30  5x7=35  5x8=40  5x9=45
```

```
6x1=6   6x2=12  6x3=18  6x4=24  6x5=30  6x6=36  6x7=42  6x8=48  6x9=54
7x1=7   7x2=14  7x3=21  7x4=28  7x5=35  7x6=42  7x7=49  7x8=56  7x9=63
8x1=8   8x2=16  8x3=24  8x4=32  8x5=40  8x6=48  8x7=56  8x8=64  8x9=72
9x1=9   9x2=18  9x3=27  9x4=36  9x5=45  9x6=54  9x7=63  9x8=72  9x9=81
```

程式說明

1. 九九乘法的資料共有九列，每一列共有九行資料。列印時，先從第一行印到第九行，然後列從第一列換到第二列。接著再從第一行印到第九行，然後列從第二列換到第三列。以此類推，直到第九列的第一行到第九行的資料印完才停止。
   因「行」與「列」兩個因素在改變，故使用兩層迴圈結構來撰寫最適合。因行先變且列後變，故「行」要寫在內層迴圈，且「列」要寫在外層迴圈。
2. 九九乘法表呈現的樣子爲平面（或表格），即二度空間，也可判斷使用兩層迴圈結構來撰寫最適合。
3. 流程圖如下：

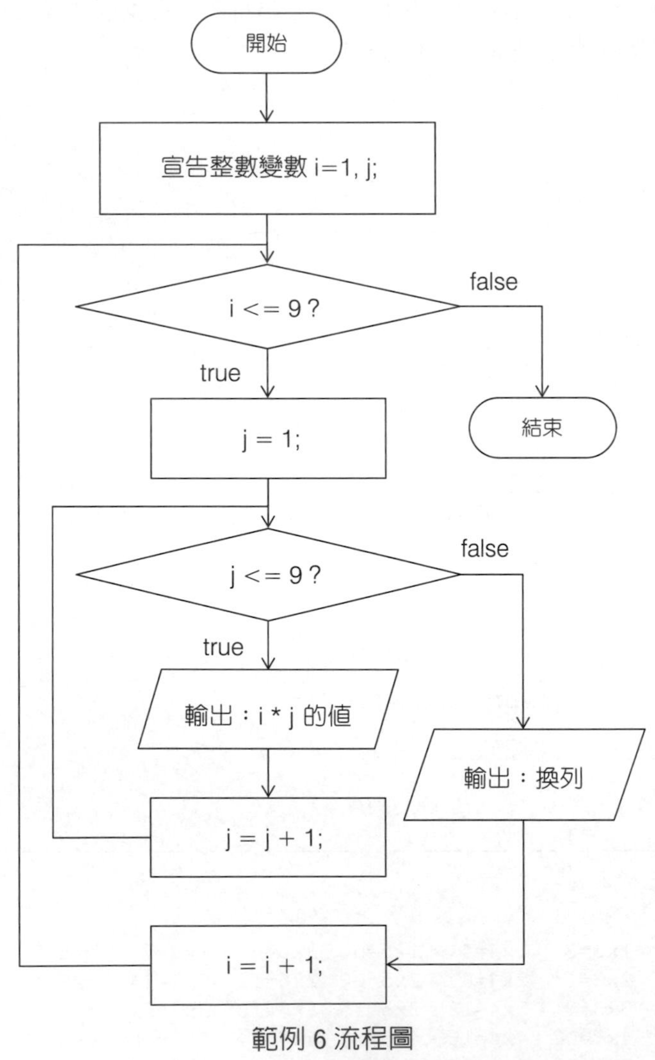

範例 6 流程圖

範例 7

寫一程式，用「*」模擬金字塔（單面，高度 3，寬度 5）圖案。

```
  *
 ***
*****
```

```
1  using System;
2  using System.Collections.Generic;
3  using System.Linq;
4  using System.Text;
5  using System.Threading.Tasks;
6  
7  namespace Ex7
8  {
9      class Program
10     {
11         static void Main(string[] args)
12         {
13             int i, j;
14             for (i = 1; i <= 3; i++)
15             {
16                 for (j = 1; j <= 3 - i; j++)
17                     Console.Write(" ");
18 
19                 for (j = 1; j <= 2 * i - 1; j++)
20                     Console.Write("*");
21 
22                 Consolc.WriteLine();
23             }
24             Console.ReadKey();
25         }
26     }
27 }
```

程式說明

1. 程式第 14 列 for (i=1; i<=3; i++)，表示共有 3 列。
2. 第 16 列 for (j = 1; j <=3 - i; j++)，表示第 i 列有 3 - i 個空格。
3. 第 19 列 for (j = 1; j <= 2 * i - 1; j++)，表示第 i 列有 2 * i - 1 個「*」。
4. 流程圖如下：

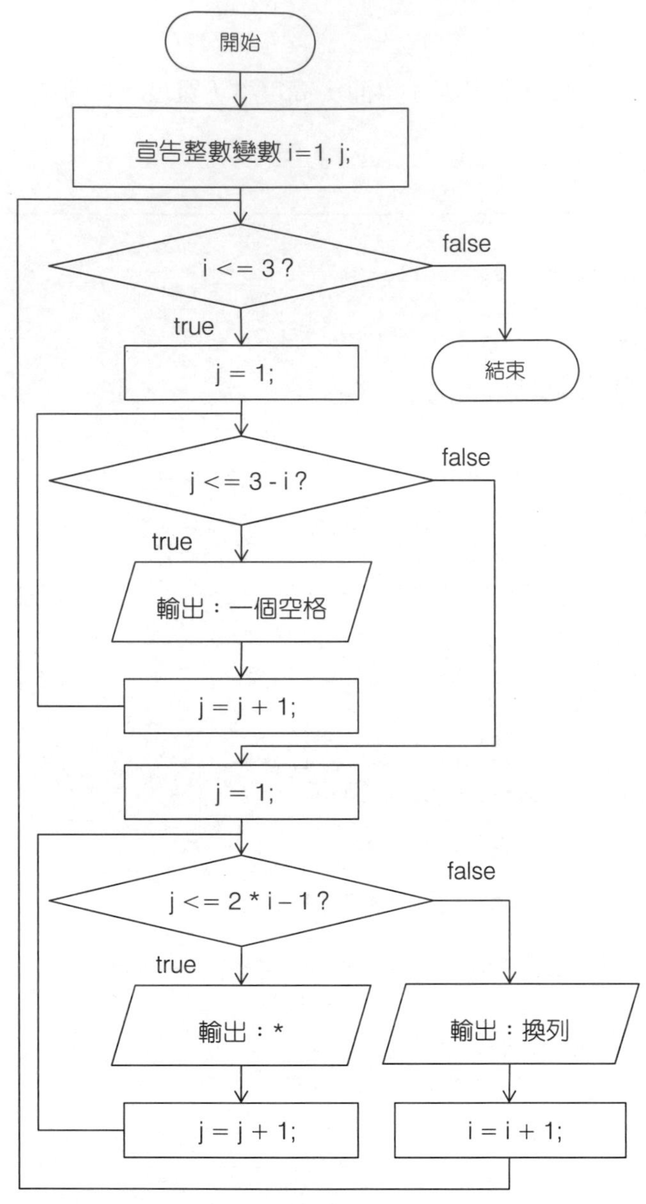

範例 7 流程圖

從上面的巢狀迴圈範例，可以歸納以下兩個要點：

1. 先變的因素寫在內層迴圈，後變的因素寫在外層迴圈。
2. 若先變的因素與後變的因素有密切關係時，則外層迴圈的迴圈變數要出現在內層迴圈的條件中。

5-3 break與continue敘述

在 for、while 及 do while 這三種迴圈結構中，一般情況是在違反進入迴圈的條件時，才會結束迴圈的運作。但若問題除了具有重複執行某些特定的敘述特性外，還包括某些例外性時，則在這三種迴圈結構中必須加入 break;（目的：符合某個例外條件時，跳出迴圈結構）或 continue;（目的：符合某個例外條件時，不執行某些敘述），才能達成問題的需求。

break; 及 continue; 必須撰寫在選擇結構的敘述中（即，撰寫在某個條件底下），否則 break; 及 continue; 敘述底下的程式碼會出現綠色鋸齒狀線條，表示「偵測到不會執行到的程式碼」，即 break; 及 continue; 敘述底下的程式碼不會被執行。

5-3-1 break 敘述

break; 敘述除了用在選擇結構 switch（請參考「4-2-4　switch 選擇結構」）外，還可用在迴圈結構。當程式執行到迴圈結構內的 break; 敘述時，程式會跳出迴圈結構，並執行迴圈結構外的第一列敘述，不再回頭重複執行迴圈結構 { } 內的敘述。

注意，當 break; 敘述用在巢狀迴圈結構內時，它一次只能跳出一層迴圈結構（離它最近的那層迴圈結構），而不是跳出整個巢狀迴圈結構外。

範例 8

寫一程式，模擬密碼驗證（假設密碼為 201209），最多可以輸入三次密碼。若輸入正確，則輸出密碼正確，否則輸出密碼錯誤。

```
using System;
using System.Collections.Generic;
using System.Linq;
using System.Text;
using System.Threading.Tasks;

namespace Ex8
{
    class Program
    {
        static void Main(string[] args)
        {
            int i, password;
            for (i = 1; i <= 3; i++)
            {
                Console.Write("輸入密碼:");
                password = Int32.Parse(Console.ReadLine());
                if (password == 201209)
                {
                    Console.WriteLine("密碼正確.");
                    break;
```

```
22                  }
23                  else
24                     Console.WriteLine("密碼錯誤.");
25               }
26               Console.ReadKey();
27            }
28      }
29   }
```

執行結果

```
輸入密碼:123456
密碼錯誤.
輸入密碼:201209
密碼正確.
```

程式說明

1. 若密碼連三次輸入錯誤，就跳出迴圈結構 for。若密碼輸入正確，則會執行到第 21 列的 break; 敘述，立刻跳出迴圈結構 for（不管迴圈結構 for 還有多少次未執行）。
2. 流程圖如下：

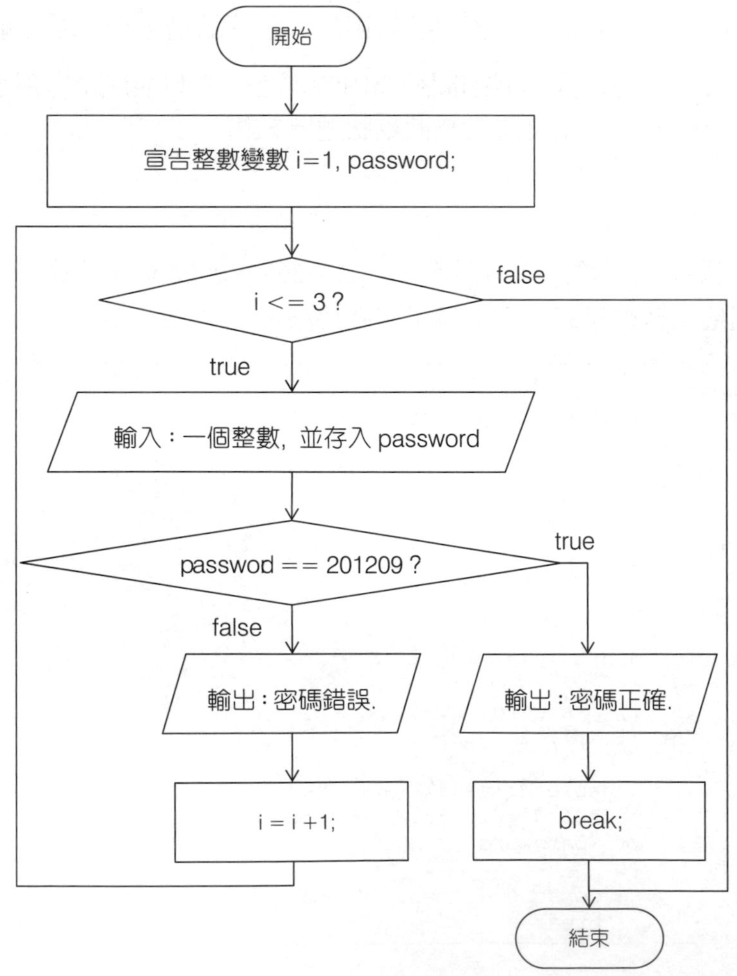

範例 8 流程圖

範例 9

寫一程式，將 $\begin{matrix} 2 & 3 & 4 & 5 \\ 3 & 4 & 5 & 6 \\ 4 & 5 & 6 & 7 \\ 5 & 6 & 7 & 8 \end{matrix}$ 對角線（含）以下的數字相加後的總和輸出。

```
1  using System;
2  using System.Collections.Generic;
3  using System.Linq;
4  using System.Text;
5  using System.Threading.Tasks;
6  
7  namespace Ex9
8  {
9      class Program
10     {
11         static void Main(string[] args)
12         {
13             int i, j, sum = 0;
14             for (i = 1; i <= 4; i++)
15             {
16                for (j = 1; j <= 4; j++)
17                 {
18                   if (i < j)
19                     break;
20                   sum = sum + (i + j);
21                 }
22             }
23             Console.WriteLine("對角線(含)以下的數字總和=" + sum);
24             Console.ReadKey();
25         }
26     }
27 }
```

執行結果

```
對角線(含)以下的數字總和=50
```

程式說明

1. 程式第 16~21 列，可以改成下列寫法：
```
for (j = 1; j <= i; j++)
   sum = sum + (i + j);
```

2. 流程圖如下：

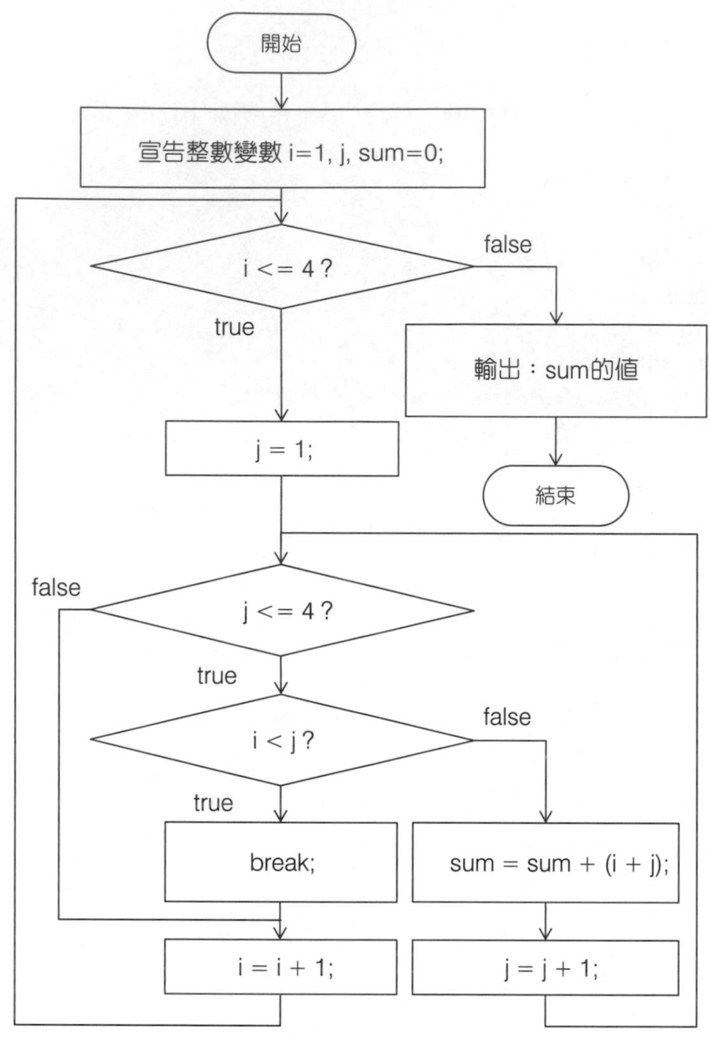

範例 9 流程圖

5-3-2 continue 敘述

continue; 敘述的目的，是不執行迴圈結構內的某些敘述。以下針對 for、while 及 do while 三種迴圈結構，在它們內部使用 continue; 所產生的流程差異說明：

1. 在迴圈結構 for 內使用 continue;：
   執行到 continue;，程式會跳到該層迴圈結構 for 的 ( ) 內的第三部分，執行迴圈變數增（或減）量。
2. 在迴圈結構 while 內使用 continue;：
   執行到 continue;，程式會跳到該層迴圈結構 while 的 ( ) 內，檢查迴圈的進入條件是否成立。
3. 在迴圈結構 do while 內使用 continue;：
   執行到 continue;，程式會跳到該層迴圈結構 do while 的 ( ) 內，檢查迴圈的進入條件是否成立。

範例 10

寫一程式，利用 continue; 指令的特性，計算 1 到 100 之間的偶數和。

```
1  using System;
2  using System.Collections.Generic;
3  using System.Linq;
4  using System.Text;
5  using System.Threading.Tasks;
6  
7  namespace Ex10
8  {
9      class Program
10     {
11         static void Main(string[] args)
12         {
13             int i, sum = 0;
14             for (i = 1; i <= 100; i++)
15             {
16                 if (i % 2 == 1)
17                   continue;
18 
19                 sum = sum + i;
20             }
21             Console.WriteLine("1到100之間的偶數和={0}", sum);
22             Console.ReadKey();
23         }
24     }
25 }
```

執行結果

```
1到100之間的偶數和=2550
```

程式說明

1. 迴圈結構 for 執行 100 次，但只有 i=2，4，…，100 有被加到。當 i=1，3…，99 時，符合 if ( ) 內的條件，會執行 continue; 敘述，接著程式執行該層 for ( ) 內的第三部分，因此 sum=sum+i; 敘述沒有被執行。
2. 第 14 列到第 20 列，可改寫成：

```
for (i=1;i<=100;i++)
 {
  if (i%2==0)
      sum=sum+i;
 }
```

註：

continue; 敘述通常寫在某個選擇結構內，因此我們可將選擇結構 ( ) 內的條件改成否定（或反面）寫法，如此就可以不必使用 continue; 敘述。

3. 流程圖如下：

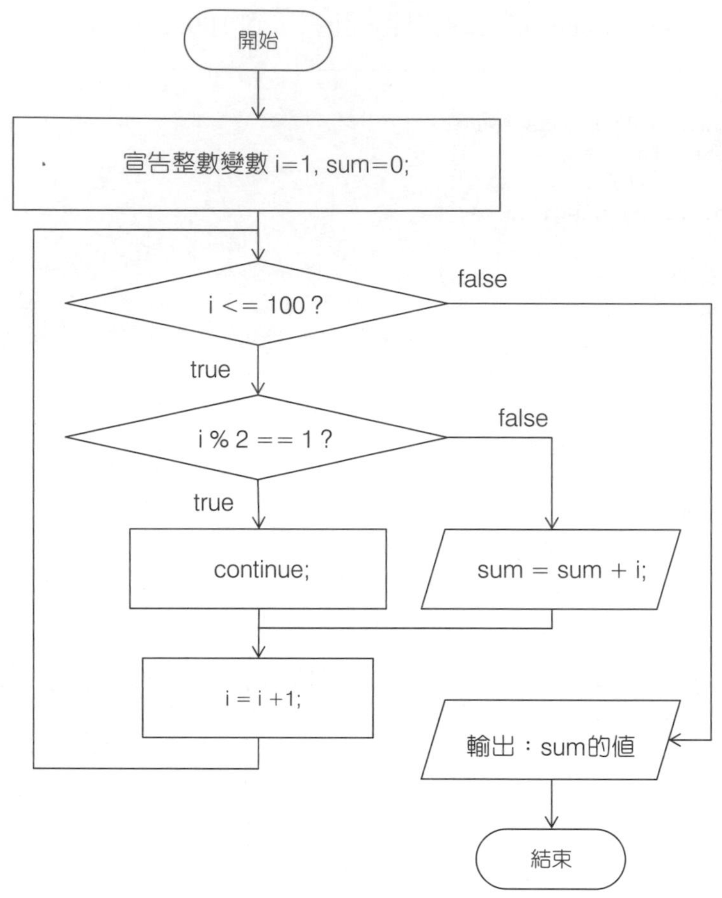

範例 10 流程圖

5-4 goto陳述式

執行 break; 敘述，只能跳出其所在的迴圈結構。在多層的迴圈結構中，若想跳出特定層的迴圈結構外，則在此特定層的迴圈結構外，必須有「標籤名稱 :」敘述，且在此特定層的迴圈結構中，使用「goto 標籤名稱 ;」陳述式。goto 標籤名稱 ;，除了用在迴圈結構中，還可用在區塊 {} 中，但都只能由內層往外層跳出。由於 goto 標籤名稱 ; 會讓程式的可讀性降低，建議盡量少用爲妙。

使用 goto 標籤名稱 ; 的注意事項：

1. 標籤名稱的命名規則，請參考「2-2　常數與變數宣告」中的識別字命名規則。
2. 若 goto 標籤名稱 ; 由外往內跳，則編譯時會產生類似

   ```
   goto 陳述式的範圍內沒有這種標籤 'xxx'
   ```

   的錯誤訊息。原因是 goto 陳述式所屬的區間內，沒有標示標籤’xxx’。
3. goto 標籤名稱 ;，必須撰寫在選擇結構中（即，撰寫在某個條件底下），否則 goto 標籤名稱 ; 底下的程式碼會出現綠色鋸齒狀線條，表示「偵測到不會執行到的程式碼」，即 goto 標籤名稱 ; 底下的程式碼不會被執行。
4. 標籤名稱 :，若撰寫在 goto 標籤名稱 ; 之前，則會造成無窮迴圈的現象。
5. 由於 goto 標籤名稱 ; 會讓程式的可讀性降低，建議盡量少用爲妙。

範例 11

寫一程式，判斷在四列四行的資料 $\begin{matrix} 2 & 3 & 4 & 5 \\ 3 & 4 & 5 & 6 \\ 4 & 5 & 6 & 7 \\ 5 & 6 & 7 & 8 \end{matrix}$ 中，數字 7 是否有出現過。

```
using System;
using System.Collections.Generic;
using System.Linq;
using System.Text;
using System.Threading.Tasks;

namespace 11
{
    class Program
    {
        static void Main(string[] args)
        {
            int i, j = 1;
            for (i = 1; i <= 4; i++)
            {
                for (j = 1; j <= 4; j++)
                    if ((i + j) == 7)
                        goto outnestloop; //跳到標籤名稱outnestloop所在之處
            }

        outnestloop:
            Console.Write("四列四行的資料中,");
            if (i == 5)
                Console.WriteLine("數字7沒有出現過.");
            else
                Console.WriteLine("數字7第一次出現在第" + i + "列第" + j + "行.");
            Console.ReadKey();
        }
    }
}
```

執行結果

四列四行的資料中,數字7第一次出現在第3列第4行.

程式說明

1. 當程式第 17 列 if ((i + j) == 7) 成立時，第 18 列 goto outnestloop; 被執行，則立刻跳到標籤名稱 outnestloop 處，接著執行第 22 列。
2. 流程圖如下：

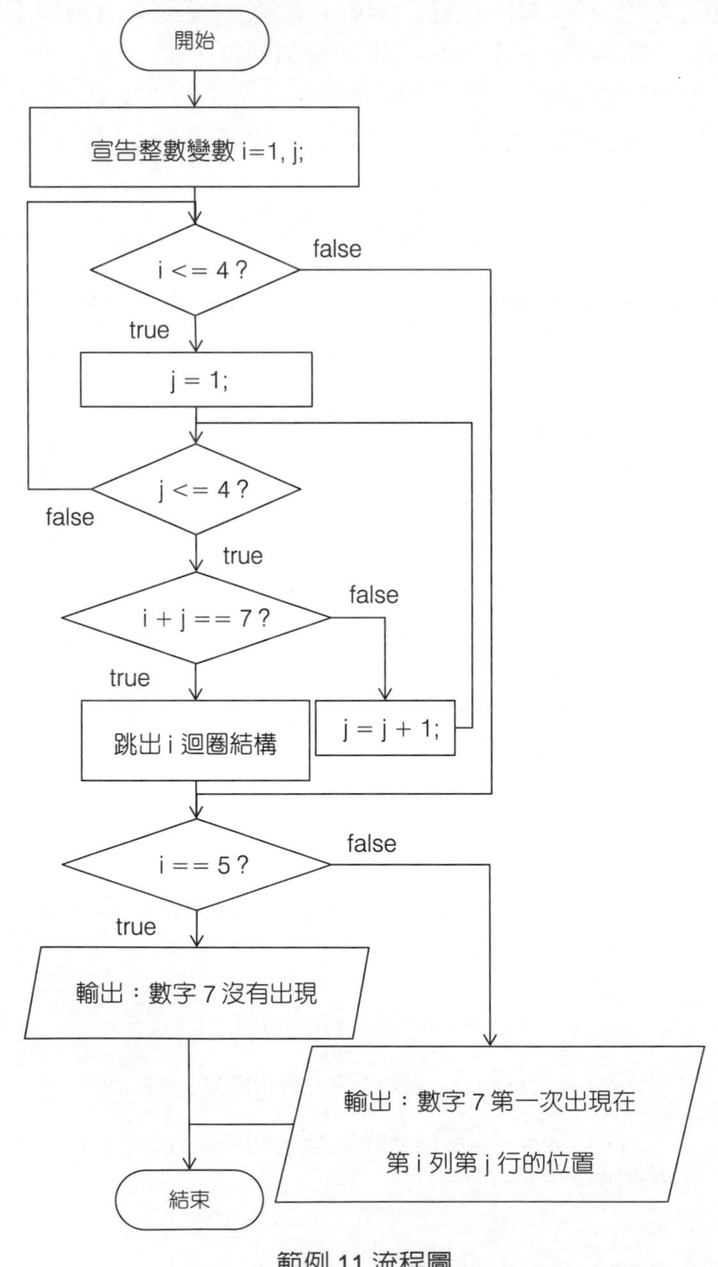

範例 11 流程圖

5-5 發現問題

範例 12

(浮點數的缺失)寫一程式,判斷 0.1+0.1+0.1 與 0.3 是否相等。

```
1  using System;
2  using System.Collections.Generic;
3  using System.Linq;
4  using System.Text;
5  using System.Threading.Tasks;
6
7  namespace Ex12
8  {
9      class Program
10     {
11         static void Main(string[] args)
12         {
13             double num = 0.0;
14             int i;
15             for (i = 1; i <= 3; i++)
16             {
17                 if (i <= 2)
18                     Console.Write("0.1+");
19                 else
20                     Console.Write("0.1");
21                 num = num + 0.1;
22             }
23             if (num == 0.3)
24                 Console.WriteLine("與 0.3相等");
25             else
26                 Console.WriteLine("與 0.3不相等");
27             Console.ReadKey();
28         }
29     }
30 }
```

執行結果

```
0.1+0.1+0.1與0.3不相等
```

程式說明

1. 浮點數 0.1 存入記憶體會產生誤差,造成浮點數運算時所得到的結果與我們認為的結果有所不同。因此,若需判斷兩個浮點數是否相等,則改為判斷兩個整數是否相等,才能符合我們的認知。
2. 將程式第 21 列 num=num+0.1; 改成 num=num+1;
   第 23 列 if (num == 0.3) 改成 if (num == 3)

   結果:0.1+0.1+0.1 與 0.3 相等。

3. 流程圖如下：

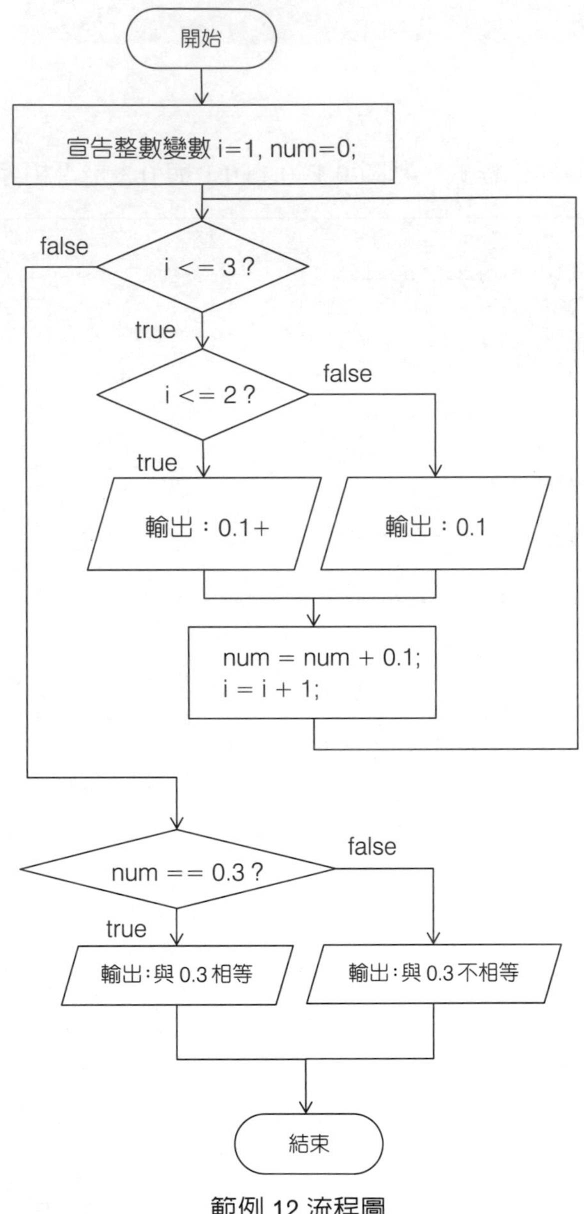

範例 12 流程圖

5-6 進階範例

範例 13

寫一程式，輸入兩個整數，輸出兩個整數的最大公因數（限用 while 迴圈撰寫）。

提示：輾轉相除法程序如下：

Step1：兩個整數相除。

Step2：若餘數 =0，則除數爲最大公因數，結束；否則將除數當新的被除數，餘數當新的除數，回到 Step1。

```
using System;
using System.Collections.Generic;
using System.Linq;
using System.Text;
using System.Threading.Tasks;

namespace Ex13
{
    class Program
    {
        static void Main(string[] args)
        {
            int a, b;
            int divisor, dividend, remainder, gcd;
            Console.Write("輸入第1個整數:");
            a = Int32.Parse(Console.ReadLine());
            Console.Write("輸入第2個整數:");
            b = Int32.Parse(Console.ReadLine());
            dividend = a;
            divisor = b;
            remainder = dividend % divisor;
            while (remainder != 0)
            {
                dividend = divisor;
                divisor = remainder;
                remainder = dividend % divisor;
            }
            gcd = divisor;
            Console.WriteLine("(" + a + "," + b + ")=" + gcd);
            Console.ReadKey();
        }
    }
}
```

執行結果

```
輸入第1個整數:10
輸入第2個整數:25
(10,25)=5
```

程式說明

1. 程式第 22~27 列，為輾轉相除法的演算程序。
2. 流程圖如下：

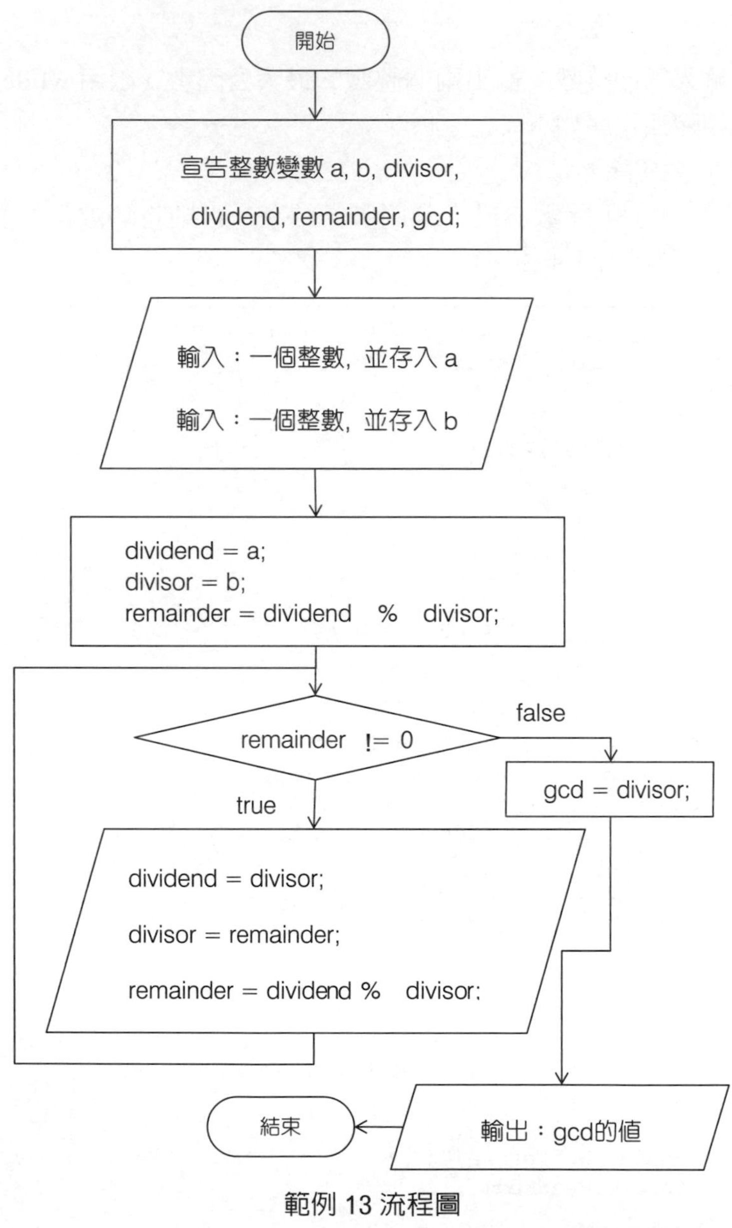
開始
宣告整數變數 a, b, divisor,
dividend, remainder, gcd;
輸入：一個整數，並存入 a
輸入：一個整數，並存入 b
dividend = a;
divisor = b;
remainder = dividend % divisor;
remainder != 0
false
gcd = divisor;
true
dividend = divisor;
divisor = remainder;
remainder = dividend % divisor;
結束
輸出：gcd的值

範例 13 流程圖

範例 14

寫一程式，使用巢狀迴圈，輸出以下結果。

A

BC

DEF

GHIJ

KLMNO

```
1  using System;
2  using System.Collections.Generic;
3  using System.Linq;
4  using System.Text;
5  using System.Threading.Tasks;
6  
7  namespace Ex14
8  {
9      class Program
10     {
11         static void Main(string[] args)
12         {
13             int i, j, k = 65;
14             for (i = 1; i <= 5; i++)
15             {
16                 for (j = 1; j <= i; j++)
17                 {
18                     Console.Write("{0}", (char) k);
19                     k++;
20                 }
21                 Console.WriteLine();
22             }
23             Console.ReadKey();
24         }
25     }
26 }
```

程式說明

1. 程式第 18 列中的 (char) k，表示將整數 k 轉成對應的字元。
2. 流程圖如下：

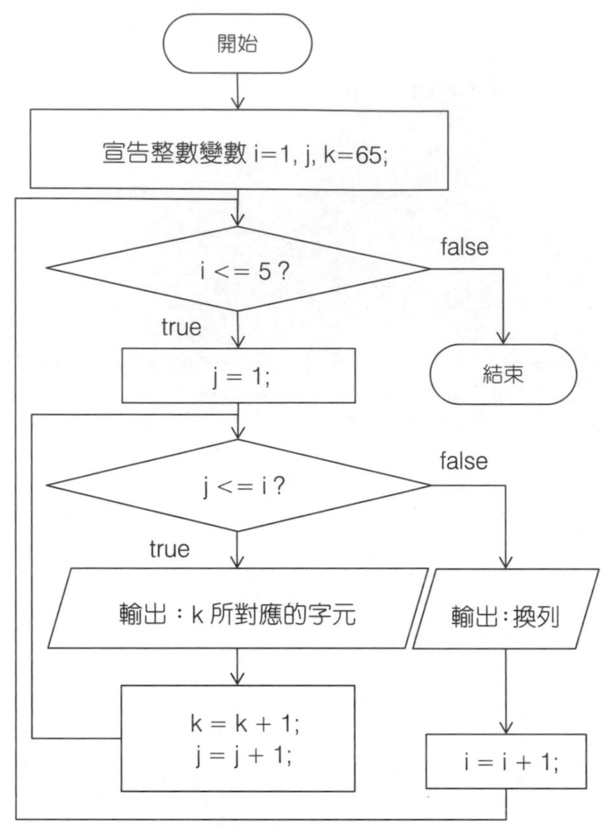

範例 14 流程圖

範例 15

假設球從 100 米高度自由落下，每次落地後反彈高度爲原來的一半，直到停止。寫一程式，輸出第 n 次落地時，球經過的距離及球第 n 次反彈的高度（限用 while 迴圈撰寫。

```
using System;
using System.Collections.Generic;
using System.Linq;
using System.Text;
using System.Threading.Tasks;

namespace Ex15
{
    class Program
    {
        static void Main(string[] args)
        {
            int n, i = 1;
            float height = 100, distance = 0;
            Console.Write("輸入落地次數n:");
            n = Int32.Parse(Console.ReadLine());
```

```
17                 while (i <= n)
18                 {
19                     distance = distance + height;
20                     height = height / 2;
21                     distance = distance + height;
22                     i++;
23                 }
24                 distance = distance - height;
25                 Console.WriteLine("第{0}次落地時，球經過的距離={1:F1}米", n, distance);
26                 Console.WriteLine("球第{0}次反彈的高度={1:F1}米", n, height);
27                 Console.ReadKey();
28             }
29         }
30 }
```

執行結果

```
輸入落地次數n:3
第3次落地時，球經過的距離=250.0米
球第3次反彈的高度=12.5米
```

程式說明

1. 程式第 25 及 26 列中的 F1，表示將 distance 及 height 四捨五入到小數第 1 位後輸出。
2. 流程圖如下：

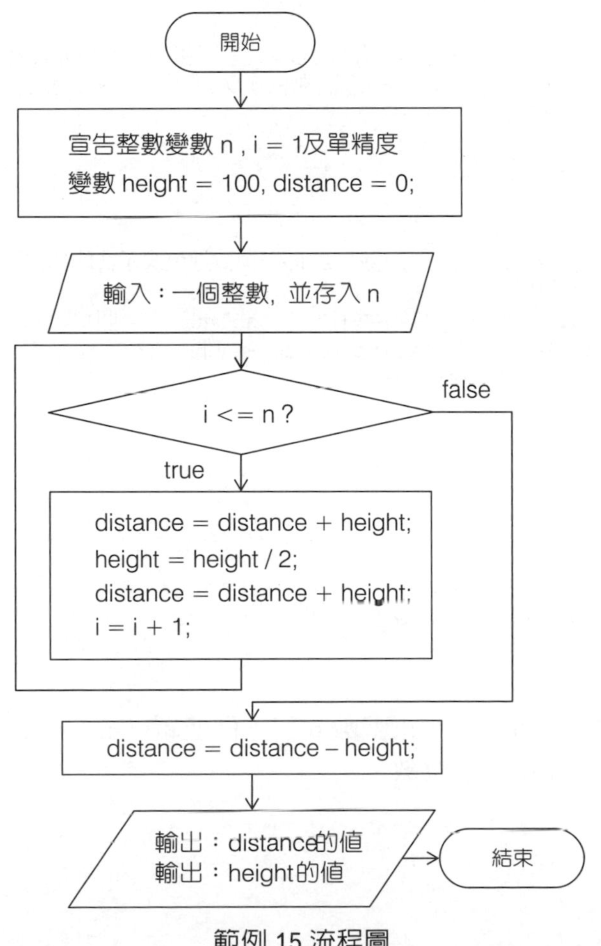

範例 15 流程圖

範例 16

寫一個程式，輸入一正整數 n，並將 n 轉成二進位整數，輸出此二進位整數共有多少個 1 及多少個 0。（限制：不可使用除號（/）及餘數（%）運算子，請參考「2-3-6 位元運算子」）。

```
1  using System;
2  using System.Collections.Generic;
3  using System.Linq;
4  using System.Text;
5  using System.Threading.Tasks;
6
7  namespace Ex16
8  {
9      class Program
10     {
11         static void Main(string[] args)
12         {
13             int n;
14             int one_num = 0, zero_num = 0;
15             Console.Write("輸入一正整數:");
16             n = Int32.Parse(Console.ReadLine());
17             Console.Write("{0}轉成二進位整數後,", n);
18             while (n != 0)
19             {
20                 //n & 1 : 表示n與1做 mask遮罩運算(即,位元且(&)運算)
21                 //若二進位表示法的個位數的值與1相同，則結果為1,否則為0
22                 if ((n & 1) == 1)
23                     one_num++;
24                 else
25                     zero_num++;
26
27                 n = n >> 1; //除以2,即去掉二進位表示法的個位數
28             }
29             Console.Write("其中共有" + one_num + "個1及");
30             Console.WriteLine(zero_num + "個0");
31             Console.ReadKey();
32         }
33     }
34 }
```

執行結果

```
輸入一正整數n:8
8轉成二進位整數後,其中共有1個1及3個0
```

程式說明

1. 程式第 22 列中的 n & 1，表示正整數 n 與 1 做遮罩（mask）運算，其目的是取得正整數 n 的二進位表示法的個位數。
2. 流程圖如下：

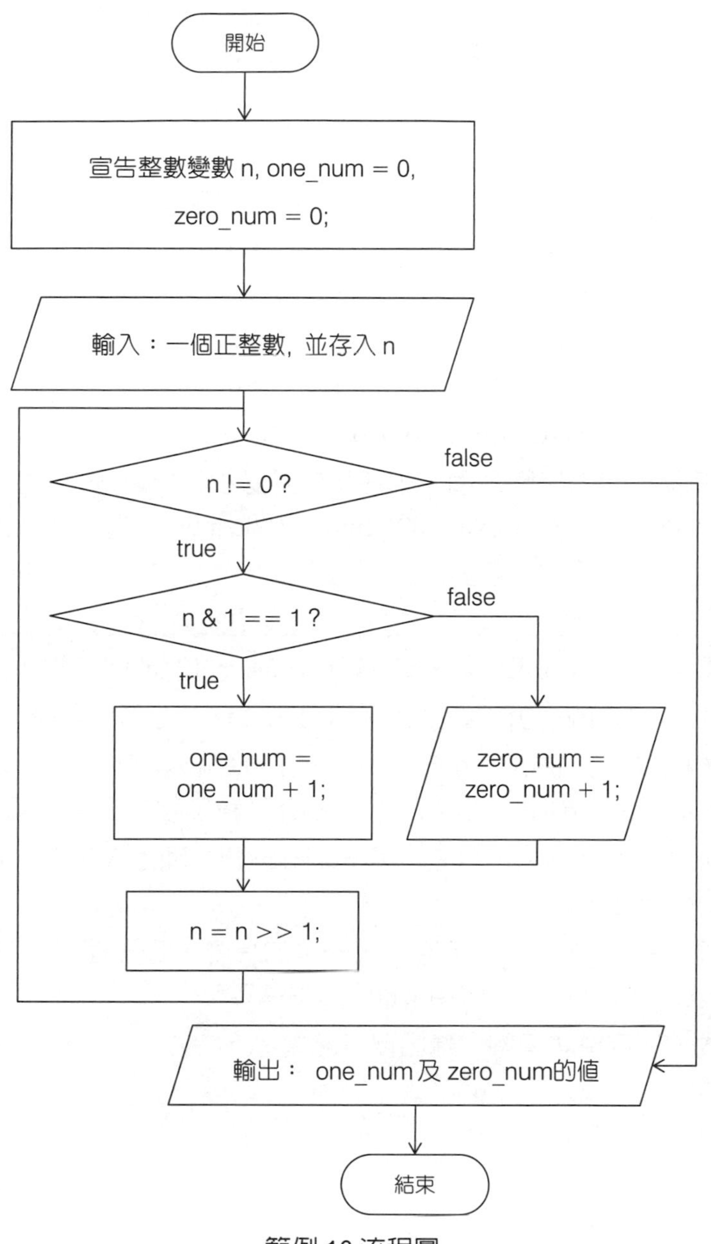
開始
宣告整數變數 n, one_num = 0,
zero_num = 0;
輸入：一個正整數，並存入 n
n != 0 ?
false
true
n & 1 == 1 ?
false
true
one_num =
one_num + 1;
zero_num =
zero_num + 1;
n = n >> 1;
輸出： one_num 及 zero_num的值
結束

範例 16 流程圖

自我練習

一、選擇題

( ) 1. 若知道迴圈結構內的敘述要執行幾次，則使用哪種迴圈結構最適合？
(A)for (B)while (C)do…while (D)Do…Loop。

( ) 2. 若迴圈結構內的敘述至少執行一次，則使用哪種迴圈結構最適合？
(A)for (B)while (C)do…while (D)Do…Loop。

( ) 3. 下列哪些迴圈結構的寫法，會造成無窮迴圈？
(A)for (; ;) (B)while (true) (C)do…while (true) (D) 以上皆是。

( ) 4. 若一個迴圈結構為無窮迴圈，則在其內部必須包含哪一個敘述，才能離開該迴圈結構？(A)break (B)exit (C)return (D)continue。

二、程式設計

1. 寫一程式，輸入小於 100 的正整數 n，輸出 1+3+…+(2*n-1) 之和。
2. 寫一程式，輸入小於 100 的正整數 n，輸出 1+1/2+1/3+…+1/n 之和。
3. 假設有一提款機只提供 1 元、10 元和 100 元三種紙鈔兌換。寫一程式模擬提款機的作業，輸入提領金額，輸出 1 元、10 及 100 元三種紙鈔各兌換數量（最少）。
4. 假設有一隻蝸牛爬 20 公尺的樹，白天可以爬 3 公尺，晚上會下滑 1 公尺。寫一程式，輸出蝸牛爬到樹頂的天數。
5. 假設有一條繩子長 1000 公尺，每次剪去一半的長度。寫一程式，輸出需剪幾次才能使繩子的長度小於 5 公尺。（限用 while 迴圈撰寫）
6. 分別寫一程式，使用巢狀迴圈，輸出以下結果。

(a)
```
123456789
1234567
12345
123
1
```

(b)
```
1
23
456
```

7. 寫一程式，輸入一個 5 位整數，輸出其個位數、十位數、百位數、千位數及萬位數。
8. 寫一程式，在螢幕上顯示一西洋棋盤。（提示：使用 Word 中的插入功能中之符號內的■及□）
9. 假設有一種細菌，每天繁殖一倍的數量。寫一程式，剛開始細菌數量等於 1，判斷幾天後，細菌數量才會達到 1000000 隻。

10. 寫一個程式，輸入巴斯卡三角形的列數 n，輸出巴斯卡三角形。(使用 C(i,j) 的組合觀念來撰寫)

    提示：若 n=4，則巴斯卡三角形為

```
1
1  1
1  2  1
1  3  3  1
```

11. 寫一個程式，輸入一正整數 n，輸出 n 的二進位表示法。（限制：不可使用除號（/）及餘數（%）運算子，請參考「2-3-6　位元運算子」）
12. 寫一個程式，輸入一正整數 n，並將 n 轉成十六進位整數，輸出此十六進位整數共有多少個 F 及多少個非 F。（限制：不可使用除號（/）及餘數（%）運算子，請參考「2-3-6　位元運算子」）
13. 寫一個程式，輸入一正整數 n，輸出 n 的十六進位表示法。（限制：不可使用除號（/）及餘數（%）運算子，請參考「2-3-6　位元運算子」）。

CHAPTER 6

內建類別

日常生活中所使用的物件，都具備符合我們需求的一些功能。例如：電視機選台器的選台功能，可以幫助我們轉換電視頻道；洗衣機的脫水功能，可以幫助我們脫乾衣服中的水分。

具有特定作用的功能稱爲方法（Method）。當一種功能常常被使用時，可將它撰寫成方法，方便日後重複使用。使用方法替代特定作用的功能有以下優點：

1. **縮短程式碼的撰寫**：相同功能的程式碼不用重複撰寫。
2. **可隨時提供程式重複呼叫使用**：需要某種特定功能時，隨時都可以呼叫對應的方法。
3. **方便偵錯**：程式偵錯時，可以很容易地發覺錯誤是發生在 main( ) 主方法或是其他方法中。
4. **跨檔案使用**：可提供給不同程式使用。

當程式呼叫某方法時，程式流程的控制權就會轉移到被呼叫的方法上；等被呼叫方法的程式碼執行完畢後，程式流程的控制權會再回到原先程式執行的位置，然後繼續執行下一列敘述。

方法以是否存在於 Visual C# 語言中來區分，可分成下列兩類：

1. **內建方法**：Visual C# 語言提供的類別方法。
2. **自訂方法**：使用者自訂的類別方法（請參考「第九章　自訂類別」）。

無論內建方法或自訂方法，若在定義時有冠上關鍵字 static，則稱爲靜態方法；否則稱爲非靜態方法。

呼叫靜態方法之前，不用先宣告該方法所屬類別的物件變數，直接在靜態方法前加上「所屬的類別名稱」（即，**所屬的類別名稱 . 靜態方法 ()**），即可呼叫該靜態方法；而呼叫非靜態方法之前，必須先宣告該方法所屬類別的物件變數，然後以**物件變數 . 非靜態方法 ()** 呼叫該非靜態方法。

本章主要是以介紹常用的內建方法爲主，其他未介紹的內建方法，請讀者自行參考相關的類別庫。

註：

在程式中，若要呼叫某個內建方法，則必須使用 using 敘述，將該方法所屬類別的「命名空間」名稱引入程式中，否則編譯時可能會出現類似下列的錯誤訊息：

```
名稱 xxx不存在於目前的內容中
```

其中的 xxx，代表類別名稱。

例如：Next( ) 方法是定義在 System 命名空間的 Random 類別中，其作用是產生亂數。若想在程式中使用 Next( ) 方法，則必須在命名空間引用區下達 using System;。

6-1 常用內建類別或結構之方法

程式語言所提供的內建方法，能加速初學者對程式的學習及縮短解決問題的時程。.NET Framework 支援 Visual C# 程式語言，因此可以使用 .NET Framework 類別庫中的方法。常用的 .NET Framework 類別庫方法分成下列幾類：

1. 輸出／輸入類別之方法（請參考「第三章　資料之輸入／輸出方法」）。
2. 數學類別之方法。
3. 亂數類別之方法（請參考「第七章　陣列」）。
4. 字元結構之方法。
5. 字串類別之屬性與方法。
6. 日期時間結構之屬性與方法。

6-2 數學類別之方法

與數學運算有關的方法，都定義在命名空間 System 中的 Math 類別裡。因此，必須使用 using System; 敘述後，才能使用 Math 類別中的方法，否則編譯時可能會出現下列的錯誤訊息：

```
名稱 Math不存在於目前的內容中或找不到類型或命名空間名稱 'Math'
(是否遺漏了 using 指示詞或組件參考?)。
```

常用的 Math 類別方法，請參考表 6-1 至表 6-6。

表 6-1　Math 類別常用的數學運算方法 (一)

回傳資料的型態	方法名稱	作用
Double	Abs(Double var)	取得 var 的絕對值（即，將 var 之值轉變成正的）
Single	Abs(Single var)	
Int32	Abs(Int32 var)	
Int64	Abs(Int64 var)	

方法說明

1. 上述所有的方法，都是 Math 類別的公開靜態（public static）方法。
2. var 是 Abs( ) 方法的參數，且資料型態可以為 Double、Single、Int32 或 Int64。

   註：

   在方法定義的首列 ( ) 中，所宣告的變數稱為「參數」（Parameter）。

3. 參數 var 對應的引數之資料型態與參數 var 的資料型態相同，且引數可以是變數或常數。

   註：

   呼叫方法時所傳入的資料，稱為「引數」（Argument）。

4. 使用語法如下：

   Math.Abs(變數(或常數))

範例 1，是建立在 D:\C#\ch06 資料夾中的專案 Ex1，以此類推。範例 16，是建立在 D:\C#\ch06 資料夾中的專案 Ex16。

範例 1

寫一程式，輸出下列對稱圖形。

```
*
***
*****
***
*
```

```
using System;
using System.Collections.Generic;
using System.Linq;
using System.Text;
using System.Threading.Tasks;

namespace Ex1
```

```
8  {
9      class Program
10     {
11         static void Main(string[] args)
12         {
13             int i, j;
14             for (i = 1; i <= 5; i++)
15             {
16                 for (j = 1; j <= (5 - 2 * Math.Abs(i - 3)); j++)
17                     Console.Write("*");
18                 Console.WriteLine();
19             }
20             Console.ReadKey();
21         }
22     }
23 }
```

程式說明

1. 程式第 14 列 for (i=1; i<=5; i++)，表示共有 5 列。
2. 第 16 列 for (j = 1; j <= (5 - 2 * Math.Abs(i - 3)); j++)，表示第 i 列有 5 - 2 * Math.Abs(i - 3) 個「*」。其中，「5」表示中間那一列「*」的個數，「-2」（=1-3=3-5）表示每一列相差幾個「*」，「3」表示中間那一列的編號。

   第 1 列印 1（=5-2*|3-1|）個 *
   第 2 列印 3（=5-2*|3-2|）個 *
   第 3 列印 5（=5-2*|3-3|）個 *
   第 4 列印 3（=5-2*|3-4|）個 *
   第 5 列印 1（=5-2*|3-5|）個 *

3. 提示：輸出對稱的資料，使用絕對值的觀念是最佳的解決方式（絕對值的意義：與某一位置等距的資料具有相同的結果）。程式輸出的結果，若是上下對稱的資料，則都可參考本範例的作法。

表 6-2　Math 類別常用的數學運算方法（二）

回傳資料的型態	方法名稱	作用
Double	Max(Double var1, Double var2)	取得 var1 與 var2 的最大值
Single	Max(Single var1, Single var2)	
Int32	Max(Int32 var1, Int32 var2)	
Int64	Max(Int64 var1, Int64 var2)	
Double	Min(double var1, double var2)	取得 var1 與 var2 的最小值
Single	Min(Single var1, Single var2)	
Int32	Min(Int32 var1, Int32 var2)	
Int64	Min(Int64 var1, Int64 var2)	

方法說明

1. 上述所有的方法，都是 Math 類別的公開靜態（public static）方法。
2. var1 及 var2 都是上述所有方法的參數。var1 及 var2 的資料型態可以是 Double、Single、Int32 或 Int64。
3. 參數 var1 及 var2 對應的引數之資料型態，與參數 var1 及 var2 的資料型態相同，且引數可以是變數或常數。
4. 使用語法如下：

Math.Max(變數(或常數)1,變數(或常數)2)
Math.Min(變數(或常數)1,變數(或常數)2)

範例 2

寫一程式，輸入兩個倍精度浮點數，輸出兩者的最大值與最小值。

```
using System;
using System.Collections.Generic;
using System.Linq;
using System.Text;
using System.Threading.Tasks;

namespace Ex2
{
    class Program
    {
        static void Main(string[] args)
        {
            double num1, num2, max, min;
            Console.Write("輸入第1個倍精度浮點數:");
            num1 = Double.Parse(Console.ReadLine());
            Console.Write("輸入第2個倍精度浮點數:");
            num2 =Double.Parse(Console.ReadLine());
            max = Math.Max(num1, num2);
            min = Math.Min(num1, num2);
            Console.Write("最大值" + max + ",最小值" + min);
            Console.ReadKey();
        }
    }
}
```

執行結果

```
輸入第1個倍精度浮點數:12.3
輸入第2個倍精度浮點數:-12.6
最大值12.3,最小值-12.6
```

表 6-3　Math 類別常用的數學運算方法 (三)

回傳資料的型態	方法名稱	作用
Double	Round(Double var)	將倍精度浮點數 var 四捨五入到離它最近的整數值
Double	Round(Double var, Int32 p)	將倍精度浮點值 var 四捨五入到小數第 p 位

方法說明

1. 上述所有的方法，都是 Math 類別的公開靜態（public static）方法。
2. var 是 Round( ) 方法的參數，且資料型態為 Double。參數 var 對應的引數之資料型態，與參數 var 的資料型態相同，且引數可以是變數或常數。
3. p 是 Round( ) 方法的參數，且資料型態為 Int32。參數 p 對應的引數之資料型態，與參數 p 的資料型態相同，且引數可以是變數或常數。
4. 使用語法如下：

Math.Round(變數(或常數))

範例 3

105 年乘坐台中市公車，里程 10 公里以下免費；超過 10 公里後，每公里之車費以 2.431 * (乘坐市公車的里程 -10) * (1+0.05) 計算。寫一程式，輸入乘坐市公車的里程，輸出車費（車費以四捨五入計算）。

```
using System;
using System.Collections.Generic;
using System.Linq;
using System.Text;
using System.Threading.Tasks;

namespace Ex3
{
    class Program
    {
        static void Main(string[] args)
        {
            int fare; //105年,乘坐里程<=10公里,車費為0元
            double kilometer;
            Console.Write("輸入乘坐台中市公車的里程(單位為公里):");
            kilometer = Double.Parse(Console.ReadLine());
            fare = 0;
            //以全票身分為例,車費=2.431 * (實際里程-10) * (1+5%營業稅)
            if (kilometer > 10)  //里程>10公里
                fare = (int) Math.Round(2.431 * (kilometer - 10) * (1 + 0.05));
            Console.Write("車費:{0}元", fare);
            Console.ReadKey();
        }
    }
}
```

執行結果

```
輸入乘坐台中市公車的里程(單位爲公里):11.5
車費:4元
```

表 6-4　Math 類別常用的數學運算方法(四)

回傳資料的型態	方法名稱	作用
Double	Floor(Double var)	取得不大於 var 的最大整數
Double	Ceiling(Double var)	取得不小於 var 的最小整數

方法說明

1. 上述所有的方法，都是 Math 類別的公開靜態（public static）方法。
2. var 是上述所有方法的參數，且資料型態爲 Double。參數 var 對應的引數之資料型態，與參數 var 的資料型態相同，且引數可以是變數或常數。
3. 使用語法如下：

Math.Floor(變數(或常數))
Math.Ceiling(變數(或常數))

範例 4

寫一程式，模擬百貨公司周年慶買千送百的活動。金額未達千元，無法送百（屬於無條件捨去的問題）。

```
using System;
using System.Collections.Generic;
using System.Linq;
using System.Text;
using System.Threading.Tasks;

namespace Ex4
{
    class Program
    {
        static void Main(string[] args)
        {
            int money;
            int gift;
            Console.Write("輸入消費總金額:");
            money = Int32.Parse(Console.ReadLine());
            gift = (int) Math.Floor(money / 1000.0) * 100;
            //或 gift = money / 1000 * 100;

            Console.Write("獲得的禮券金額爲" + gift + "元");
            Console.ReadKey();
        }
    }
}
```

執行結果

```
輸入消費總金額:5168
獲得的禮券金額爲500元
```

範例 5

寫一程式，模擬路邊自動停車收費。假設 1 小時 20 元，不到 1 小時也以 20 元收費（屬於無條件進位的問題）。

```
using System;
using System.Collections.Generic;
using System.Linq;
using System.Text;
using System.Threading.Tasks;

namespace Ex5
{
    class Program
    {
        static void Main(string[] args)
        {
            double hour;
            int money;
            Console.Write("輸入路邊停車時數:");
            hour = Double.Parse(Console.ReadLine());
            money = (int) Math.Ceiling(hour) * 20;
            Console.Write("路邊停車" + hour + "時,共" + money + "元");
            Console.ReadKey();
        }
    }
}
```

執行結果

```
輸入路邊停車時數:1.3
路邊停車1.3時,共40元
```

表 6-5　Math 類別常用的數學運算方法（五）

回傳資料的型態	方法名稱	作用
Double	Pow(Double var1, Double var2)	求 var1 的 var2 次方

方法說明

1. Pow() 是 Math 類別的公開靜態（public static）方法。
2. var1 及 var2 都是 Pow() 方法的參數，且資料型態都是 Double。參數 var1 及 var2 對應的引數之資料型態，與參數 var1 及 var2 的資料型態相同，且引數可以是變數或常數。

3. 使用語法如下：

Math.Pow(變數(或常數)1,變數(或常數)2)

註：

- 當變數 1(或常數 1)=0 時，變數 2(或常數 2) 必須 >0；否則 Math.Pow(變數 1(或常數 1), 變數 2(或常數 2)) 的結果為「正無限大」。
- 當變數 1(或常數 1)<0 時，變數 2(或常數 2) 必須為整數；否則 Math.Pow(變數 1(或常數 1), 變數 2(或常數 2)) 的結果為「不是一個數字」，表示根號中的值為負數。

表 6-6　Math 類別常用的數學運算方法 (六)

回傳資料的型態	方法名稱	作用
Double	Sqrt(Double var)	求 var 的平方根

方法說明

1. Sqrt() 是 Math 類別的公開靜態（public static）方法。
2. var 是 Sqrt() 方法的參數，且資料型態為 Double。參數 var 對應的引數之資料型態，與參數 var 的資料型態相同，且引數可以是變數或常數。
3. 使用語法如下：

Math.Sqrt(變數(或常數))

註：

若變數 (或常數)<0，則 Sqrt(變數 (或常數)) 的結果為「不是一個數字」，表示根號中的值為負數。

範例 6

寫一程式，求一元二次方程式 $ax^2+bx+c=0$ 的兩個根，其中 $b^2-4ac>=0$。

```
using System;
using System.Collections.Generic;
using System.Linq;
using System.Text;
using System.Threading.Tasks;

namespace Ex6
{
    class Program
    {
        static void Main(string[] args)
        {
```

```
            double a, b, c, root1, root2;
            Console.WriteLine("輸入方程式ax^2+bx+c=0的係數a,b,c:");
            Console.Write("a=");
            a = Double.Parse(Console.ReadLine());
            Console.Write("b=");
            b = Double.Parse(Console.ReadLine());
            Console.Write("c=");
            c = Double.Parse(Console.ReadLine());
            root1 = (-b + Math.Sqrt(Math.Pow(b, 2) - 4 * a * c)) / (2 * a);
            root2 = (-b - Math.Sqrt(Math.Pow(b, 2) - 4 * a * c)) / (2 * a);
            Console.Write(a + "x^2+" + b + "x+" + c + "=0的根爲");
            Console.Write(root1 + "及" + root2);
            Console.ReadKey();
        }
    }
}
```

執行結果

```
輸入方程式ax^2+bx+c=0的係數a,b,c:
a=1
b=2
c=1
1.0x^2+2.0x+1.0=0的根爲-1.0及-1.0
```

6-3 字元結構之方法

與字元處理有關的方法，都定義在命名空間 System 中的 Char 結構裡。因此，必須使用 using System; 敘述後，才能使用 Char 結構中的方法，否則編譯時可能會出現下列的錯誤訊息：

> **名稱Char不存在於目前的內容中　或　找不到類型或命名空間名稱　'Char'**
> **(是否遺漏了　using　指示詞或組件參考?)**

常用的 Char 結構方法，請參考表 6-7 及表 6-8。

表 6-7　Char 結構常用的字元分類方法

回傳資料的型態	方法名稱	作用
Boolean	IsDigit(Char var)	判斷 var 是否為數字字元
Boolean	IsLetter(Char var)	判斷 var 是否為英文字元
Boolean	IsLowerCase(Char var)	判斷 var 是否為英文小寫字元
Boolean	IsUpperCase(Char var)	判斷 var 是否為英文大寫字元
Boolean	IsWhiteSpace(Char var)	判斷 var 是否為空白字元

方法說明

1. 上述所有的方法，都是 Char 結構的公開靜態（public static）方法。
2. var 是上述所有方法的參數，且資料型態都是 Char。參數 var 對應的引數之資料型態，與參數 var 的資料型態相同，且引數可以是變數或常數。
3. 使用語法如下：

```
Char.IsDigit(變數(或常數))
Char.IsLetter(變數(或常數))
Char.IsLowerCase(變數(或常數))
Char.IsUpperCase(變數(或常數))
Char.IsWhiteSpace(變數(或常數))
```

範例 7

寫一程式，輸入一段文字，然後輸出中文字元、英文字元、數字字元、空白字元及其他字元各有幾個。(提示：「中文」字元所對應的 Unicode 範圍，請參考「2-1-3 字元型態」介紹)

```
using System;
using System.Collections.Generic;
using System.Linq;
using System.Text;
using System.Threading.Tasks;

namespace Ex7
{
    class Program
    {
        static void Main(string[] args)
        {
            string str;
            Console.Write("輸入一段文字:");
            str = Console.ReadLine();
            int chinese = 0, english = 0, digit = 0, space = 0, other = 0;
            int i = 0;
            while (i < str.Length)
            {
                //中文字元所對應的unicode範圍在[19968,40622]區間內
                if ((int)str[i] >= 19968 && (int)str[i] <= 40622)// str[i]是中文字元
                    chinese ++;
                else if (Char.IsLetter(str[i]))      // str[i]是英文字元
                    english++;
                else if (Char.IsDigit(str[i]))       // str[i]是數字字元
                    digit++;
                else if (Char.IsWhiteSpace(str[i])) // str[i]是空白字元
                    space++;
                else                                 // str[i]是其他字元
                    other++;
```

```
31                  i++;
32              }
33              Console.WriteLine("中文字元" + chinese + "個");
34              Console.WriteLine("英文字元" + english + "個");
35              Console.WriteLine("數字字元" + digit + "個");
36              Console.WriteLine("空白字元" + space + "個");
37              Console.WriteLine("其他字元" + other + "個");
38              Console.ReadKey();
39          }
40      }
41  }
```

執行結果

```
輸入一段文字: 2018/7/6,中美貿易大戰開始,世界經濟是否會受到很大衝擊呢?
中文字元22個
英文字元0個
數字字元6個
空白字元0個
其他字元5個
```

程式說明

1. 程式第 18 列 while (i < str.Length) 中的 str.Length，表示字串變數 str 的長度，即字串變數 str 的字元個數。
2. 空白鍵及 Tab 鍵，都屬於空白字元的一種。

表 6-8　Char 結構常用的字元轉換方法

回傳資料的型態	方法名稱	作用
Char	ToLower(Char var)	將 var 的內容轉換成小寫的字元
Char	ToUpper(Char var)	將 var 的內容轉換成大寫的字元

方法說明

1. 上述所有的方法，都是 Char 結構的公開靜態（public static）方法。
2. var 是上述所有方法的參數，且資料型態都是 Char。參數 var 對應的引數之資料型態，與參數 var 的資料型態相同，且引數可以是變數或常數。
3. 使用語法如下：

Char.ToLower(變數(或常數))
Char.ToUpper(變數(或常數))

範例 8

寫一程式，輸入一個字元，將其轉成大寫後輸出。

```
using System;
using System.Collections.Generic;
using System.Linq;
using System.Text;
using System.Threading.Tasks;

namespace Ex8
{
    class Program
    {
        static void Main(string[] args)
        {
            char ch1, ch2;
            Console.Write("輸入一字元:");
            ch1 = (char) Console.Read();
            ch2 = Char.ToUpper(ch1);
            //若要轉成小寫,則請改用ch2 = Char.ToLower(ch1);

            Console.WriteLine(ch1 + "的大寫爲" + ch2);
            Console.ReadKey();
        }
    }
}
```

執行結果

```
輸入一字元:m
m的大寫爲M
```

6-4 字串類別之屬性與方法

放在雙引號「"」內的文字稱爲字串（String）資料。例："您好"。字串資料不是儲存在一般的實値形態變數中，而是儲存在 Visual C# 語言的參考形態物件變數所指向的記憶體位址中。程式設計者透過參考形態物件變數所指向的記憶體位址，來存取對應的字串資料。

使用 String 物件變數前，必須宣告過。String 物件變數的宣告語法如下：

```
string 變數名稱;
```

宣告說明

1. 關鍵字 string 是 String 類別的別名。
2. 這只是宣告一資料型態爲 String 的物件變數，尙未將指向的記憶體位址設定給此物件變數。因此，此物件變數的內容爲 null。

例：string name;

// 宣告一名爲 name 的字串物件變數，
// 且 name 的內容爲「null」

宣告字串物件變數及同時初始化之語法如下：

```
string 變數名稱 = "文字資料";
```

例：string team = " 中華隊 ";

// 宣告一名爲 team 的字串物件變數，
// 並將儲存 " 中華隊 " 的記憶體位址設定給 team

例：string name = "";

// 宣告一名爲 name 的字串物件變數，
// 並將儲存「空字串」的記憶體位址設定給 name
// 「""」(空字串)，表示沒有任何資料

與字串處理有關的方法，都定義在命名空間 System 中的 String 類別裡。因此，必須使用 using System; 敘述後，才能使用 String 類別中的方法，否則編譯時可能會出現下列的錯誤訊息：

```
名稱 String不存在於目前的內容中  或  找不到類型或命名空間名稱 'String'
(是否遺漏了 using 指示詞或組件參考?)
```

常用的 String 類別方法，請參考表 6-9 至表 6-17。

表 6-9　String 類別的空字串判斷方法

回傳資料的型態	方法名稱	作用
Boolean	IsNullOrEmpty(String var)	判斷字串 var 是否為空字串或 null

方法說明

1. IsNullOrEmpty() 是 String 類別的公開靜態（public static）方法。
2. var 是上述所有方法的參數，且資料型態是 String。參數 var 對應的引數之資料型態，與參數 var 的資料型態相同，且引數可以是變數或常數。
3. 使用語法如下：

```
String.IsNullOrEmpty(變數(或常數))
```

註：

若字串變數爲空字串（即，字串的長度 =0）或 null（即，字串變數尚未指向一實例），則傳回 true；否則傳回 false。

表 6-10　String 類別的字串長度屬性

資料型態	屬性名稱	作用
Int32	Length	取得字串中的字元個數

屬性說明

1. Length 是 String 類別的公開（public）屬性，其資料型態爲 Int32。
2. 使用語法如下：

```
字串變數.Length
```

表 6-11　String 類別的子字串取出方法

回傳資料的型態	方法名稱	作用
String	Substring(Int32 beginIndex, Int32 length)	從字串中，索引為 beginIndex 的字元開始，共取出 length 個字元
String	Substring(Int32 beginIndex)	從字串中，取出索引為 beginIndex 的字元，到最後一個字元

方法說明

1. 上述所有的方法，都是 String 類別的公開（public）方法。
2. beginIndex 及 length 是 Substring() 方法的參數，且資料型態都是 Int32。參數 beginIndex 及 length 對應的引數之資料型態與參數 beginIndex 及 length 的資料型態相同，且引數可以是變數或常數。
3. (1) beginIndex + length 必須小於或等於「字串長度」，否則會出現以下的錯誤訊息：

```
System.ArgumentOutOfRangeException: 'Index and length must refer to a
location within the string.'
```

   (2) beginIndex 必須小於或等於「字串長度」，否則會出現以下的錯誤訊息：

```
System.ArgumentOutOfRangeException: 'startIndex cannot be larger than
length of string.'
```

4. 使用語法如下：

```
//從索引值為整數變數1的位置開始，共取出「整數變數2」個字元
字串變數.Substring(整數變數1(或常數1),整數變數2(或常數2))

//取出位置索引值為整數變數的字元，到最後一個字元
字串變數.Substring(整數變數(或常數))
```

範例 9

寫一程式，輸入一串文字，然後將字串中的字元一個一個輸出。

```
1  using System;
2  using System.Collections.Generic;
3  using System.Linq;
4  using System.Text;
5  using System.Threading.Tasks;
6  
7  namespace Ex9
8  {
9      class Program
10     {
11         static void Main(string[] args)
12         {
13             Console.Write("輸入一串文字:");
14             string str = Console.ReadLine();
15             if (String.IsNullOrEmpty(str))
16                 Console.WriteLine("您沒有輸入任何文字");
17             else
18             {
19                 Console.WriteLine("您輸入文字分別爲:");
20                 for (int i = 0; i <= str.Length - 1; i++)
21                     Console.WriteLine(str.Substring(i,1));
22             }
23             Console.ReadKey();
24         }
25     }
26 }
```

執行結果

```
輸入一串文字:您好嗎?
您輸入文字分別爲:
您
好
嗎
?
```

程式說明

1. 字串的第 1 個字元的索引值（或位置）是 0，第 2 個字元的索引值是 1，以此類推。
2. 程式 21 列，也可以改成 Console.WriteLine(str[i]);（將字串 str 中，索引值爲 i 的字元輸出）。

表 6-12　String 類別的英文字母大小寫轉換方法

回傳資料的型態	方法名稱	作用
String	ToLower()	將字串中的英文字母改為小寫
String	ToUpper()	將字串中的英文字母改為大寫

方法說明

1. 上述所有的方法，都是 String 類別的公開（public）方法。
2. 使用語法如下：

字串變數 . **ToLower()**

字串變數 . **ToUpper()**

範例 10

寫一程式，輸入一段英文字，並將大寫字母轉換成小寫字母後輸出。

```
using System;
using System.Collections.Generic;
using System.Linq;
using System.Text;
using System.Threading.Tasks;

namespace Ex10
{
    class Program
    {
        static void Main(string[] args)
        {
            string ch1, ch2;
            Console.Write("輸入一段英文:");
            ch1 = Console.ReadLine();
            ch2 = ch1.ToLower();
            //若要轉成大寫,則請改用ch2 = ch1.ToUpper();

            Console.WriteLine(ch1 + "的小寫爲" + ch2);
            Console.ReadKey();
        }
    }
}
```

執行結果

```
輸入一段英文:This Is A Book.
This Is A Book.的小寫爲this is a book.
```

表 6-13　String 類別的字元或子字串搜尋方法

回傳資料的型態	方法名稱	作用
Int32	IndexOf(Char ch)	取得字串中第 1 次出現字元 ch 的索引值
Int32	LastIndexOf(Char ch)	取得字串中最後 1 次出現字元 ch 的索引值
Int32	IndexOf(String str)	取得字串中第 1 次出現子字串 str 的索引值
Int32	LastIndexOf(String str)	取得字串中最後 1 次出現子字串 str 的索引值

方法說明

1. 上述所有的方法，都是 String 類別的公開（public）方法。
2. ch 及 str 是上述所有方法的參數，資料型態分別為 Char 及 String。參數 ch 及 str 對應的引數之資料型態，與參數 ch 及 str 的資料型態相同，且 ch 及 str 對應的引數可以是變數或常數。
3. 使用語法如下：

```
//取得「字串」中第1次出現「字元」的索引值
字串變數.IndexOf(字元變數(或常數))

//取得「字串」中最後1次出現「字元」的索引值
字串變數.LastIndexOf(字元變數(或常數))

//取得「字串1」中第1次出現「字串2」的索引值
字串變數1.IndexOf(字串變數2(或常數2))

//取得「字串1」中最後1次出現「字串2」的索引值
字串變數1.LastIndexOf(字串變數2(或常數2))
```

註：

利用方法 IndexOf() 及 LastIndexOf() 去搜尋特定字元或字串時，若有找到，則傳回特定字元或字串在被搜尋字串中的索引值；否則傳回 -1。

範例 11

寫一程式，輸入兩個字串，輸出「字串 1」第 1 次出現在「字串 2」的索引值及最後 1 次的索引值。

```
using System;
using System.Collections.Generic;
using System.Linq;
using System.Text;
using System.Threading.Tasks;

namespace Ex11
{
    class Program
```

```
    {
        static void Main(string[] args)
        {
            Console.Write("輸入字串1:");
            string str1 = Console.ReadLine();
            Console.Write("輸入字串2:");
            string str2 = Console.ReadLine();
            if (str2.IndexOf(str1) == -1)
                Console.WriteLine("\"" + str1 + "\"沒有出現在" +
                                  "\"" + str2 + "\"中.");
            else
                Console.WriteLine("\"" + str1 + "\"" + "第1次出現在" +
                           "\"" + str2 + "\"" + "中的索引值爲" + str2.IndexOf(str1));
            if (str2.LastIndexOf(str1) == -1)
                Console.WriteLine("\"" + str1 + "\"沒有出現在\"" + str2 + "\"中.");
            else
                Console.WriteLine("\"" + str1 + "\"" + "最後1次出現在" +
                           "\"" + str2 + "\"" + "中的索引值爲" + str2.LastIndexOf(str1));

            Console.ReadKey();
        }
    }
}
```

執行結果

```
輸入字串1:re
輸入字串2:Where are you?
"re"第1次出現在"Where are you?"中的索引值爲3
"re"最後1次出現在"Where are you?"中的索引值爲7
```

表 6-14 String 類別的子字串包含判斷方法

回傳資料的型態	方法名稱	作用
Boolean	EndsWith(String str)	判斷一字串的尾部是否包含 str 字串
Boolean	StartsWith(String str)	判斷一字串的開端是否包含 str 字串

方法說明

1. 上述所有的方法，都是 String 類別的公開（public）方法。
2. str 是上述所有方法的參數，且資料型態都是 String。參數 str 對應的引數之資料型態，與參數 str 的資料型態相同，且引數可以是變數或常數。
3. 使用語法如下：

```
//判斷「字串1」的尾部是否包含「字串2」
字串變數1.EndsWith(字串變數2(或常數2))

//判斷「字串1」的開端是否包含「字串2」
字串變數1.StartsWith(字串變數2(或常數2))
```

註：

若「字串 1」有包含「字串 2」，則傳回 true；否則傳回 false。

範例 12

寫一程式，輸入兩個字串，判斷「字串 1」前後是否包含「字串 2」。

```
using System;
using System.Collections.Generic;
using System.Linq;
using System.Text;
using System.Threading.Tasks;

namespace Ex12
{
    class Program
    {
        static void Main(string[] args)
        {
            Console.Write("輸入字串1:");
            string str1 = Console.ReadLine();
            Console.Write("輸入字串2:");
            string str2 = Console.ReadLine();
            if (str1.StartsWith(str2))
                Console.WriteLine("\"" + str1 + "\"" + "開端有包含\"" + str2 + "\"");
            else
                Console.WriteLine("\"" + str1 + "\"" + "開端沒有包含\"" + str2 + "\"");

            if (str1.EndsWith(str2))
                Console.WriteLine("\"" + str1 + "\"" + "尾部有包含\"" + str2 + "\"");
            else
                Console.WriteLine("\"" + str1 + "\"" + "尾部沒有包含\"" + str2 + "\"");

            Console.ReadKey();
        }
    }
}
```

執行結果

```
輸入字串1:一日復一日
輸入字串2:一日
"一日復一日"開端有包含"一日"
"一日復一日"尾部有包含"一日"
```

表 6-15 String 類別的字串比較方法

回傳資料的型態	方法名稱	作用
Int32	CompareTo(String str)	比較一字串與 str 字串所指向的實例內容大小。大小寫不同視為不同
Boolean	Equals(String str)	判斷一字串與 str 字串所指向的實例內容是否相等。大小寫不同視為不同

方法說明

1. 上述所有的方法，都是 String 類別的公開（public）方法。
2. str 是上述所有方法的參數，且資料型態都是 String。參數 str 對應的引數之資料型態，與參數 str 的資料型態相同，且引數可以是變數或常數。
3. CompareTo() 方法的使用語法如下：

```
//比較「字串1」與「字串2」的大小，大小寫不同視為不同
字串變數1.CompareTo(字串變數2(或常數2))
```

註：

- 若「字串變數 1」所指向的實例內容 >「字串變數 2」所指向的實例內容，則傳回 1 的數值；若「字串變數 1」所指向的實例內容 =「字串變數 2」所指向的實例內容，則傳回 0；若「字串變數 1」所指向的實例內容 <「字串變數 2」所指向的實例內容，則傳回 -1 的數值。
- 中文字 > 英文字 > 數字，大寫英文字 > 小寫英文字。

4. Equals() 方法的使用語法如下：

```
//判斷「字串1」與「字串2」是否相等，大小寫不同視為不同
字串變數1.Equals(字串變數2(或常數2))
```

註：

- 若「字串變數 1」與「字串變數 2」所指向的實例內容相同，則傳回 true；否則傳回 false。
- 中文字 > 英文字 > 數字，大寫英文字 > 小寫英文字。

範例 13

寫一程式，輸入兩個字串，比較兩個字串的大小及判斷兩個字串是否相等。

```
using System;
using System.Collections.Generic;
using System.Linq;
using System.Text;
using System.Threading.Tasks;

namespace Ex13
{
    class Program
    {
        static void Main(string[] args)
        {
            Console.Write("輸入字串1:");
            string str1 = Console.ReadLine();
            Console.Write("輸入字串2:");
            string str2 = Console.ReadLine();

            //比較「字串變數1」與「字串變數2」，大小寫不同視為不同
            Console.WriteLine("(1)比較方法「CompareTo()」:大小寫不同視為不同:");
            if (str1.CompareTo(str2) == 1)
                Console.WriteLine("\"" + str1 + "\"" + "大於\"" + str2 + "\"");
            else if (str1.CompareTo(str2) == 0)
                Console.WriteLine("\"" + str1 + "\"" + "等於\"" + str2 + "\"");
            else
                Console.WriteLine("\"" + str1 + "\"" + "小於\"" + str2 + "\"");

            //判斷「字串變數1」與「字串變數2」，大小寫不同視為不同
            Console.WriteLine("(2)判斷方法「Equals()」:大小寫不同視為不同:");
            if (str1.Equals(str2))
                Console.WriteLine("\"" + str1 + "\"" + "等於\"" + str2 + "\"");
            else
                Console.WriteLine("\"" + str1 + "\"" + "不等於\"" + str2 + "\"");

            Console.ReadKey();
        }
    }
}
```

執行結果

```
輸入字串1:What a beautiful day!
輸入字串2:What A Beautiful Day!
(1)比較方法「CompareTo()」:大小寫不同視為不同:
"What a beautiful day!"小於"What A Beautiful Day!"
(2)判斷方法「Equals()」:大小寫不同視為不同:
"What a beautiful day!"不等於"What A Beautiful Day!"
```

表 6-16　String 類別的字串取代方法

回傳資料的型態	方法名稱	作用
String	Replace(Char oldchar, Char newchar)	以 newchar 字元取代字串中的 oldchar 字元
String	Replace(String oldstr, String newstr)	以 newstr 字串取代字串中的 oldstr 字串

方法說明

1. 上述所有的方法，都是 String 類別的公開（public）方法。
2. oldchar、newchar、oldstr 及 newstr 是 Replace() 方法的參數。oldchar 與 newchar 的資料型態是 Char，oldstr 與 newstr 的資料型態是 String。
3. 參數 oldchar 及 newchar 對應的引數之資料型態，與參數 oldchar 及 newchar 的資料型態相同，且引數可以是變數或常數；參數 oldstr 及 newstr 對應的引數之資料型態，與參數 oldstr 及 newstr 的資料型態相同，且引數可以是變數或常數。
4. 使用語法如下：

```
//以「字元2」取代「字串變數」中的「字元1」
字串變數.Replace(字元變數1(或常數1),字元變數2(或常數2))

//以「字串2」取代「字串變數」中的「字串1」
字串變數.Replace(字串變數1(或常數1),字串變數2(或常數2))
```

註：

執行 Replace() 方法後，不會改變「原始字串變數」的內容。

範例 14

寫一程式，分別輸入一個原始字串，一個被取代字元（為原始字串中的字元），一個取代字元，一個被取代字串（為原始字串中的子字串）及一個取代字串。輸出原始字串中的資料分別以字元取代及字串取代後的結果。

```
using System;
using System.Collections.Generic;
using System.Linq;
using System.Text;
using System.Threading.Tasks;

namespace Ex14
{
    class Program
    {
        static void Main(string[] args)
        {
```

```
            Console.Write("輸入原始字串:");
            string str = Console.ReadLine();
            Console.Write("輸入被取代字元(爲原始字串中的字元):");
            char ch1 = (char)Console.Read();
            Console.ReadLine(); //清除鍵盤緩衝區內的資料「Enter」
            Console.Write("輸入取代字元:");
            char ch2 = (char)Console.Read();
            Console.ReadLine(); //清除鍵盤緩衝區內的資料「Enter」
            Console.WriteLine("\"" + str + "\"的\'" + ch1 + "\'被\'" + ch2 +
                           "\'取代後爲\"" + str.Replace(ch1, ch2) + "\"");

            Console.Write("\n輸入被取代子字串(爲原始字串中的子字串):");
            string substr1 = Console.ReadLine();
            Console.Write("輸入取代子字串:");
            string substr2 = Console.ReadLine();

            Console.WriteLine("\"" + str + "\"的\"" + substr1 + "\"被\"" + substr2 +
                         "\"取代後爲\"" + str.Replace(substr1, substr2) + "\"");

            Console.ReadKey();
        }
    }
}
```

執行結果

```
輸入原始字串:一日復一日
輸入被取代字元(爲原始字串中的字元):一
輸入取代字元:壹
"一日復一日"的'一'被'壹'取代後爲"壹日復壹日"

輸入被取代子字串(爲原始字串中的子字串):一日
輸入取代子字串:壹天
"一日復一日"的"一日"被"壹天"取代後爲"壹天復壹天"
```

程式說明

執行 Replace() 方法後，不會改變原始字串變數 str 的內容。

表 6-17　String 類別的字串分拆方法

回傳資料的型態	方法名稱	作用
String[]	Split(Char[] delimeter)	以字元陣列（delimeter）中之個別字元為分界，將原始字串拆開成數個子字串存入另一字串陣列中，並回傳這個字串陣列
String[]	Split(String[] delimeter StringSplitOptions splitOption)	以字串陣列（delimeter）中之個別字串為分界，將原始字串拆開數個子字串存入另一個字串陣列中，並回傳這個字串陣列

方法說明

1. 上述所有的方法都是 String 類別的公開（public）方法。

2. delimeter 是 Split() 方法的參數，且 delimeter 的資料型態可為 Char[] 或 String[]。參數 delimeter 對應的引數之資料型態與參數 delimeter 的資料型態相同，且引數可以是變數或常數。
3. 當參數 delimeter 的型態為 String[] 時，若參數 splitOption 設為 StringSplitOptions.RemoveEmptyEntries，則表示分拆後不會將空字串存入傳回的字串陣列中；若參數 splitOption 設為 StringSplitOptions.None，表示分拆後若有空字串產生，則會將空字串存入傳回的字串陣列中。
4. 使用語法如下：

```
//以「字元陣列」中之字元為分界點，將「原始字串」拆成
//數個子字串存入另一個字串陣列中，並回傳這個字串陣列
原始字串變數.Split(字元陣列變數(或常數))

//以「字串陣列」中之字串為分界，將「原始字串」拆成
//數個子字串存入另一個字串陣列中，並回傳這個字串陣列
原始字串變數.Split(字串陣列變數(或常數),StringSplitOptions.RemoveEmptyEntries)
 或
原始字串變數.Split(字串陣列變數(或常數),StringSplitOptions.None)
```

註：

方法 Split() 會將「原始字串變數」的內容拆成數個子字串，並存入另一個字串陣列，但不會改變「原始字串變數」的內容。

範例 15

寫一程式，分別輸入一個要被分拆的字串（或原始字串）及一個分界點字串。然後以字串中的個別字元作為分界點，將原始字串分拆並存入一字串陣列，最後輸出分拆後的結果。

```
using System;
using System.Collections.Generic;
using System.Linq;
using System.Text;
using System.Threading.Tasks;

namespace Ex15
{
    class Program
    {
        static void Main(string[] args)
        {
            int i;
            string str, delimiter;
            Console.Write("輸入要被分拆的字串:");
            str = Console.ReadLine();
```

```
                Console.Write("輸入分界點字串:");
                delimiter = Console.ReadLine();

                //將字串「delimiter」轉成字元，並存入字元陣列「delimiter_char」中
                char[] delimiter_char = delimiter.ToCharArray();

                //以字元陣列「delimiter_char」的個別字元，做爲字串「str」的分界點，
                //將字串「str」分拆成數個子字串，並存入字串陣列「splitarray」中
                string[] splitarray = str.Split(delimiter_char);

                Console.WriteLine();
                Console.Write("以字串\"" + delimiter + "\"中的個別字元，做爲字串\"");
                Console.WriteLine(str+"\"的分界點,分拆後的結果如下:");
                for (i = 0; i < splitarray.Length; i++)
                    Console.WriteLine(splitarray[i]);
                Console.ReadKey();
            }
        }
    }
```

執行結果

```
輸入要被分拆的字串:邱吉爾:你有敵人嗎?有的話,很好!這表示你有爲了你生命中的某件事挺身而出.
輸入分界點字串::,.?!

以字串":,.?!"中的個別字元，做爲字串"邱吉爾:你有敵人嗎?有的話,很好!這表示你有爲了你生命中
的某件事挺身而出."的分界點,分拆後的結果如下:
邱吉爾
你有敵人嗎
有的話
很好
這表示你有爲了你生命中的某件事挺身而出
```

程式說明

以字串陣列中的子字串來分拆另一個字串的方法 Split()，請參考「7-5　foreach 迴圈結構」之範例 11。

6-5 日期時間結構之屬性與方法

與日期時間有關的處理方法，都定義在命名空間 System 中的內建結構 DateTime 裡。因此，必須使用 using System; 敘述後，才能使用 DateTime 結構中的方法，否則編譯時可能會出現下列的錯誤訊息：

> **名稱 'DateTime' 不存在於目前的內容中　或**
> **找不到類型或命名空間名稱 'DateTime' (是否遺漏了 using 指示詞或組件參考?)**

常用的 DateTime 結構之屬性與方法，請參考表 6-18 至表 6-21。

使用 DateTime 結構的屬性與方法之前，必須先宣告一 DateTime 結構物件變數，並指向一物件實例。宣告一 DateTime 結構物件變數，並指向一物件實例之語法如下：

```
DateTime 變數名稱 = new DateTime();
```

表 6-18　DateTime 結構常用的屬性

資料型態	屬性名稱	作用
DateTime	Date	取得 DateTime 結構變數內容中的「日期」資料
Int32	Year	取得 DateTime 結構變數內容中的「年份」資料
Int32	Month	取得 DateTime 結構變數內容中的「月」資料
Int32	Day	取得 DateTime 結構變數內容中的「日數」資料
Int32	Hour	取得 DateTime 結構變數內容中的「小時」資料
Int32	Minute	取得 DateTime 結構變數內容中的「分鐘」資料
Int32	Second	取得 DateTime 結構變數內容中的「秒數」資料
Int32	Millisecond	取得 DateTime 結構變數內容中的「毫秒」資料
Int32	DayOfYear	取得當年份第一天到 DateTime 結構變數之間的天數
Int64	Ticks	取得公元 0001 年 1 月 1 日 0 點 0 分 0 秒到 DateTime 結構變數之間的 Ticks（滴答數）
DateTime	Now	取得電腦上目前的「日期和時間」資料

屬性說明

1. 上述屬性，除了 Now 是 DateTime 結構的公開靜態（public static）屬性外，其餘的都是 DateTime 結構的公開（public）屬性。上述屬性都是唯讀的，即只能使用它，不能變更它。
2. 常用的 DateTime 結構屬性之用法如下：

```
DateTime變數.Date
DateTime變數.Year
DateTime變數.Month
DateTime變數.Day
DateTime變數.Hour
DateTime變數.Minute
DateTime變數.Second
DateTime變數.Milliseond
DateTime變數.DateOfYeay
DateTime變數.Ticks

DateTime.Now
```

註：

DateTime 變數 .Ticks 的用法，請參考「7-6　亂數方法」之範例 13。

表 6-19　DateTime 結構常用的增減方法

回傳資料的型態	方法名稱	作用
DateTime	AddYears(Int32 value)	將 DateTime 結構變數內容中的「年份」資料加上 value
DateTime	AddMonths(Int32 value)	將 DateTime 結構變數內容中的「月份」資料加上 value
DateTime	AddDays(Double value)	將 DateTime 結構變數內容中的「日數」資料加上 value
DateTime	AddHours(Double value)	將 DateTime 結構變數內容中的「時數」資料加上 value
DateTime	AddMinutes(Double value)	將 DateTime 結構變數內容中的「分鐘」資料加上 value

方法說明

1. 上述所有的方法，都是 DateTime 結構的公開（public）方法。
2. value 是上述所有方法的參數。
3. value 是 AddMonths() 及 AddMonths() 方法的參數，且 value 的資料型態都是 Int32。參數 value 對應的引數之資料型態與參數 value 的資料型態相同，且引數可以是變數或常數。
4. 針對上述其餘三個方法，value 也是它們的參數，且 value 的資料型態都是 Double。參數 value 對應的引數之資料型態與參數 value 的資料型態相同，且引數可以是變數或常數。
5. DateTime 結構常用的增減方法之用法如下：

```
DateTime變數.AddYears(整數變數或常數)
DateTime變數.AddMonths(整數變數或常數)
DateTime變數.AddDays(倍精度浮點數變數或常數)
DateTime變數.AddHours(倍精度浮點數變數或常數)
DateTime變數.AddMinutes(倍精度浮點數變數或常數)
```

註：

上述所有的用法，不會改變 DateTime 變數的內容。

表 6-20　DateTime 結構的字串轉日期方法

回傳資料的型態	方法名稱	作用
DateTime	Parse(String str)	將符合日期時間格式的字串，轉換成與其相等的 DateTime 型態格式。若格式錯誤，則無法成功轉換

方法說明

1. Parse( ) 方法是 DateTime 結構的公開靜態（public static）方法。
2. value 是 Parse( ) 方法的參數，且 value 的資料型態都是 String。參數 value 對應的引數之資料型態與參數 value 的資料型態相同，且引數可以是變數或常數。
3. Parse( ) 方法的用法如下：

DateTime.Parse(字串變數或常數)

註：

Parse( ) 方法不會改變字串變數或常數的內容。

表 6-21　DateTime 結構的比較與判斷方法

回傳資料的型態	方法名稱	作用
Int32	Compare(DateTime dt1, DateTime dt2)	比較兩個 DateTime 型態變數 dt1 及 dt2 的日期時間值，並傳回整數。 若 dt1 > dt2，則傳回 1，表示 dt1 晚於 dt2。 若 dt1 = dt2，則傳回 0，表示 dt1 等於 dt2。 若 dt1 < dt2，則傳回 -1，表示 dt1 早於 dt2。
Boolean	Equals(DateTime dt1, DateTime dt2)	判斷兩個 DateTime 結構變數 dt1 及 dt2 的日期時間值是否相同。 若 dt1 = dt2， 則傳回 True， 表示 dt1 等於 dt2。否則傳回 false。
Boolean	IsLeapYear(Int32 year)	判斷 Int32 型態的變數 year 是否為閏年。 若為閏年，則傳回 true，否則傳回 false。

方法說明

1. 上述所有的方法，都是結構 DateTime 的公開靜態（public static）方法。
2. DateTime 結構的比較與判斷方法之用法如下：

DateTime.Compare(DateTime變數1,DateTime變數2)
DateTime.Equals(DateTime變數1,DateTime變數2)
DateTime.IsLeapYear(整數變數或常數)

範例 16

寫一程式，宣告兩個 DateTime 結構變數，並分別產生實例。然後輸入這兩個 DateTime 結構變數的日期時間，輸出兩者在日期時間上的先後關係。

```
using System;
using System.Collections.Generic;
using System.Linq;
using System.Text;
using System.Threading.Tasks;

namespace Ex16
{
    class Program
    {
        static void Main(string[] args)
        {
            DateTime dt1 = new DateTime();
            Console.Write("輸入第一個日期時間(mm/dd/yyyy hh:mm:ss):");
            dt1 = DateTime.Parse(Console.ReadLine());

            DateTime dt2 = new DateTime();
            Console.Write("輸入第二個日期時間(mm/dd/yyyy hh:mm:ss):");
            dt2 = DateTime.Parse(Console.ReadLine());

            switch (DateTime.Compare(dt1, dt2))
            {
                case 1:
                    Console.WriteLine(dt1 + " > " + dt2);
                    break;
                case 0:
                    Console.WriteLine(dt1 + " = " + dt2);
                    break;
                case -1:
                    Console.WriteLine(dt1 + " < " + dt2);
                    break;
            }
            Console.ReadKey();
        }
    }
}
```

執行結果

```
輸入第一個日期時間(mm/dd/yyyy hh:mm:ss):02/01/2019 8:00:00
輸入第二個日期時間(mm/dd/yyyy hh:mm:ss):01/01/2019 8:00:00
02/01/2019 8:00:00 > 01/01/2019 8:00:00
```

6-6 使用其他程式語言的內建方法

在 Visual C# 的應用程式專案中，要使用其他程式語言的內建方法之前，必須先將該程式語言的組件（.dll）加入該專案的參考中，否則程式無法通過編譯。

在 Visual C# 的應用程式專案中，加入其他程式語言（以 Visual Basic 爲例）的方法（以 InputBox() 方法爲例）之程序如下：

1. 對著專案名稱底下的參考，按滑鼠右鍵，選擇「加入參考 (R)」。
2. 在「組件」頁籤中，勾選 Microsoft.VisualBasic，並按「確定」，將 Visual Basic 程式語言的組件加入。
3. 在 Visual C# 的應用程式中，使用 using Microsoft.VisualBasic;，引入 Microsoft.VisualBasic 命名空間，並在適當的地方呼叫 Interaction 類別中的 InputBox() 方法。

例如：使用 Visual Basic 程式語言的內建方法 InputBox()，改寫範例 10 程式中的字串輸入指令 Console.ReadLine()。程序如下：

1. 對著 Ex10 專案底下的「參考」按滑鼠右鍵，選擇「加入參考 (R)」。

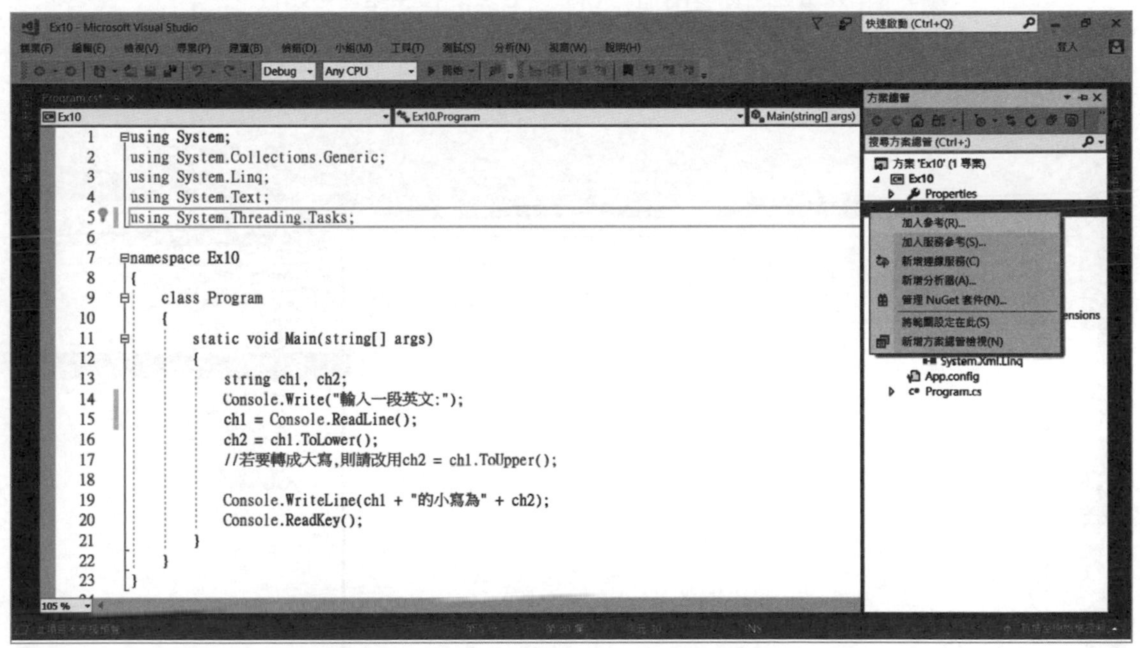

圖 6-1　在專案的參考中加入 Visual Basic 程式語言之組件（一）

2. 在「組件」頁籤中，勾選 Microsoft.VisualBasic，並按「確定」，將 Visual Basic 程式語言的組件加入。

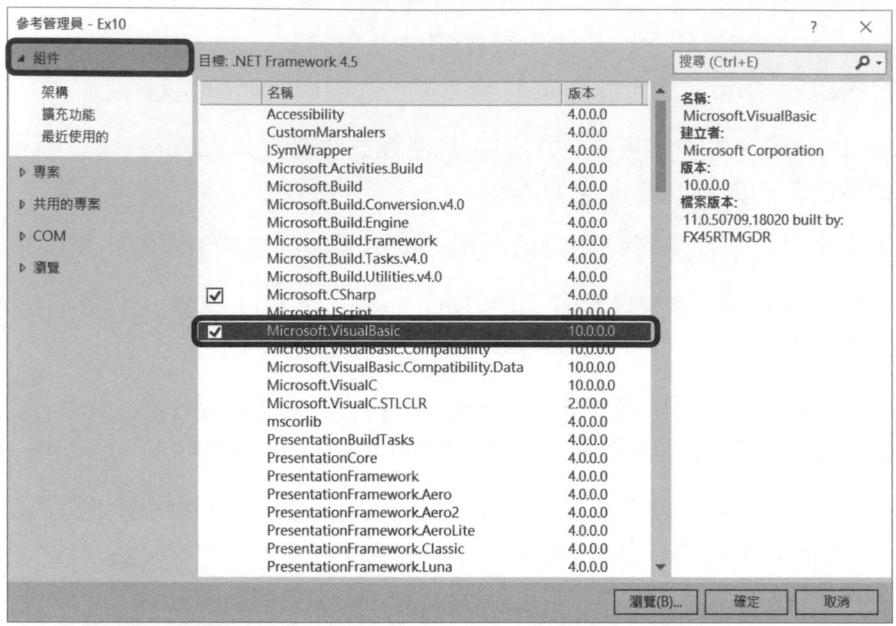

圖 6-2　在專案的參考中加入 Visual Basic 程式語言之組件（二）

3. Visual Basic 程式語言的組件，已加入專案的「參考」中。

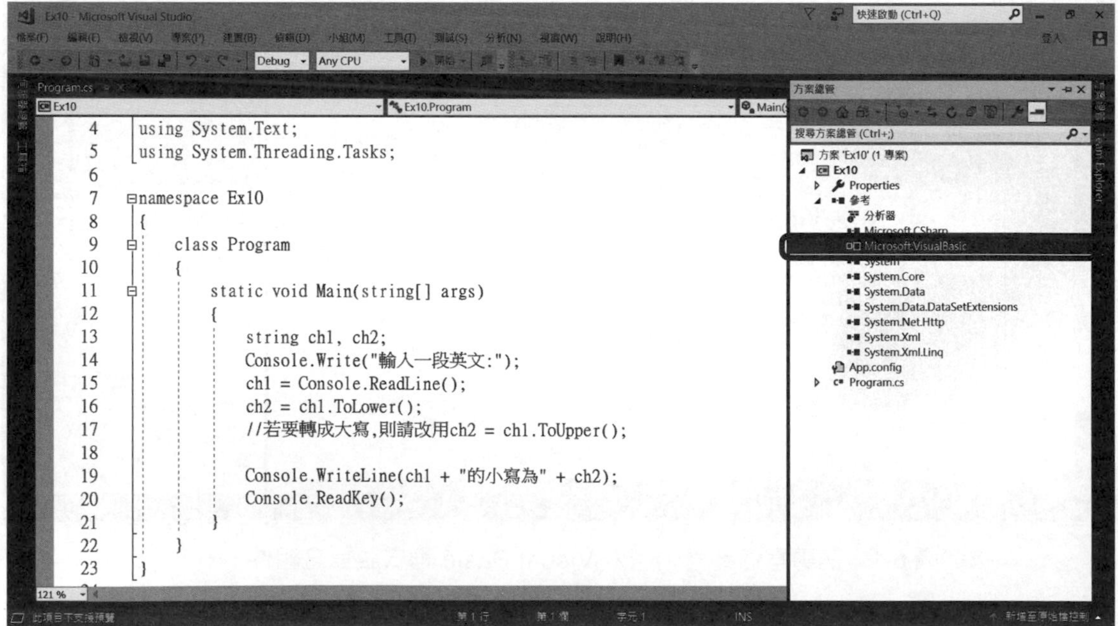

圖 6-3　在專案的參考中加入 Visual Basic 程式語言之組件（三）

4. 在 Visual C# 應用程式的命名空間區，加入 using Microsoft.VisualBasic，並將第 14 列 Console.Write(" 輸入一段英文 :"); 及第 15 列 ch1=Console.ReadLine(); 改寫成 ch1 = Interaction.InputBox(" 輸入一段英文 :", " 在 C# 中，使用 VB 的 InputBox 方法 "); 。

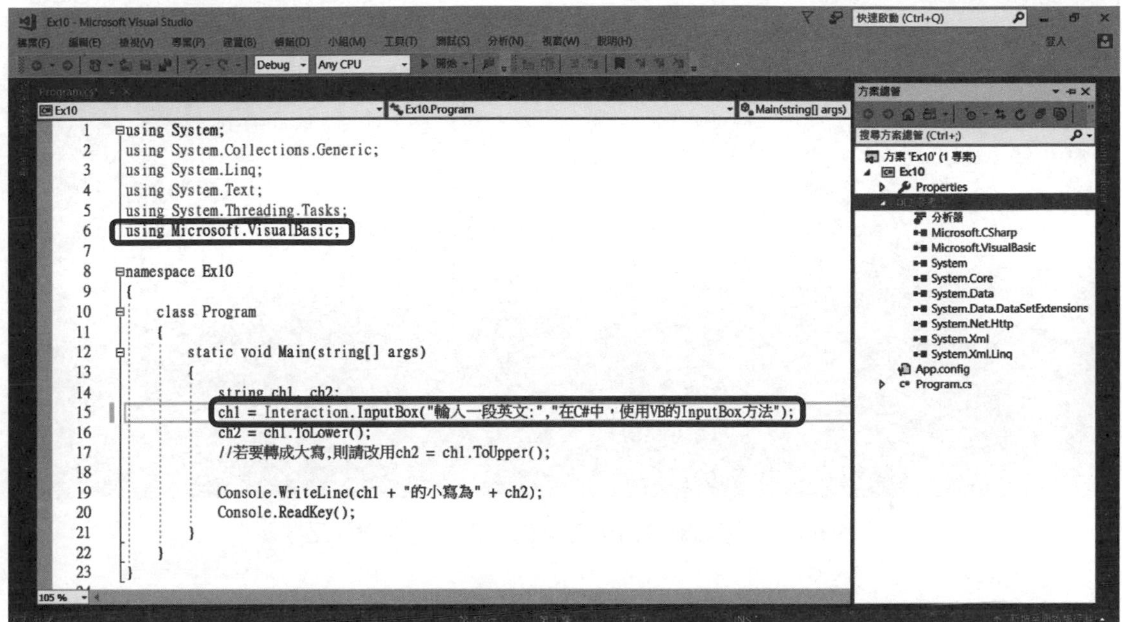

圖 6-4　在 Visual C# 應用程式中使用 Visual Basic 語言之方法

5. 完成後，執行的過程如下：

(1) 輸入 This Is A Book.，並按「確定」。

圖 6-5　改寫範例 10 的程式後之執行畫面 (一)

(2) 輸出 This Is A Book. 的小寫爲 this is a book.。

圖 6-5　改寫範例 10 的程式後之執行畫面（二）

自我練習

一、程式設計

1. 寫一程式，輸入平面座標上的任意兩點，輸出兩點的距離。
2. 寫一程式，輸入一正整數，判斷此數是否為某一個整數的平方。
3. 輸出下列對稱圖形。（限用巢狀迴圈撰寫）

```
1x1= 1  1x2= 2  1x3= 3  1x4= 4  1x5= 5  1x6= 6  1x7= 7  1x8= 8  1x9= 9
        2x2= 4  2x3= 6  2x4= 8  2x5=10  2x6=12  2x7=14  2x8=16
                3x3= 9  3x4=12  3x5=15  3x6=18  3x7=21
                        4x4=16  4x5=20  4x6=24
                                5x5=25
                        6x4=24  6x5=30  6x6=36
                7x3=21  7x4=28  7x5=35  7x6=42  7x7=49
        8x2=16  8x3=24  8x4=32  8x5=40  8x6=48  8x7=56  8x8=64
9x1= 9  9x2=18  9x3=27  9x4=36  9x5=45  9x6=54  9x7=63  9x8=72  9x9=81
```

4. 寫一個程式，輸入出生月日，輸出對應中文星座名稱。（限用「表 6-15」的「CompareTo」方法撰寫）

出生日期	星座	出生日期	星座	出生日期	星座
01.21~02.18	水瓶	02.19~03.20	雙魚	03.21~04.20	牡羊
04.21~05.20	金牛	05.21~06.21	雙子	06.22~07.22	巨蟹
07.23~08.22	獅子	08.23~09.22	處女	09.23~10.23	天秤
10.24~11.22	天蠍	11.23~12.21	射手	12.22~01.20	魔羯

5. 寫一個程式，輸入一句英文句子，輸出該句子共有幾個英文字 (word)。(例：I am a spiderman. 共有 4 個英文字)
6. 寫一個程式，輸入年月份 (例：10502)，輸出該月份的天數。
7. 寫一個程式，輸入定存金額，年利率及定存年數，並以複利計算，輸出定存到期時的本利和。

CHAPTER

7

陣列

生活中，常會記錄很多的資訊。例如：汽車監理所記錄每部汽車的車牌號碼、戶政事務所記錄每個人的身分證字號、學校記錄每個學生的各科考試成績、人事單位記錄公司的員工資料、個人記錄親朋好友的電話號碼等。

在 Visual C# 語言中，一個變數只能存放一個數值或文字資料。因此，要儲存大量資料，就必須宣告許多的變數來儲存。若使用一般變數來宣告，則變數名稱在命名及使用上都非常不方便。

爲了儲存型態相同且性質相同的大量資料，Visual C# 語言提供一種稱爲「陣列」的參考型態（Reference Type）變數，以方便儲存大量資料。

而所謂的「大量資料」到底是多少個呢？是 100 個、1000 個，還是…？只要 2 個（含）以上型態相同且性質相同的資料，就能把它們當作大量資料來看。

變數是儲存資料的容器，實值型態（Value Type）變數一次只能儲存一項資料；若要將多項資料儲存在一個實值型態變數中，則是不可行的。

參考型態變數儲存的不是資料本身，而是資料所在的記憶體位址，透過資料所在的記憶體位址去存取該資料。參考型態變數除了陣列（Array）外，還有字串（String）、類別（Class）及介面（Interface）。

陣列是以一個名稱來代表一群資料，並以索引或註標存取陣列中的元素，每個陣列元素相當於一個變數。因此，一個陣列等於多個變數。陣列的特徵如下：

1. 存取陣列中的元素，都是使用同一個陣列名稱。
2. 每個陣列元素都存放在連續的記憶體空間中。
3. 每個陣列元素的資料型態都相同，且性質也都相同。
4. 索引的範圍介於 0 與**所屬維度大小 -1** 之間。

陣列的形式有下列兩種：

1. **一維陣列**：只有一個索引的陣列，它是最基本的陣列結構。以車籍資料爲例，若汽車的車牌號碼是以連續數字來編碼，則可以使用「車牌號碼」當作一維陣列的索引，並利用車牌號碼查出車主。

2. **多維陣列**：有兩個索引（含）以上的陣列。以學生班級課表爲例，可以使用「星期」及「節數」當作二維陣列的索引，並利用「星期」及「節數」查出授課教師。

註：

二維陣列可看成多個一維陣列的組成，三維陣列可看成多個二維陣列的組成，以此類推。

7-1 陣列宣告

陣列變數跟一般變數一樣，使用前都要先經過宣告，讓編譯器配置記憶體空間，作爲陣列變數存取資料之用，否則編譯時會出現下列錯誤訊息：

```
名稱 'xxx' 不存在於目前的內容中　（其中xxx為陣列名稱）
```

儲存資料型態相同的資料，到底要使用幾維陣列來撰寫最適合呢？可由問題中有多少因素在改變來決定。當只有一個因素在改變，使用一維陣列；有兩個因素在改變，使用二維陣列；以此類推。

另外，也可以空間的概念來思考。若問題所呈現的樣貌爲一度空間（即，直線概念），使用一維陣列；呈現的樣貌爲二度空間（即，平面概念），則使用二維陣列；呈現的樣貌爲三度空間（即，立體概念），則使用三維陣列；以此類推。

在程式設計上，陣列通常會與迴圈搭配使用，幾維陣列就搭配幾層迴圈。

7-1-1 一維陣列宣告

行（或排）是指「直行」。行的概念，在幼稚園或小學階段大家就知道了。例如：國語生字作業，都是規定一次要寫多少行。而一維陣列元素的「索引」，其意義就如同「行」一樣。

宣告一個擁有 n 個元素的一維陣列變數之語法如下：

```
資料型態[ ] 陣列名稱 = new 資料型態[n];
```

宣告說明

1. 使用運算子 new 建立一個擁有 n 個元素的一維陣列變數，並初始化一維陣列元素爲預設值。n 爲正整數。
2. 資料型態：一般常用的資料型態有整數、浮點數、字元、字串、布林、結構及類別。
3. 陣列名稱：陣列名稱的命名，請參照識別字的命名規則。
4. n：代表一維陣列的行數，表示此一維陣列有 n 個元素。

5. 使用一維陣列元素時，它的「行索引值」必須介於 0 與 (n-1) 之間，否則編譯時會產生

System.IndexOutOfRangeException: 'Index was outside the bounds of the array.'

的錯誤訊息。原因是陣列元素的索引值，超出陣列宣告的範圍。因此，在索引值使用上，一定要謹慎小心，不可超過陣列宣告的範圍。

6. 若陣列的元素沒設定初始值，則其預設初始值如表 7-1 所示：

表 7-1　各種實值型態陣列元素的預設初始值

資料型態	預設初始值	說明
char	0 或 '\u0000'	空字元
byte	0	位元組整數 0
short	0	短整數 0
int	0	整數 0
long	0L	長整數 0
float	0.0F	單精度浮點數 0.0
double	0.0	倍精度浮點數 0.0
boolean	false	假

例：char[] score = new char[5]；

```
// 宣告有 5 個元素的一維字元陣列 score
// 索引值介於 0 與 4(=5-1) 之間，可使用 score[0]~score[4]
// score[0]=score[1]=score[2]=score[3]=score[4]='\u0000'
```

例：double[] avg = new double[4]；

```
// 宣告有 4 個元素的一維倍精度浮點數陣列 avg
// 索引值介於 0 與 3(=4-1) 之間，可使用 avg[0]~avg[3]
// avg[0]=avg[1]=avg[2]=avg[3]=0.0
```

7-1-2　一維陣列初始化

宣告陣列同時設定陣列元素的初始值，稱為**陣列初始化**。

宣告一個擁有 n 個元素的 維陣列變數，同時設定一維陣列元素的初始值之語法如下：

資料型態[ ] 陣列名稱 = **new** 資料型態**[n]** $\{a_0,a_1,\cdots,a_{(n-1)}\}$;

宣告及初始化說明

1. 使用運算子 new 建立一個擁有 n 行元素的一維陣列變數，並分別初始化一維陣列第 i 行的元素為 a_i。n 為正整數，且 $0 \leqq i \leqq (n-1)$。

2. 資料型態：一般常用的資料型態有整數、浮點數、字元、字串、布林、結構及類別。
3. 陣列名稱：陣列名稱的命名，請參照識別字的命名規則。
4. n：代表一維陣列的行數，表示此一維陣列有 n 個元素。
5. 使用一維陣列元素時，它的「行索引值」必須介於 0 與 (n-1) 之間，否則編譯時，會產生

   System.IndexOutOfRangeException: 'Index was outside the bounds of the array.'

   的錯誤訊息。原因是陣列元素的索引值，超出陣列宣告的範圍。因此，在索引值使用上，一定要謹慎小心，不可超過陣列在宣告時的範圍。

   例：char[ ] word=new char[5] { 'd' , 'a' , 'v' , 'i' , 'd' };
   // 宣告有 5 個元素的一維字元陣列 word，
   // 同時設定 5 個元素的初始值：
   // word [0]='d'　word [1]='a'　word [2]='v'　word [3]= 'i'　word [4]='d'

   例：int[ ] money = new int[2] {18, 25};
   // 宣告有 2 個元素的一維整數陣列 money，
   // 同時設定 2 個元素的初始值：money[0]=18　money[1]=25

範例 1，是建立在 D:\C#\ch07 資料夾中的專案 Ex1，以此類推。範例 15，是建立在 D:\C#\ch07 資料夾中的專案 Ex15。

範例 1

寫一程式，輸入一星期每天的花費，輸出總花費（使用一般變數的方式撰寫）。

```
using System;
using System.Collections.Generic;
using System.Linq;
using System.Text;
using System.Threading.Tasks;

namespace Ex1
{
    class Program
    {
        static void Main(string[] args)
        {
            int w0, w1, w2, w3, w4, w5, w6, total = 0;
            Console.Write("輸入星期日的花費:");
            w0 = Int32.Parse(Console.ReadLine());
            Console.Write("輸入星期一的花費:");
            w1 = Int32.Parse(Console.ReadLine());
            Console.Write("輸入星期二的花費:");
            w2 = Int32.Parse(Console.ReadLine());
            Console.Write("輸入星期三的花費:");
            w3 = Int32.Parse(Console.ReadLine());
```

```
22                Console.Write("輸入星期四的花費:");
23                w4 = Int32.Parse(Console.ReadLine());
24                Console.Write("輸入星期五的花費:");
25                w5 = Int32.Parse(Console.ReadLine());
26                Console.Write("輸入星期六的花費:");
27                w6 = Int32.Parse(Console.ReadLine());
28                total = w0 + w1 + w2 + w3 + w4 + w5 + w6;
29                Console.WriteLine("一星期總花費:" + total);
30                Console.ReadKey();
31            }
32        }
33    }
```

執行結果

```
輸入星期日的花費:40
輸入星期一的花費:100
輸入星期二的花費:200
輸入星期三的花費:100
輸入星期四的花費:150
輸入星期五的花費:50
輸入星期六的花費:60
一星期總花費:700
```

程式說明

1. 只要求輸入一星期每天的花費，就要設 7 個變數，若要求輸入一年每天的花費，就要設 365 或 366 個變數。
2. 只要求輸入一星期每天的花費，程式第 14 列及第 15 列的寫法重複 7 遍。若要求輸入一年每天的花費，程式第 14 列及第 15 列的寫法，就要重複 365 或 366 遍；第 28 列，就要加到 w365 或 w366。
3. 因此，處理大量型態與性質都相同的資料，若使用一般變數的作法，是不符合成本效益的。

範例 2

寫一程式，輸入一星期每天的花費，輸出總花費（使用陣列變數的方式撰寫）。

```
using System;
using System.Collections.Generic;
using System.Linq;
using System.Text;
using System.Threading.Tasks;

namespace Ex2
{
    class Program
    {
        static void Main(string[] args)
        {
            int[] m = new int[7]; // 只能使用m[0],m[1],…,m[6]

```

```
15              // 只能使用dayofweek[0],dayofweek[1],…,dayofweek[6]
16              char[] dayofweek = new char[7] {'日', '一', '二', '三', '四',
                                                '五', '六' };
17              int total = 0, i;
18              for (i = 0; i < 7; i++) // 累計7天的花費
19              {
20                  Console.Write("輸入星期" + dayofweek[i] + "的花費:");
21                  m[i] = Int32.Parse(Console.ReadLine());
22                  total = total + m[i];
23              }
24              Console.WriteLine("一星期總花費:" + total);
25              Console.ReadKey();
26          }
27      }
28  }
```

執行結果

```
輸入星期日的花費:40
輸入星期一的花費:100
輸入星期二的花費:200
輸入星期三的花費:100
輸入星期四的花費:150
輸入星期五的花費:50
輸入星期六的花費:60
一星期總花費:700
```

程式說明

1. 此範例需要儲存 7 個型態相同且性質相同的花費金額，且只有「星期」這個因素在改變，所以使用一維陣列變數配合一層 for 迴圈結構的方式來撰寫是最適合的。
2. 若要求輸入一年中每天的花費，只要程式第 13 列的 m[7] 改成 m[365] 或 m[366]，程式第 18 列的 i<7 改成 i<365 或 i<366，第 20 列的 dayofweek[i] 改成 dayofweek[i%7]，其他文字稍爲修正一下即可。
3. 因此，處理大量型態相同且性質相同的資料時，使用陣列變數的作法是最適合的。

7-2 排序與搜尋

搜尋資料是生活的一部分。例：上圖書館找書籍、從電子辭典找單字、上網找資料等。若要從一堆沒有排序的資料中尋找資料，可眞是大海撈針啊！因此，資料排序更顯得舉足輕重。

將一堆資料依照某個鍵値 (Key Value) 從小排到大或從大排到小的過程，稱之爲排序 (Sorting)。排序的目的，是爲了方便日後查詢。例如：電子辭典的單字是依照英文字母 a~z 的順序排列而成。

7-2-1 氣泡排序法

讀者可以在資料結構或演算法的課程中，學習到各種不同的排序方法，以了解它們之間的差異。本書只介紹基礎的排序方法──氣泡排序法（Bubble Sort）。

氣泡排序法，是指將相鄰兩個資料逐一比較，且較大的資料會漸漸往右邊移動的過程。這種過程就像氣泡由水底浮到水面，距離水面越近，氣泡的體積越大，故稱之為氣泡排序法。

□	□	□	. . .	□	□	□
1	2	3		(n-2)	(n-1)	n

n 個資料從小排到大的氣泡排序法之步驟如下：

步驟 1：將最大的資料排在位置 n。

將位置 1 到位置 n 相鄰兩個資料逐一比較，若左邊位置的資料＞右邊位置的資料，則將它們的資料互換。經過 n-1 次比較後，最大的資料就會排在位置 n 的地方。

步驟 2：將第 2 大的資料排在位置 n-1。

將位置 1 到位置 n-1 相鄰兩個資料逐一比較，若左邊位置的資料＞右邊位置的資料，則將它們的資料互換。經過 n-2 次比較後，第 2 大的資料就會排在位置 n-1 的地方。

⋮

步驟 n-1：將第 2 小的資料排在位置 2。

將位置 1 與位置 2 的兩個資料比較，若左邊位置的資料＞右邊位置的資料，則將它們的資料互換。經過 1 次比較後，第 2 小的資料就會排在位置 2 的地方，同時也完成最小的資料排在位置 1 的地方。

註：

- 從以上過程發現：使用氣泡排序法將 n 個資料從小排到大，最多需經過 n-1 個步驟，且各步驟所需比較次數的總和為 n*(n-1)/2(=(n-1)+(n-2)+⋯+2+1) 次。
- 在排序過程中，若執行某個步驟時，完全沒有任何位置的資料被互換，則表示資料在上個步驟時，就已經完成排序了。因此，可結束排序的流程。

例：使用氣泡排序法，將資料 12，6，26，1 及 58，從小排到大。

步驟 1（總共經過 4 次比較）

12	6	26	1	58
6	12	26	1	58
6	12	26	1	58
6	12	1	26	58
6	12	1	26	58

步驟 2（總共經過 3 次比較）

6	12	1	26	58
6	12	1	26	58
6	1	12	26	58
6	1	12	26	58

步驟 3（總共經過 2 次比較）

6 1 12 26 58

1 6 12 26 58

1 6 12 26 58

步驟 4（總共經過 1 次比較）

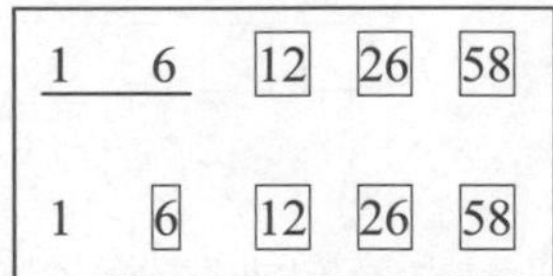

說明

步驟 1：

12 與 6 比較，因為 12>6，所以 12 與 6 的位置互換。
12 與 26 比較，因為 12<26，所以 12 與 26 的位置不互換。
26 與 1 比較，因為 26>1，所以 26 與 1 的位置互換。
26 與 58 比較，因為 26<58，所以 26 與 58 的位置不互換。
（產生最大的資料 58 排在位置 5）

步驟 2：

6 與 12 比較，因為 6<12，所以 6 與 12 的位置不互換。
12 與 1 比較，因為 12>1，所以 12 與 1 的位置互換。
12 與 26 比較，因為 12<26，所以 12 與 26 的位置不互換。（產生第 2 大的資料 26 排在位置 4）

步驟 3：

6 與 1 比較，因為 6>1，所以 6 與 1 的位置互換。
6 與 12 比較，因為 6<12，所以 6 與 12 的位置不互換。
（產生第 3 大的資料 12 排在位置 3）

步驟 4：

1 與 6 比較，因為 1<6，所以 1 與 6 的位置不互換。
（產生第 4 大的資料 6 排在位置 2，同時最小的資料 1 排在位置 1 的地方）

此例中 5 筆資料，使用氣泡排序法從小排到大，需經過 4(=5-1) 個步驟，且各步驟所需比較次數的總和為 10(=5*(5-1)/2) 次。

資料排序時，通常有一定的數量，且資料型態都相同，所以將資料存入陣列變數是最好的方式。另外，從氣泡排序法的步驟中可以發現，其特徵符合迴圈結構的撰寫模式。因此，利用陣列變數配合迴圈結構來撰寫氣泡排序法是最適合的。

範例 3

寫一程式，使用氣泡排序法，將資料 12，6，26，1 及 58，從小排到大。

```
 1  using System;
 2  using System.Collections.Generic;
 3  using System.Linq;
 4  using System.Text;
 5  using System.Threading.Tasks;
 6
 7  namespace Ex3
 8  {
 9      class Program
10      {
11          static void Main(string[] args)
12          {
13              int[] data = new int[5] { 12, 6, 26, 1, 58 };
14              int i, j;
15              int temp;
16              Console.Write("排序前的資料:");
17              for (i = 0; i < 5; i++)
18                  Console.Write(data[i] + " ");
19              Console.WriteLine();
20
21              for (i = 1; i <= 4; i++)  //執行4(=5-1)個步驟
22                  for (j = 0; j < 5 - i; j++) //第i步驟，執行5-i次比較
23                      if (data[j] > data[j + 1])  //左邊的資料>右邊的資料
24                      {
25                          //將data[j]，data[j+1]的內容互換
26                          temp = data[j];
27                          data[j] = data[j + 1];
28                          data[j + 1] = temp;
29                      }
30
31              Console.Write("排序後的資料:");
32              for (i = 0; i < 5; i++)
33                  Console.Write(data[i] + " ");
34              Console.WriteLine();
35              Console.ReadKey();
36          }
37      }
38  }
```

執行結果

```
排序前的資料:12 6 26 1 58
排序後的資料:1 6 12 26 58
```

程式說明

在步驟 4（即，程式第 21 列 for (i = 1; i <= 4; i++) 中的 i=4）時，完全沒有任何位置的資料被互換，則表示資料在步驟 3（即，程式第 21 列 for (i = 1; i <= 4; i++) 中的 i=3）時，就已經完成排序了。

7-2-2 資料搜尋

依據某項鍵值（Key Value）來尋找特定資料的過程，稱之為資料搜尋。例：依據學號可判斷該位學生是否存在，若存在，則可查出其電話號碼。以下介紹兩種基本搜尋法，來搜尋 n 個資料中的特定資料。

一、線性搜尋法

依序從第 1 個資料往第 n 個資料去搜尋，直到找到或查無特定資料為止的方法，稱之為線性搜尋法（Sequential Search）。線性搜尋法的步驟如下：

步驟 1：從位置 1 的資料開始搜尋。

步驟 2：判斷目前位置的資料是否為要找的資料。若是，則表示找到要搜尋的資料，跳到步驟 5。

步驟 3：判斷目前的資料是否為位置 n 的資料。若是，則表示查無要找的資料，跳到步驟 5。

步驟 4：繼續搜尋下一個資料，回到步驟 2。

步驟 5：停止搜尋。

註：

- 使用線性搜尋法之前，資料無需排序過。
- 線性搜尋法的缺點是效率差，平均需要做 (1+n)/2 次的判斷，才能確定要找的資料是否在給定的 n 個資料中。

範例 4

寫一程式，使用線性搜尋法，在 7，5，12，16，26，71，58 資料中搜尋資料。

```
using System;
using System.Collections.Generic;
using System.Linq;
using System.Text;
using System.Threading.Tasks;

namespace Ex4
{
    class Program
    {
        static void Main(string[] args)
        {
            int[] data = new int[7] { 7, 5, 12, 16, 26, 71, 58 };
            int i, num;
            Console.Write("輸入要搜尋的數字:");
            num = Int32.Parse(Console.ReadLine());
            for (i = 0; i < 7; i++)
                if (num == data[i])
                {
```

```
                    Console.WriteLine(num + "位於資料中的第" + (i + 1) + "個位置");
                    break;
                }

            //如果搜尋的資料不在資料中,最後結束for迴圈時,i=7
            if (i == 7)
                Console.WriteLine(num + "不在資料中");
            Console.ReadKey();
        }
    }
}
```

執行結果

```
輸入要搜尋的數字:8
8不在資料中
```

二、二分搜尋法

搜尋已排序資料的中間位置之資料，若為您要搜尋的特定資料，則表示找到了；否則往左右兩邊的其中一邊，搜尋其中間位置之資料，若為您要搜尋的特定資料，則表示找到了，否則重複上述的作法，直到找到或查無此特定資料為止的方法，稱之為二分搜尋法（Binary Search）。二分搜尋法的步驟如下：

步驟 1：求出資料的中間位置。

步驟 2：判斷搜尋的資料是否等於中間位置的資料，若是，則表示找到搜尋的資料，跳到步驟 5。

步驟 3：判斷搜尋的資料是否大於中間位置的資料，若是，表示資料是在右半邊，則重新設定左邊資料的位置（即，左邊資料位置 = 資料中間位置 +1）；否則重新設定右邊資料的位置（即，右邊資料位置 = 資料中間位置 -1）。

步驟 4：判斷左邊資料的位置是否大於右邊資料的位置，若是，表示資料沒找到，跳到步驟 5；否則回到步驟 1。

步驟 5：停止搜尋。

註：

- 使用二分搜尋法之前，資料必須先排序過。
- 二分搜尋法的優點是效率高，平均做 (1+log2 n)/2 次的判斷，就能確定要找的資料是否在給定的 n 個資料中。

範例 5

寫一程式，使用二分搜尋法，在 5，7，12，16，26，58，71 資料中搜尋資料。

```
using System;
using System.Collections.Generic;
using System.Linq;
using System.Text;
using System.Threading.Tasks;

namespace Ex5
{
    class Program
    {
        static void Main(string[] args)
        {
            int[] data = new int[7] { 5, 7, 12, 16, 26, 58, 71 };

            //第1個資料的位置,最後1個資料的位置,中間資料的位置
            int left = 0, right = 6, middle = (left + right) / 2;
            Console.Write("輸入要搜尋的數字:");
            int num = Int32.Parse(Console.ReadLine());

            //左邊資料位置<=右邊資料位置，表示有資料才能搜尋
            while (left <= right)
            {
                if (num == data[middle]) //搜尋資料=中間元素
                    break;
                else if (num > data[middle])
                    left = middle + 1; //左邊資料位置=資料中間位置+1
                else
                    right = middle - 1; //右邊資料位置=資料中間位置-1

                middle = (left + right) / 2; //下一次搜尋資料的中間位置
            }
            if (left <= right) //左邊資料位置<=右邊資料位置，表示有搜尋到資料
                Console.WriteLine(num + "位於資料中的第" + (middle + 1) + "個
                                                            位置");
            else
                Console.WriteLine(num + "不在資料中");
            Console.ReadKey();
        }
    }
}
```

執行結果

```
輸入要搜尋的數字:12
12位於資料中的第3個位置
```

7-2-3 陣列類別方法

由於資料搜尋是經常性的作業之一，為縮短程式碼撰寫，Visual C# 為使用者提供資料搜尋的相關方法。例如：資料排序、資料搜尋等。

與陣列處理有關的方法，都定義在 System 命名空間中的 Array 類別裡。因此，必須使用 using System; 敘述後，才能使用 Array 類別中的方法，否則編譯時可能會出現

名稱 Array不存在於目前的內容中

的錯誤訊息。

Array 類別的常用方法，請參考表 7-2 至表 7-4。

表 7-2 Array 類別中常用的一般排序方法

回傳資料的型態	方法名稱	作用
void	Sort(Array aname)	將陣列 aname 中的元素順序依小到大排序。 排序後，aname 的元素內容與原始索引對應的元素內容不同
void	Reverse(Array aname)	將陣列 aname 中的元素順序反轉排列。 反轉排列後，aname 的元素內容與原始索引對應的元素內容不同

方法說明

1. Sort() 與 Reverse() 是 Array 類別的公開靜態（public static）方法，aname 是方法 Sort() 及 Reverse() 的參數。
2. 參數 aname 的資料型態是 Array 類別，Array 是 .NET Framework 中所有陣列的基底類別。在 Visual C# 語言中，所有陣列都是繼承自 Array。若將某種資料型態的值指定給 Array 型態的陣列變數，則 Array 型態的陣列變數就成為某種型態的陣列變數。例如，將 32 位元的整數資料指定給 Array 型態的陣列變數 aname，則 aname 就成為 Int32 結構型態的陣列變數。因此，參數 aname 的型態可以是 Char、Byte、Int16、Int32、Int64、Single、Double、Boolean 或 String 型態；而參數 aname 對應的引數型態必須與參數 aname 型態一致，且引數必須是一維陣列變數。
3. 使用語法如下：

```
//將一維陣列變數的元素順序由小到大排序
Array.Sort(一維陣列變數名稱);

//將一維陣列變數的元素順序反轉排列
Array.Reverse(一維陣列變數名稱);
```

4. 方法 Reverse() 的範例，請參考範例 7。

表 7-3　Array 類別的二分搜尋方法

回傳資料的型態	方法名稱	作用
Int32	BinarySearch(Array aname, Object sdata)	在一維陣列 aname 中，搜尋 sdata 資料，並傳回 sdata 在 aname 中的索引值。 若找不到 sdata，則傳回「-(sdata 介於哪兩個資料之間的前者索引值) - 2」。

方法說明

1. BinarySearch() 是 Array 類別的公開靜態（public static）方法。aname 及 sdata 是 BinarySearch() 方法的參數。
2. 參數 aname 的資料型態爲 Array 類別，Array 是 .NET Framework 中所有陣列的基底類別。在 C# 語言中，所有陣列都是繼承自 Array。若將某種資料型態的值指定給 Array 型態的陣列變數，則 Array 型態的陣列變數就成爲某種型態的陣列變數。
   例如，將 16 位元的整數值指定給 Array 型態的陣列變數 aname，則 aname 就成爲 Int16 型態的陣列變數。因此，參數 aname 的型態可以是 Char、Byte、Int16、Int32、Int64、Single、Double、Boolean 或 String 型態；而參數 aname 對應的引數型態必須與參數 aname 型態一致，且引數必須是一維陣列變數。
3. 參數 sdata 的資料型態爲 Object 類別，Object 是 .NET Framework 中所有類別的基底類別。在 Visual C# 語言中，所有資料型態都是直接或間接繼承自 Object。若將某種資料型態的值指定給 Object 型態的變數，則 Object 型態的變數就成爲該種型態的變數。
   例如，將 32 位元的整數值指定給 Object 型態的變數 sdata，則 sdata 就成爲 Int32 型態的變數。因此，參數 sdata 的型態可以是 Char、Byte、Int16、Int32、Int64、Single、Double、Boolean 或 String 型態；而參數 aname 對應的引數型態必須與參數 aname 型態一致，且引數可以是變數或常數。
4. 使用語法如下：

```
Array.BinarySearch(一維陣列變數名稱 , 搜尋的資料)
```

範例 6

寫一程式，使用 Array 類別的 Sort() 方法，將資料 12，6，26，1 及 58，從小排到大輸出。接著輸入一數字，使用 Array 類別的 BinarySearch() 方法，判斷此數字是否在排序後的資料中。若在排序後的資料中，則輸出位於排序後資料中的索引值；否則輸出查無此資料。

```
using System;
using System.Collections.Generic;
using System.Linq;
using System.Text;
using System.Threading.Tasks;

namespace Ex6
{
    class Program
    {
        static void Main(string[] args)
        {
            int[] data = new int[] { 12, 6, 26, 1, 58 };
            int i;
            Console.Write("排序前的資料:");
            for (i = 0; i < 5; i++)
                Console.Write(data[i] + " ");
            Console.WriteLine();
            Array.Sort(data);
            Console.Write("排序後的資料:");
            for (i = 0; i < 5; i++)
                Console.Write(data[i] + " ");

            Console.WriteLine();
            Console.Write("輸入要搜尋的數字資料:");
            int num = Int32.Parse(Console.ReadLine());
            int index = Array.BinarySearch(data, num);
            if (index < 0)
                Console.Write("查無" + num + "的資料.");
            else
                Console.Write("{0}位於陣列索引{1}的位置",num,index);
            Console.ReadKey();
        }
    }
}
```

執行結果

```
排序前的資料:12 6 26 1 58
排序後的資料:1 6 12 26 58
輸入要搜尋的數字資料:12
12位於陣列索引2的位置
```

表 7-4　Array 類別的關聯排序方法

回傳資料的型態	方法名稱	作用
void	Sort(Array aname1, Array aname2)	將陣列 aname1 從小到大排序，且陣列 aname2 對應陣列 aname1 的索引，也會跟著變動。 排序後，aname1 及 aname2 的元素內容會與原始索引對應的元素內容不同。

方法說明

1. Sort() 是 Array 類別的公開靜態（public static）方法，aname1 及 aname2 是 Sort() 方法的參數。
2. 參數 aname1 及 aname2 的資料型態都是 Array 類別，Array 是 .NET Framework 中所有陣列的基底類別。在 Visual C# 語言中，所有陣列都是繼承自 Array。若將某種資料型態的值指定給 Array 型態的陣列變數，則 Array 型態的陣列變數就成爲某種型態的陣列變數。
   例如，將字元資料指定給 Array 型態的陣列變數 aname1 或 aname2，則 aname1 或 aname2 就成爲 Char 結構型態的陣列變數。因此，參數 aname1 及 aname2 的型態可以是 Char、Byte、Int16、Int32、Int64、Single、Double、Boolean 或 String 型態；而參數 aname1 及 aname2 對應的引數型態必須與參數 aname1 及 aname2 型態一致，且引數必須是一維陣列變數。
3. 使用語法如下：

```
// 將一維陣列變數1的元素順序由小到大排序，且原一維陣列變數2
// 對應一維陣列變數1的索引，也會跟著變動
Array.Sort(一維陣列變數名稱1, 一維陣列變數名稱2);
```

4. 關聯排序方法，主要用於處理有關聯的兩個陣列之排序。

範例 7

寫一程式，將下列兩個資料表以表二的打擊率爲基準，依小到大的順序排列，輸出排序後的打擊率排名。

姓名	打擊率
一朗	0.315
柯南	0.298
邏輯林	0.301
大雄	0.250
魯夫	0.278

表一　　表二
（排序前）

姓名	打擊率	名次
大雄	0.250	5
魯夫	0.278	4
柯南	0.298	3
邏輯林	0.301	2
一朗	0.315	1

（排序後）

```
using System;
using System.Collections.Generic;
using System.Linq;
using System.Text;
using System.Threading.Tasks;

namespace Ex7
{
    class Program
    {
        static void Main(string[] args)
```

```
12          {
13              string[] name = new string[] { "一朗", "柯南", "邏輯林", "大雄",
                                               "魯夫" };
14              double[] batrate = new double[] { 0.315, 0.298, 0.301, 0.250,
                                                 0.278 };
15              int i;
16              Console.WriteLine("排序前的資料:");
17              Console.WriteLine("姓名\t打擊率");
18              for (i = 0; i < 5; i++)
19                  Console.WriteLine(name[i] + "\t" + batrate[i]);
20              Console.WriteLine("\n排序後的資料:");
21              Console.WriteLine("姓名\t打擊率\t名次");
22              Array.Sort(batrate, name);
23              for (i = 0; i < 5; i++)
24                  Console.WriteLine(name[i] + "\t" + batrate[i] + "\t" + (5-i));
25              Console.ReadKey();
26          }
27      }
28  }
```

程式說明

若問題改成：「以表二爲基準，依由大到小的順序排列」，則只要將程式第 23~24 列修改成以下敘述即可：

```
Array.Reverse(batrate);
Array.Reverse(name);
for (i = 0; i < 5; i++)
   Console.WriteLine(name[i] + "\t" + batrate[i] + "\t" + (i+1));
```

7-3 二維陣列

「列」是指「橫列」，「行（或排）」是指「直行」；列與行的概念，在幼稚園或小學階段就知道了。例如：教室中有 7 列 8 排的課桌椅。

有兩個「索引」的陣列，稱之爲二維陣列。而二維陣列的兩個索引，其意義就如同「列」與「行」一樣。

陣列的每一列若有相同的行數，則稱爲**規則二維陣列**（簡稱二維陣列），否則稱爲**不規則二維陣列**。

7-3-1 二維陣列宣告

宣告一個擁有 m 列 n 行，共 m*n 個元素的二維陣列變數之語法如下：

資料型態[,] 陣列名稱= **new** 資料型態[m , n];

宣告說明

1. 使用運算子 new 建立一個擁有 m 列 n 行元素的二維陣列變數，並初始化二維陣列元素爲預設值。m 及 n 都爲正整數。
2. 資料型態：一般常用的資料型態有整數、浮點數、字元、字串、布林、結構及類別。
3. 陣列名稱：陣列名稱的命名，請參照識別字的命名規則。
4. m：代表二維陣列的列數，表示此二維陣列有 m 列元素，或此二維陣列中第 1 維的元素有 m 個。
5. n：代表二維陣列的行數，表示此二維陣列的每一列都有 n 行元素，或此二維陣列中第 2 維的元素有 n 個。
6. 使用二維陣列元素時，它的「列索引值」必須介於 0 與 (m-1) 之間；「行索引值」必須介於 0 與 (n-1) 之間，否則編譯時，會產生

   System.IndexOutOfRangeException: 'Index was outside the bounds of the array.'

   的錯誤訊息。原因是陣列元素的索引值，超出陣列宣告的範圍。因此，在索引值使用上，一定要謹慎小心，不可超過陣列在宣告時的範圍。

例：char[,] sex=new char[5,2]；
// 宣告擁有 5 列 2 行共 10(=5*2) 個元素的二維字元陣列 sex
//「列索引值」介於 0 與 (5-1) 之間
//「行索引值」介於 0 與 (2-1) 之間
// 可使用 sex[0,0] , sex[0,1]
//   sex[1,0] , sex[1,1]
//   …
//   sex[4,0] , sex[4,1]
// sex[0,0]=sex[0,1]=…=sex[4,1]='\u0000'

例：int[,] pos=new int[6,5]；
// 宣告擁有 6 列 5 行共 30(=6*5) 個元素的二維整數陣列 pos
//「列索引值」介於 0 與 (6-1) 之間
//「行索引值」介於 0 與 (5-1) 之間
// 可使用 pos[0,0]~ pos[0,4]
//   pos[1,0]~ pos[1,4]
//   …
//   pos[5,0]~ pos[5,4]
// pos[0,0]=pos[0,1]=…=pos[5,4]=0

7-3-2 二維陣列初始化

宣告一個擁有 m 列 n 行共 m*n 個元素的二維陣列變數，同時設定二維陣列元素的初始值之語法如下：

```
資料型態[ , ] 陣列名稱 = new  資料型態[m , n]
        { {a00,…,a0(n-1)},{a10,…,a1(n-1)},…,{a(m-1)0,…,a(m-1)(n-1)} };
```

宣告及初始化說明

1. 使用運算子 new 建立一個擁有 m 列 n 行元素的二維陣列變數，並分別初始化二維陣列的第 i 列第 j 行的元素為 a_{ij}。m 為正整數且 $0 \leqq i \leqq (m-1)$，n 為正整數且 $0 \leqq j \leqq (n-1)$。
2. 資料型態：一般常用的資料型態有整數、浮點數、字元、字串、布林、結構及類別。
3. 陣列名稱：陣列名稱的命名，請參照識別字的命名規則。
4. m：代表二維陣列的列數，表示此二維陣列有 m 列元素，或此二維陣列中第 1 維的元素有 m 個。
5. n：代表二維陣列的行數，表示此二維陣列的每一列都有 n 行元素，或此二維陣列中第 2 維的元素有 n 個。
6. 使用此二維陣列元素時，它的「列索引值」必須介於 0 與 (m-1) 之間，且「行索引值」必須介於 0 與 (n-1) 之間，否則編譯時會產生

   System.IndexOutOfRangeException: 'Index was outside the bounds of the array.'

   的錯誤訊息。原因是陣列元素的索引值，超出陣列宣告的範圍。因此，在索引值使用上，一定要謹慎小心，不可超過陣列在宣告時的範圍。

例：char[,] sex=new char[3,2] { {'F' , 'M'} , {'M' , 'M'} , {'F' , 'F'} };

```
// 宣告擁有 3 列 2 行共 6(=3*2) 個元素的二維字元陣列 sex
// 「列索引值」介於 0 與 (3-1) 之間
// 「行索引值」介於 0 與 (2-1) 之間
// 第 0 列元素 : sex[0,0]='F'        sex[0,1]='M'
// 第 1 列元素 : sex[1,0]='M'        sex[1,1]='M'
// 第 2 列元素 : sex[2,0]='F'        sex[2,1]='F'
```

範例 8

寫一程式，分別輸入一家企業 2 間分公司一年四季的營業額，輸出這家企業一年的總營業額。

```
using System;
using System.Collections.Generic;
using System.Linq;
using System.Text;
using System.Threading.Tasks;

namespace Ex8
{
    class Program
    {
        static void Main(string[] args)
        {
            int[,] money = new int[2, 4]; // 2間分公司，四季的營業額
            int total = 0; // 一年的總營業額
            int i, j;
            for (i = 0; i < 2; i++) // 2間分公司
            {
                for (j = 0; j < 4; j++) // 四季
                {
                  Console.Write("第" + (i + 1) + "間分公司的第" + (j + 1) + "季營業額:");
                  money[i, j] = Int32.Parse(Console.ReadLine());
                  total += money[i, j]; // 總營業額累計
                }
            }
            Console.WriteLine("這家企業一年的總營業額:" + total);
            Console.ReadKey();
        }
    }
}
```

執行結果

```
第1間分公司的第1季營業額:1000000
第1間分公司的第2季營業額:1500000
第1間分公司的第3季營業額:2000000
第1間分公司的第4季營業額:2500000
第2間分公司的第1季營業額:1200000
第2間分公司的第2季營業額:1400000
第2間分公司的第3季營業額:2000000
第2間分公司的第4季營業額:2200000
這家企業一年的總營業額:13800000
```

程式說明

共需要儲存 8 個型態相同且性質相同的季營業額，且有「分公司」與「季」兩個因素在改變，所以使用二維陣列並配合兩層迴圈結構來撰寫最適合。

7-3-3 不規則二維陣列宣告

宣告一個擁有 m 列元素的不規則二維陣列變數的語法如下：

```
資料型態[ ][ ] 陣列名稱 = new 資料型態[m][ ];
陣列名稱[0] = new 資料型態[n0];
陣列名稱[1] = new 資料型態[n1];
….
陣列名稱[m-1] = new 資料型態[nm-1];
```

宣告說明

1. 使用運算子 new 建立一個建立擁有 m 列元素的不規則二維陣列變數，再分別建立第 i 列有 n_i 個元素，並初始化第 i 列元素為預設值。m 及 n_i 都為正整數，且 0 ≦ i ≦ (m-1)。
2. 資料型態：一般常用的資料型態有整數、浮點數、字元、字串、布林、結構及類別。
3. 陣列名稱：陣列名稱的命名，請參照識別字的命名規則。
4. m：代表二維陣列的列數，表示此二維陣列有 m 列元素，或此二維陣列中第 1 維的元素有 m 個。
5. n_i：代表二維陣列中第 i 列的行數，表示此二維陣列的第 i 列有 n_i 行元素，或有 n_i 個元素。
6. 使用不規則二維陣列元素時，它的「列索引值」必須介於 0 與 (m-1) 之間。第 i 列的「行索引值」必須介於 0 與 (n_i-1) 之間，否則編譯時會產生下列

   System.IndexOutOfRangeException: 'Index was outside the bounds of the array.'

   的錯誤訊息。原因是陣列元素的索引值，超出陣列宣告的範圍。因此，在索引值使用上，一定要謹慎小心，不可超過陣列在宣告時的範圍。

例：
```
int[ ][ ] score=new int[3][ ];
     score[0] = new int[1];
     score[1] = new int[2];
     score[2] = new int[1];
     // 宣告有 3 列元素的不規則二維整數陣列 score，
     // 且第 0 列有 1 個元素，第 1 列有 2 個元素，
     // 第 2 列有 1 個元素
     // 因此，第 0 列的「行索引值」只能是 0(=1-1)，
     //       第 1 列的「行索引值」介於 0 與 1(=2-1) 之間，
     //       第 2 列的「行索引值」只能是 0(=1-1)
     // 可使用    score[0][0]
     //           score[1][0]，score[1][1]
     //           score[2][0]
     // score[0][0]=score[1][0]=score[1][1]=score[2][0]=0
```

7-3-4 不規則二維陣列初始化

宣告一個擁有 m 列元素的不規則二維陣列變數，同時設定陣列元素的初始值之步驟如下：

```
1.資料型態[ ][ ] 陣列名稱= new 資料型態[m][ ];
2.陣列名稱[0]= new 資料型態[n0] { a00,…, a0( n0 -1) };
  陣列名稱[1]= new 資料型態[n1] { a10,…, a1( n1 -1)};
  …
  陣列名稱[m-1]= new 資料型態[nm-1] { a(m-1)0,…, a(m-1)(n(m-1)-1};
```

宣告及初始化說明

1. 使用運算子 new 建立一個擁有 m 列元素的不規則二維陣列變數，並分別初始化二維陣列的第 i 列的 n_i 個元素分別爲 a_{i0}、a_{i1}、…、$a_{i(ni-1)}$。m 及 n_i 都爲正整數，且 0 ≦ i ≦ (m-1)。
2. 資料型態：一般常用的資料型態有整數、浮點數、字元、字串、布林、結構及類別。
3. 陣列名稱：陣列名稱的命名，請參照識別字的命名規則。
4. m：代表二維陣列的列數，表示此二維陣列有 m 列元素或此二維陣列中第 1 維的元素有 m 個。
5. n_i：代表二維陣列中第 i 列的行數，表示此二維陣列的第 i 列有 n_i 行元素，或有 n_i 個元素。
6. 使用不規則二維陣列元素時，它的「列索引值」必須介於 0 與 (m-1) 之間，第 i 列的「行索引值」必須介於 0 與 (n_i-1) 之間，否則編譯時，會產生

   System.IndexOutOfRangeException: 'Index was outside the bounds of the array.'

   的錯誤訊息。原因是陣列元素的索引值，超出陣列宣告的範圍。因此，在索引值使用上，一定要謹慎小心，不可超過陣列在宣告時的範圍。

例：

```
char[ ][ ] sex=new char[3][ ];
        sex[0]=new char[2] {'F' , 'M'};
        sex[1]=new char[1] {'M'};
        sex[2]=new char[1] {'F'};
// 宣告有 3 列元素的不規則二維整數陣列 sex，且
// 第 0 列有 2 個元素，第 1 列有 1 個元素，
// 第 2 列有 1 個元素
// 因此，第 0 列的「行索引值」介於 0 與 1=(2-1) 之間
// 因此，第 1 列的「行索引值」只能是 0(=1-1)
// 因此，第 2 列的「行索引值」只能是 0(=1-1)
// 第 0 列元素 : sex[0][0]='F' ， sex[0][1]='M'
// 第 1 列元素 : sex[1][0]='M'
// 第 2 列元素 : sex[2][0]='F'
```

Array 類別的 Length 屬性，是用來取得陣列每一維度的元素個數。當陣列每一維度的元素個數不同時，要讀取陣列每一維度的元素，結合迴圈結構與 Length 屬性是最適合且簡潔的方式。取得陣列不同維度的 Length 屬性值之語法如下：

```
// 取得一維陣列的行數，即一維陣列中(第1維)的元素個數
一維陣列名稱.Length

// 取得二維陣列的列數，即二維陣列中第1維的元素個數
二維陣列名稱.Length

// 取得二維陣列第i列的行數，即二維陣列中第2維的元素個數
二維陣列名稱[i].Length

// 取得三維陣列的層數，即三維陣列中第1維的元素個數
三維陣列名稱.Length

// 取得三維陣列第i層的列數，即三維陣列中第2維的元素個數
三維陣列名稱[i].Length

// 取得三維陣列第i層第j列的行數，即三維陣列中第2維的元素個數
三維陣列名稱[i][j].Length
```

範例 9

有兩個家族的身高資料，分別為 {168，178，155} 與 {162，169}。寫一程式，使用不規則二維整數陣列儲存兩個家族的身高資料，輸出兩個家族個別的平均身高。

```
using System;
using System.Collections.Generic;
using System.Linq;
using System.Text;
using System.Threading.Tasks;

namespace Ex9
{
    class Program
    {
        static void Main(string[] args)
        {
            int heightsum;
            int[][] height = new int[2][];
            height[0] = new int[3] { 168, 178, 155 };
            height[1] = new int[2] { 162, 169 };
            for (int i = 0; i < height.Length; i++)
            {
                heightsum = 0;
                for (int j = 0; j < height[i].Length; j++)
                    heightsum = heightsum + height[i][j];
                Console.WriteLine("家族{0}的平均身高為{1:F1}", (i + 1),
                                    (float) heightsum / height[i].Length);
            }
            Console.ReadKey();
        }
    }
}
```

執行結果

```
家族1的平均身高為167.0
家族2的平均身高為165.5
```

程式說明

1. 程式第 14 列 int[][] height = new int[2][]; 表示不規則二維整數陣列 height 有兩列，代表有兩組資料，所以 height.Length=2。
2. 程式第 15 列 height[0] = new int[3] { 168, 178, 155 }; 表示不規則二維整數陣列 height 的第一列有 3 個元素，所以 height[0].Length=3。
3. 程式第 16 列 height[1] = new int[2] { 162, 169 }; 表示不規則二維整數陣列 height 的第二列有 2 個元素，所以 height[1].Length=2。

7-4 三維陣列

層是指層級，列是指橫列，行（或排）是指直行。層、列及行的概念，在幼稚園或小學階段就知道了。例如，一個年級有 5 班級。每個班級有 7 列 8 排的課桌椅。而三維陣列元素的三個「索引」，其意義就如同「層」，「列」與「行」一樣。

在陣列的每一層中，若列數相同且行數也相同，則稱為規則三維陣列（簡稱三維陣列），否則稱為不規則三維陣列。

7-4-1 三維陣列宣告

宣告一個擁有 l 層 m 列 n 行共 l*m*n 個元素的三維陣列變數之語法如下：

```
資料型態[ , , ] 陣列名稱 = new 資料型態[l , m , n];
```

宣告說明

1. 使用運算子 new 建立一個擁有 l 層，每一層有 m 列，且每一列都有 n 行元素的三維陣列變數，並初始化三維陣列元素為預設值。l、m 及 n 都為正整數。
2. 資料型態：一般常用的資料型態有整數、浮點數、字元、字串、布林、結構及類別。
3. 陣列名稱：陣列名稱的命名，請參照識別字的命名規則。
4. l：代表三維陣列的層數，表示此三維陣列有 l 層元素，或此三維陣列中第 1 維的元素有 l 個。
5. m：代表三維陣列的列數，表示此三維陣列有 m 列元素，或此三維陣列中第 2 維的元素有 m 個。
6. n：代表三維陣列的行數，表示此三維陣列有 n 行元素，或此三維陣列中第 3 維的元素有 n 個。

7. 使用三維陣列元素時，它的「層索引值」必須介於 0 與 (l-1) 之間，「列索引值」必須介於 0 與 (m-1) 之間，「行索引值」必須介於 0 與 (n-1) 之間，否則編譯時會產生

System.IndexOutOfRangeException: 'Index was outside the bounds of the array.'

的錯誤訊息。原因是陣列元素的索引值，超出陣列宣告的範圍。因此，在索引值使用上，一定要謹慎小心，不可超過陣列在宣告時的範圍。

例：char[, ,] sex = new char[2,3,2];

```
// 宣告擁有 2 層 3 列 2 行共 12 個元素的三維字元陣列 sex
// 第 0 層 :
//         第 0 列元素： sex[0,0,0] , sex[0,0,1]
//         第 1 列元素： sex[0,1,0] , sex[0,1,1]
//         第 2 列元素： sex[0,2,0] , sex[0,2,1]
// 第 1 層 :
//         第 0 列元素： sex[1,0,0] , sex[1,0,1]
//         第 1 列元素： sex[1,1,0] , sex[1,1,1]
//         第 2 列元素： sex[1,2,0] , sex[1,2,1]
// sex[0,0,0]=…=sex[1,2,1]='\u0000'
```

7-4-2 三維陣列初始化

宣告一個擁有 l 層 m 列 n 行共 l*m*n 個元素的三維陣列變數，同時設定三維陣列元素的初始值之語法如下：

資料型態[, ,] 陣列名稱= new 資料型態[l , m , n]

{

$\{ \{a_{000},\cdots,a_{00(n-1)}\},\{a_{010},\cdots,a_{01(n-1)}\},\cdots,\{a_{0(m-1)0},\cdots,a_{0(m-1)(n-1)}\} \},$

$\{ \{a_{100},\cdots,a_{10(n-1)}\},\{a_{110},\cdots,a_{11(n-1)}\},\cdots,\{a_{1(m-1)0},\cdots,a_{1(m-1)(n-1)}\} \},$

…,

$\{ \{a_{(l-1)00},\cdots,a_{(l-1)0(n-1)}\},\{a_{(l-1)10},\cdots,a_{(l-1)1(n-1)}\},\cdots,\{a_{(l-1)(m-1)0},\cdots,a_{(l-1)(m-1)(n-1)}\} \}$

};

宣告及初始化說明

1. 使用運算子 new 建立一個擁有 l 層，每一層有 m 列，且每一列都有 n 行元素的三維陣列變數，並分別初始化三維陣列的第 i 層第 j 列第 k 行的元素為 a_{ijk}。l、m 及 n 都為正整數，且 0 ≦ i ≦ (l-1)，0 ≦ j ≦ (m-1)，及 0 ≦ k ≦ (n-1)。
2. 資料型態：一般常用的資料型態有整數、浮點數、字元、字串、布林、結構及類別。
3. 陣列名稱：陣列名稱的命名，請參照識別字的命名規則。
4. l：代表三維陣列的層數，表示此三維陣列有 l 層元素，或此三維陣列中第 1 維的元素有 l 個。

5. m：代表三維陣列的列數，表示此三維陣列有 m 列元素，或此三維陣列中第 2 維的元素有 m 個。
6. n：代表三維陣列的行數，表示此三維陣列有 n 行元素，或此三維陣列中第 3 維的元素有 n 個。
7. 使用三維陣列元素時，它的「層索引值」必須介於 0 與 (l-1) 之間，「列索引值」必須介於 0 與 (m-1) 之間，「行索引值」必須介於 0 與 (n-1) 之間，否則程式編譯時會產生下列

   System.IndexOutOfRangeException: 'Index was outside the bounds of the array.'

   的錯誤訊息。原因是陣列元素的索引值，超出陣列宣告的範圍。因此，在索引值使用上，一定要謹慎小心，不可超過陣列在宣告時的範圍。

   例：
   ```
   char[ , , ] sex=new char [2,3,2] {
           {{'F' , 'M'},{'M' , 'M'},{'F' , 'F'}},
           {{'F' , 'M'},{'M' , 'M'},{'F' , 'M'}} };
   // 宣告擁有 2 層 3 列 2 行共 12 個元素的三維字元陣列 sex
   // 共有 2 層 3 列 2 行元素
   // 因此，第 0 列的「行索引值」介於 0 與 (2-1) 之間
   // 因此，第 1 列的「行索引值」介於 0 與 (2-1) 之間
   // 因此，第 2 列的「行索引值」介於 0 與 (2-1) 之間
   // 第 0 層：
   //     第 0 列元素： sex[0,0,0]='F'  , sex[0,0,1]='M'
   //     第 1 列元素： sex[0,1,0]='M'  , sex[0,1,1]='M'
   //     第 2 列元素： sex[0,2,0]='F'  , sex[0,2,1] ='F'
   // 第 1 層：
   //     第 0 列元素： sex[1,0,0]='F'  , sex[1,0,1]='M'
   //     第 1 列元素： sex[1,1,0]='M'  , sex[1,1,1]='M'
   //     第 2 列元素： sex[1,2,0]='F'  , sex[1,2,1]='M'
   ```

範例 10

寫一程式，輸入王建民與陳偉殷兩個人過去兩年每月（5 月 ~7 月）的勝場數，輸出每個人的月平均勝場數。

```
using System;
using System.Collections.Generic;
using System.Linq;
using System.Text;
using System.Threading.Tasks;

namespace Ex10
{
```

```
    class Program
    {
      static void Main(string[] args)
       {
          string[] name = new string[2] { "王建民", "陳偉殷" };
          int[,,] win = new int[2, 2, 3]; //紀錄2人2年各3個月的勝場數,初值都爲0
          int[] total_win = new int[2]; //紀錄2人的總勝場數,初始值都爲0
          int i, j, k;
          for (i = 0; i < 2; i++) // 2人
           {
               Console.WriteLine("輸入" + name[i] + "過去兩年5月~7月的勝場數");
               for (j = 0; j < 2; j++) // 2年
               {
                   for (k = 0; k < 3; k++) // 3個月(5月~7月)
                   {
                       Console.Write("第" + (j + 1) + "年" + (k + 5) +
                                     "月的勝場數:");
                       win[i, j, k] = Int32.Parse(Console.ReadLine());
                       total_win[i] += win[i, j, k]; // 累計個人的總勝場數
                   }
               }
           }
        for (i = 0; i < 2; i++)
           Console.WriteLine("{0}的月平均勝場數:{1:F1}",name[i],
                               (float) total_win[i] / 6);
        Console.ReadKey();
       }
    }
}
```

執行結果

```
輸入王建民過去兩年5月~7月的勝場數
第1年5月的勝場數:10
第1年6月的勝場數:10
第1年7月的勝場數:10
第2年5月的勝場數:8
第2年6月的勝場數:9
第2年7月的勝場數:10
輸入陳偉殷過去兩年5月~7月的勝場數
第1年5月的勝場數:7
第1年6月的勝場數:7
第1年7月的勝場數:7
第2年5月的勝場數:9
第2年6月的勝場數:8
第2年7月的勝場數:5
王建民的月平均勝場數:9.5
陳偉殷的平月均勝場數:7.2
```

程式說明

共需要儲存 24 個型態相同且性質相同的月勝場數，而且有「人」、「年」及「月」三個因素在改變，所以使用三維陣列並配合三層迴圈結構來撰寫最適合。

7-5 foreach迴圈結構

Visual C# 語言新增了 foreach 迴圈結構，它的作用是讀取陣列中的每一個元素。它不需要用迴圈變數來指定陣列元素的起始索引及終止值索引，也不需要知道陣列元素的個數，就能讀取陣列中的每一個元素。foreach 迴圈結構簡化陣列元素的讀取方式，且不會產生超出索引值範圍的問題。

一、使用 foreach 迴圈結構讀取一維陣列元素的語法架構如下：

```
foreach (資料型態 變數名稱 in 一維陣列變數名稱)
{
 程式敘述；…
}
```

執行步驟如下：

步驟 1：執行到迴圈結構 foreach 時，宣告一個資料型態與一維陣列變數相同的一般變數，並將一維陣列中行索引為 0 的元素存入一般變數中。

步驟 2：執行 foreach「{ }」內的程式敘述。

步驟 3：當 foreach「{ }」內的程式敘述執行完後，若一維陣列中還有下一個元素，則將下一個元素存入一般變數中並回到步驟 2；否則跳到 foreach 迴圈結構外的下一列敘述。

註：

- 一維陣列中必須要有資料，否則不會進入 foreach 迴圈結構內。
- 一維陣列中的元素，是從頭到尾依序被讀取並存入一般變數中，無法特別指定讀取哪一個元素。
- 陣列中的元素只能被讀取，不能被改變。
- 請參考範例 11。

二、使用 foreach 迴圈結構，讀取二維陣列元素的語法架構如下：

```
foreach (資料型態[] 一維陣列變數名稱 in 二維陣列變數名稱)
{
 程式敘述；…
 foreach (資料型態 變數名稱 in 一維陣列變數名稱)
  {
   程式敘述；…
  }
 程式敘述；…
}
```

執行步驟如下：

步驟 1： 執行到第一層迴圈結構 foreach 時，宣告一個資料型態與二維陣列變數相同的一維陣列變數，並將二維陣列中列索引為 0 的所有元素，存入一維陣列變數中。

步驟 2： 執行第一層迴圈結構 foreach「{ }」內的程式敘述。

步驟 3： 執行到第二層迴圈結構 foreach 時，宣告一個資料型態與一維陣列變數相同的一般變數，並將一維陣列中行索引為 0 的元素，存入一般變數中。

步驟 4： 執行第二層迴圈結構 foreach「{ }」內的程式敘述。

步驟 5： 若一維陣列中還有下一個元素，則將下一個元素存入一般變數中，並回到步驟 4；否則跳到第二層 foreach 迴圈結構外的下一列敘述。

步驟 6： 當第一層 foreach「{ }」內的程式敘述執行完後，若二維陣列中還有下一列元素，則將下一列的所有元素存入一維陣列變數中，並回到步驟 2；否則跳到第一層 foreach 迴圈結構外的下一列敘述。

註：

- 二維陣列中必須要有資料，否則不會進入第一層 foreach 迴圈結構內。一維陣列中必須要有資料，否則不會進入第二層 foreach 迴圈結構內。
- 二維陣列中的每一列元素，是從頭到尾依序被讀取並存入一維陣列變數中，無法特別指定讀取哪一列元素。一維陣列中的元素，是從頭到尾依序被讀取並存入一般變數，無法特別指定讀取哪一個元素。
- 陣列中的元素只能被讀取，不能被改變。
- 請參考範例 12。

以此類推，若要利用迴圈結構 foreach 讀取三維陣列元素時，必須先將三維陣列的每層元素存入二維陣列，然後再將二維陣列的每一列元素存入一維陣列，最後將一維陣列的元素存入一般變數。

範例 11

寫一程式，以「帶來」、「走向」、「，」及「。」作為分界點，將字串 " 安逸帶來頹廢，勤勞帶來活力。逃避走向深淵，無懼走向未來。" 分拆成不同的子字串。

```
using System;
using System.Collections.Generic;
using System.Linq;
using System.Text;
using System.Threading.Tasks;

namespace Ex11
{
    class Program
    {
        static void Main(string[] args)
        {
          string str = "安逸帶來頹廢，勤勞帶來活力。逃避走向深淵，無懼走向未來。";
```

```
14             string[] delimeter = new string[4] { "帶來", "走向", "，", "。" };
15             string[] result = str.Split(delimeter,
                                    StringSplitOptions.RemoveEmptyEntries);
16             Console.WriteLine("「"+str+ "」");
17             Console.Write("若以「帶來」、「走向」、「，」及「。」作爲分界點");
18             Console.WriteLine("，則分拆後的結果爲:");
19             foreach (string data in result)
20                 Console.WriteLine(data);
21             Console.ReadKey();
22         }
23     }
24 }
```

執行結果

```
「安逸帶來頹廢，勤勞帶來活力。逃避走向深淵，無懼走向未來。」
若以「帶來」、「走向」、「，」及「。」作爲分界點，則分拆後的結果爲:
安逸
頹廢
勤勞
活力
逃避
深淵
無懼
未來
```

程式說明

1. 程式第 15 列中的 str.Split(delimeter, StringSplitOptions.RemoveEmptyEntries)，不會改變字串變數 str 的內容。
2. Split() 方法的相關說明，請參考「表 6-17　String 類別的字串分拆方法」。

範例 12

（同範例 9）有兩個家族的身高資料，分別爲 {168，178，155} 與 {162，169}。寫一程式，使用不規則二維整數陣列儲存兩個家族的身高資料，輸出兩個家族個別的平均身高（限用 foreach 迴圈結構）。

```
using System;
using System.Collections.Generic;
using System.Linq;
using System.Text;
using System.Threading.Tasks;

namespace Ex12
{
    class Program
    {
        static void Main(string[] args)
        {
            int i = 1;
```

```
14             int heightsum;
15             int[][] data = new int[2][];
16             data[0] = new int[3] { 168, 178, 155 };
17             data[1] = new int[2] { 162, 169 };
18             foreach (int[] family in data)
19             {
20                 heightsum = 0;
21                 foreach (int height in family)
22                     heightsum = heightsum + height;
23                 Console.WriteLine("家族{0}的平均身高爲{1:F1}", i,
24                                   (float)heightsum / family.Length);
25                 i++;
26             }
27             Console.ReadKey();
28         }
29     }
30 }
```

執行結果

```
家族1的平均身高爲167.0
家族2的平均身高爲165.5
```

程式說明

1. 第 18 列 foreach (int[] family in data) 表示宣告一個一維整數陣列 family，並將二維整數陣列 data 的每一列資料依序存入 family 陣列中。
2. 第 21 列 foreach (int height in family) 表示宣告一個整數變數 height，並將一維整數陣列 family 的資料依序存入 height 中。
3. 第 23 列中的 family.Length 表示一維整數陣列 family 的元素個數。

7-6 隨機亂數方法

亂數是根據某種公式計算所得到的數字，每個數字出現的機會均等。Visual C# 語言所提供的隨機亂數有很多組，每組都有編號。因此產生隨機亂數之前，先隨機選取一組隨機亂數，讓人無法掌握所產生亂數資料，如此才能達到保密效果。

若沒有先選定隨機亂數組編號，則系統會預設一組固定的隨機亂數給程式使用，導致兩個不同的隨機亂數所取得的隨機亂數資料，在「數字」及「順序」上都會是一模一樣。因此，爲了確保所選定隨機亂數組編號的隱密性，建議不要使用固定的隨機亂數組編號，最好用時間當作隨機亂數組編號。

與隨機亂數有關的方法，都定義在 System 命名空間中的 Random 類別裡。因此，必須使用 using System; 敘述後，才能使用 Random 類別中的方法，否則編譯時可能會出現：

```
名稱 Random不存在於目前的內容中
```

的錯誤訊息。

Random 類別中的常用方法，請參考表 7-5。

表 7-5　Random 類別中常用的亂數方法

回傳資料的型態	方法名稱	作用
void	Random(Int32 seed)	以亂數種子 seed，來初始化亂數產生器，並初始化 Random 類別所建立的實例
Int32	Next( )	傳回 0 ~ 2,147,483,647 之間的隨機亂數值
Int32	Next(Int32 n)	傳回 0~(n-1) 之間的亂數值
Int32	Next(Int32 m, Int32 n)	傳回 m ~ (n-1) 之間的隨機亂數值
Double	NextDouble( )	傳回 0.0 ~ 1.0（不含）之間的隨機亂數值

方法說明

1. 上述方法都是 Random 類別的公開（public）方法。
2. Random() 方法是 Random 類別的建構子，seed 是 Random() 方法的參數，其資料型態爲 Int32。參數 seed 對應的引數之資料型態與參數 seed 的資料型態相同，且引數可以是變數或常數。
   爲了確保每個 Random 類別的物件所產生的隨機亂數資料，在「數字」及「順序」上都不會一模一樣，則產生每個 Random 物件時，設定的隨機亂數種子值 seed 彼此間至少差 1。
   爲了避免輕易被猜到隨機亂數種子值 seed，請以目前時間的 Ticks（滴答）數 +1，當作隨機亂數種子值。
   取得西元 1 年 1 月 1 日 12:00:00AM 到現在時刻的 Ticks（滴答）數之語法如下：

   ```
   (int) DateTime.Now.Ticks
   ```

   （請參考「表 6-18　DateTime 結構的常用屬性」）
3. m 及 n 是 Next() 方法的參數，兩者的資料型態都是 Int32，而 Next() 方法的引數必須爲變數或常數。

要隨機產生亂數值之前，必須先宣告一 Random 的隨機亂數物件變數，並根據隨機亂數種子建立亂數物件實例。隨機產生亂數值的步驟如下：

步驟 1：

```
// 宣告隨機亂數種子變數seed，並以目前時間當作初始值
int seed = (int) DateTime.Now.Ticks;

// 以seed當作亂數種子，來初始化亂數產生器
// 並初始化Random類別所建立的實例
Random 隨機亂數物件變數 = new Random(seed);
```

步驟 2：

// 隨機產生0 ~ 2,147,483,647之間的整數之語法
隨機亂數物件變數.**Next( )**

// 隨機產生0 ~ (n-1)之間的整數之語法
隨機亂數物件變數.**Next(n)**

// 隨機產生m ~ (n-1)之間的整數之語法
隨機亂數物件變數.**Next(m , n)**

// 隨機產生0.0 ~ 1.0(不含)之間的倍精度浮點數之語法
隨機亂數物件變數.**NextDouble( )**

範例 13

寫一程式，使用亂數方法，模擬開出 6 個不重複的大樂透數字（1-49）。

```
using System;
using System.Collections.Generic;
using System.Linq;
using System.Text;
using System.Threading.Tasks;

namespace Ex13
{
    class Program
    {
        static void Main(string[] args)
        {
            int i, pos;
            int[] data = new int[49];
            for (i = 0; i < 49; i++) //紀錄1~49的資料
                data[i] = i + 1;

            int data_num = 49; //大樂透49個號碼
            int[] num = new int[6]; //紀錄產生的亂數值
            int seed = (int)DateTime.Now.Ticks;
            Random ran = new Random(seed);
            for (i = 0; i < 6; i++) // 產生 1 ~ 49 間的亂數值
            {
                pos = ran.Next(49 - i); //產生0~(49-i-1)間的索引值
                num[i] = data[pos];

                //出現一個大樂透號碼之後，大樂透號碼的個數就少一個
                data_num--;

                //將最後一個索引data_num的元素之內容,指定給索引爲pos的元素
                //這樣就不會再產生原來索引爲pos的元素之內容
                data[pos] = data[data_num];
            }
            for (i = 0; i < 6; i++)
                Console.Write(num[i] + "\t");
            Console.ReadKey();
        }
    }
}
```

執行結果

```
29    2    47    18    43    25
```

7-7 進階範例

範例 14

寫一程式，輸入 n 個整數，輸出 n 個整數的總和。

```
using System;
using System.Collections.Generic;
using System.Linq;
using System.Text;
using System.Threading.Tasks;

namespace Ex14
{
    class Program
    {
        static void Main(string[] args)
        {
            Console.Write("輸入一個正整數:");
            int n = Int32.Parse(Console.ReadLine());
            int[] num = new int[n]; // 只能使用num[0],num[1],…,num[n-1]
            int total = 0, i;
            for (i = 0; i < n; i++) // 累計n個整數的總和
            {
                Console.Write("輸入第" + (i + 1) + "的整數:");
                num[i] = Int32.Parse(Console.ReadLine()); ;
                total = total + num[i];
            }
            for (i = 0; i < n; i++) // 累計n個整數的總和
                if (i < n - 1)
                    Console.Write(num[i] + "+");
                else
                    Console.Write(num[i] + "=");
            Console.WriteLine(total);
            Console.ReadKey();
        }
    }
}
```

執行結果

```
計算n個整數的和
輸入一個正整數n:3
輸入第1的整數:1
輸入第2的整數:2
輸入第3的整數:3
1+2+3=6
```

程式說明

1. 由於問題要處理的資料數目不確定，因此無法以靜態配置記憶體的方式給固定個數的變數來儲存這些資料。
2. 動態配置記憶體：是指在執行階段時，程式才動態宣告陣列變數的數量，並向作業系統要求所需的記憶體空間。

3. 執行第 14 列 int n = Int32.Parse(Console.ReadLine()); 時，若輸入 3，則第 15 列 int[] num = new int[n]; 敘述會向系統要求配置各 4Bytes 記憶體給 num[0]，num[1] 及 num[2] 陣列元素。

範例 15

（猜數字遊戲）寫一程式，由隨機亂數產生一個介於 1023 與 9876 之間的四位數，四位數中的每一個阿拉伯數字不可重複。然後讓使用者去猜，接著回應使用者所猜的狀況。回應規則如下：

(1) 若所猜四位數中的數字與位置，與正確的四位數中之數字與位置都相同，則為 A。

(2) 若所猜四位數中的數字，與正確四位數中的數字相同但位置不同，則為 B。

(3) 最多猜 12 次。猜對了顯示「恭喜您 BINGO」；否則 12 次以後顯示「正確答案」。

例：假設隨機亂數產生的四位數為 1234，若猜 1243，則回應 2A2B；若猜 6512，則回應 0A2B。

演算法：

步驟 1：由亂數自動產生一個四位數（阿拉伯數字不可重複）。

步驟 2：使用者去猜，接著回應使用者所猜的狀況。

步驟 3：判斷是否為 4A0B？若是，則顯示「恭喜您 BINGO」；否則回到步驟 2。

```
using System;
using System.Collections.Generic;
using System.Linq;
using System.Text;
using System.Threading.Tasks;

namespace Ex15
{
    class Program
    {
        static void Main(string[] args)
        {
            int answer, guess; // 被猜的四位數,猜的四位數
            int[] a = new int[4]; // 被猜的四位數之個別阿拉伯數字
            int[] g = new int[4]; // 猜的四位數之個別阿拉伯數字
            int anum = 0, bnum = 0; // 紀錄 ? A ? B
           int i, j, k;
            Console.WriteLine("猜數字遊戲(1023~9876,數字不可重複):");
            int seed = (int)DateTime.Now.Ticks;
            Random ran = new Random(seed);
            while (true)
            {
                //產生1023到9876之間的四位數
                 answer = ran.Next(1023, 9877);

                // a[0]為answer的個位數,a[1]為answer的十位數
                // a[2]為answer的百位數,a[3]為answer的千位數
                for (i = 0; i < 4; i++)
                {
```

```
                a[i] = answer % 10;
                answer = answer / 10;
            }

            //判斷阿拉伯數字是否重複
            for (i = 0; i < 3; i++)
                for (j = i + 1; j < 4; j++)
                    if (a[i] == a[j]) // 阿拉伯數字重複了
                        goto outerfor1;

            outerfor1:
            if (i == 3) // 阿拉伯數字沒有重複
                break;
        }
        for (k = 1; k <= 12; k++) //最多猜12次
        {
            while (true)
            {
                Console.Write("輸入第"+k+"次要猜的四位數:");
                guess = Int32.Parse(Console.ReadLine());
                Console.Write(guess + "爲");

                // g[0]爲guess的個位數,g[1]爲guess的十位數
                // g[2]爲guess的百位數,g[3]爲guess的千位數
                for (i = 0; i < 4; i++)
                {
                    g[i] = guess % 10;
                    guess = guess / 10;
                }

                //判斷阿拉伯數字是否重複
                for (i = 0; i < 3; i++)
                    for (j = i + 1; j < 4; j++)
                        if (g[i] == g[j]) // 阿拉伯數字重複了
                            goto outerfor2;

                outerfor2:
                if (i == 3) // 阿拉伯數字沒有重複
                    break;
            }
            anum = 0;
            bnum = 0;
            for (i = 0; i < 4; i++)
                for (j = 0; j < 4; j++)
                    if (a[i] == g[j]) // 阿拉伯數字相同
                        if (i == j)   // 阿拉伯數字相同,且位置也相同
                            anum++;
                        else          // 阿拉伯數字相同,但位置不同
                            bnum++;

            Console.WriteLine(anum + "A" + bnum + "B");
            if (anum == 4)
                break;
        }
        if (anum == 4)
            Console.WriteLine("恭喜您BINGO了");
        else
            Console.WriteLine("正確答案爲" + answer);
        Console.ReadKey();
    }
  }
}
```

執行結果

請自行娛樂一下

自我練習

一、選擇題

(　) 1. string[] name = new name[50]; 敘述宣告後，name 會有幾個陣列元素？
(A)5 (B)10 (C)49 (D)50

(　) 2. 承上題，name 陣列的每一個元素型態為何？
(A)string (B)int (C)float (D)double

(　) 3. 承上題，name[2] 的內容為何？
(A)50 (B)0 (C)true (D) 空字串

(　) 4. 承上題，name[50] 的內容為何？
(A)5 (B)10 (C)49 (D) 出現 'Index was outside the bounds of the array.' 錯誤訊息

(　) 5. 哪一個類別可用來產生隨機亂數？
(A)Rand (B)Randomize (C)Randnumber (D)Random

(　) 6. 要產生介於 0~1.0 之間隨機亂數，需使用哪一個方法？亂數？
(A)Next() (B)Next(0, 1) (C)Next(1) (D)DoubleNext()

二、程式設計

1. 寫一程式，使用亂數方法產生 -5、-1、3、…、95 中的任一數。
2. 寫一程式，使用亂數方法來模擬擲兩個骰子的動作，擲 100 次後，分別輸出點數和為 2,3,…,12 的次數。
3. 寫一程式，輸入 3 個學生的姓名及期中考的 3 科成績，分別輸出 3 個學生的總成績。
4. double[,] number=new double[4,5]; 敘述中的陣列變數 number，共宣告多少個陣列元素？
5. int[,] x=new int[3,2] {{1,2},{3,4},{5,6}}; 敘述中，x[2,0] 的值為何？
6. 寫一程式，輸入一個 6 位數正整數，判斷是否為回文數（一個數字若反向書寫與原數字一樣，則稱其為回文數。例：12321 是回文數）。
7. 寫一程式，輸入一大寫英文單字，輸出此單字所得到的分數。提示：
   (1) 字母 A ～ Z，分別代表 1 ～ 26 分。
   (2) 單字：KNOWLEDGE（知識），HARDWORK（努力）及 ATTITUDE（態度）。
8. 寫一程式，判斷 3x5 矩陣 $\begin{bmatrix} 0 & 0 & 1 & 0 & 2 \\ 0 & 0 & 0 & 0 & 0 \\ 0 & 0 & 0 & 0 & 1 \end{bmatrix}$ 中，共有幾列的資料列全為 0。
9. 寫一程式，利用 Array 類別的 Sort 方法，將二維陣列的第 0 列元素 {1,3,2,4} 及第 1 列元素 {7,5,9,6,8}，各自從小排到大後，再利用 foreach 迴圈結構將二維陣列顯示在螢幕。

10. 寫一程式，輸入一正整數 n(1 ≦ n ≦ 10)，輸出一個有 n * n 個元素的螺旋方陣（Spiral Matrix）。例，若 n=4，則輸出的螺旋方陣如下：

1 2 3 4

12 13 14 5

11 16 15 6

10 9 8 7

11. 寫一個程式，輸入巴斯卡三角形的列數 n，輸出巴斯卡三角形。(使用不規則二維陣列及組合 C(i,j) = C(i-1,j) + C(i-1,j-1) 的觀念來撰寫)

提示：若 n=4，則巴斯卡三角形為

1

1 1

1 2 1

1 3 3 1

CHAPTER 8

例外處理

在「第 1 章　電腦程式語言介紹」曾提到：程式從撰寫階段到執行階段可能產生的錯誤有語法錯誤、語意錯誤及例外三種。

語法錯誤發生在程式編譯階段，通常是因爲語法不符合程式語言規則所造成，這種類型的錯誤比較容易被發現及修正。例：a=b/c 敘述，因少了分號「;」而違反規定，很容易被發現及修正。

語意錯誤發生在程式執行階段，是指撰寫的程式敘述與問題的意思有出入，使得執行結果不符合需求。

例外也是發生在程式執行階段，通常是程式邏輯設計不周詳，或輸入資料不符合規定，或執行環境出現狀況所造成的。例外在未發生前，比較難被發現及修正。因此，這種類型的錯誤是難以避免的。例：a=b/c; 敘述，在程式執行階段，若 c 的值不爲 0，則程式運作正常；若 c 的值爲 0，則會發生類型爲 System.DivideByZeroException 的例外狀況：嘗試以零除，使程式異常中止。

並不是程式設計者預期產生的錯誤，都可稱爲例外。常見的例外狀況有嘗試以零除、陣列的索引值超出宣告的範圍、資料輸入的型態違反規定等，這些都屬於邏輯設計不周詳所造成的；而「因網路不通，導致無法讀取網路遠端的資料庫」的例外狀況，則屬於執行環境出現狀況所造成的。

Visual C# 應用程式執行發生錯誤時，會由 .NET Framework 的 Common Language Runtime（CLR）或設計者自行撰寫的程式碼擲回發生例外狀況的訊息，並透過「例外處理常式」（Exception Hander）來處理所發生例外狀況。若希望應用程式發生例外狀況時不會異常中止，則須在程式中攔截所有可能發生的例外狀況，並加以處置；且事後修正程式的邏輯缺失或檢查環境狀況。

若應用程式發生例外狀況未被程式所攔截，則系統的「例外處理常式」會提供並顯示錯誤訊息，且應用程式會中止在錯誤的程式碼。

8-1 執行時期錯誤（RunTime Error）

.NET Framework 提供許多內建的例外類別，來處理程式執行期間所發生的錯誤，以防止程式異常中止。

例外類別有兩種類型：**.NET Framework 內建的例外類別**，以及**使用者自訂的例外類別**。本章是以介紹 .NET Framework 內建的例外類別為主，而使用者自訂的例外類別之撰寫語法，則請參考「第 10 章　繼承」之「10-5　自行拋出自訂例外物件」。

.NET Framework 內建的 Exception 例外類別，是定義在 System 命名空間中，它是所有例外類別的基底類別（或父類別）。當程式執行發生錯誤時，就會產生例外；而這些例外都屬於 Exception 類別或其子類別的實例物件。

內建於 System 命名空間中的常用例外類別與其屬性及方法，請分別參考「表 8-1　System 命名空間中的常用例外類別」、「表 8-2　Exception 例外類別的常用屬性」及「表 8-3　Exception 例外類別的常用方法」。

表 8-1　System 命名空間中的常用例外類別

例外類別名稱	說明
Exception	所有例外類別的基底類別。若不想特別將擲回的例外加以標示名稱，或不知道擲回的例外，則可以直接使用 Exception 例外類別來攔截。
DivideByZeroException	處理分母為 0 的數值運算式時，所擲回的例外類別。
FormatException	以下情形，都會擲回此例外類別。 1. 資料轉換失敗時。 例：Int32.Parse("12.3"); 2. 格式規範無效時。 例：Console.WriteLine("{0:B}",1); 3. 違反「索引必須≧ 0，且小於引數清單個數」時。 例：Console.WriteLine("{1}",2);
ArgumentNullException	引數為空字串時，所擲回的例外類別。 例：Int32.Parse("")　// 引數為空字串
OverflowException	數值超過所屬的資料型態範圍時，所擲回的例外類別。 例：執行以下敘述，若輸入 2147483648，則會擲回此例外類別。 int a =Int32.Parse(Console.ReadLine());
IndexOutOfRangeException	陣列或集合的索引值超出宣告的範圍時，所擲回的例外類別。 例： int[] ary = new int[3]; Console.Write("ary 的第 4 個元素為 "+ ary[3]);

例外類別名稱	說明
ArgumentOutOfRangeException	方法的引數值超出範圍時，所擲回的例外類別。 例： string str = " 學習程式還可以嗎？"; Console.Write("str 的第 10 個字元為 "+ str.Substring(9,1));
ApplicationException	由使用者撰寫的應用程式所引發的例外。請參考「10-5 自行拋出自訂例外物件」。

表 8-2 Exception 例外類別的常用屬性

資料型態	屬性名稱	作用
String	Message	取得發生例外狀況的原因
String	Source	取得發生例外狀況的應用程式（或物件）名稱
String	StackTrace	取得發生例外狀況的程式列及其所在的位置

註：

使用語法如下：

```
例外類別物件變數.Message
例外類別物件變數.Source
例外類別物件變數.StackTrace
```

表 8-3 Exception 例外類別的常用方法

回傳資料的型態	方法名稱	作用
String	GetType()	傳回發生例外狀況的類別名稱
String	ToString()	傳回發生例外狀況的類別名稱、原因及程式列行號

註：

使用語法如下：

```
例外類別物件變數.GetType()
例外類別物件變數.ToString()
```

8-2 例外處理的try…catch…finally結構敘述

為了防止程式發生例外狀況，造成程式異常中止的現象，Visual C# 語言提供 try…catch…finally 結構敘述來攔截所發生的例外狀況；並建立相對應的例外狀況處理程式敘述，使程式即使在發生例外狀況時，也能順利執行完畢。

try…catch…finally 結構敘述之語法如下：

```
try
  {
  //可能發生例外狀況的程式敘述撰寫區
  }
catch (例外類別名稱1  類別物件變數1)
  {
  //例外類別名稱1發生時，要執行的程式敘述撰寫區
  }
…
catch (例外類別名稱n  類別物件變數n)
  {
  //例外類別名稱n發生時，要執行的程式敘述撰寫區
  }
catch (Exception  類別物件變數(n+1))
  {
  //Exception例外類別發生時，要執行的程式敘述撰寫區
  }
finally
  {
   //無論任何catch區塊內的例外處理程式敘述是否被執行
   //此區塊內的程式敘述一定會被執行
  }
```

語法說明

1. 當程式執行 try{} 區塊內的敘述時，若無例外狀況發生，則程式會直接執行最後一個 catch(){} 區塊外的敘述；否則程式會執行該例外狀況所對應的 catch(){} 區塊內之敘述，執行完畢後，跳到最後一個 catch(){} 區塊外的敘述程式。
   若所有的 catch(){} 區塊都沒有攔截到程式所發生的例外，則會由 CLR 所攔截，並中止程式及顯示錯誤訊息（參考「圖 8-1　處理例外之 try…catch…finally 結構流程圖」）。
2. 「例外類別名稱 1」到「例外類別名稱 n」為執行 try{} 區塊內的敘述時，可能發生的例外類別名稱。
3. 至少要包含一個 catch(){} 例外處理程式敘述區塊。若考量各種可能發生的例外，則必須使用多個對應的 catch(){} 來攔截程式所發生的例外狀況。
4. catch (Exception 類別物件變數 (n+1)) {} 區塊代表上面的 catch(){} 區塊之外的例外狀況。此區塊可有可無，若有此區塊，則此區塊必須是所有 catch(){} 區塊中的最後一個區塊。因為 Exception 類別是所有例外類別的基底類別（或父類別），任何例外狀況發生所擲回的類型都屬於 Exception 類別。因此，若將 Exception 類別放在其他 catch() {} 區塊之前，則其後面的 catch(){} 區塊是不會被執行到的，而且編譯時也會出現錯誤。

5. finally{} 區塊可有可無。若包含 finally{} 區塊，則無論是否發生例外狀況，此區塊內的敘述一定會被執行。因此，finally{} 區塊內主要是撰寫收尾工作的程式敘述。

   例：若擔心已開啓的檔案在處理期間發生例外狀況，此時可將關閉檔案的敘述撰寫在 finally{} 區塊內，就可關閉檔案，以避免檔案被毀損的危險。

6. 「類別物件變數 1」到「類別物件變數 (n+1)」，可以使用同一個變數名稱（例：e）。

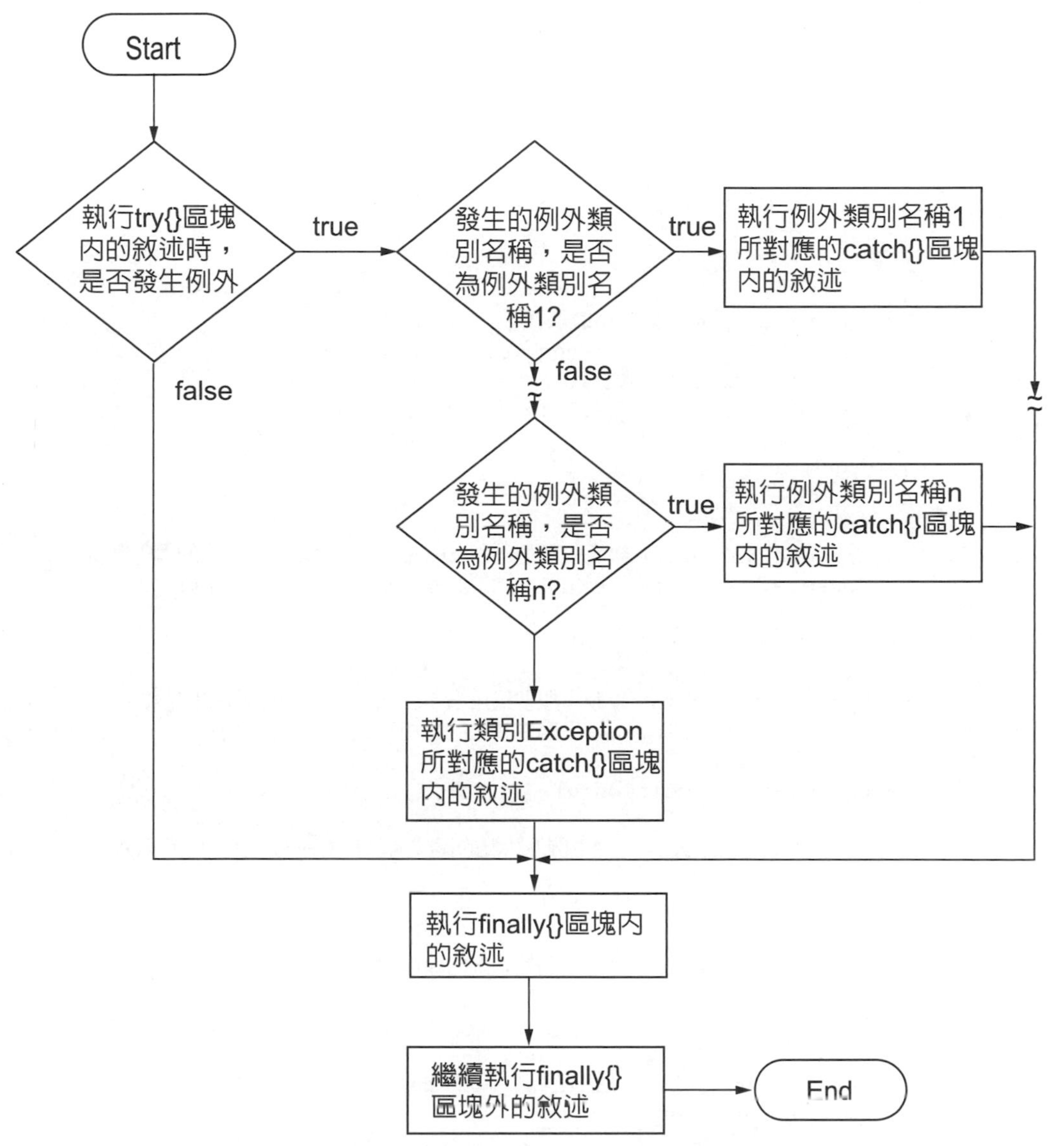

圖 8-1　處理例外之 try…catch…finally 結構流程圖

範例 1，是建立在 D:\C#\ch08 資料夾中的專案 Ex1，以此類推；範例 3，是建立在 D:\C#\ch08 資料夾中的專案 Ex3。

範例 1

常用的內建例外類別問題練習(一)

```
using System;
using System.Collections.Generic;
using System.Linq;
using System.Text;
using System.Threading.Tasks;

namespace Ex1
{
    class Program
    {
      static void Main(string[] args)
      {
        try
        {
           Console.Write("輸入整數a:");
           int a = Int32.Parse(Console.ReadLine());
           Console.Write("輸入整數b:");
           int b = Int32.Parse(Console.ReadLine());
           Console.WriteLine(a + "/" + b + "=" + (a / b));
        }
        catch (DivideByZeroException e)
        {
           Console.WriteLine("發生類型爲DivideByZeroException的例外狀況");
           Console.WriteLine("發生例外狀況的原因:" + e.Message);
        }
        catch (FormatException e)
        {
           Console.WriteLine("發生類型爲FormatException的例外狀況");
           Console.WriteLine("發生例外狀況的應用程式(或物件)名稱:" + e.Source);
        }
        catch (OverflowException e)
        {
           Console.WriteLine("發生例外狀況的程式列及其所在的位置:" + e.StackTrace);
        }
        catch (Exception e)
        {
           Console.WriteLine("發生例外狀況的原因:" + e.Message);
        }
        finally
        {
           Console.WriteLine("\nfinally區塊內的敘述有執行到，且程式沒有異常中止.");
           Console.ReadKey();
        }
      }
    }
}
```

執行結果 1

```
輸入整數a:10
輸入整數b:3
a/b=3

finally區塊內的敘述有執行到，且程式沒有異常中止.
```

執行結果 2

```
輸入整數a:10
輸入整數b:0
發生類型為DivideByZeroException的例外狀況
發生例外狀況的原因:嘗試以零除

finally區塊內的敘述有執行到，且程式沒有異常中止.
```

執行結果 3

```
輸入整數a:12.3
發生類型為FormatException的例外狀況
發生例外狀況的應用程式(或物件)名稱:mscorlib

finally區塊內的敘述有執行到，且程式沒有異常中止.
```

執行結果 4

```
輸入整數a:2147483648
發生例外狀況的程式列及其所在的位置:於System.Number.ParseInt32(String s, NumberStyle
style, NumberFormatInfo info)於 System.Int32.Parse(String s)於Ex1.Program.
Main(string[] args) 於d:\C#\ch08\Ex1\Program.cs: 行 16

finally區塊內的敘述有執行到，且程式沒有異常中止.
```

程式說明

1. 執行 1 結果沒有發生例外，並輸出正確結果，且會執行 finally{} 區塊內的程式碼，並輸出「finally 區塊內的敘述有執行到，且程式沒有異常中止」。
2. 執行 2 結果發生類型為 DivideByZeroException 的例外狀況，是 b=0，使得 a/b 嘗試以零除所導致的。雖然發生例外狀況，但最後還是會執行 finally{} 區塊內的程式碼，並輸出「finally 區塊內的敘述有執行到，且程式沒有異常中止」。
3. 執行 3 結果發生類型為 FormatException 的例外狀況，是「字串 "12.3"，無法轉換成整數」所導致的。雖然發生例外狀況，但最後還是會執行 finally{} 區塊內的程式碼，並輸出「finally 區塊內的敘述有執行到，且程式沒有異常中止」。
4. 執行 4 結果發生類型為 OverflowException 的例外狀況，是「2147483648 超出 int 型態的範圍」所導致的。雖然發生例外狀況，但最後還是會執行 finally{} 區塊內的程式碼，並輸出「finally 區塊內的敘述有執行到，且程式沒有異常中止」。

範例 2

常用的內建例外類別問題練習 (二)。

```
using System;
using System.Collections.Generic;
using System.Linq;
using System.Text;
using System.Threading.Tasks;

namespace Ex2
{
  class Program
  {
    static void Main(string[] args)
    {
      try
      {
         Console.Write("輸入整數陣列變數ary的元素個數(num):");
         int num = Int32.Parse(Console.ReadLine());
         int[] ary = new int[num];
         Console.Write("輸入整數n(然後輸出陣列變數ary的第n個元素):");
         int n = Int32.Parse(Console.ReadLine());
         Console.WriteLine("整數陣列ary的第" + n + "個元素爲" + ary[n - 1]);
         Console.Write("\n輸入一段文字存入字串變數str:");
         String str = Console.ReadLine();
         Console.Write("輸入整數m(然後輸出字串變數str的第m個字元):");
         int m = Int32.Parse(Console.ReadLine());
         Console.WriteLine("字串變數str的第" + m + "個字元爲" + str.Substring(m - 1,1));
      }
      catch (IndexOutOfRangeException e)
      {
        Console.WriteLine("發生例外狀況的類型名稱、原因及程式列行號:" +
                          e.ToString());
      }
      catch (ArgumentOutOfRangeException e)
      {
         Console.WriteLine("發生類型爲" + e.GetType() + "的例外狀況");
      }
      catch (Exception e)
      {
         Console.WriteLine("發生例外狀況的原因:" + e.Message);
      }
      finally
      {
         Console.WriteLine("\nfinally區塊內的敘述有執行到，且程式沒有異常中止.");
         Console.ReadKey();
      }
    }
  }
}
```

執行結果 1

```
輸入整數陣列變數ary的元素個數(num):5
輸入整數n(然後輸出陣列變數ary的第n個元素):2
整數陣列ary的第2個元素爲0

輸入一段文字存入字串變數str:學習程式還可以嗎?
輸入整數m(然後輸出字串變數str的第m個字元):3
字串變數str的第3個字元爲程

finally區塊內的敘述有執行到，且程式沒有異常中止.
```

執行結果 2

```
輸入整數陣列變數ary的元素個數(num):5
輸入整數n(然後輸出陣列變數ary的第n個元素):6
發生例外狀況的類型名稱、原因及程式列行號: IndexOutOfRangeException: 索引在陣列的界限之
外。於Ex2.Program.Main(string[] args) 於d:\C#\ch08\Ex2\Program.cs: 行 20

finally區塊內的敘述有執行到，且程式沒有異常中止.
```

執行結果 3

```
輸入整數陣列變數ary的元素個數(num):6
輸入整數n(然後輸出陣列變數ary的第n個元素):4
整數陣列ary的第4個元素爲0

輸入一段文字存入字串變數str:學習程式還可以嗎?
輸入整數m(然後輸出字串變數str的第m個字元):10
發生類型爲ArgumentOutOfRangeException的例外狀況

finally區塊內的敘述有執行到，且程式沒有異常中止.
```

程式說明

1. 執行 1 結果沒有發生例外並輸出正確結果，且會執行 finally{} 區塊內的程式碼，並輸出「finally 區塊內的敘述有執行到，且程式沒有異常中止」。

2. 執行 2 結果發生類型爲 IndexOutOfRangeException 的例外狀況，是「n=6，5(=n-1) 超出陣列 ary 的索引值範圍」所導致的。雖然發生例外狀況，但最後還是會執行 finally{} 區塊內的程式碼，並輸出「finally 區塊內的敘述有執行到，且程式沒有異常中止」。

3. 執行 3 結果發生類型爲 ArgumentOutOfRangeException 的例外狀況，是「m=10，9(=m-1) 超出字串 str 的索引值範圍」所導致的。雖然發生例外狀況，但最後還是會執行 finally{} 區塊內的程式碼，並輸出「finally 區塊內的敘述有執行到，且程式沒有異常中止」。

8-3 自行拋出內建例外物件

程式撰寫時，若已經知道可能發生的例外是屬於何種內建例外類別，也可以自行拋出（throw）內建例外的方式，來處理內建例外發生時自行提供的錯誤訊息。自行拋出內建例外物件的語法如下：

```
throw new 內建例外類別名稱("發生例外的文字說明");
```

註：

1. 它的作用，是先產生一個資料型態爲「內建例外類別名稱」的例外物件變數並初始化，同時傳入的錯誤訊息：發生例外的文字說明，然後將例外拋出並利用 Exception 類別的 Message 屬性取得所傳入的錯誤訊息。
2. 當 throw new …; 執行時，其後的敘述將不會被執行，並由 try…catch…finally…結構中的 catch(){} 區塊，來攔截所符合的例外，並加以處理。
3. throw new …; 敘述必須撰寫在選擇結構的敘述中（即，撰寫在某個條件底下），否則在 throw new …; 敘述底下的程式碼，會出現綠色鋸齒狀的線條，且顯示錯誤訊息：偵測到執行不到的程式碼，表示這些敘述根本不會被執行。

範例 3

自行拋出內建例外類別問題練習。

```
using System;
using System.Collections.Generic;
using System.Linq;
using System.Text;
using System.Threading.Tasks;

namespace Ex3
{
    class Program
    {
        static void Main(string[] args)
        {
            try
            {
                Console.Write("輸入整數a:");
                int a = Int32.Parse(Console.ReadLine());
                Console.Write("輸入整數b:");
                int b = Int32.Parse(Console.ReadLine());
                if (b == 0)
                    throw new DivideByZeroException("b=0，無法計算a/b");
                Console.WriteLine(a + "/" + b + "=" + (a / b));
            }
            catch (DivideByZeroException e)
```

```
            {
                //取得傳入的錯誤訊息,若無傳入的錯誤訊息，則爲預設訊息
                Console.WriteLine("例外狀況原因:" + e.Message);
                Console.WriteLine("例外狀況類型:DivideByZeroException");
            }
            catch (Exception e)
            {
                Console.WriteLine("例外狀況原因:" + e.Message);
            }
            finally
            {
                Console.ReadKey();
            }
        }
    }
}
```

執行結果

```
輸入整數a:10
輸入整數b:0
例外狀況原因:b=0，無法計算a/b
例外狀況類型: DivideByZeroException
```

程式說明

當 b=0 時，會自行拋出內建的 DivideByZeroException 例外物件並傳入「b=0，無法計算 a/b」錯誤訊息，再由 catch(DivideByZeroException e){} 攔截，並利用 Exception 類別的 Message 屬性取得所傳入的錯誤訊息：b=0，無法計算 a/b。

自我練習

一、選擇題

(　) 1. 要攔截程式執行時所發生的例外，應使用下列何種結構？
(A)if　(B)while　(C)try…catch…finally　(D)switch

(　) 2. try…catch…finally 結構，共分成哪三個區塊？
(A)try　(B)catch　(C)finally　(D)exit

(　) 3. try…catch…finally 結構的哪個區塊，是用來攔截執行時所發生的例外？
(A)try　(B)catch　(C)finally　(D)exit

(　) 4. try…catch…finally 結構的哪個區塊，是用來監控可能發生例外的程式？
(A)try　(B)catch　(C)finally　(D)exit

(　) 5. try…catch…finally 結構的哪個區塊，無論是否發生例外都會執行？
(A)try　(B)catch　(C)finally　(D)exit

(　) 6. 要攔截程式發生的「嘗試以零除」，需透過哪個例外類別？
(A)OverFlowException
(B)FormatException
(C)IndexOutOfRangeException
(D)DivideByZeroException

第二篇

類別與物件

本篇共有三章，主要是介紹如何建立使用者自己專屬的資料型態，以彌補 Visual C# 內建類別庫的不足。本篇各章的標題如下：

第 九 章　自訂類別
第 十 章　繼承
第十一章　抽象類別和介面

CHAPTER

9

自訂類別

物件導向程式設計，是以物件（Object）為主軸的一種程式設計方式。它的設計模式，不是單純設計特定功能的函數或方法，而是以設計具有特定行為或方法的**物件**為核心。

什麼是物件？凡是可以看到或摸到的有形體，或聞到、聽到及想到的無形體，都可稱為物件。例如：月亮、生物、動物、人、車、氣味、音樂、個性等。

物件是具有特徵與行為的實例，其中特徵以**屬性**（Property）來表示，而行為則以**方法**（Methods）來描述。物件可以藉由它所擁有的方法，存取它所擁有的屬性及與不同物件溝通。

在之前的章節，經常提到一些 Visual C# 內建的類別（class）。例如：Console、Math、Array、Random 等。本章將介紹自訂類別資料型態及建立它的實例：物件，讓讀者了解類別的基本架構，進而對物件導向程式設計有更深一層的認識。

9-1 物件導向程式設計之特徵

物件導向程式設計具有以下三大特徵：

1. **封裝性（Encapsulation）**：將實例的特徵與行為包裝隱藏起來，並透過公開的行為與外界溝通的概念，稱之為封裝。
   在生活中，大部分的物件都有外殼，使用者都是透過外殼上的裝置來操控物件的特徵及行為，無法直接存取物件內部的資料。
   故外殼就是物件內部的元件與外部溝通的介面。根據封裝性的概念，使用者可以自訂介面（interface），供程式隨時呼叫，使撰寫程式更方便快速。
2. **多型性（Polymorphism）**：若同一個識別名稱，以不同樣貌來定義不同功能，或以同樣貌來定義不同功能的作法，則被稱為「多型」。
   相同識別名稱以不同樣貌來定義不同功能的作法，被稱為「多載」（Overloading）。

以汽車爲例，若汽車的排檔方式爲自動，則稱爲自排汽車；若汽車的排檔方式爲手動，則稱爲手排汽車。若汽車包含水面行駛的裝置，則稱爲水陸兩用汽車。

相同識別名稱以同樣貌來定義不同功能的作法，被稱爲「改寫」（Overriding）。以飛機爲例，若飛機用來載人，則稱爲客機；若一模一樣的飛機用來載貨，則稱爲貨機（請參考「第十章　繼承」）。多型概念使程式撰寫更有彈性。

3. **繼承性**（Inheritance）：一種可避免重複定義相同特徵與行爲的概念。當後者繼承前者時，除了前者少部分的特殊特徵與行爲外，其餘大部分的特徵與行爲都會被後者所繼承，且後者還可以定義自己獨有的特徵與行爲，甚至還可以重新定義上一代的特徵與行爲。

   例：一般螢幕可以呈現各種資訊，而觸控螢幕除俱備一般螢幕的特徵與行爲外，還擁有自己獨特的觸控行爲。因此，觸控螢幕繼承一般螢幕的特徵與行爲，且擁有自己獨有的特徵與行爲。

   根據繼承性的概念，使用者可以定義一個介面 A，再以介面 A 爲基礎去定義另一個介面 B，使介面 B 不必重新定義就擁有介面 A 的一些特徵與行爲，使程式撰寫更有效率（請參考「第十章　繼承」）。

9-2 類別

在生活中，當有形或無形實例的數量多而雜，都會將它們加以分類，方便日後尋找。例：電腦中的檔案有文字檔、圖形檔、聲音檔、動畫檔、影像檔等不同形式，若將這些數量多而雜的不同形式檔案都放在同一個資料夾時，要尋找某一個檔案是很麻煩的；若將它們依不同形式分別儲存在相對應的資料夾，尋找就很方便。

類別（Class）是具有共同特徵與行爲的同類型實例之抽象代名詞，即，將擁有共同特徵與行爲的實例歸在同一類別。換句話說，類別是將同類型實例的特徵及行爲封裝（Encapsulate）在一起的結構體，是一種使用者自訂的資料型態。

類別是物件導向程式設計最基本的元件，且是產生同一類實例的一種模型或藍圖。由同一類別產生的實例（或稱爲物件），都具有相同的特徵與行爲，但它們的特徵值未必都一樣。以車子爲例，每部車子都有大小、顏色及輪胎等特徵，和加速、減速及轉彎等行爲。但每部車子的大小、顏色及輪胎等特徵都不盡相同；且加速、減速及轉彎等行爲也有所差異。

類別的常用成員有：

1. **屬性**（Property）：用來記錄類別特徵值或物件特徵值的變數。屬性彼此間是有關係的，且它們的資料型態可以不同。
2. **方法**（Method）：代表類別的行爲或物件的行爲，用來存取類別或物件的屬性或方法。

類別中的成員可以出現在程式的任何位置嗎？答案是否定的。

類別成員的存取範圍，是依成員名稱前的「存取修飾詞」（Access Modifier）來決定。常用的存取修飾詞（存取權層級由低到高）有下列三種層級：

1. **Public（公開）層級**：若屬性名稱或方法名稱前有關鍵字 public，則表示屬性名稱或方法名稱可跨不同的類別庫被存取。
2. **Protected（保護）層級**：若屬性名稱或方法名稱前有關鍵字 protected，則表示屬性名稱或方法名稱是受到保護的，且它只能在所屬的類別及所屬類別的子類別中被存取。
3. **Private（私有）層級**：若屬性名稱或方法名稱前有關鍵字 private，則表示屬性名稱或方法名稱隱藏在所屬的類別中，且只能在所屬的類別中被存取，外界無法直接存取屬性名稱或方法名稱。若屬性名稱或方法名稱前沒有使用「存取修飾詞」，則預設為 private。

一類別的實例（或稱為物件），從產生到使用的步驟如下：

1. 定義一類別。
2. 宣告此類別的物件並實例化。
3. 使用此物件，存取物件中的屬性或方法。

9-2-1 類別定義

C# 是以關鍵字 class 來定義類別。定義類別的一般語法如下：

```
[public] [internal] [abstract] [sealed] class 類別名稱
 {
 [
  [存取修飾詞] [static] [const] 資料型態 屬性名稱; // 宣告屬性名稱
  …
 ]

 [
  [public] 類別名稱() // 定義無參數串列的建構子
   {
    // 程式敘述; …
   }
 ]

 [
  [public] 類別名稱(參數串列) // 定義有參數串列的建構子
   {
    // 程式敘述; …
   }
```

```
  …
 ]

 [
 // 定義方法名稱
 [存取修飾詞] [static] [abstract] [sealed] [override] [virtual]
                                        回傳值型態 方法名稱([參數串列])
  {
   // 程式敘述; …
  }

  …
 ]
}
```

定義說明

1. 有 [ ] 者，表示選擇性，視需要填入適當的關鍵字、名稱或不填。這些關鍵字或名稱有 public、sealed、static、const、override、virtual、參數串列及存取修飾詞。
2. 若關鍵字 class 前有關鍵字 public，則表示此類別可在不同組件中被存取。「組件」（assembly）是由一個或多個原始檔編譯而成的 .dll 或 .exe 檔。
   若 class 前有關鍵字 internal，則表示此類別只能在同一個組件中被存取。
   若 class 前無關鍵字 public 或 internal，則此類別預設爲 internal 層級。
   若 class 前有關鍵字 sealed，則表示此類別不可再被其他類別繼承。
   若 class 前有關鍵字 abstract，則稱此類別爲「抽象類別」，此類別中必須宣告至少一個「抽象方法」。
   class 前，不可同時標記 abstract 與 sealed。
   繼承之相關說明，請參考「10-1-1　單一繼承」。
3. 若類別的成員名稱前有關鍵字 static，則稱此成員爲「靜態成員」；否則爲「非靜態成員」。
   若成員爲**屬性**，則稱此屬性爲**靜態屬性**。
   若成員爲**方法**，則稱此方法爲**靜態方法**，且在它的內部只能存取靜態屬性和呼叫靜態方法。靜態方法名稱前，不可同時再標記爲 override、virtual 或 abstract。
4. 若一方法前有關鍵字 abstract，則稱此方法爲「抽象方法」，且此方法只有宣告沒有實作。若一類別中包含抽象方法，則稱此類別爲抽象類別，且 class 前必須加上關鍵字 abstract。抽象類別及抽象方法之相關說明，請參考「11-1　抽象類別定義」。
5. 若屬性名稱前有 const，則表示此屬性的內容只能讀取，不能改變。
   若方法名稱前有 sealed override，則表示此方法不可被改寫。在子類別中，重新定義父類別的方法之概念，稱爲此方法的「改寫」（Overriding）。
6. 屬性常用的資料型態有 byte、short、int、long、float、double、char、string 及 bool。

7. 方法名稱前的回傳值型態，表示執行此方法後，所回傳資料的型態。常用的回傳值型態有 byte、short、int、long、float、double、char、string、bool 及 void。
8. 在方法定義的 ( ) 中所宣告的變數，稱之為「參數」。參數串列表示呼叫此方法時，需要傳入多少個資料。
9. 「建構子」（Constructor）及解構子（Destructor）的相關說明，請參考「9-6　類別之建構子與解構子」。
10. 類別、屬性、方法及參數等名稱的命名方式，請參考「2-2　常數與變數宣告」中的識別字命名規則。

9-2-2 屬性宣告

類別的屬性，是用來記錄此類別或物件的特徵值。宣告屬性的語法如下：

```
[存取修飾詞] [static] [const] 資料型態 屬性名稱;
```

若存取修飾詞為關鍵字 public，則表示此屬性可在不同組件中被存取。

若存取修飾詞為關鍵字 internal，則表示此屬性只能在同一個組件中被存取。

若存取修飾詞為關鍵字 protected，則此屬性可在所屬的類別及所屬類別的子類別中被存取。

若存取修飾詞為關鍵字 private，則此屬性只能在所屬的類別中被存取；若要在其他類別中存取此屬性，則可呼叫此類別 public 層級的方法來達成。

若無存取修飾詞，則表示此屬性的存取修飾詞預設為關鍵字 private。

若有關鍵字 static，則稱此屬性為「靜態屬性」，在程式被載入時，會配置一塊固定的記憶體空間給它，用來記錄同一類別所建立的物件之共同特徵值，且直到程式結束它才會消失。

因靜態屬性專屬於類別，故又被稱為「類別變數」。在靜態屬性所屬類別的外面，是以所**屬類別名稱 . 靜態屬性**的方式，去存取靜態屬性。

若無關鍵字 static，則此屬性被稱為「非靜態屬性」。在非靜態屬性所屬類別的外面，若要存取非靜態屬性，則須先建立其所屬類別的物件，並以**物件名稱 . 非靜態屬性**的方式，去存取非靜態屬性。故非靜態屬性又被稱為「物件變數」，用來記錄同類別的不同物件各自的特徵值。

若屬性名稱前有關鍵字 const，則稱此屬性為「常數屬性」。常數屬性宣告時，必須指定初始值，且之後就不能再更改。若常數屬性未指定初始值，則在此屬性名稱底下會出現紅色鋸齒狀的線條，若將滑鼠移到此線條，則會出現錯誤訊息：

```
需要為 const 屬性提供值
```

註：

常數屬性必須指定初始值。

若試圖去更改常數屬性的內容，則在此常數屬性名稱底下會出現紅色鋸齒狀的線條；若將滑鼠移到此線條，則會出現錯誤訊息：

```
指派的左側必須是變數、屬性或索引子」或
                        「遞增或遞減運算子的運算元必須是變數、屬性或索引子
```

註：

常數屬性值不能重新指定。

宣告一個屬性之後，即可存取此屬性。依照存取指令所在區域及屬性是否爲靜態屬性來區分，存取屬性的語法有下列三種：

1. 在屬性所屬的類別內部，存取屬性的語法

```
屬性名稱
```

2. 在非靜態屬性所屬的類別外部，存取非靜態屬性的語法

```
物件名稱.非靜態屬性名稱
```

3. 在靜態屬性所屬的類別外部，存取靜態屬性的語法

```
類別名稱.靜態屬性名稱
```

例：定義郵局類別（Postoffice），它包含三個存取層級爲 private 的屬性 name、account 和 savings，且它們的資料型態分別爲 string、string 和 int。

```
class Postoffice
{
    private string name;       // 客戶姓名
    private string account;    // 客戶帳號
    private int savings;       // 客戶的存款餘額
}
```

9-2-3 方法定義

重複特定的事物，在日常生活中是很常見的。例：每天設定鬧鐘時間，以提醒起床；每天打掃房子，以維持清潔等。在程式設計上，可以將這些特定功能寫成方法（Method），以方便隨時呼叫。

在程式中呼叫特定方法時，系統會執行該方法所定義的程式碼。使用者並不需要知道或了解該方法是如何定義的，只要知道該方法的名稱及方法所回傳資料的型態、並傳入正確的引數資料，就能利用該方法完成您想要做的事情。

在「第 6 章　內建類別」中，已介紹過許多內建類別的方法。但內建類別的方法，不一定符合需求。因此，使用者可自行定義類別方法，來縮短程式碼並供隨時呼叫，且能提升程式的結構化程度和除錯效率。

何時需要自行定義類別方法呢？若問題具有以下特徵，則可自行定義類別方法。

1. 在程式中，重複出現某一段完全一樣的指令；或指令雖一樣，但資料不同時。
2. 在類別外，欲存取類別中的私有成員時。

類別方法，主要用途是存取類別所產生的物件之屬性與方法。類別方法的定義語法如下：

```
[存取修飾詞] [static] [abstract] [sealed][override][virtual] 回傳值型態 方法名稱([參數串列])
{
  // 程式敘述; …
}
```

若存取修飾詞爲關鍵字 public，則表示此方法可在不同組件中被存取。

若存取修飾詞爲關鍵字 internal，則表示此方法只能在同一個組件中被存取。

若存取修飾詞爲關鍵字 protected，則此方法可在所屬的類別及所屬類別的子類別中被存取。

若存取修飾詞爲關鍵字 private，則此方法只能在所屬的類別中被存取。

若無存取修飾詞，則表示此方法的存取修飾詞預設爲關鍵字 private。

若方法名稱前有關鍵字 static，則表示此方法稱爲「靜態方法」。在靜態方法的定義內，只能存取所屬類別的**靜態屬性**或**靜態方法**。

若方法名稱前有關鍵字 sealed override，則表示此方法不可在所屬類別的子類別中被改寫（Overriding），否則在此方法名稱底下會出現紅色鋸齒狀的線條；若將滑鼠移到此線條，則會出現類似以下錯誤訊息：

```
'子類別名稱.方法()': 無法覆寫繼承的成員 '父類別名稱.方法()'，因為其已密封
```

註：

表示父類別的「方法」不能在子類別中被改寫。

回傳值型態可以是 void、byte、char、short、int、long、float、double、boolean、string、陣列型態或類別名稱等。

若回傳值型態爲 void，表示呼叫此方法後，無回傳任何資料；若回傳值型態爲 int，表示呼叫此方法後，會傳回整數資料；以此類推。

若回傳值型態不是 void，則在程式碼區段 { } 內，必須包含「return 運算式;」敘述，其中「運算式」可以是常數、變數或方法的組合，且運算式的型態必須爲回傳值型態；

否則編譯會出現類似

```
無法將類型 'xxx' 隱含轉換成 'yyy'。已存在明確轉換 (是否漏了轉型?)
```

的錯誤訊息。因爲此方法設定回傳值型態是 yyy，但卻回傳 xxx 型態的資料。

「參數串列」表示呼叫此方法時，需要傳入多少個資料。例：若參數串列爲 int a, char b，則呼叫此方法時，需要傳入一個整數資料及一個字元資料。若無參數串列，則呼叫此方法時，無須傳入任何資料。

方法被定義後，就可被呼叫。依照呼叫指令所在區域及方法是否爲靜態方法來區分，呼叫方法的語法有下列三種：

1. 在方法所屬的類別內部，呼叫方法的語法

```
方法名稱([引數串列])
```

2. 在非靜態方法所屬的類別外部，呼叫非靜態方法的語法

```
物件名稱.非靜態方法名稱([引數串列])
```

3. 在靜態方法所屬的類別外部，呼叫靜態方法的語法

```
類別名稱.靜態方法名稱([引數串列])
```

註：

[引數串列] 表示引數串列爲選擇性，視需要填入。即，當方法定義時有宣告參數串列，則呼叫此方法時，就需要傳入引數串列；否則不需要給予任何引數串列。引數串列可以是變數或常數。

呼叫方法時程式運作的流程，請參考「圖 9-1　呼叫方法所引發的程式控制權移轉示意圖」。

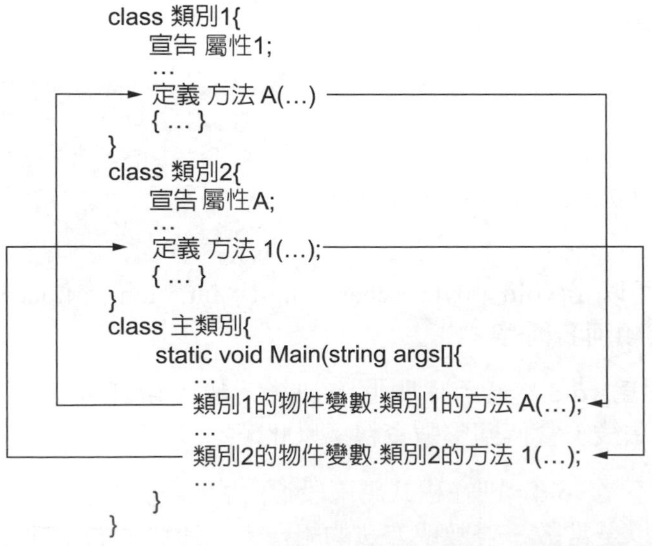

圖 9-1　呼叫方法所引發的程式控制權移轉示意圖

9-2-4 屬性、參數及區域變數之存取範圍

程式中使用的資料，都會儲存在記憶體位址中。設計者是透過變數名稱來存取記憶體中的對應資料，而這個變數名稱就相當於記憶體的某個位址之代名詞。

Visual C# 的變數，有下列三種類型：

1. **區域變數**（Local Variable）：宣告在方法中的一種變數。區域變數只能在它所屬的方法中被存取。
2. **參數**（Parameter）：參數是呼叫方法時作爲傳遞資料的一種變數。參數變數只能在它所屬的方法中被存取。
3. **屬性**：宣告在類別中的一種變數。屬性變數的存取範圍，根據屬性名稱前的存取修飾詞不同而有所差異，請參考「9-2-1　類別定義」。

屬性變數的存取範圍，是大於區域變數及參數變數。屬性、參數及區域變數的存取範圍，請參考「圖 9-2　屬性、參數及區域變數的存取範圍示意圖」。

數值型態的屬性資料，若沒有設定的初始值，則預設爲 0；char 型態的屬性資料，若沒有設定的初始值，則預設爲空字元；string 型態的屬性資料，若沒有設定的初始值，則預設爲 null；bool 型態的屬性資料，若沒有設定的初始值，則預設爲 false；類別型態的屬性資料，若沒有設定的初始值，則預設爲 null。任何資料型態的區域變數，若沒有設定初始值，則無預設值，且不能被存取。

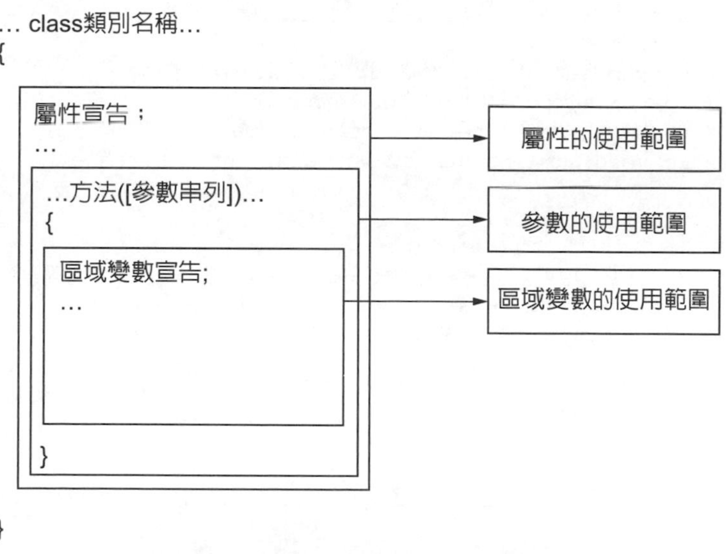

圖 9-2　屬性、參數及區域變數的存取範圍示意圖

範例 1，是建立在 D:\C#\ch09 資料夾中的專案 Ex1，以此類推，範例 12，是建立在 D:\C#\ch09 資料夾中的專案 Ex12。

範例 1

寫一程式，在主類別內，定義一無回傳值的靜態方法 sum，計算：

(1) 1 + 2 + 3 + ... +10

(2) 1 + 3 + 5 + ... +99

(3) 4 + 7 + 10 + ... +97。

```
using System;
using System.Collections.Generic;
using System.Linq;
using System.Text;
using System.Threading.Tasks;

namespace Ex1
{
    class Program
    {
        static void Main(string[] args)
        {
            Sum(1, 10, 1);
            Sum(1, 99, 2);
            Sum(4, 97, 3);
            Console.ReadKey();
        }

        /// <summary>
        /// Sum是無回傳值的Program類別靜態方法:處理加總
        /// </summary>
        /// <param name="start">起始數值</param>
        /// <param name="end">終止數值</param>
        /// <param name="difference">公差</param>
        static void Sum(int start, int end, int difference)
        {
            int total = 0;

            // 計算首項爲start，末項爲end，且公差爲difference的等差數列和
            for (int i = start; i <= end; i += difference)
                total += i;
            Console.WriteLine(start + "+" + (start + difference) + "+...+" +
                                                end + "=" + total);
        }
    }
}
```

執行結果

```
1+2+...+10=55
1+3+...+99=2500
4+7+...+97=1616
```

程式說明

1. 在 Ex1 類別內，呼叫 Ex1 類別中無回傳值的靜態方法 Sum() 時，直接以 Sum() 方式表示即可（如第 13、14 及 15 列），不用透過物件名稱或類別名稱。
2. 第 19~24 列的註解，主要用來說明第 25 列 static void Sum(int start,int end,int difference) 定義方法 Sum() 目的，及其所使用的參數之意義，有助於之後增修程式敘述時，程式人員快速了解。方法註解，是非必要的。產生方法註解的程序如下：
   (1) 在方法定義列的前一列輸入 ///
   (2) 系統就會自動出現類似下列註解
   ```
   /// <summary>
   ///
   /// </summary>
   /// <param name="參數1"></param>
   /// <param name="參數2"></param>
   /// …
   /// <param name="參數n"></param>
   ```
   (3) 在 <summary> 與 </summary> 之間，輸入方法的目的及其他說明；在所有 <param …> 與 </param> 之間，輸入參數的意義及其他說明。
3. Sum() 爲無回傳值的方法，因此，在 Sum() 方法內部不能有 return 敘述。

範例 2

寫一程式，在主類別內，定義一有回傳值的 sum 靜態方法，計算：

(1)1 + 2 + 3 + ... +10

(2)1 + 3 + 5 + ... +99

(3)4 + 7 + 10 + ... +97

```
using System;
using System.Collections.Generic;
using System.Linq;
using System.Text;
using System.Threading.Tasks;

namespace Ex2
{
    class Program
    {
        static void Main(string[] args)
        {
            Console.WriteLine("1+2+...+10=" + Sum(1, 10, 1));
            Console.WriteLine("1+3+...+99=" + Sum(1, 99, 2));
            Console.WriteLine("4+7+...+97=" + Sum(4, 97, 3));
            Console.ReadKey();
        }

        static int Sum(int start, int end, int difference)
        {
```

```
21                 int total = 0;
22 
23                 // 計算首項爲start，末項爲end，且公差爲difference的等差數列和
24                 for (int i = start; i <= end; i += difference)
25                     total += i;
26                 return total;
27             }
28         }
29 }
```

執行結果

```
1+2+...+10=55
1+3+...+99=2500
4+7+...+97=1616
```

程式說明

1. 在 Ex2 類別內，呼叫 Ex2 類別中有回傳值的 Sum() 靜態方法時，直接以 Sum() 方式表示即可（如第 13、14 及 15 列），不用透過物件名稱或類別名稱。
2. 第 19 列 static int Sum(int start,int end,int difference) 定義 Sum() 爲回傳整數值的方法。因此，在 Sum() 方法內部必須有 return 整數運算式或常數 ; 敘述。
3. 由範例 1 及範例 2 可以看出，一個方法是否有回傳值的撰寫差異。呼叫方法後，若得到的結果有要做後續處理時，則此方法必須以有回傳值的方式來定義；否則以無回傳值的方式來定義最適宜。

9-3 類別方法的參數傳遞方式

方法定義中的參數串列，是外界傳遞資訊給方法的管道。一個方法的參數越多，表示它的功能越強，能解決問題的類型就越多。傳遞資料給參數串列的方式有下列兩種：

1. **傳值（pass by value）**：將實值型態的引數傳給參數時，無論參數的資料在方法中是否有改變，都無法改變引數的資料。這種現象，是引數與參數兩者所佔用的記憶體位址不同所造成的。這種參數傳遞的方式，被稱爲「傳值呼叫」。
2. **傳參考（pass by value of reference）**：將參考型態的引數傳給參數（即，引數與參數都會指向同一記憶體位址）時，若參數所指向的記憶體位址內的資料在方法中被改變，則引數所指向的記憶體位址內的資料也隨之改變。這種現象，是引數與參數兩者所指向的記憶體位址相同所造成的。這種參數傳遞的方式，被稱爲「傳參考呼叫」。

9-3-1 傳值呼叫

在方法定義中，若參數的型態爲 byte、char、short、int、long、float、double、boolean 或 string，則表示以「傳值呼叫」的方式來傳遞參數。以傳值呼叫的方式來傳遞參數，可以防止傳入的引數資料被變更。

在方法定義中，若以「傳值呼叫」的方式來傳遞參數，則參數的宣告語法如下：

```
… 方法名稱(…, 參數型態 參數名稱,…) …
{
  // 程式敘述; …
}
```

註：

1. 參數型態可以是 byte、char、short、int、long、float、double、boolean 或 string。
2. 呼叫方法的語法如下：

```
方法名稱(…, 實值型態變數名稱(或常數), …)
```

範例 3

寫一程式，定義一個有回傳值的方法，並以傳值呼叫的方式來傳遞參數。輸入攝氏溫度，輸出華氏溫度。

```
using System;
using System.Collections.Generic;
using System.Linq;
using System.Text;
using System.Threading.Tasks;

namespace Ex3
{
    class Program
    {
        static void Main(string[] args)
        {
            Console.Write("請輸入攝氏溫度:");
            double c = Double.Parse(Console.ReadLine());
            Console.Write("攝氏溫度{0}℃=華氏溫度{1}℉", c, Transform(c));
            Console.ReadKey();
        }

        // 定義Ex3類別的Transform方法:將攝氏溫度轉成華氏溫度
        public static double Transform(double c)
        {
            //華氏溫度 = 攝氏溫度 * 9 / 5 + 32
            c = c * 9 / 5 + 32;
```

```
24                return c;
25            }
26
27        }
28    }
```

執行結果

```
請輸入攝氏溫度:0.0
攝氏溫度0℃=華氏溫度32℉
```

程式說明

1. 由於第 20 列 public static double Transform(double c) 敘述中的參數 c 的型態爲 double，因此，Transform() 方法是以「傳值呼叫」的方式來傳遞參數。
2. 第 15 列 Console.Write(" 攝氏溫度 {0}℃ = 華氏溫度 {1} ℉ ", c, Transform(c)); 敘述中的引數 c，與第 20 列 public static double Transform(double c) 敘述中的參數 c，雖然名稱都是 c，但它們所佔用記憶體位址不同。因此，不論參數 c 在 Transform() 方法中如何改變，都無法影響引數 c 的資料。

9-3-2 傳參考呼叫

在方法定義中，若參數的型態爲陣列或物件，則表示以「傳參考呼叫」的方式來傳遞參數。若參數所指向的記憶體位址內的資料在方法中被改變，則引數所指向的記憶體位址內的資料也隨之改變。

傳遞大量的資料給方法時，以傳參考呼叫的方式來傳遞參數，是一種較適當且方便的作法。

在方法定義中，以「傳參考呼叫」的方式來傳遞參數時，參數的宣告語法有以下五種：

1. 若參數不爲陣列或物件變數，則參數的宣告語法如下：

```
… 方法名稱(…, ref 參數型態 參數名稱, …)
{
  // 程式敘述; …
}
```

語法說明

- 參數型態可以是 byte、char、short、int、long、float、double、boolean、string。
- 「ref」是參考的意思。
- 呼叫方法的語法如下：

```
方法名稱(…, ref 引數名稱, …)
```

2. 若參數爲一維陣列，則參數的宣告語法如下：

```
… 方法名稱(…, 參數型態[] 參數名稱,…)
{
   // 程式敘述; …
}
```

語法說明

- 參數型態可以是 byte、char、short、int、long、float、double、boolean、string 或類別。
- 呼叫方法的語法如下：

```
方法名稱(…, 一維陣列名稱, …)
```

3. 若參數爲二維陣列，則參數的宣告語法如下：

```
… 方法名稱(…,參數型態[ , ] 參數名稱,…)
{
   // 程式敘述; …
}
```

語法說明

- 參數型態可以是 byte、char、short、int、long、float、double、boolean、string 或類別。
- 呼叫方法的語法如下：

```
方法名稱(…, 二維陣列名稱, …)
```

4. 若參數爲三維陣列，則參數的宣告語法如下：

```
… 方法名稱(…,參數型態[ , , ] 參數名稱,…)
{
   // 程式敘述; …
}
```

語法說明

- 參數型態可以是 byte、char、short、int、long、float、double、boolean、string 或類別。
- 呼叫方法的語法如下：

```
方法名稱(…, 三維陣列數名稱, …)
```

5. 若參數爲類別，則參數的宣告語法如下：

```
… 方法名稱(…, 類別型態　參數名稱,…)
{
   // 程式敘述; …
}
```

語法說明

◆ 呼叫方法的語法如下：

```
方法名稱(…, 類別物件名稱, …)
```

範例 4

寫一程式，定義一個無回傳值的方法，並以傳參考呼叫的方式來傳遞參數。輸入攝氏溫度，輸出華氏溫度。

```
1  using System;
2  using System.Collections.Generic;
3  using System.Linq;
4  using System.Text;
5  using System.Threading.Tasks;
6
7  namespace Ex4
8  {
9      class Program
10     {
11         static void Main(string[] args)
12         {
13             Console.Write("請輸入攝氏溫度:");
14             double c = Double.Parse(Console.ReadLine());
15             Console.Write("攝氏溫度{0}℃=華氏溫度", c);
16             Transform(ref c);
17             Console.Write(c + "°F");
18             Console.ReadKey();
19         }
20
21         // 定義Ex4類別的Transform方法:將攝氏溫度轉成華氏溫度
22         public static void Transform(ref double x)
23         {
24             //華氏溫度 = 攝氏溫度 * 9 / 5 + 32
25             x = x * 9 / 5 + 32;
26         }
27     }
28 }
```

執行結果

請輸入攝氏溫度:**0.0**

攝氏溫度0℃=華氏溫度32°F

程式說明

1. 由於第 22 列「public static void Transform(ref double x)」敘述中的參數「x」前有冠上關鍵字「ref」，代表「Transform()」方法是以「傳參考呼叫」的方式來傳遞參數「x」。
2. 雖然第 16 列「Transform(ref c);」敘述中的引數「c」，與第 22 列「public static void Transform(ref double x)」敘述中的參數「x」名稱不相同，但「c」與「x」

都指向「c」所指向的記憶體位址。若「x」所指向的記憶體位址內之資料，在「Transform()」方法中被變更，則「c」所指向的記憶體位址內之資料也就跟著改變。

範例 5

寫一程式，定義一個無回傳值的方法，它的參數爲二維整數陣列。輸入一 3×3 整數矩陣 A，輸出 A 的轉置矩陣。

（提示：A= $\begin{bmatrix} a & b & c \\ d & e & f \\ g & h & i \end{bmatrix}$ 的轉置矩陣 A^T= $\begin{bmatrix} a & d & g \\ b & e & h \\ c & f & i \end{bmatrix}$ ）

```
using System;
using System.Collections.Generic;
using System.Linq;
using System.Text;
using System.Threading.Tasks;

namespace Ex5
{
    class Program
    {
        static void Main(string[] args)
        {
            int[,] A = new int[3,3];
            Console.WriteLine("輸入一3x3的整數矩陣A:");
            for (int i = 0; i < 3; i++)
                for (int j = 0; j < 3; j++)
                {
                    Console.Write("A[{0},{1}]=", i, j);
                    A[i,j] = Int32.Parse(Console.ReadLine());
                }
            Console.WriteLine("3x3整數矩陣A:");
            for (int i = 0; i < 3; i++)
            {
                for (int j = 0; j < 3; j++)
                    Console.Write(A[i,j] + " ");
                Console.WriteLine();
            }

            Transpose(A, 3, 3);

            Console.WriteLine("轉置後的3x3整數矩陣A:");
            for (int i = 0; i < 3; i++)
            {
                for (int j = 0; j < 3; j++)
                    Console.Write(A[i,j] + " ");
                Console.WriteLine();
```

```
37                 }
38                 Console.ReadKey();
39             }
40 
41             // 定義Ex5類別的Transpose方法:求一矩陣的轉置矩陣
42             public static void Transpose(int[ , ] matrix,int row, int col)
43             {
44                 int temp;  //作爲二維整數陣列matrix的元素交換之用
45                 for (int i = 0; i < row; i++)
46                     for (int j = 0; j < i; j++)
47                     {
48                         temp = matrix[i, j];
49                         matrix[i, j]=matrix[j, i];
50                         matrix[j, i] = temp;
51                     }
52             }
53         }
54 }
```

執行結果

```
輸入一3x3的整數矩陣A:
A[0,0]=1
A[0,1]=2
A[0,2]=3
A[1,0]=4
A[1,1]=5
A[1,2]=6
A[2,0]=7
A[2,1]=8
A[2,2]=9
3x3整數矩陣A:
1 2 3
4 5 6
7 8 9
轉置後的3x3整數矩陣A:
1 4 7
2 5 8
3 6 9
```

程式說明

1. 由於第 42 列 public static void Transpose (int[,] matrix, int row, int col) 敘述中的參數 matrix 的資料型態爲 int[,]（二維整數陣列），所以 matrix 代表二維整數陣列名稱。因此 Transpose() 方法是以傳參考呼叫的方式來傳遞參數。
2. 雖然第 29 列 Transpose(A, 3, 3); 敘述中的引數 A 與第 42 列 public static void Transpose (int[,] matrix, int row, int col) 敘述中的參數 matrix 名稱不相同，但 A 與 matrix 都指向 A 所指向的記憶體位址。若 matrix 所指向的記憶體位址內之資料，在 Transpose() 方法中被變更，則 A 所指向的記憶體位址內之資料也就跟著改變。

9-4 多載（Overloading）

撰寫不同功能的方法，一般會定義不同的方法名稱。當問題類型不同，卻要處理相同的功能時，若仍定義不同的方法名稱來解決不同類型的問題，則一旦問題的類型變多，就會造成方法命名的困擾。

例：計算三角形的面積、長方形的面積、正方形的面積等。這樣的問題，若使用一般的設計觀念，則必須分別定義計算三角形面積、計算長方形面積，以及計算正方形面積三種方法。

針對如何應用同樣的功能在不同類型的問題上，物件導向程式設計的「多型」（Polymorphism）概念，提供使用者以名稱相同但樣貌不同的方法，來定義不同的功能。這種機制，被稱爲「多載」(Overloading)。

何謂「樣貌不同」呢？在同一個類別中，定義兩個同名方法時所宣告的參數，若滿足下列兩項條件之一，則稱這兩個同名方法爲樣貌不同。

1. 兩個方法所宣告的參數之個數不相同。
2. 至少有一個對應的參數之型態不相同。

例：以下片段程式中，在 Program 類別內，定義兩個 Area() 方法，其中一個 Area() 方法宣告 2 個參數，另一個 Area() 方法只宣告 1 個參數。因此，這兩個 Area() 方法的定義方式，符合「多載」機制。

```
class Program
 {
  // 長方形面積
  static void Area(float length, int width)
  {
     Console.Write("長為" + length + "寬為" + width + "的長方形面積=");
     Console.WriteLine(length * width);
  }
  // 正方形面積
  static void Area(int length)
  {
     Console.Write("邊長為" + length + "的正方形面積=");
     Console.WriteLine(length * length);
  }
 }
```

在同一個類別中，定義兩個同名方法時所宣告的參數，若同時違反上述的兩項條件（即，兩個方法所宣告的參數個數相同，且對應的每一個參數之型態都相同），則編譯時會出現類似

```
類型 '類別名稱' 已定義了一個具有相同參數類型且名為 '類別方法' 的成員
```

的錯誤訊息。

例：以下片段程式中，在 Program 類別內，定義兩個 Area() 方法。由於這兩個 Area() 方法都沒有宣告參數，代表兩個方法的參數個數相同；又因參數個數等於 0，代表對應的每一個參數之型態都相同。因此，這兩個 Area() 方法的定義方式，違反多載機制，且編譯時會出現

```
類型 ' Program' 已定義了一個具有相同參數類型且名為'Area' 的成員
```

的錯誤訊息。

```
class Program
{
  // 長方形面積
  static void Area()
  {
     Console.Write("長為" + length + "寬為" + width + "的長方形面積=");
     Console.WriteLine(length * width);
  }
  // 正方形面積
  static void Area()
  {
     Console.Write("邊長為" + length + "的正方形面積=");
     Console.WriteLine(length * length);
  }
}
```

當以「多載」機制撰寫程式時，系統要如何知道呼叫同名方法中的哪一個呢？每一種名稱相同的事物，都存在某些差異點。例，同名的兩個人，存在性別的不同，年齡的差異等。認識他（她）們的人，一看到他（她）們就知道誰是誰。同樣地，系統是根據呼叫方法時所傳入的引數及引數的型態，來決定呼叫同名方法中的哪一個。

範例 6

寫一程式，以多載的機制定義一無回傳值的方法 Area()，計算底爲 5 高爲 6 的三角形面積，長爲 6 寬爲 5 的長方形面積，以及邊長爲 6 的正方形面積。

```
using System;
using System.Collections.Generic;
using System.Linq;
using System.Text;
using System.Threading.Tasks;

namespace Ex6
{
    class Program
    {
        static void Main(string[] args)
        {
            Area(5, 6.0f);
            Area(6.0f, 5);
```

```
15                Area(6);
16                Console.ReadKey();
17            }
18
19            static void Area(int bottom, float height)
20            {
21                Console.Write("底為" + bottom + "高為" + height + "的三角形面積=");
22                Console.WriteLine(bottom * height / 2);
23            }
24
25            static void Area(float length, int width)
26            {
27                Console.Write("長為" + length + "寬為" + width + "的長方形面積=");
28                Console.WriteLine(length * width);
29            }
30
31            static void Area(int length)
32            {
33                Console.Write("邊長為" + length + "的正方形面積=");
34                Console.WriteLine(length * length);
35            }
36        }
37    }
```

執行結果

```
底為5高為6的三角形面積=15
長為6寬為5的長方形面積=30
邊長為6的正方形面積=36
```

程式說明

1. 第 19 列 static void Area(int bottom, float height)， 第 25 列 static void Area(float length, int width) 及第 31 列 static void Area(float length) 敘述，定義中的方法名稱都是 Area()。雖然第一個 Area() 方法的參數個數與第二個 Area() 方法的參數個數都有兩個，但第一個 Area() 方法的第一個參數型態為 int，與第二個 Area() 方法的第一個參數型態為 float 不同。因此，第一個 Area() 方法與第二個 Area() 方法，分別代表不同的方法。第三個 Area() 方法的參數個數只有一個，與第一個及第二個 Area() 方法的參數個數不同。因此，這三個 Area() 方法，分別代表三個不同的方法。

2. 第 13 列 Area(5, 6.0f); 敘述中，第一個引數 5 的型態為 int；第二個引數 6.0f 的型態為 float。因此，Area(5, 6.0f); 敘述，是呼叫第 19 列的 Area() 方法。第 14 列 Area(6.0f, 5); 敘述中，第一個引數 6.0f 的型態為 float，第二個引數 5 的型態為 int。因此，Area(6.0f, 5); 敘述，是呼叫第 25 列的 Area() 方法。第 15 列 Area(6); 敘述中，第一個引數 6 的型態為 int。因此，Area(6); 敘述，是呼叫第 31 列的 Area() 方法。

3. 第 13 及 14 列中 6.0f，表示 6.0 為單精度浮點數（請參考「2-2　常數與變數宣告」）。

9-5 遞迴

當一個方法不斷地直接呼叫方法本身（即，在方法的定義中出現此方法的名稱），或間接呼叫方法本身，這種現象被稱爲「遞迴」（Recursive），而此方法被稱爲「遞迴方法」。

遞迴的概念是將原始問題分解成同樣模式且較簡化的子問題，直到每一個子問題不用再分解就能得到結果，才停止分解。最後一個子問題的結果或這些子問題組合後的結果，就是原始問題的結果。由於遞迴會不斷地呼叫方法本身，爲了防止程式無窮盡的遞迴下去，因此必須設定一個條件，來終止遞迴現象。

什麼樣的問題，可以使用遞迴概念來撰寫呢？當問題中具備前後關係的現象（即，後者的結果是利用之前的結果所得來的），或問題能切割成性質相同的較小問題，就可以使用遞迴方式來撰寫。使用遞迴方式撰寫程式時，每呼叫遞迴方法一次，問題的複雜度就降低一點，或範圍就縮小一些。至於較簡易的遞迴問題，您還是可以使用一般的迴圈結構來完成。

當方法進行遞迴呼叫時，在呼叫的方法中所使用的變數，會被堆放在記憶體堆疊區，直到被呼叫的方法結束；在呼叫的方法中所使用的變數就會從堆疊中依照後進先出方式被取回，接著執行呼叫的方法中待執行的敘述。這個過程，好比將盤子擺放櫃子中，後放的盤子，最先被取出來使用。

遞迴方法的定義語法如下：

```
[存取修飾詞] [static] [abstract] [sealed] [override] [virtual]
                                   回傳值型態 方法名稱([參數串列])
{
 if (終止呼叫方法名稱的條件)
  {
   // 一般程式敘述; …
   // [ return 問題的最簡化時的結果; ]
  }
 else
  {
   // 一般程式敘述; …
   // [ 方法名稱([引數串列]); ] 或 [ return 方法名稱([引數串列]); ]
  }
}
```

定義說明

1. 存取修飾詞、static、abstract、sealed、override 及 virtual 等說明，請參考「9-2 類別」。

2. [參數串列] 及 [引數串列]，表示參數串列及引數串列爲選擇性，視需要填入。即，當方法定義時有宣告參數串列，則呼叫此方法時，就需要傳入引數串列，否則無需給予任何引數串列。引數串列可以是變數或常數。
3. 若回傳值型態爲 void，則使用**方法名稱 [引數串列]);** 敘述，但不使用 return 方法名稱 ([引數串列]); 敘述；否則使用 **return 方法名稱 ([引數串列]);** 敘述，但不使用方法名稱 ([引數串列]); 敘述。

範例 7

寫一程式，運用遞迴觀念，輸入一正整數 n，輸出 1 + 2 + 3 + ... + n 之值。

```
using System;
using System.Collections.Generic;
using System.Linq;
using System.Text;
using System.Threading.Tasks;

namespace Ex7
{
    class Program
    {
        static void Main(string[] args)
        {
            Console.Write("請輸入一正整數:");
            int n = Int32.Parse(Console.ReadLine());
            Console.WriteLine("1+2+...+" + n + "=" + Sum(n));
            Console.ReadKey();
        }

        static int Sum(int n)
        {
            if (n == 1)
                return 1;
            else
                return n + Sum(n - 1);
        }
    }
}
```

執行結果

```
請輸入一止整數:4
1+2+...+4=10
```

程式說明

1. 計算 1 + 2 + 3 + ... + n，可以利用 1 + 2 + 3 + ... + (n-1) 的結果，再加上 n。由於問題隱含前後關係的現象（即：後者的結果是利用之前的結果所得來的），故可運用遞迴觀念來撰寫。

2. 以 1 + 2 + 3 + 4 爲例。呼叫 Sum(4) 時，爲了得出結果，需計算 Sum(3) 的值。而爲了得出 Sum(3) 的結果，需計算 Sum(2) 的值，以此類推，不斷地遞迴下去，直到 n = 1 時才停止。接著將最後的結果傳回所呼叫的遞迴方法中，直到返回第一層的遞迴方法中爲止。
3. 實際運作過程如圖 9-3 所示（往下的箭頭代表呼叫遞迴方法，往上的箭頭代表將所得到的結果回傳到上一層的遞迴方法）：

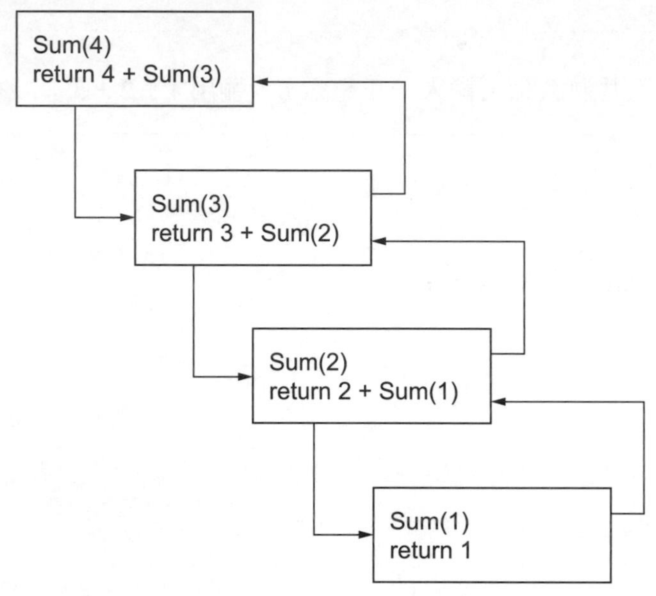

圖 9-3　遞迴求解 1+2+3+4 之示意圖

範例 8

寫一程式，運用遞迴觀念，求兩個正整數的最大公因數。

```
using System;
using System.Collections.Generic;
using System.Linq;
using System.Text;
using System.Threading.Tasks;

namespace Ex8
{
    class Program
    {
        static void Main(string[] args)
        {
            Console.Write("請輸入正整數m:");
            int m = Int32.Parse(Console.ReadLine());
            Console.Write("請輸入正整數n:");
            int n = Int32.Parse(Console.ReadLine());
            Console.WriteLine("GCD({0},{1})={2}", m, n, Gcd(m, n));
            Console.ReadKey();
        }
```

```

        static int Gcd(int m, int n)
        {
            if (m % n == 0)
                return n;
            else
                return Gcd(n, m % n);
        }
    }
}
```

執行結果

```
請輸入正整數m: 84
請輸入正整數n: 38
GCD(84,38)=2
```

程式說明

1. 利用輾轉相除法，求 Gcd(m,n) 與 Gcd(n,m%n) 的結果是一樣。因此，可運用遞迴觀念來撰寫，將問題切割成較小問題來解決。
2. 以 Gcd(84,38) 為例。呼叫 Gcd(84,38) 時，為了得出結果，需計算 Gcd(38,84%38) 的值。而為了得出 Gcd(38,8) 的結果，需計算 Gcd(8, 38%8) 的值，以此類推，不斷地遞迴下去，直到 m%n==0 才停止。接著將最後的結果傳回所呼叫的遞迴方法中，直到返回第一層的遞迴方法中為止。
3. 實際運作過程如圖 9-4 所示（往下的箭頭代表呼叫遞迴方法，往上的箭頭代表將所得到的結果回傳到上一層的遞迴方法）：

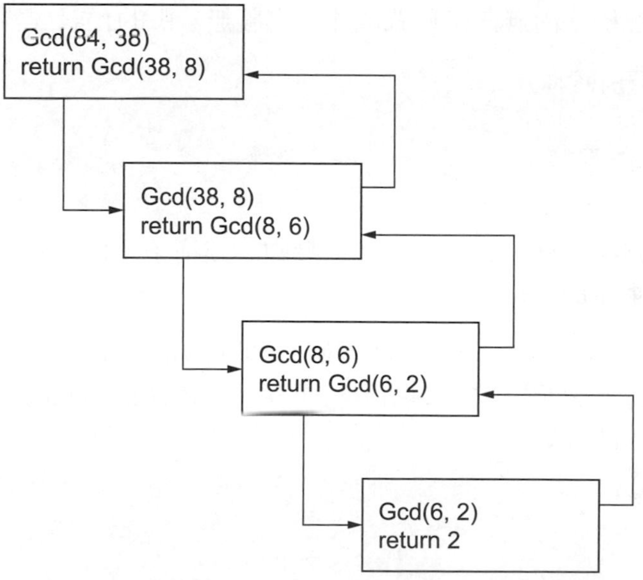

圖 9-4　遞迴求解 84 與 38 的最大公因數之示意圖

9-6 類別之建構子與解構子

當類別的方法名稱與類別名稱相同時，此方法稱爲類別的「建構子」（Constructor）。當使用運算子 new 建立類別的實體物件時，系統會自動呼叫建構子，對實體物件的屬性初始化。建構子的定義語法如下：

```
[存取修飾詞] [static] 類別名稱([參數串列])
{
  // 程式敘述; …
}
```

定義說明

1. 建構子是一個無回傳值的特殊類別方法。
2. 存取修飾詞可以是關鍵字 public 或 internal。
3. [參數串列]，表示參數串列爲選擇性，視需要填入。即，定義建構子時，可以宣告參數串列，也可以不宣告。
4. 若建構子名稱前有關鍵字 static，則此建構子稱爲靜態建構子。靜態建構子，是用來初始化物件的靜態成員。若類別中有定義靜態建構子，則建立第一個類別物件時，系統會自動先呼叫靜態建構子，再呼叫一般建構子，但第二個以後的類別物件被建立時，系統就只會自動呼叫一般建構子。靜態建構子前不能有存取修飾詞，也不能包含參數串列，且不能直接呼叫靜態建構子。
5. 若類別內沒有定義任何的建構子，編譯器會自動爲此類別建立一無參數的預設建構子，且此預設建構子內無任何程式敘述。定義無參數的預設建構子之語法如下：

```
[存取修飾詞] 類別名稱()
{
  // 無任何程式敘述
}
```

6. 除了無參數的建構子外，也可以定義有參數的建構子，使此類別所產生的物件之初始化更符合需求。即，建構子可以多載。

解構子（Destructor）也是一個無回傳值的特殊類別方法，主要作用是釋放該物件所配置的資源，例：釋放記憶體、關閉資料庫等。當物件被消滅時，系統會自動執行解構子。解構子的定義語法如下：

```
~類別名稱()
{
  // 程式敘述; …
}
```

定義說明

1. 建構子名稱與類別名稱相同，且解構子名稱前須加上 ~。
2. 不能直接呼叫解構子，只在物件消滅時，系統才會自動執行解構子。
3. 解構子只能有一個，無法多載且無法被繼承。

9-7 物件

類別是同一類實例的模型或藍圖，而物件是類別的實例。若只有定義類別沒有產生物件實例，則形同「只有建築物藍圖，而無實體的建築物」。這樣有如空有夢想一般，毫無意義。

9-7-1 物件宣告並實例化

物件必須經過宣告，並產生實例後才有作用。宣告物件並實例化的語法如下：

```
類別名稱 物件名稱 = new 類別名稱([引數串列]);
```

宣告說明

1. 物件名稱的命名，請參考識別字的命名規則。
2. **類別名稱 ( )** 為類別名稱的建構子。若類別內沒有定義無參數的建構子，則程式執行時，編譯器自動為該類別建立一無參數的建構子，且此預設建構子內無任何程式敘述。
3. **new 類別名稱 ([參數串列])** 的作用是產生一個物件實例，並呼叫建構子初始化此物件實例的屬性值。
4. **[引數串列]** 表示引數串列為選擇性，視類別名稱的建構子在定義時，是否有宣告參數串列而定。

例：宣告 Calculate 類別的物件 cal，並產生一物件實例。(參考「範例 10」)

解：Calculate cal = new Calculate();
宣告物件 cal 之後，接著就可利用物件 cal 存取它本身的屬性，或呼叫它本身的方法。

從定義類別，宣告物件並實例化，到利用物件存取物件本身的屬性，或呼叫物件本身的方法之過程，就是所謂的物件運作模式。

範例 9

寫一程式，在主類別外，定義 Calculate 類別，並在其中定義一無回傳值的公開靜態方法 Sum，計算：

(1)1 + 2 + 3 + ... +10

(2)1 + 3 + 5 + ... +99

(3)4 + 7 + 10 + ... +97

```
1  using System;
2  using System.Collections.Generic;
3  using System.Linq;
4  using System.Text;
5  using System.Threading.Tasks;
6
7  namespace Ex9
8  {
9      class Program
10     {
11         static void Main(string[] args)
12         {
13             Calculate.Sum(1, 10, 1);
14             Calculate.Sum(1, 99, 2);
15             Calculate.Sum(4, 97, 3);
16             Console.ReadKey();
17         }
18     }
19
20     class Calculate
21     {
22         public static void Sum(int start, int end, int difference)
23         {
24             int total = 0;
25
26             // 計算首項爲start，末項爲end，且公差爲difference的等差數列和
27             for (int i = start; i <= end; i += difference)
28                 total += i;
29             Console.WriteLine(start + "+" + (start + difference) + "+...+" +
                                 end + "=" + total);
30         }
31     }
32 }
```

執行結果

```
1+2+...+10=55
1+3+...+99=2500
4+7+...+97=1616
```

程式說明

1. 在 Ex9 類別內，呼叫另一 Calculate 類別中無回傳值的公開靜態方法 Sum() 時（如第 13、14 及 15 列），必須以 Calculate.Sum() 方式表示。

2. 因第 22 列 public static void Sum(int start,int end,int difference) 所定義的 Sum() 方法的回傳值型態爲 void，故在 Sum() 方法內部不能有 return 敘述。

範例 10

寫一程式，在主類別外，定義 Calculate 類別，並在其中定義一無回傳值的公開非靜態方法 Sum，計算：

(1)1 + 2 + 3 + ... +10

(2)1 + 3 + 5 + ... +99

(3)4 + 7 + 10 + ... +97

```
using System;
using System.Collections.Generic;
using System.Linq;
using System.Text;
using System.Threading.Tasks;

namespace Ex10
{
    class Program
    {
        static void Main(string[] args)
        {
            Calculate cal = new Calculate();
            cal.Sum(1, 10, 1);
            cal.Sum(1, 99, 2);
            cal.Sum(4, 97, 3);
            Console.ReadKey();
        }
    }

    class Calculate
    {
        public void Sum(int start, int end, int difference)
        {
            int total = 0;

            // 計算首項爲start，末項爲end，且公差爲difference的等差數列和
            for (int i = start; i <= end; i += difference)
                total += i;
            Console.WriteLine(start + "+" + (start + difference) + "+...+" +
                                  end + "=" + total);
        }
    }
}
```

執行結果

```
1+2+...+10=55
1+3+...+99=2500
4+7+...+97=1616
```

程式說明

1. 在 Ex10 類別內的第 14、15 及 16 列中，要呼叫 Calculate 類別中無回傳值的非靜態方法 Sum() 前，必須先宣告一 Calculate 類別的物件名稱，再以物件名稱 **.Sum()** 來呼叫。
2. 因第 23 列 public void Sum(int start,int end,int difference) 所定義的 Sum() 方法的回傳值型態為 void，故在 Sum() 方法內部不能有 return 敘述。

範例 11

寫一程式，定義一規則多邊形 Shape 類別，它包含一個 float 型態的私有（private）靜態（static）屬性 area，三個公開（public）無回傳值的多載方法 ComputeArea，分別用來求解三角形、長方形及正方形的面積；另有一個公開（public）靜態（static）無回傳值的方法 ShowArea，用來輸出圖形面積。程式執行時，輸入圖形代號（1: 三角形 2: 長方形 3: 正方形），並輸出此圖形面積。

```
using System;
using System.Collections.Generic;
using System.Linq;
using System.Text;
using System.Threading.Tasks;

namespace Ex11
{
    class Program
    {
        static void Main(string[] args)
        {
            Console.WriteLine("求解規則多邊形的面積");
            Console.Write("請輸入多邊形代號(1:三角形 2:長方形 3:正方形):");
            int num = Int32.Parse(Console.ReadLine());
            Shape s = new Shape();
            switch (num)
            {
                case 1:
                    Console.Write("請輸入三角形的底(整數):");
                    int bottom = Int32.Parse(Console.ReadLine());
                    Console.Write("請輸入三角形的高(浮點數):");
                    float height = Single.Parse(Console.ReadLine());
                    s.ComputeArea(bottom, height);
                    break;
                case 2:
                    Console.Write("請輸入長方形的長(浮點數):");
                    float length = Single.Parse(Console.ReadLine());
                    Console.Write("請輸入長方形的寬(整數):");
                    int width = Int32.Parse(Console.ReadLine());
                    s.ComputeArea(length, width);
                    break;
                case 3:
                    Console.Write("請輸入正方形的邊長:");
                    int side = Int32.Parse(Console.ReadLine());
                    s.ComputeArea(side);
                    break;
```

```
38                }
39                Shape.ShowArea();
40                Console.ReadKey();
41            }
42        }
43
44        class Shape
45        {
46            private static float area;
47
48            public void ComputeArea(int bottom, float height)  //求三角形面積
49            {
50                Console.Write("底爲" + bottom + "高爲" + height + "的三角形面積=");
51                area = bottom * height / 2;
52            }
53
54            public void ComputeArea(float length, int width) //求長方形面積
55            {
56                Console.Write("長爲" + length + "寬爲" + width + "的長方形面積=");
57                area = length * width;
58            }
59
60            public void ComputeArea(int length)  //求正方形面積
61            {
62                Console.Write("邊長爲" + length + "的正方形面積=");
63                area = length * length;
64            }
65
66            public static void ShowArea()  // 輸出圖形面積
67            {
68                Console.WriteLine(area);
69            }
70        }
71    }
```

執行結果

```
解規則多邊形的面積
請輸入多邊形代號(1:三角形 2:長方形 3:正方形):3
請輸入正方形的邊長(整數):20
邊長爲20的正方形面積=400
```

程式說明

1. 在 Ex11 類別內，要呼叫 Shape 類別中的非靜態方法 ComputeArea()，必須以 Shape 的物件名稱 **.ComputeArea()** 來呼叫。因此，在第 16 列用 Shape s = new Shape(); 建立 Shape 類別的物件名稱 s 後，才能以 s.ComputeArea() 來呼叫非靜態方法 ComputeArea()。
2. 第 46 列 private static float area; 敘述，宣告 area 爲私有屬性，故無法在 Shape 類別定義的外面存取它，只能透過 Shape 類別的公開方法 ComputeArea() 或 ShowArea()。另外 ShowArea() 爲靜態方法，若要呼叫 ShowArea() 來輸出 area，則是以 Shape.ShowArea() 表示。

9-7-2 this 關鍵字

關鍵字 this 代表呼叫非靜態方法的物件名稱，即，this 是物件名稱的代名詞。this 只能用在類別的非靜態方法中，其目的是存取物件的非靜態屬性。由於靜態屬性屬於類別，而不屬於物件，因此無法使用 this 存取靜態屬性。

若在類別的非靜態方法中，所宣告的參數名稱與物件的屬性名稱相同時，那要如何判斷在此非靜態方法中所使用的變數，是物件的屬性，還是非靜態方法的參數呢？若變數前有「this.」，則其為物件的非靜態屬性，否則為非靜態方法的參數。

範例 12

寫一程式，定義一郵局客戶基本資料類別 Postoffice，它包含三個私有的（private）屬性 name、account 和 savings，它們的資料型態分別為 string、string 和 int；一個公開（public）的 Postoffice 建構子用來建立客戶基本資料，及一個公開（public）無回傳值的 ShowData 方法用來顯示客戶基本資料。程式執行時，輸入客戶基本資料，並輸出所輸入的客戶基本資料。

```
using System;
using System.Collections.Generic;
using System.Linq;
using System.Text;
using System.Threading.Tasks;

namespace Ex12
{
    class Program
    {
        static void Main(string[] args)
        {
            Console.WriteLine("建立客戶開戶資料:");
            Console.Write("輸入客戶姓名:");
            string name = Console.ReadLine();
            Console.Write("設定開戶帳號:");
            string account = Console.ReadLine();
            Console.Write("輸入開戶存款金額:");
            int deposit = Int32.Parse(Console.ReadLine());
            Postoffice customer = new Postoffice(name, account, deposit);
            customer.ShowData();
            Console.ReadKey();
        }
    }

    class Postoffice
    {
        private string name;     // 客戶姓名
        private string account;  // 客戶帳號
        private int savings;      // 客戶的存款餘額

```

```
32          // 建構子:設定存戶開戶基本資料
33          public Postoffice(string name, string account, int deposit)
34          {
35              this.name = name;
36              this.account = account;
37              savings = deposit;
38          }
39
40          // 輸出個人的存款餘額
41          public void ShowData()
42          {
43              Console.Write("\n" + name + "先生/小姐,您的帳號爲" + account);
44              Console.WriteLine(",存款餘額爲" + savings + ".");
45          }
46      }
47  }
```

執行結果

```
建立客戶開戶資料:
輸入客戶姓名:邏輯林
設定開戶帳號:A00001
輸入開戶存款金額:100000000

邏輯林先生/小姐,您的帳號爲A00001,存款餘額爲100000000
```

程式說明

1. 第 35 列 this.name = name; 及第 36 列 this.account = account; 敘述中的 this 代表呼叫建構子 Postoffice() 的物件名稱。以第 20 列 Postoffice customer = new Postoffice(name, account, deposit); 敘述爲例，this 指的是 customer 物件。故 this.name = name; 及 this.account = account; 敘述，是將 Postoffice 建構子的參數 name 及 account 分別指定給 customer 物件的屬性 name 及 account。
2. 第 37 列 savings = deposit; 敘述中的 savings 是 Postoffice 類別的屬性名稱，它與 Postoffice 建構子的參數名稱 deposit 不同，故不需特別以 this.savings 表示。

自我練習

一、選擇題

(　) 1. 下列哪個關鍵字是作為定義類別之用？
(A)public　(B)class　(C)interface　(D)void

(　) 2. 下列哪個關鍵字是作為宣告私有成員之用？
(A)public　(B)protected　(C)private　(D)internal

(　) 3. 直接使用類別名稱就能存取的類別成員，是哪種成員？
(A)public　(B)internal　(C)private　(D)static

(　) 4. 何種類別成員，能讓同一類別所建立的物件所共用？
(A)public　(B)internal　(C)private　(D)static

(　) 4. 同一個方法名稱但樣貌不同，這種現象稱為甚麼？
(A) 遞迴　(B) 多載　(C) 改寫　(D) 以上皆非

(　) 5. 在方法定義中再出現方法名稱，這種現象稱為甚麼？
(A) 遞迴　(B) 多載　(C) 改寫　(D) 以上皆非

二、程式設計

1. 寫一程式，定義一有回傳值的方法，求解一元二次方程式 $ax^2+bx+c=0$。程式執行時，輸入 a、b 及 c，輸出方程式的兩根。
2. 寫一程式，定義一無回傳值的方法，運用亂數模擬大樂透開出的七個不重複號碼（1~49）。
提示：產生不重複亂數整數值（1~49）的步驟如下：
(1) 宣告一個有 49 個元素的陣列 lotto，並將 1 ~ 49，分別指定給 lotto[0] ~ lotto[48]。
(2) 產生一個介於 0 到 (陣列 lotto 的元素個數) 之間亂數整數值 choose。並輸出 lotto[choose]。
(3) 變更陣列 lotto 的元素的內容。由陣列 lotto 的位置 (choose+1) 開始，將陣列元素往左移一個位置。
(4) 將陣列 lotto 的元素個數 -1。
(5) 重複步驟 (2)~(4) 七次。
3. 寫一個程式，利用方法的多載概念，輸出下列結果。

(1)	(2)
1	aaa
12	aa
123	a

4. 寫一個程式，運用遞迴觀念，求費氏數列的第 41 項 f(40)。
提示：費氏數列，f(0)=0，f(1)=1，f(n)=f(n-1)+f(n-2)。
5. 寫一個程式，運用遞迴觀念，求 10!(10 階乘)。

6. 寫一個程式，運用遞迴觀念，輸入兩個整數 m(>=0) 及 n(>=0)，輸出組合 C(m , n) 之值，求 C(m , n) 的公式如下：
   若 $m < n$ ，則 $C(m , n) = 0$
   若 $n = 0$ ，則 $C(m , n) = 1$
   若 $m = n$ ，則 $C(m , n) = 1$
   若 $n = 1$ ，則 $C(m , n) = m$
   若 $m > n$ ，則 $C(m , n) = C(m-1 , n) + C(m-1 , n-1)$
7. 河內塔遊戲（Tower of Hanoi）：
   設有 3 根木釘，編號分別為 1、2 及 3。木釘 1 有 n 個不同半徑的中空圓盤，由大而小疊放在一起，如圖 9-5 所示。
   寫一程式，輸入一整數 n，運用遞迴觀念，將木釘 1 的 n 個圓盤搬到木釘 3 的過程輸出。搬運的規則如下：
   1. 一次只能搬動一個圓盤。
   2. 任何一根木釘都可放圓盤。
   3. 半徑小的圓盤要放在半徑大的圓盤上面。

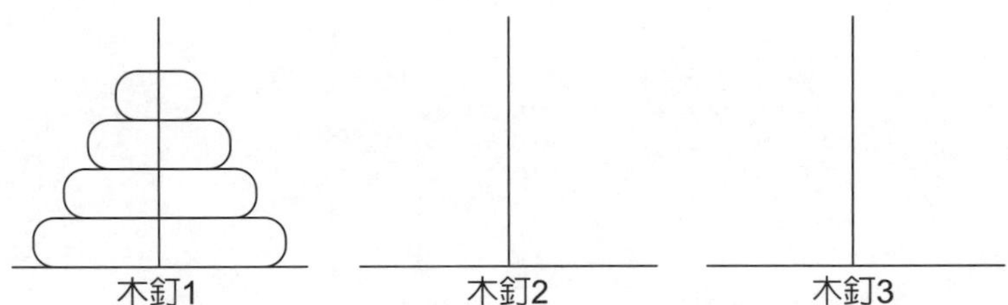

圖 9-5　河內塔遊戲（Tower of Hanoi）示意圖

8. 寫一程式，定義一 Product 類別，並在 Product 中定義 Calculate(int n) 方法，其作用是傳回 1*2*…*n 的值。在主類別內宣告一型態為 Product 的物件，並利用此物件，求 1*2*…*10 之值。
9. 寫一程式，定義一 Shape 類別，並在 Shape 中定義兩種建構子，分別計算正方形面積及長方形面積。在主類別內宣告兩個型態為 Shape 的物件，並利用這兩個物件，分別求邊長 =3 的正方形面積。長 =4，寬 =5 的長方形面積。

CHAPTER

10 繼承

人的膚色、相貌、個性等特徵，都是透過遺傳機制，由父母輩遺傳給子輩，或由祖父母輩隔代遺傳給孫子輩。而子孫經過生活歷練後，會擁有屬於自己獨有的特徵。

在物件導向程式設計中，繼承的概念與人類的遺傳概念類似，但其機制更加彈性。繼承時，除了繼承上一代的特性外，還可以建立屬於自己獨有的特性，甚至還可以重新定義上一代的特性。

類別繼承的機制，是爲了重複利用相同的程式碼，以提升程式撰寫效率及建立更符合需求的新類別。以定義飛機類別爲例，來說明類別繼承的機制。程式中已定義飛行物類別，這個飛行物類別具備一般飛行物體的特徵與行爲，若現在要建立一個能夠載客的飛機類別，則只要以繼承飛行物類別的方式去定義飛機類別，並在定義中加入飛機類別本身的特徵或行爲，且不必重新撰寫飛行物類別的程式碼，就能將飛行物類別擴充爲飛機類別。飛機類別繼承飛行物類別後，就擁有飛行物類別的特徵或行爲。

10-1 父類別與子類別

將一個已經定義好的類別，擴充爲更符合需求的類別，這種過程稱爲類別繼承。在繼承關係中，稱被繼承者爲「父類別」（Parent Class）或「基礎類別」（Base Class），且稱繼承者爲「子類別」（Child Class）或「衍生類別」（Derived Class）。

以上述的飛行物類別與飛機類別爲例，飛行物類別爲父類別，飛機類別爲子類別。在繼承的過程中，除了父類別的建構子、解構子及宣告成 private 的屬性與方法外，其餘的屬性與方法都會繼承給子類別，而且子類別本身也能新增屬於自己的屬性與方法。

雖然子類別無法繼承父類別的建構子，但可透過 base(); 敘述來呼叫父類別的建構子。雖然子類別無法繼承父類別的私有屬性與方法，但可透過繼承父類別而來的非私有方法來存取該屬性與方法。

類別繼承的形式分成下列兩種：

1. **單一繼承**：一個子類別只會有一個父類別，而一個父類別可以同時擁有多個子類別的一種繼承關係。如下圖所示：

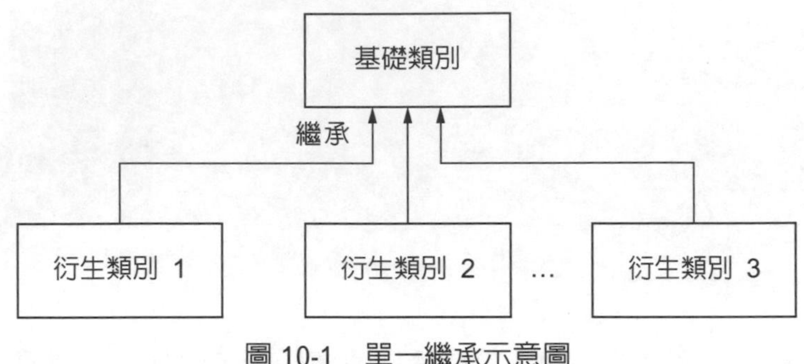

圖 10-1　單一繼承示意圖

2. **多層繼承**：涉及上下三層（或以上）間的一種繼承關係。在具有先後關係的多層繼承中，下層的子類別會繼承其上層的父類別之成員。因此，越下層的子類別會繼承越多其上層父類別的成員。如下圖所示：

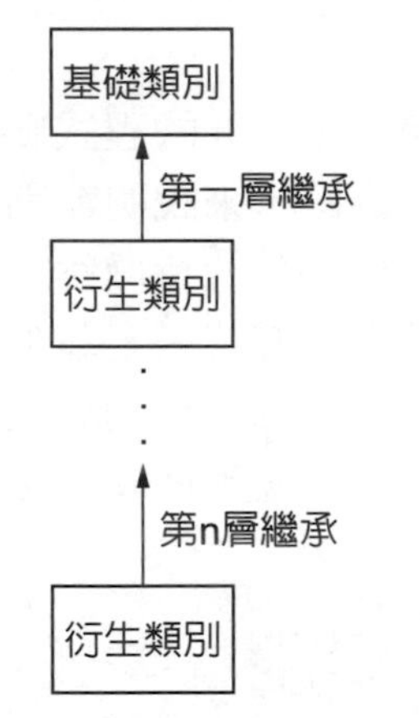

圖 10-2　多層繼承示意圖

10-1-1　單一繼承

類別單一繼承的定義語法如下：

```
[public] [internal] [abstract] [sealed] class 子類別名稱 : 父類別名稱
 {
 [
  [存取修飾詞] [static] [const] 資料型態 屬性名稱; // 宣告屬性
  …
 ]

 [
```

```
  [public] 子類別名稱() // 定義無參數串列的建構子
   {
    // 程式敘述; …
   }
  ]

  [
  [public] 子類別名稱(參數串列) // 定義有參數串列的建構子
   {
     // 程式敘述; …
   }
   …
  ]

  [
  // 定義方法
  [存取修飾詞] [static] [abstract] [sealed] [override] [virtual]
                                          回傳值型態 方法名稱([參數串列])
   {
    // 程式敘述; …
   }
   …
  ]
 }
```

定義說明

1. 子類別是以「:」(冒號)來繼承父類別。
2. 子類別中的屬性與方法名稱，可跟父類別中的屬性與方法名稱相同。
3. 子類別、父類別、屬性、方法及參數等名稱的命名，請參考識別字的命名規則。
4. 定義中出現的 [ ]、關鍵字、存取修飾詞、資料型態、回傳值型態及參數串列說明，請參考「9-2-1　類別定義」。

利用「子類別」建立物件時，會先呼叫此子類別的父類別之無參數建構子，然後再呼叫此子類別本身的建構子。若父類別內只定義有參數的建構子，且沒有定義無參數的建構子時，則編譯時會出現類似

```
未提供任何可對應到 '父類別名稱 父類別名稱(參數型態1,...)'
                                之必要型式參數 '參數名稱' 的引數
```

的錯誤訊息。

註：

表示在父類別內沒有定義無參數建構子。

範例 1，是建立在 D:\C#\ch10 資料夾中的專案 Ex1，以此類推，範例 5，是建立在 D:\C#\ch10 資料夾中的專案 Ex5。

範例 1

寫一程式，定義一父類別與其子類別，使兩者為單一繼承關係。以飛行物類別當作父類別，且飛機類別當作子類別為例。

```
using System;
using System.Collections.Generic;
using System.Linq;
using System.Text;
using System.Threading.Tasks;

namespace Ex1
{
    class Program
    {
        static void Main(string[] args)
        {
            Airplane aplane = new Airplane();
            Console.WriteLine("請輸入飛機物件aplane之相關資訊:");
            Console.Write("製造商:");
            aplane.manufacter = Console.ReadLine();
            Console.Write("飛機型號:");
            aplane.type = Console.ReadLine();
            Console.Write("飛機編號:");
            aplane.id = Console.ReadLine();
            Console.Write("引擎號碼:");
            String engineId = Console.ReadLine();
            aplane.SetEngineId(engineId);
            Console.Write("飛行員人數:");
            aplane.pilotNum = Int32.Parse(Console.ReadLine());
            Console.Write("油箱容量(L):");
            aplane.SetFuelTank();
            Console.Write("飛機外觀:");
            aplane.SetShape();
            Console.WriteLine("\n飛機物件aplane之相關資訊如下:");
            aplane.ShowData();
            Console.Write("目前飛機的數目:" + Airplane.num);
            Console.WriteLine(" 目前飛行器的數目:" + FlightVehicle.num);
            Console.ReadKey();
        }
    }

    public class FlightVehicle  // 飛行器類別
    {
        public static int num;  // 目前飛行器的數目
        protected string shape; // 飛行器外觀

        public FlightVehicle() // 建構子
        {
            num++;  // 紀錄產生多少飛行器物件
```

```
        }
    }

    public class Airplane : FlightVehicle  // 飛機類別
    {
        public new static int num;     // 目前飛機的數目
        public string manufacter; // 製造商
        public string type;        // 飛機型號
        public string id;          // 飛機編號
        private string engineId;  // 飛機引擎號碼
        public int pilotNum;       // 飛行員人數
        protected int fuelTank;    // 飛機油箱容量(L)

        public Airplane()  // 建構子
        {
            num++; // 紀錄產生多少飛機物件
        }

        public void SetEngineId(String engineId)  // 設定引擎號碼
        {
            this.engineId = engineId;
        }

        public void SetFuelTank()  // 設定油箱容量
        {
            fuelTank = Int32.Parse(Console.ReadLine());
        }

        public void SetShape()   // 設定飛機外觀
        {
            shape = Console.ReadLine();
        }

        public void ShowData()  // 顯示飛機資訊
        {
            Console.WriteLine("製造商:" + manufacter + " 飛機型號:" + type);
            Console.WriteLine("飛機編號:" + id + " 引擎號碼:" + engineId);
            Console.Write("飛行員人數:" + pilotNum + " 油箱容量(L):" + fuelTank);
            Console.WriteLine(" 飛機外觀:" + shape);
        }
    }
}
```

執行結果

```
請輸入飛機物件aplane之相關資訊:
製造商:洛克希德馬丁
飛機型號:F-16
飛機編號:Chinese-1
引擎號碼:A0001
飛行員人數:1
油箱容量(L):3986
飛機外觀:像鯊魚
```

```
飛機物件aplane之相關資訊如下:
製造商:洛克希德馬丁 飛機型號:F-16
飛機編號:Chinese-1 引擎號碼:A0001
飛行員人數:1 油箱容量(L):3986 飛機外觀:像鯊魚
目前飛機的數目:1 目前飛行器的數目:1
```

程式說明

1. 第 13 列 Airplane aplane = new Airplane(); 執行時，會先呼叫 Airplane 類別的父類別 FlightVehicle 之無參數建構子 FlightVehicle()，執行 num++;。接著才會呼叫 Airplane 類別本身之無參數建構子 Airplane()，執行 num++;。
2. 因 engineId 為 Airplane 類別的私有屬性，故 engineId 只能在類別 Airplane 內被存取。若想在 Airplane 類別外存取 engineId，只能透過 Airplane 類別所定義的公開方法 SetEngineId()。另外，因 fuelTank 及 shape 分別為類別 Airplane 及 FlightVehicle 的保護屬性，故 engineId 只能在類別 Airplane 及 FlightVehicle 內被存取。若想在類別 Airplane 及 FlightVehicle 外存取 fuelTank 及 shape，只能透過類別 Airplane 及 FlightVehicle 所定義的公開方法。
3. 程式第 51 列 public new static int num; // 目前飛機的數目敘述中的 new 關鍵字，主要的作用是隱藏 FlightVehicle 父類別中的 num 屬性，表示 Airplane 子類別中宣告的 num 屬性，與 FlightVehicle 父類別中的 num 屬性是各自獨立不會互相影響。同樣地，要隱藏父類別的方法時，也必須在定義子類別同名方法的資料型態前加上 new 關鍵字。

   註：

   若子類別宣告的屬性（或方法）名稱，與父類別的屬性（或方法）名稱相同時，必須在子類別宣告此屬性或定義此方法的資料型態前加上 new 關鍵字，否則在子類別的此屬性或方法名稱底下，會出現綠色鋸齒狀的線條，若將滑鼠移到此線條，則會出現類似以下警告訊息：

   ```
   '子類別名稱.成員': 會隱藏繼承的成員 '父類別名稱. 成員'。
                     若本意即為要隱藏，請使用new關鍵字
   ```

4. 第 38~47 列的 FlightVehicle 類別定義，以及第 49~86 列的 Airplane 類別定義，也可以分別獨立儲存在 FlightVehicle.cs 及 Airplane.cs。如何在 Ex1 專案中新增一個類別檔的說明，請參考「1-3-5　專案管理」。

10-1-2　多層繼承

多層繼承概念，如同小孩繼承父親的基因，且父親繼承祖父的基因之原理。在多層繼承架構中所涉及的類別，是有上下層或先後順序之關係（請參考「圖 10-2　多層繼承示意圖」），越下層的類別會繼承越多其上層類別的屬性與方法。Visual C# 語言具備多層繼承的機制，使程式開發更有彈性，且類別管理更有效率。

在多層繼承的狀況下，利用子類別建立物件時，在此子類別上層的所有父類別的無參數建構子，從最上層到最近層都會逐一被呼叫，然後再呼叫此子類別的建構子。

以三層繼承關係爲例，若利用第三層的子類別建立物件時，則會先呼叫第一層的父類別之無參數建構子；然後呼叫第二層的父類別之無參數建構子；最後呼叫第三層的子類別之建構子。在多層繼承的狀況下，若其中有一父類別內只定義有參數的建構子，且沒有定義無參數的建構子時，則編譯時會出現類似

```
未提供任何可對應到 '父類別名稱.父類別名稱(參數型態1,...)'
                              之必要型式參數 '參數名稱' 的引數
```

的錯誤訊息。

註：

表示在父類別內沒有定義無參數建構子。

類別多層繼承的定義語法如下（以三層繼承架構爲例）：

```
[public] [internal] [abstract] [sealed] class 父類別名稱 : 祖父類別名稱
{
 [
  [存取修飾詞] [static] [const] 資料型態 屬性名稱; // 宣告屬性
  …
 ]

 [
  [public] 父類別名稱() // 定義無參數串列的建構子
   {
    // 程式敘述; …
   }
 ]

 [
  [public] 父類別名稱(參數串列) // 定義有參數串列的建構子
   {
    // 程式敘述; …
   }
  …
 ]

 [
  // 定義方法
  [存取修飾詞] [static] [abstract] [sealed] [override] [virtual]
                     回傳值型態 方法名稱([參數串列])
   {
```

```
  // 程式敘述; …
  }
  …
 ]
}
[public] [internal] [abstract] [sealed] class 子類別名稱 : 父類別名稱
{
 [
  [存取修飾詞] [static] [const] 資料型態 屬性名稱; // 宣告屬性
  …
 ]

 [
  [public] 子類別名稱() // 定義無參數串列的建構子
  {
   // 程式敘述; …
  }
 ]

 [
  [public] 子類別名稱(參數串列) // 定義有參數串列的建構子
  {
   // 程式敘述; …
  }
 ]

 [
  // 定義方法
  [存取修飾詞] [static] [abstract] [sealed] [override] [virtual]
                          回傳值型態 方法名稱([參數串列])
  {
   // 程式敘述; …
  }
  …
 ]
}
```

定義說明

1. 子類別、父類別、祖父類別、屬性、方法及參數等名稱的命名，請參考識別字的命名規則。
2. 定義中出現的 [ ]、關鍵字、存取修飾詞、資料型態、回傳值型態及參數串列說明，請參考「9-2-1　類別定義」。

以此類推，就可定義出三層以上的繼承架構。

10-2 base關鍵字

關鍵字 base，代表呼叫非靜態方法的物件之直屬父類別名稱，即，base 是物件的直屬父類別名稱之代名詞。base 只能出現在子類別的非靜態方法中，其目的是用來呼叫直屬父類別的建構子、呼叫直屬父類別中被改寫的非私有之非靜態方法，或存取直屬父類別的非私有之非靜態屬性。由於靜態方法屬於類別，而不屬於物件，因此無法使用 base 呼叫靜態方法。

若在子類別的非靜態方法中，所宣告的參數名稱與直屬父類別的非私有之屬性名稱相同時，那要如何判斷在此非靜態方法中所使用的變數，是物件的非私有之屬性，還是非靜態方法的參數呢？若變數前有「base.」，則其爲物件的非私有之屬性，否則爲非靜態方法的參數。

在子類別的非靜態方法中所呼叫的非私有之非靜態方法，要如何判斷是子類別的非私有之非靜態方法，還是與直屬父類別中同名的非私有之非靜態方法？若方法前有「base.」，則其爲直屬父類別的非私有之非靜態方法；否則爲子類別的非私有之非靜態方法。

在子類別的建構子中，呼叫其直屬父類別中有參數的建構子，則子類別的建構了之定義語法如下：

```
[public] 子類別名稱([參數串列]) : base([參數串列])
  {
   // 程式敘述; …
  }
```

註：

呼叫父類別的建構子敘述，請參考範例 5 的第 54 列
public LengthInvalidIdException(string error) : base(error) 敘述及範例 5 的程式說明第 2 項。

範例 2

（承上例）寫一程式，定義一父類別、子類別及孫了類別，使三者呈現多層繼承關係。以飛行物類別當作父類別、飛機類別當作子類別，戰鬥機類別當作孫子類別爲例。

```
using System;
using System.Collections.Generic;
using System.Linq;
using System.Text;
using System.Threading.Tasks;

namespace Ex2
{
    class Program
    {
        static void Main(string[] args)
        {
            Fighter afighter = new Fighter();
            Console.WriteLine("請輸入戰鬥機物件afighter之相關資訊:");
            Console.Write("製造商:");
            afighter.manufacter = Console.ReadLine();
            Console.Write("飛機型號:");
            afighter.type = Console.ReadLine();
            Console.Write("飛機編號:");
            afighter.id = Console.ReadLine(); ;
            Console.Write("引擎號碼:");
            String engineId = Console.ReadLine();
            afighter.SetEngineId(engineId);
            Console.Write("飛行員人數:");
            afighter.pilotNum = Int32.Parse(Console.ReadLine());
            Console.Write("油箱容量(L):");
            afighter.SetFuelTank();
            Console.Write("飛機外觀:");
            afighter.SetShape();
            Console.Write("機槍名稱:");
            String machineGun = Console.ReadLine();
            Console.Write("飛彈名稱:");
            String missile = Console.ReadLine();
            Console.Write("火箭名稱:");
            String rocket = Console.ReadLine();
            afighter.SetWeapon(machineGun, missile, rocket);
            Console.WriteLine("\n戰鬥機物件afighter之相關資訊如下:");
            afighter.ShowData();
            Console.Write("目前戰鬥機的數目:" + Fighter.num);
            Console.Write(" 目前飛機的數目:" + Airplane.num);
            Console.WriteLine(" 目前飛行器的數目:" + FlightVehicle.num);
            Console.ReadKey();
        }
    }

    public class FlightVehicle   // 飛行器類別
    {
        public static int num;    // 目前飛行器的數目
        protected string shape;  // 飛行器外觀

        public FlightVehicle()    // 建構子
        {
            num++;  // 紀錄產生多少飛行器物件
        }
```

```
    }

    public class Airplane : FlightVehicle  // 飛機類別
    {
        public new static int num;    // 目前飛機的數目
        public string manufacter; // 製造商
        public string type;       // 飛機型號
        public string id;         // 飛機編號
        private string engineId;  // 飛機引擎號碼
        public int pilotNum;      // 飛行員人數
        protected int fuelTank;   // 飛機油箱容量(L)

        public Airplane()  // 建構子
        {
            num++; // 紀錄產生多少飛機物件
        }

        public void SetEngineId(String engineId)  // 設定引擎號碼
        {
            this.engineId = engineId;
        }

        public void SetFuelTank()  // 設定油箱容量
        {
            fuelTank = Int32.Parse(Console.ReadLine());
        }

        public void SetShape()  // 設定飛機外觀
        {
            shape = Console.ReadLine();
        }

        public void ShowData()  // 顯示飛機資訊
        {
            Console.WriteLine("製造商:" + manufacter + " 飛機型號:" + type);
            Console.WriteLine("飛機編號:" + id + " 引擎號碼:" + engineId);
            Console.Write("飛行員人數:" + pilotNum + " 油箱容量(L):" + fuelTank);
            Console.WriteLine(" 飛機外觀:" + shape);
        }
    }

    class Fighter : Airplane  // 戰鬥機類別
    {
        public new static int num;   // 目前戰鬥機的數目
        private String machineGun;  // 機槍
        private String missile;      // 飛彈
        private String rocket;       // 火箭

        public Fighter()  // 建構子
        {
            num++;
        }

```

```
108            //設定戰鬥機武器
109            public void SetWeapon(String machineGun, String missile, String rocket)
110            {
111                this.machineGun = machineGun;
112                this.missile = missile;
113                this.rocket = rocket;
114            }
115
116            public new void ShowData()  // 顯示戰鬥機資訊
117            {
118                base.ShowData();  //呼叫父類別Airplane的ShowData()方法
119                Console.Write("機槍:" + machineGun + " 飛彈:" + missile);
120                Console.WriteLine(" 火箭:" + rocket);
121            }
122        }
123    }
```

執行結果

```
請輸入戰鬥機物件afighter之相關資訊:
製造商:洛克希德馬丁
飛機型號:F-16
飛機編號:Chinese-1
引擎號碼:A0001
飛行員人數:1
油箱容量(L):3986
飛機外觀:像鯊魚
機槍名稱:20mm火神炮
飛彈名稱:麻雀飛彈
火箭名稱:127 mm火箭
戰鬥機物件afighter之相關資訊如下:
製造商:洛克希德馬丁 飛機型號:F-16
飛機編號:Chinese-1 引擎號碼:A0001
飛行員人數:1 油箱容量(L):3986 飛機外觀:像鯊魚
機槍: 20mm火神炮 飛彈:麻雀飛彈 火箭:127 mm火箭
目前戰鬥機的數目:1 目前飛機的數目:1 目前飛行器的數目:1
```

程式說明

1. 第 13 列 Fighter afighter = new Fighter(); 執行時，會先呼叫 afighter 類別的祖父類別 FlightVehicle 之無參數建構子 FlightVehicle()，執行 num++;。接著會呼叫 afighter 類別的父類別 Airplane 之無參數建構子 Airplane()，執行 num++;。最後才會呼叫 afighter 類別本身之無參數建構子 Fighter()，執行 num++;。

2. 因 machineGun、missile 與 rocket 皆爲 afighter 類別的私有屬性，故 machineGun、missile 及 rocket 只能在 afighter 類別內被存取。若想在 afighter 類別外存取 machineGun、missile 及 rocket，只能透過 afighter 類別所定義的公開方法 SetWeapon ()。

3. 第 59 列 public new static int num; // 目前飛機的數目、第 98 列 public new static int num; // 目前戰鬥機的數目及第 116 列 public new void ShowData() // 顯示戰鬥機資訊中的修飾詞 new 說明，請參考範例 1 的程式說明第 3 項。
4. 第 118 列 base.ShowData(); 敘述，表示呼叫 Fighter 類別的 Airplane 父類別之 ShowData() 方法。

10-3 改寫

定義子類別時，若發現父類別的方法不符合需求，則可在子類別中，重新定義此方法。這種機制，被稱爲「改寫」（Overriding）。在父類別及子類別中，分別定義一個同名的方法，若滿足下列四項條件，則此方法才符合改寫機制。

1. 兩個方法所宣告的存取修飾詞必須相同。
2. 兩個方法所宣告的回傳值型態必須相同。
3. 兩個方法所宣告的參數之個數必須相同，且每一個參數對應的資料型態必須相同。
4. 兩個方法的定義內容必須不同。

當父類別的方法在子類別中被改寫時，必須遵守以下事項：

1. 父類別的方法前要有關鍵字 virtual；子類別的方法前要有關鍵字 override。若子類別的方法前要有關鍵字 override，則此方法也可在其子類別中被改寫。
2. 建構子及解構子無法被改寫。
3. 以關鍵字 sealed、static、protected 或 private 所宣告的方法，不能同時再以關鍵字 virtual 宣告。

10-4 sealed與const關鍵字

關鍵字 sealed（密封）的主要作用，是限制在它之後的類別及方法兩者的權限。因此，可藉 sealed 來防止不當或無意間行爲而產生的問題，使程式運作更加順暢及安全。

在實務上，什麼樣的問題需要使用 sealed 來限制它的行爲呢？例：廣泛及公用的類別被定義後，爲了軟體相容性，不能被重新定義。例：密碼驗證方法、股東分紅規則、薪資支付規則等被定義後，爲了正確、公正及公平，不能被重新定義。

定義類別時，若關鍵字 class 前有 sealed，則表示 class 後面的類別不可再被其他的子類別繼承；否則在子類別名稱底下會出現紅色鋸齒狀的線條。若將滑鼠移到此線條，則會出現類似

```
'子類別名稱': 無法衍生自密封類型 '父類別名稱'
```

的錯誤訊息。

註：

表示父類別不能被繼承。

若類別中的方法名稱前有 sealed，則表示此方法不可在其子類別中被改寫；否則在此方法名稱底下會出現紅色鋸齒狀的線條。若將滑鼠移到此線條，則會出現類似

```
'子類別名稱.方法名稱()': 無法覆寫繼承的成員 '父類別名稱.方法名稱()'，因爲其已密封。
```

的錯誤訊息。

註：

表示父類別的方法不能在子類別中被改寫。

關鍵字 const(常數) 的主要作用，是限制在它之後的屬性不能被變更，表示此屬性爲常數屬性。

常數屬性的宣告語法如下：

```
[存取修飾詞] [static] const 資料型態 屬性名稱 = 常數;
```

例：public const double PI = 3.1416;
// 宣告 PI(圓周率) 爲常數屬性，且值爲 3.1416。

若宣告爲 const 的屬性未指定其初始值，則在此屬性名稱底下會出現紅色鋸齒狀的線條。若將滑鼠移到此線條，則會出現類似

```
需要為 const 屬性提供值
```

的錯誤訊息。

註：

表示常數「屬性」必須指定其初始值。

若宣告爲 const 的屬性內容被更改時，則在此屬性名稱底下會出現紅色鋸齒狀的線條。若將滑鼠移到此線條，則會出現

```
指派的左側必須是變數、屬性或索引子
```

的錯誤訊息。

註：

表示無法更改常數「屬性」的內容。

範例 3

寫一程式，宣告圓周率常數 PI 為 3.1416 及輸入圓的半徑，輸出圓的面積及周長。

```
using System;
using System.Collections.Generic;
using System.Linq;
using System.Text;
using System.Threading.Tasks;

namespace Ex3
{
    class Program
    {
        public const double PI = 3.1416;  // PI:圓周率常數
        static void Main(string[] args)
        {
            Console.Write("請輸入圓的半徑:");
            double r = Double.Parse(Console.ReadLine());  // r:圓的半徑
            Console.WriteLine("圓的面積=" + PI * r * r);
            Console.WriteLine("圓的周長=" + 2 * PI * r);
            Console.ReadKey();
        }
    }
}
```

執行結果

```
請輸入圓的半徑:10
圓的面積=314.16
圓的周長=62.832
```

程式說明

圓周率是固定的常數，不會因為圓的大小而改變。因此，必須以關鍵字 const 宣告 PI（圓周率）屬性，並設定其初始值為 3.1416，才能避免圓周率被更動而沒察覺到。

範例 4

寫一程式，在主類別外定義 Employee 類別，並在其中定義一可被改寫且無回傳值的 Check 方法，作為員工編號驗證之用。

員工編號驗證規則如下：員工編號前 7 碼的數字總和除以 10 的餘數，若等於第 8 碼的數字，則為正確的員工編號；否則為錯誤的員工編號。

定義繼承 Employee 類別的子類別 PartEmployee，並在其中定義一無法被改寫且無回傳值的方法 Check，作為兼差員工編號驗證之用。

兼差員工編號驗證規則如下：兼差員工編號前 7 碼的數字總和除以 5 的餘數，若等於第 8 碼的數字，則為正確的兼差員工編號；否則為錯誤的兼差員工編號。

```
using System;
using System.Collections.Generic;
using System.Linq;
using System.Text;
using System.Threading.Tasks;

namespace Ex4
{
    class Program
    {
        static void Main(string[] args)
        {
            Console.Write("請輸入員工編號(8碼):");
            Employee emp = new Employee();
            emp.code = Console.ReadLine();
            emp.Check(emp.code);
            Console.Write("請輸入兼差員工編號(8碼):");
            PartEmployee partemp = new PartEmployee();
            partemp.code = Console.ReadLine();
            partemp.Check(partemp.code);
            Console.ReadKey();
        }
    }

    class Employee    // 員工類別
    {
        public string code; // 員工編號
        public virtual void Check(string code) // 員工編號驗證
        {
           int sum = 0;

           // 計算字串code前7碼的數字總和
           for (int i = 0; i < 7; i++)
               sum += Int32.Parse(code.Substring(i, 1));

           // 字串code前7碼的數字總和÷10的餘數，是否等於字串code第7碼的數字
           if (sum % 10 == Int32.Parse(code.Substring(7, 1)))
               Console.WriteLine(code + "為正確的員工編號.");
           else
               Console.WriteLine(code + "為錯誤的員工編號.");
        }
    }

    class PartEmployee : Employee  // 兼差員工類別
    {
        public sealed override void Check(string code) // 兼差員工編號驗證
        {
            int sum = 0;

            // 計算字串code前7碼的數字總和
            for (int i = 0; i < 7; i++)
                sum += Int32.Parse(code.Substring(i, 1));

            // 字串code前7碼的數字總和÷5的餘數，是否等於字串code第7碼的數字
```

```
55            if (sum % 5 == Int32.Parse(code.Substring(7, 1)))
56                Console.WriteLine(code + "為正確的兼差員工編號.");
57            else
58                Console.WriteLine(code + "為錯誤的兼差員工編號.");
59        }
60    }
61 }
```

執行結果

```
請輸入員工編號(8碼):12345678
12345678為正確的員工編號.
請輸入兼差員工編號(8碼):12345678
12345678為錯誤的兼差員工編號.
```

程式說明

1. 在第 28 列 public virtual void Check(string code) 中，以 virtual 宣告 Check( ) 為一可被改寫的方法；在第 46 列 public sealed override void Check(string code) 中，以 sealed override 宣告 Check( ) 為一不可被改寫的方法。
2. 第 34 及 52 列的 code.Substring(i, 1) 表示字串 code 的第 (i+1) 個字元。
3. 第 25~42 列的 Employee 類別定義，及第 44-60 列的 PartEmployee 類別定義，也可以分別獨立儲存在 Employee.cs 及 PartEmployee.cs。如何在 Ex4 專案中新增一個類別檔的說明，請參考「1-3-5　專案管理」。

10-5 自行拋出自訂例外物件

在「第八章　例外處理」提到：程式執行發生例外時，可以使用 try…catch…finally…結構來攔截所拋出的例外，並加以處理。若所有的 catch(…){…} 區塊都沒有攔截到程式所產生的例外，則會由 CLR 所攔截，並中止程式及顯示錯誤訊息。

若內建例外類別不適用，則可以內建 Exception 類別或其子類別為基礎類別，自訂新的衍生例外類別，並以自行拋出自訂例外的方式，來處理自訂例外發生時要提供的錯誤訊息。自行拋出自訂例外的語法如下：

```
throw new 自訂例外類別名稱("發生例外的文字說明");
```

語法說明

- 它的作用，是先產生一個資料型態為自訂例外類別物件並實例化，同時傳入的錯誤訊息：發生例外的文字說明，然後將例外拋出並利用 Exception 類別的 Message 屬性取得所傳入的錯誤訊息。

- 當 throw new …; 執行時，其後的敘述將不會被執行，並由 try…catch…finally…結構中的 catch(…){…} 區塊，來攔截所符合的例外。
- throw new …; 敘述必須撰寫在選擇結構的敘述中（即，撰寫在某個條件底下），否則在 throw new …; 敘述底下的程式碼，會出現綠色鋸齒狀的線條，且顯示錯誤訊息：

偵測到執行不到的程式碼

表示這些敘述根本不會被執行。

範例 5

自行拋出自訂例外類別問題練習。

```
using System;
using System.Collections.Generic;
using System.Linq;
using System.Text;
using System.Threading.Tasks;

namespace Ex5
{
    public class Program
    {
        static void Main(string[] args)
        {
            string id;
            Console.Write("輸入使用者名稱(最多8個字):");
            try
            {
                id = Console.ReadLine();
                CheckId(id);
            }
            catch (IdLengthInvalidException e)
            {
                //取得傳入的錯誤訊息,若無傳入的錯誤訊息，則爲預設訊息
                Console.WriteLine(e.Message);
                Console.WriteLine("例外狀況類型:" + e.GetType());
            }
            finally
            {
                Console.ReadKey();
            }
        }

         internal static void CheckId(string id)
        {
            if (id.Length > 8)
            {
                Console.Write("例外狀況原因:使用者名稱" + id + "的長度");
                throw new IdLengthInvalidException("超過8位,不符合規定");
            }
```

```
39            else
40            {
41                Console.Write("使用者名稱" + id + "的長度");
42                Console.WriteLine(",符合規定");
43            }
44        }
45    }
46 }
47
48 class IdLengthInvalidException: ApplicationException
49 {
50    //「: base(error)」的作用:
51    // 呼叫「IdLengthInvalidException(string error)」建構子時,會先執行父類別
52    //「ApplicationException(string error)」建構子,同時傳入字串變數error，並利用
53    // 父類別ApplicationException」的「Message」屬性取得所傳入的錯誤訊息error
54    public IdLengthInvalidException(string error) : base(error)
55    {
56    }
57    //在「IdLengthInvalidException(string error)」建構子定義中,若無「: base(error)」
58    //則呼叫「IdLengthInvalidException(string error)」建構子時,會先執行父類別
59    //「ApplicationException()」建構子,且不會傳入字串變數error，並利用父類別
60    //「ApplicationException」的「Message」屬性取得預設的錯誤訊息
61 }
```

執行結果

```
輸入使用者名稱(最多8個字):A12345678
例外狀況原因:使用者名稱A12345678的長度超過8位,不符合規定
例外狀況類型:LengthInvalidIdException
```

程式說明

1. 當輸入的使用者名稱超過 8 位時，會自行拋出 IdLengthInvalidException 例外物件並傳入錯誤訊息：超過 8 位 , 不符合規定，再由 catch(IdLengthInvalidException e){} 攔截，並利用 Exception 類別的 Message 屬性取得所傳入的錯誤訊息：超過 8 位 , 不符合規定。
2. 程式第 54 列 public IdLengthInvalidException(string error):base(error)，表示呼叫 IdLengthInvalidException () 建構子時，會呼叫 ApplicationException 父類別中帶有參數的 ApplicationException() 建構子，同時傳入字串變數 error，並利用 ApplicationException 父類別的 Message 屬性取得所傳入的錯誤訊息：超過 8 位 , 不符合規定。

自我練習

一、程式設計

1. （單一繼承）寫一程式，定義 Shape（圖形）類別，它包含 area（面積）屬性及 ComputeArea（計算圖形面積）方法。接著定義 Shape 類別的衍生類別 Rectangle，它包含 length 與 width 兩個屬性，分別代表長方形的長與寬。程式執行時，建立一 Rectangle 類別的物件，輸入長方形的長與寬，並分別存入此物件的 length 與 width 屬性，最後呼叫 ComputeArea 方法，輸出長方形的面積。
2. （多層繼承）承上題，再定義繼承 Rectangle 類別的衍生類別 Cube，它包含 height 屬性，代表長方體的高，及一個計算長方體體積的 ComputeVolume 方法。程式執行時，建立一 Cube 類別的物件，輸入長方體的長、寬及高，並分別存入此物件的 length、width 與 height 屬性，最後呼叫 ComputeVolume 方法，輸出長方體的體積。

抽象類別和介面

生活中的任何物件在實體化之前，必須經過以下步驟：

1. 先構思物件的雛型，但沒具體說明。
2. 將構思交給研究部門去設計並開發。

將只有構思沒有具體說明的抽象化概念，交由不同的研究部門去設計並開發，最後所產生的物件實體一定不盡相同。

若這種抽象化概念應用在類別定義上，則稱此類別爲「抽象類別」（abstract class）。因此，抽象類別是一種不能具體化的類別。

11-1 抽象類別

抽象類別主要是當作基底類別之用，其內部定義一些共用的功能，提供給衍生類別共用。定義類別時，在關鍵字 class 前若有關鍵字 abstract，則此類別被稱爲「抽象類別」。另外，必須在抽象類別中，至少要宣告一個沒有具體內容的抽象方法。定義方法時，方法名稱前若有關鍵字 abstract，則此方法被稱爲「抽象方法」。

11-1-1 抽象類別定義

定義抽象類別的語法如下：

```
[public] [internal] abstract class 抽象類別名稱
{
 [
  // 宣告抽象類別的屬性
  …
 ]

 [
  // 定義無參數串列的抽象類別建構子
 ]
```

```
[
// 定義有參數串列的抽象類別建構子
…
]

[
// 定義無參數串列的抽象類別解構子
]

[
// 定義抽象類別的一般方法
…
]

// 宣告抽象方法1

[
// 宣告抽象方法2
…
]
}
```

定義說明

1. 有 [ ] 者，表示其內部的存取修飾詞或程式碼為選擇性，視需要填入。
2. 在抽象類別定義中，至少要宣告一個抽象方法，而其他部分是選擇性的。
3. 抽象類別被定義後，就能被其他的抽象類別或非抽象類別所繼承。
4. 抽象類別中的抽象方法，只能宣告無法實作，並以 ; 當宣告結尾。

雖然抽象類別的繼承語法與一般類別的繼承語法一樣，但以下三點事項，必須牢記：

1. 若繼承抽象父類別的類別為抽象子類別，則抽象父類別中的抽象方法，可以在抽象子類別中完成實作，也可以不完成實作。
2. 若繼承抽象父類別的類別為非抽象子類別，則此抽象父類別中的抽象方法，必須在非抽象子類別中完成實作，否則在此非抽象子類別名稱底下，會出現紅色鋸齒狀的線條。若將滑鼠移到此線條，則會出現類似

   ```
   未實作繼承的抽象成員 '抽象類別名稱.方法成員名稱(參數型態1,…)'
   ```

   的錯誤訊息。
3. 與一般類別建立物件時呼叫建構子的過程一樣，非抽象子類別繼承抽象父類別時，若利用此非抽象子類別建立物件，則會先呼叫抽象父類別的無參數建構子，然後再呼叫非抽象子類別本身的建構子。若抽象父類別內沒有定義的無參數建構子，則抽象父類別內就不能定義有參數的建構子，否則執行時會出現類似

   ```
   未提供任何可對應到 '抽象父類別名稱.抽象父類別名稱(參數型態1,...)'
   之必要型式參數 '參數名稱' 的引數
   ```

   的錯誤訊息。

11-1-2 宣告抽象類別變數並指向一般類別的物件實例

抽象類別定義後，可宣告抽象類別變數，但無法使用 new 來產生抽象類別實例。雖然如此，抽象類別變數仍然可以指向非抽象子類別的物件實例，且可以存取此抽象類別的屬性，及呼叫非抽象子類別所實作的抽象方法。若要利用抽象類別變數存取非抽象子類別的屬性或非實作抽象方法，則必須先將抽象類別變數強制轉型爲非抽象子類別的物件變數。

宣告抽象類別變數，並指向非抽象子類別的物件實例之語法如下：

```
抽象類別名稱 變數名稱 = new 非抽象子類別名稱([參數串列]);
```

註：

參數串列說明，請參考「9-2-1　類別定義」。

範例 1，是建立在 D:\C#\ch11 資料夾中的專案 Ex1。以此類推，範例 6，是建立在 D:\C#\ch11 資料夾中的專案 Ex6。

範例 1

寫一程式，定義 Semester 抽象類別，在其中宣告 credits 和 passCredits 兩個屬性，分別表示修課總學分數及通過學分數，以及宣告 DropOut 抽象方法。另外定義繼承 Semester 抽象類別的子類別 Student，並在其中實作 DropOut 抽象方法，用來判斷是否 2/3(含) 以上學分數不及格。在主類別中，分別宣告 Student 類別的物件變數 stu1，Semester 抽象類別的變數 sem 及 Student 類別的物件變數 stu2。

執行時，分別輸入變數 stu1 及 sem 的 credits 與 passCredits 兩個屬性值，並將 sem 轉型爲 Student 類別的物件變數，並指定給 Student 類別的物件變數 stu2。最後分別輸出 stu1、sem 及 stu2 三個變數所指向的物件實例是否 2/3(含) 以上學分數不及格。

```
using System;
using System.Collections.Generic;
using System.Linq;
using System.Text;
using System.Threading.Tasks;

namespace Ex1
{
    class Program
    {
        static void Main(string[] args)
        {
            Student stu1 = new Student();
            Console.WriteLine("判斷是否2/3(含)以上學分數不及格?");
            Console.Write("請輸入修課總學分:");
            stu1.credits = Int32.Parse(Console.ReadLine());
            Console.Write("輸入通過學分:");
```

```
            stu1.passCredits = Int32.Parse(Console.ReadLine());

            // 判斷stu1所指向的物件實例是否2/3(含)以上學分數不及格
            Console.Write("stu1所指向的物件,是否2/3(含)以上學分數不及格?");
            if (stu1.DropOut(stu1.credits, stu1.passCredits))
                Console.WriteLine("是\n");
            else
                Console.WriteLine("否\n");

            // 宣告Semester抽象類別物件變數sem,
            // 並指向所產生並初始化的Student類別物件實例
            Semester sem = new Student();
            Console.WriteLine("判斷是否2/3(含)以上學分數不及格?");
            Console.Write("請輸入修課總學分:");
            sem.credits = Int32.Parse(Console.ReadLine());
            Console.Write("輸入通過學分:");
            sem.passCredits = Int32.Parse(Console.ReadLine());

            // 判斷sem所指向的物件實例是否2/3(含)以上學分數不及格
            Console.Write("sem所指向的物件,是否2/3(含)以上學分數不及格?");
            if (sem.DropOut(sem.credits, sem.passCredits))
                Console.WriteLine("是\n");
            else
                Console.WriteLine("否\n");

            Student stu2; // 宣告Student類別的物件變數stu2
            // 將Semester抽象類別物件變數sem，強制轉換成Student類別物件變數
            // 並指定給的物件變數stu2。因此，stu2與sem指向同一個Student物件實例
            stu2 = (Student) sem;

            // 判斷stu2所指向的物件實例是否2/3(含)以上學分數不及格
            Console.Write("stu2所指向的物件,是否2/3(含)以上學分數不及格?");
            if (stu2.DropOut(stu2.credits, stu2.passCredits))
                Console.WriteLine("是\n");
            else
                Console.WriteLine("否\n");
            Console.ReadKey();
        }
    }

    abstract class Semester  // 定義Semester(學期)抽象類別
    {
        public int credits; // 修課總學分
        public int passCredits; // 通過學分數

        // 宣告抽象方法:判斷是否符合退學機制
        public abstract bool DropOut(int credits, int passCredits);
    }

    class Student : Semester  // 定義Student(學生)抽象類別
    {
        // 實作DropOut()方法
        public override bool DropOut(int credits, int passCredits)
        {
            return (double)(credits - passCredits) / credits >= (double)2 / 3;
        }
    }
}
```

執行結果

```
判斷是否2/3(含)以上學分數不及格?
請輸入修課總學分:25
輸入通過學分:5
stu1所指向的物件,是否2/3(含)以上學分數不及格?是

判斷是否2/3(含)以上學分數不及格?
請輸入修課總學分:25
輸入通過學分:20
sem所指向的物件,是否2/3(含)以上學分數不及格?否

stu2所指向的物件,是否2/3(含)以上學分數不及格?否
```

程式說明

1. 第 58~65 列定義 Semester 抽象類別，在其中宣告一 dropOut() 抽象方法。因此，在第 67~74 列定義繼承 Semester 抽象類別的子類別 Student 中，必須實作 dropOut() 抽象方法。
2. 第 29 列 Semester sem = new Student(); 敘述，是宣告 Semester 抽象類別的物件變數 sem，並指向所產生並初始化的 Student 類別物件實例。Semester 抽象類別無法建立屬於自己的實例，只能指向其非抽象子類別 Student 的實例。
3. 第 46 列 stu2 = (Student) sem; 敘述，是將 Semester 抽象類別的物件變數 sem，強制轉換成 Student 類別物件變數，並指定給 Student 類別的物件變數 stu2。即，stu2 與 sem 都指向同一個 Student 類別物件實例。因此，顯示物件實例內容的結果都相同。
4. 第 58~65 列的 Semester 類別定義及第 67~74 列的 Student 類別定義，也可以分別獨立儲存在 Semester.cs 及 Student.cs。如何在 Ex1 專案中新增一個類別檔的說明，請參考「1-3-5　專案管理」。

範例 2

寫一程式，定義 Tax 抽象類別，在其中宣告 PayTax 抽象方法。另外定義繼承 Tax 抽象類別的非抽象子類別 IncomeTax 及 StockTax，並分別在其中實作 PayTax 抽象方法，用來計算 105 年綜合所得應納稅額及股票交易應納稅額。

在主類別中，宣告 Tax 抽象類別的物件變數 tax。執行時，分別輸入綜合所得淨額及買賣股票總金額，最後分別輸出綜合所得應納稅額及股票交易應納稅額。

綜合所得淨額	稅率	累進差額
0 ～ 520,000	5%	0
520,001 ～ 1,170,000	12%	36,400
1,170,001 ～ 2,350,000	20%	130,000
2,350,001 ～ 4,400,000	30%	365,000
4,400,001 ～ 10,000,000	40%	805,000
10,000,001 以上	45	1,305,000

應納稅額＝綜合所得淨額 × 稅率－累進差額

```
using System;
using System.Collections.Generic;
using System.Linq;
using System.Text;
using System.Threading.Tasks;

namespace Ex2
{
    class Program
    {
        static void Main(string[] args)
        {
            Tax tax;
            Console.WriteLine("計算綜合所得應繳稅額");
            Console.Write("請輸入綜合所得淨額:");
            int income = Int32.Parse(Console.ReadLine()); // 綜合所得淨額
            tax = new IncomeTax();
            tax.PayTax(income);
            Console.WriteLine("\n計算買賣股票應繳稅額");
            Console.Write("請輸入買賣股票總金額:");
            int trademoney = Int32.Parse(Console.ReadLine());
            tax = new StockTax();
            tax.PayTax(trademoney); // 股票交易總金額
            Console.ReadKey();
        }
    }

    abstract class Tax    // 定義Tax(稅)抽象類別
    {
        // 宣告抽象方法PayTax:計算稅金
        public abstract void PayTax(int money);
    }

    class IncomeTax : Tax  // 定義IncomeTax(綜合所得)類別
    {
        public override void PayTax(int income)  // 實作PayTax方法
        {
            Console.Write("綜合所得淨額" + income + ",應納稅額");
            if (income <= 520000)
                Console.WriteLine("{0:F0}", income * 0.05);
            else if (income <= 1170000)
                Console.WriteLine("{0:F0}", income * 0.12 - 36400);
            else if (income <= 2350000)
                Console.WriteLine("{0:F0}", income * 0.2 - 130000);
            else if (income <= 4400000)
                Console.WriteLine("{0:F0}", income * 0.3 - 365000);
            else if (income <= 10000000)
                Console.WriteLine("{0:F0}", income * 0.4 - 805000);
            else
                Console.WriteLine("{0:F0}", income * 0.45 - 1305000);
        }
    }

    class StockTax : Tax  // 定義StockTax(股票交易稅) 類別
    {
```

```
56         public override void PayTax(int trademoney) // 實作PayTax方法
57         {
58             Console.Write("股票交易總金額" + trademoney + "，應納稅額");
59             //股票交易應納稅額爲股票交易總金額的千分之三
60             Console.WriteLine("{0:F0}", trademoney * 0.003); //
61         }
62     }
63 }
```

執行結果

```
計算綜合所得應繳稅額
請輸入綜合所得淨額:100000
綜合所得淨額100000,應納稅額5000

計算買賣股票應繳稅額
請輸入買賣股票總金額:100000
股票交易總金額100000，應納稅額300
```

程式說明

1. 類別 IncomeTax 和 StockTax 都繼承 Tax 抽象類別，因此必須在兩者的定義中，各自實作 Tax 抽象類別的 PayTax () 抽象方法，分別計算綜合所得稅額（第 36~51 列），及股票交易稅稅額（第 56~61 列）。
2. 第 17 及 22 列，分別指向 Tax 抽象類別的子類別 IncomeTax 及 StockTax 之物件實例。因此，就能使用第 18 及 23 列，分別呼叫子類別 IncomeTax 及 StockTax 的 PayTax() 方法。
3. 第 28~32 列的 Tax 類別定義，第 34~52 列的 IncomeTax 類別定義，以及第 54~62 列的 StockTax 類別定義，也可以分別獨立儲存在 Tax.cs，IncomeTax.cs 及 StockTax.cs。如何在 Ex2 專案中新增一個類別檔的說明，請參考「1-3-5　專案管理」。

範例 3

寫一程式，定義 Shape 抽象類別，並在其中宣告一個層級爲 public，且資料型態爲 double 的 area 屬性，代表圖形的面積，及宣告一個層級爲 public，且無回傳値的 ShowArea 抽象方法，用來顯示面積。定義繼承抽象類別 Shape 的抽象類別 TriAngle，並在其中宣告兩個層級爲 public，資料型態爲 double 的屬性 bottom 與 height，分別代表三角形的底和高，和宣告一個層級爲 public，且無回傳値的 ComputeArea 抽象方法，用來計算面積。定義繼承抽象類別 TriAngle 的非抽象類別 ExTriAngle，並在其中實作 Shape 抽象類別的 ShowArea 抽象方法，及 TriAngle 抽象類別的 ComputeArea 抽象方法。在主類別中，宣告 ExTriAngle 類別的物件變數 ex，執行時，分別輸入三角形的底和高，並輸出三角形的面積。

```
using System;
using System.Collections.Generic;
using System.Linq;
using System.Text;
using System.Threading.Tasks;

namespace Ex3
{
    class Program
    {
        static void Main(string[] args)
        {
            ExTriAngle ex = new ExTriAngle();
            Console.Write("輸入三角形的底:");
            ex.bottom = Double.Parse(Console.ReadLine());
            Console.Write("輸入三角形的高:");
            ex.height = Double.Parse(Console.ReadLine());
            ex.ComputeArea();
            ex.ShowArea();
            Console.ReadKey();
        }
    }

    abstract class Shape // 定義Shape抽象類別
    {
        public double area; // 宣告area(面積)屬性
        public abstract void ShowArea(); // 宣告ShowArea(輸出圖形面積)抽象方法:
    }

    abstract class TriAngle : Shape // 定義TriAngle抽象類別
    {
        public double bottom, height; // 宣告bottom (底)屬性和height (高)屬性
        public abstract void ComputeArea(); // 宣告抽象方法ComputeArea:計算圖形面積
    }

    class ExTriAngle : TriAngle // 定義ExTriAngle類別繼承TriAngle類別
    {
        public override void ComputeArea()  // 實作ComputeArea方法
        {
            Console.Write("底爲" + bottom + ",高爲" + height + "的三角形面積=");
            area = bottom * height / 2;
        }

        public override void ShowArea()  // 實作ShowArea方法
        { // 輸出三角形面積
            Console.WriteLine(area);
        }
    }
}
```

執行結果

輸入三角形的底:**10**
輸入三角形的高:**10**
底爲10,高爲10的三角形面積=50

程式說明

1. TriAngle 抽象類別繼承 Shape 抽象類別，且非抽象類別 ExTriAngle 繼承 TriAngle 抽象類別，因此，在 ExTriAngle 類別的定義中，必須實作 Shape 抽象類別的 SowArea() 抽象方法（第 38~42 列）及實作 TriAngle 抽象類別的 CmputeArea() 抽象方法（第 44~46 列）。
2. 第 24~28 列的 Shape 類別定義，第 30~34 列的 TriAngle 類別定義，以及第 36~48 列的 ExTriAngle 類別定義，也可以分別獨立儲存在 Shape.cs，TriAngle.cs 及 ExTriAngle.cs。如何在 Ex3 專案中新增一個類別檔的說明，請參考「1-3-5　專案管理」。

11-2 介面

在 Visual C# 中，介面（Interface）和類別一樣，都屬於參考型態。介面主要是不同類別物件共同擁有的方法的宣告處。例：人類類別和動物類別都具有移動、呼吸等共同方法。

介面類似抽象類別，在介面中的方法只能宣告，不能被實作（即，定義）。

11-2-1 介面定義

Visual C# 是以關鍵字 interface 來定義介面。介面的定義語法如下：

```
[public] interface 介面名稱
{
  回傳值型態 方法名稱1([參數串列]); // 宣告介面方法1
  [
   回傳值型態 方法名稱2([參數串列]); // 宣告介面方法2
   …
  ]
}
```

定義說明

1. 介面、方法及參數等名稱的命名，請參考識別字的命名規則。
2. 介面定義中的方法，只能宣告不能實作。
3. 介面定義中不能有建構子。
4. 定義中出現的 [ ]、回傳值型態及參數串列說明，請參考「9-2-1　類別定義」。

介面被定義後，就能被其他類別所實作。若介面被其他類別所實作，則此介面中的方法必須在類別中完成實作；否則在此類別名稱底下，會出現紅色鋸齒狀的線條，若將滑鼠移到此線條，則會出現類似

```
未實作介面成員 '介面名稱.方法名稱(參數名稱1,…)'
```

的錯誤訊息。

11-2-2 介面實作

實作是作用於類別與介面間的一種機制。類別只能繼承一個父類別，但類別可以實作多個介面。類別實作介面的定義語法如下：

```
[public] [internal] [abstract] [sealed] class 類別名稱 : 介面名稱1, 介面名稱2, …
{
[
 // 宣告類別屬性
 [存取修飾詞] [static] [const] 資料型態 屬性名稱;
 …
]
[
 [public] 類別名稱() // 定義無參數串列的類別建構子
  {
   // 程式敘述; …
  }
]
[
 [public] 類別名稱(參數串列) // 定義有參數串列的類別建構子
  {
   // 程式敘述; …
  }
  …
]

[
 // 定義類別方法
 [存取修飾詞] [static] [abstract] [sealed] [override] [virtual]
                    回傳值型態 方法名稱([參數串列])
  {
   // 程式敘述; …
  }
  …
]
// 實作介面1的方法
public 回傳值型態 介面1的方法名稱([參數串列])
 {
  // 程式敘述; …
```

```
 }
…

// 實作介面2的方法
public 回傳值型態 介面2的方法名稱([參數串列])
 {
  // 程式敘述; …
 }
…

}
```

定義說明

1. 類別是以「:」(冒號)來實作介面。
2. 在類別中，必須在實作介面名稱 1、介面名稱 2 等的方法；否則在此類別名稱底下，會出現紅色鋸齒狀的線條，若將滑鼠移到此線條，則會出現類似

   ```
   未實作介面成員 '介面名稱.方法名稱(參數名稱1,…)'
   ```

   的錯誤訊息。
3. 類別、屬性、方法、參數、介面名稱 1、介面名稱 2 等名稱的命名，請參考識別字的命名規則。
4. 定義中出現的 [ ]、關鍵字、存取修飾詞、資料型態、回傳值型態及參數串列說明，請參考「9-2-1　類別定義」。

11-2-3 介面變數宣告

介面定義後，就可宣告介面變數，但無法使用 new 來產生介面實例。雖然如此，介面變數仍然可以指向實作介面的類別之物件實例，且可以呼叫此介面的實作介面的類別所實作的抽象方法。若要利用介面變數呼叫實作介面的類別之非實作抽象方法，則必須先將介面變數強制轉型爲實作介面的類別之物件變數。

宣告介面變數，並指向實作類別的物件實例之語法如下：

```
介面名稱 變數名稱 =new 實作類別名稱([參數串列]);
```

註：

數串列說明，請參考「9-2-1　類別定義」。

範例 4

寫一程式，定義 IAnimal 介面，並在其中宣告 Shout 抽象方法。另外分別定義類別 Chicken、Dog 及 Cat 來實作 IAnimal 介面，並分別在類別 Chicken、Dog 及 Cat 中實作 Shout 抽象方法，用來發出聲音。在主類別中，宣告 IAnimal 介面的變數 animal。執行時，輸出三種動物的叫聲，分別為 " 雞咕咕咕 "、" 狗汪汪汪 " 及 " 貓喵喵喵 "。

```
using System;
using System.Collections.Generic;
using System.Linq;
using System.Text;
using System.Threading.Tasks;

namespace Ex4
{
    class Program
    {
        static void Main(string[] args)
        {
            IAnimal animal;  //宣告Animal介面的物件變數animal
            animal = new Chicken();  //物件變數animal指向類別Chicken的物件實例
            animal.Shout();

            animal = new Dog();  //物件變數animal指向類別Dog的物件實例
            animal.Shout();

            animal = new Cat();  //物件變數animal指向類別Cat的物件實例
            animal.Shout();
            Console.ReadKey();

        }
    }

    public interface IAnimal  // 定義Animal(動物) 介面
    {
        void Shout(); // 宣告抽象方法:發出叫聲
    }

    class Chicken : IAnimal  // 定義Chicken(雞)類別實作Animal介面
    {
        public void Shout()  // 實作Shout方法
        {
            Console.WriteLine("雞咕咕咕");
        }
    }

    class Dog : IAnimal  // 定義Dog(狗)類別實作Animal介面
    {
        public void Shout()  // 實作Shout方法
        {
            Console.WriteLine("狗汪汪汪");
```

```
45             }
46         }
47 
48         class Cat : IAnimal   // 定義Cat(貓)類別實作Animal介面
49         {
50             public void Shout()   // 實作Shout方法
51             {
52                 Console.WriteLine("貓喵喵喵");
53             }
54         }
55 }
```

執行結果

```
雞咕咕咕
狗汪汪汪
貓喵喵喵
```

程式說明

1. 第 34~37、42~45 及 50~53 列，分別為類別 Chicken、Dog 及 Cat 實作 Animal 介面的 Shout() 抽象方法，分別輸出雞、狗及貓三種動物的叫聲。
2. 第 14、17 及 20 列，animal 介面變數分別指向實作 Animal 介面的類別 Chicken、Dog 及 Cat 之物件實例。因此，就能使用第 15、18 及 21 列，分別呼叫實作 Animal 介面的 Chicken、Dog 及 Cat 三種類別之 Shout() 方法。
3. 第 27~30 列的 IAnimal 介面定義，第 32~38 列的 Chicken 類別定義，第 40~46 列的 Dog 類別定義，以及第 48~54 列的 Cat 類別定義，也可以分別獨立儲存在 IAnimal.cs，Chicken.cs，Dog.cs 及 Cat.cs。如何在 Ex4 專案中新增一個類別檔或介面檔的說明，請參考「1-3-5　專案管理」。

範例 5

寫一程式，定義 ISides 介面，並在其中宣告 SetSides 抽象方法。定義 IDegree 介面，並在其中宣告 ComputeDegree 抽象方法。另外定義 RegularSidesShape 類別實作 ISides 及 IDegree 兩個介面，並在其中宣告 public 層級的 sides 屬性，表示正多邊形的邊數，及實作 ISides 介面的 SetSides 方法與 IDegree 介面的 ComputeDegree 方法，分別用來設定正多邊形的邊數，和計算正多邊形內角的度數。在主類別中，宣告 RegularSidesShape 類別的物件變數 picture。執行時，輸入正多邊形的邊數，最後輸出正多邊形內角的度數。

```
using System;
using System.Collections.Generic;
using System.Linq;
using System.Text;
using System.Threading.Tasks;

```

```
namespace Ex5
{
    class Program
    {
        static void Main(string[] args)
        {
            RegularSidesShape  picture = new RegularSidesShape();
            picture.SetSides();
            Console.Write("正" + picture.sides + "邊形內角的度數=");
            Console.WriteLine("{0:F3}", picture.ComputeDegree(picture.sides));
            Console.ReadKey();
        }
    }

    interface ISides // 定義ISides介面
    {
        // 宣告方法SetSides : 設定正多邊形的邊數
        void SetSides();
    }

    interface IDegree // 定義IDegree介面
    {
        // 宣告方法ComputeDegree : 計算正多邊形內角的度數
        double ComputeDegree(int sides);
    }

    // 定義RegularSidesShape類別實作介面ISides及IDegree
    class RegularSidesShape : ISides, IDegree
    {
        public int sides;

        // 實作介面ISides的方法SetSides
        public void SetSides()
        {
            Console.WriteLine("計算正多邊形內角的度數");
            Console.Write("請輸入正多邊形的邊數:");
            sides = Int32.Parse(Console.ReadLine());  // 邊數
        }

        // 實作IDegree介面的computeDegree方法
        public double ComputeDegree(int sides)
        {
            return (double)(sides - 2) * 180 / sides;
        }
    }
}
```

執行結果

```
計算正多邊形內角的度數
請輸入正多邊形的邊數:7
正7邊形內角的度數=128.571
```

程式說明

1. 第 21~25 及 27~31 列，分別定義介面 ISides 和 IDegree，並在其中分別宣告方法 SetSides() 和 ComputeArea()。
2. 第 34~51 列，定義 RegularSidesShape 類別實作 ISides 及 IDegree 兩個介面，並在其中分別實作 ISides 介面的 SetSides() 方法，和實作 IDegree 介面中的 ComputeDegree() 方法，用來設定正多邊形的邊數和計算正多邊形內角的度數。
3. 第 21~25 列的 ISides 介面定義，第 27~31 列的 IDegree 介面定義，及第 33~51 列的 RegularSidesShape 類別定義，也可以分別獨立儲存在 ISides.cs，IDegree.cs 及 RegularSidesShape.cs。如何在 Ex5 專案中新增一個類別檔或介面檔的說明，請參考「1-3-5　專案管理」。

介面被定義後，就能被其他的介面所繼承。若介面被其他的子介面所繼承，則此介面中的方法，在子介面中是不能被實作的，否則在此子介面名稱底下，會出現紅色鋸齒狀的線條。若將滑鼠移到此線條，則會出現類似

```
子介面名稱.方法名稱(參數名稱1,…)'：介面成員不可有定義」
```

的錯誤訊息。

11-2-4　介面繼承

介面的繼承機制與類別的繼承機制相同，都是爲了重複利用相同的程式碼，以提升程式撰寫效率，以及建立更符合需求的新介面。子類別一次只能繼承一個父類別；但介面一次可以繼承多個父介面。因此，介面擁有類別所沒有的多重繼承機制。

介面繼承的定義語法如下：

```
[public] interface 子介面名稱 : 父介面名稱1[,父介面名稱2,…]
{
  回傳值型態 子介面的方法A([參數串列]); //宣告子介面的方法A

  [
  回傳值型態 子介面的方法B([參數串列]); //宣告子介面的方法B
   …
  ]
}
```

定義說明

1. 若子介面只繼承一個父介面，則「:」(冒號)後面只需填入一個父介面名稱。若子介面繼承多個父介面，則 : 後面必須填入多個父介面名稱，並以「,」隔開。子介面繼承多個父介面時，子介面會繼承所有父介面所宣告的方法。
2. 其他相關說明，參考「11-2-1　介面定義」的定義說明。

範例 6

（承上題）寫一程式，定義繼承 ISides 介面的介面 IExtDegree，並在其中宣告 ComputeDegree 方法。另外定義 RegularSidesSh ape2 類別實作 IExtDegree 介面，並在其中宣告 public 層級的 sides 屬性，表示正多邊形的邊數，及實作 ISides 介面的 SetSides 方法與 IExtDegree 介面的 ComputeDegree 方法，分別用來設定正多邊形的邊數和計算正多邊形內角的度數。在主類別中，宣告 RegularSidesShape2 類別的物件變數 picture。執行時，輸入正多邊形的邊數，最後輸出正多邊形內角的度數。

```
using System;
using System.Collections.Generic;
using System.Linq;
using System.Text;
using System.Threading.Tasks;

namespace Ex6
{
    class Program
    {
        static void Main(string[] args)
        {
            RegularSidesShape2 picture = new RegularSidesShape2();
            picture.SetSides();
            Console.Write("正" + picture.sides + "邊形內角的度數=");
            Console.WriteLine("{0:F3}", picture.ComputeDegree(picture.sides));
            Console.ReadKey();
        }
    }

    interface ISides // 定義ISides介面
    {
        // 宣告方法SetSides : 設定正多邊形的邊數
        void SetSides();
    }

    interface IExtDegree : ISides // 定義IExtDegree介面繼承ISides介面
    {
        // 宣告方法ComputeDegree : 計算正多邊形內角的度數
        double ComputeDegree(int sides);
    }

    // 定義RegularSidesShape2類別實作IExtDegree介面
    class RegularSidesShape2 : IExtDegree
    {
        public int sides;

        // 實作ISides介面的SetSides方法
        public void SetSides()
        {
            Console.WriteLine("計算正多邊形內角的度數");
            Console.Write("請輸入正多邊形的邊數:");
            sides = Int32.Parse(Console.ReadLine());  // 邊數
```

```
44          }
45
46          // 實作IExtDegree介面的ComputeDegree方法
47          public double ComputeDegree(int sides)
48          {
49              return (double)(sides - 2) * 180 / sides;
50          }
51      }
52  }
```

執行結果

```
計算正多邊形內角的度數
請輸入正多邊形的邊數:7
正7邊形內角的度數=128.571
```

程式說明

1. 本範例是利用繼承的概念，將範例 5 的介面 IDegree 與 ISides 延伸爲 IExtDegree 介面，如此可減少類別實作介面的個數。在範例 5 中，RegularSidesShape 類別實作 ISides 及 IDegree 兩個介面；而在本範例中，RegularSidesShape2 類別只實作 IExtDegree 介面。
2. 第 21~25 列的 ISides 介面定義，第 27~31 列的 IExtDegree 介面定義，以及第 33~51 列的 RegularSidesShape 類別定義，也可以分別獨立儲存在 ISides.cs，IExtDegree.cs 及 RegularSidesShape2.cs。如何在 Ex6 專案中新增一個類別檔或介面檔的說明，請參考「1-3-5　專案管理」。
3. 本範例與範例 5 的執行結果都一樣。

自我練習

一、程式設計

1. 寫一程式，定義 Shape 抽象類別，並在其中宣告 Area（面積）抽象方法。另外定義類別 Shape 的兩個子類別，分別為 Triangle（三角形）類別及 Rectangle（長方形）類別，並分別在類別 Triangle 及 Rectangle 類別中實作 Area 抽象方法。在主類別中，宣告 Shape 抽象類別的變數 picture。執行時，分別輸入三角形的底與高，及長方形的長與寬，最後分別輸出三角形及長方形的面積（請參考範例 3）。
2. 寫一程式，定義 ITrafficTool 介面，並在其中宣告 Move（移動）抽象方法。另外分別定義類別 Car、Ship 及 Plane 來實作 ITrafficTool 介面，並分別在類別 Car、Ship 及 Plane 中實作 Move 抽象方法，用來輸出三種交通工具在何種空間上移動。在主類別中，宣告 ITrafficTool 介面的變數 moveStyle。執行時，輸出三種交通工具分別在「路上移動」、「海上移動」及「空中移動」（請參考範例 4）。

第三篇

視窗應用程式

本篇共五章，主要是介紹如何建立 Visual C# 視窗應用程式及 Visual C# 視窗應用程式的運作原理。本篇各章的標題如下：

CHAPTER

12

視窗應用程式

在第一章至第十一章中，我們介紹了 Visual C# 的基本語法，以及如何開發文字模式下的主控台（Console）應用程式。從本章起，將介紹如何開發圖形介面的應用程式專案（Windows Form）。

視窗應用程式與主控台應用程式之間最大的差異，在於輸出入介面設計。設計視窗應用程式的輸出入介面，不用撰寫任何程式碼，只要透過滑鼠，將 Visual Studio 整合開發環境中的工具箱內之「控制項」（或稱爲物件）拖曳到 Form（表單）控制項上，就能輕易完成輸出入介面佈置，同時看見輸出入介面的外觀。

而設計主控台應用程式的輸出入介面，則必須自行撰寫輸出入介面的相關程式碼，不但費時，且必須等到執行時才能看見輸出入介面的外觀。

12-1 建立視窗應用程式專案

撰寫視窗應用程式的過程較主控台應用程式複雜，但只要熟悉視窗應用程式專案的建立程序，就能慢慢了解視窗應用程式的運作模式。建立視窗應用程式專案的程序如下：

1. 建立 Windows Forms App：目的是產生視窗應用程式專案的預設表單控制項介面。
2. 建立使用者介面：在表單控制項上佈置其他控制項，並設定表單控制項及其他控制項的相關屬性值。
3. 撰寫表單控制項或其他控制項的事件處理函式，或使用者自訂類別程式碼。
4. 執行視窗應用程式專案，並驗證是否符合需求。

建立 Visual C# 視窗應用程式專案的預設表單控制項介面之程序如下：（在 D:\c#\ch12 資料夾中，以新增 Login 專案爲例說明）

1. 點選「開始」中的「Visual Studio 2017」，進入「Visual Studio 2017」整合開發環境的「起始頁」視窗。

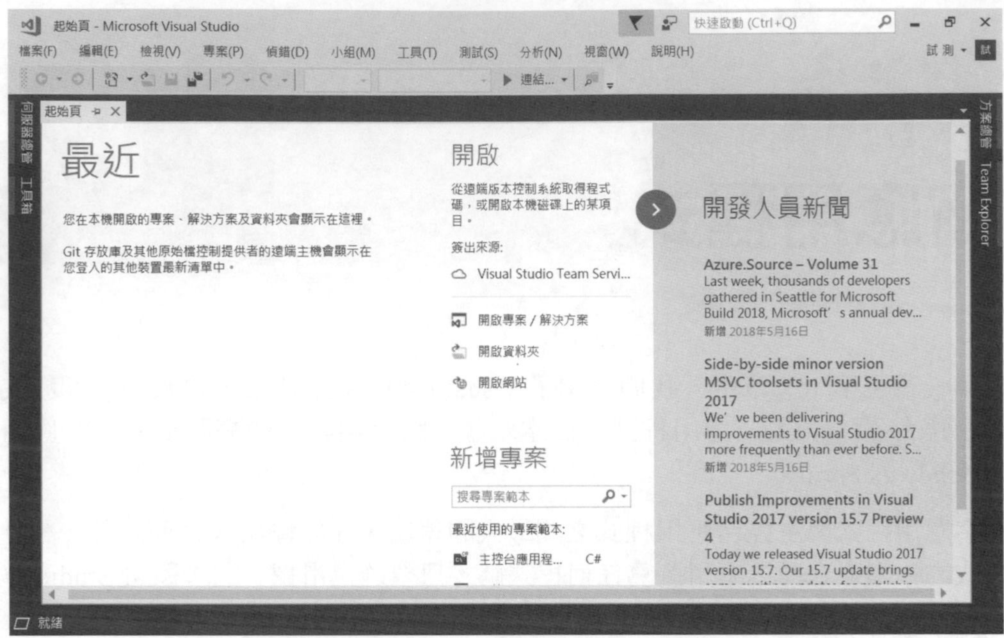

圖 12-1 建立「視窗應用程式專案」程序 1

2. 關閉「起始頁 x」，進入「Visual Studio 2017」整合開發環境。

圖 12-2 建立「視窗應用程式專案」程序 2

3. 點選功能表中的「檔案 (F)」中的「新增 (N)」功能內之「專案 / 方案 (P)」。

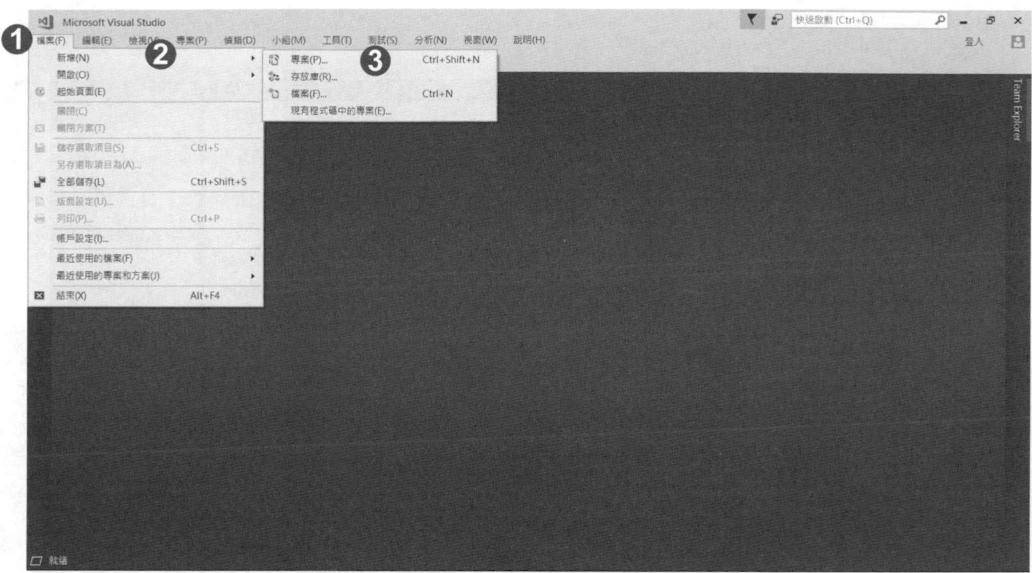

圖 12-3 建立「視窗應用程式專案」程序 3

4. (1) 點左邊的 Visual C#，
   (2) 點中間的 Windows Forms APP (.NET Framework)，
   (3) 在「名稱 (N)」欄位中，輸入 Login，
   (4) 在「位置 (L)」欄位中，輸入 D:\c#\ch12，
   (5) 按「確定」，完成專案建立。

圖 12-4 建立「視窗應用程式專案」程序 4

完成步驟 4 後，會出現以下的視窗：

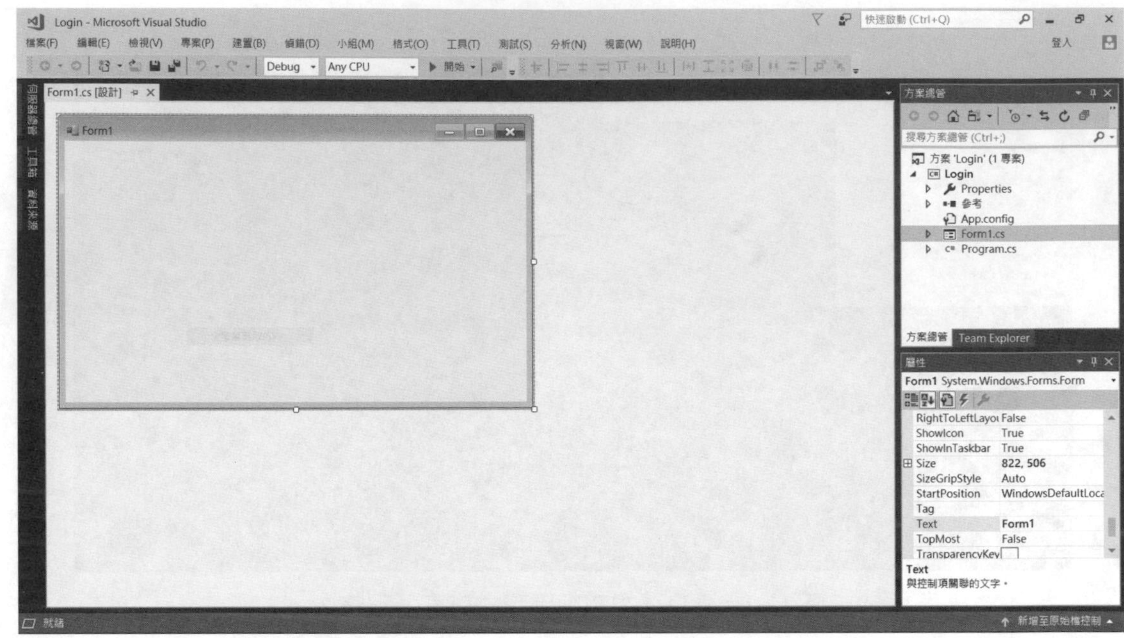

圖 12-5 「視窗應用程式專案」建立完成畫面

12-1-1 Visual C# 視窗應用程式專案架構介紹

圖 12-5 右上方的「方案總管」視窗內容，是建立專案名稱爲 Login 時所產生的專案架構。方案總管主要用來管理專案及其相關資訊，使用者透過方案總管，可以輕鬆存取專案中的檔案。當方案總管視窗被關閉時，可點選功能表「檢視 (V)/ 方案總管 (P)」，即可開啓方案總管視窗。

專案架構中的項目，包括方案名稱 Login、專案名稱 Login、Properties、參考、Form1.cs、Program.cs 等。這些項目的功能及作用說明如下：

1. **方案**：用來管理使用者所建立的專案。一個方案底下可以同時建立多個專案，使用者可以點選方案中的專案名稱，並對它進行移除、更名等作業處理。Visual Studio 將方案的定義，儲存在方案名稱 .sln 和 .suo 中。
   圖 12-5 右上方的方案總管視窗內的方案名稱 Login 與專案名稱 Login 同名，是建立 Login 專案時自動產生的；同時在 D:\c#\ch12\Login 資料夾中也會自動產生一個 Login.sln 檔，其內容主要記錄專案和方案的相關資訊。.suo（方案使用者選項）二進位檔用來紀錄使用者處理方案時所做的選項設定，是儲存方案時自動產生的一個檔案，位於 D:\c#\ch12\Login\.vs\Login\v15 中。
2. **專案**：主要記錄與此專案相關的資訊，包括 Properties、參考、Resources、App.config、Form1.cs 及 Program.cs。使用者可以點選專案中的檔案名稱或項目，並對它進行刪除、更名、移除等作業處理。Visual Studio 將專案的定義，儲存在專案

名稱 .csproj 中。以圖 12-5 右上方的方案總管視窗內的 Login 專案爲例，在 D:\c#\ch12\Login 資料夾中包含一個 Login.csproj 檔。

3. Properties：用來記錄專案的版本資訊、使用的資源、應用程式的屬性設定，以及使用者的色彩喜好設定。這些資訊都儲存於 D:\c#\ch12\Login\Properties 資料夾中。
4. **參考**：是存放 Microsoft 公司或個人或第三方公司所開發的組件（.dll）區。若在專案程式中，using(引用)「參考」中的組件，就能使用組件中的類別。
5. Resources：記錄專案所使用的資源檔，而這些資源檔都儲存於 D:\c#\ch12\Login\Resources 資料夾中。
6. App.config：記錄專案的組態設定，包括原始程式碼的字元編碼方式、使用 .NET Framework 的版本等。
7. Form1.cs：是儲存表單控制項的原始程式碼之類別檔（.cs），預設名稱爲 Form1.cs。表單控制項是視窗應用程式最基本的控制項，可在它上面佈置其他各種類型的控制項或元件。一個專案可以同時建立多個表單。
8. Program.cs：爲專案預設的啓動程式檔名稱，可在其中設定專案被執行時的啓動表單（即，第一個被開啓的表單）。

12-1-2 工具箱

在圖 12-5 左方的工具箱中，陳列各種視窗控制項物件的內建基礎類別（參考圖 12-6)。

「基礎類別」依性質來分類，分別陳列在工具箱視窗中的所有 Windows Form、通用控制項、容器、功能表與工具列、資料、元件、列印、對話方塊、WPF 互通性及一般等項目中。若不知視窗控制項物件的內建基礎類別放在工具箱的哪個項目中，則直接到「所有 Windows Form」項目中尋找即可。當工具箱消失不見時，可點選功能表「檢視 (V)/ 工具箱 (S)」，即可開啓工具箱。

每一個視窗控制項物件，各自繼承工具箱中的一個基礎類別。例，Form 類別是表單控制項的基礎類別（即，每一個表單控制項都是繼承 Form 類別）；Button 類別是按鈕控制項的基礎類別；Label 類別是標籤控制項的基礎類別；TextBox 類別是文字方塊控制項的基礎類別等。因此，了解每一個控制項的基礎類別，有助於增進視窗應用程式設計的學習速度。

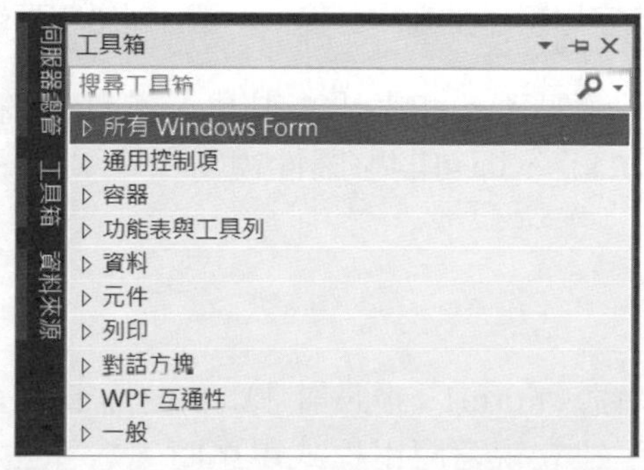

圖 12-6　視窗控制項物件的內建基礎類別

12-1-3 屬性視窗

圖 12-5 右下方的屬性視窗，主要提供被選取控制項或元件的屬性值存取與事件選取。「屬性」視窗呈現的方式有下列四種：

1. **依英文字母排列**：依屬性名稱的英文字母順序，來呈現控制項或元件的屬性，如圖 12-7 所示。
2. **依分類排列**：依屬性的外觀、行為、其他等分類順序，來呈現控制項或元件的屬性，如圖 12-8 所示。
3. **依英文字母排列**：依事件名稱的英文字母順序，來呈現控制項或元件的事件，如圖 12-9 所示。
4. **依分類排列**：依事件名稱的外觀、行為、拖放等分類順序，來呈現控制項或元件的事件，如圖 12-10 所示。

圖 12-7　屬性依字母順序排列

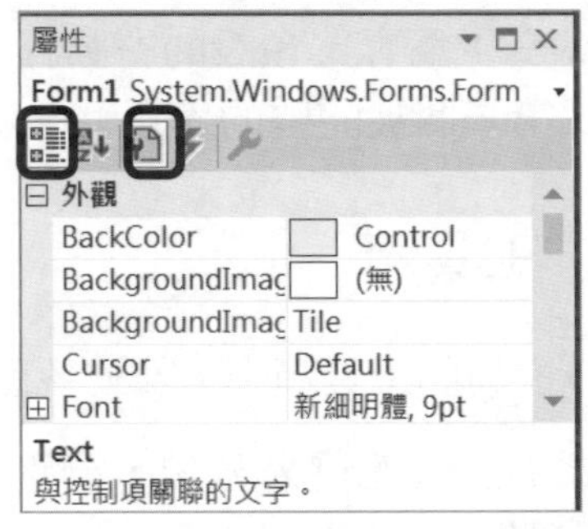

圖 12-8　屬性依分類排列

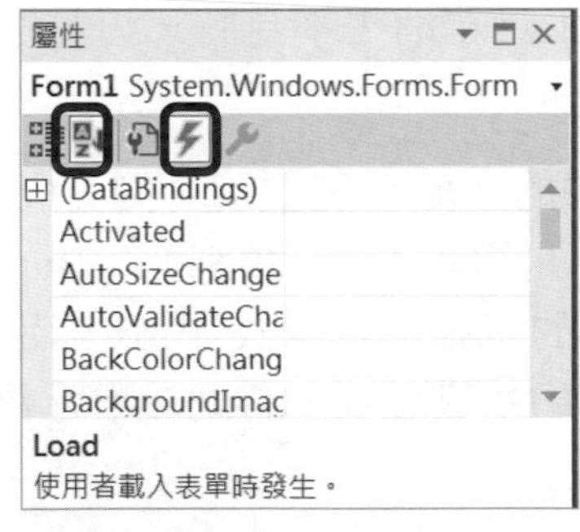

圖 12-9　事件依字母順序排列

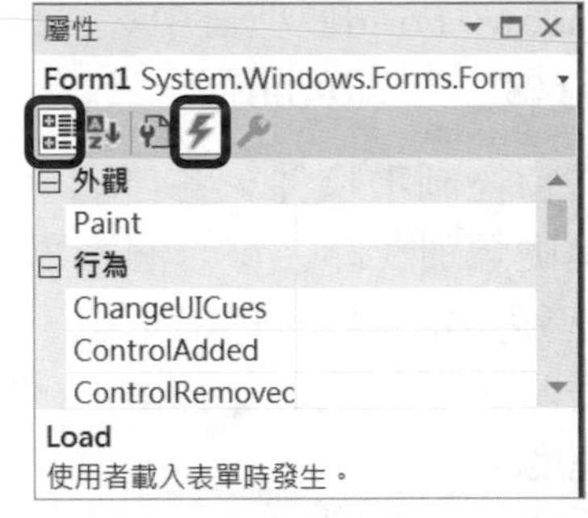

圖 12-10　事件依分類排列

當屬性視窗被關閉時，可點選功能表「檢視 (V)/ 屬性視窗 (W)」，或在控制項上按滑鼠右鍵，並點選「屬性 (R)」，即可開啟屬性視窗。

12-1-4 表單視窗

圖 12-5 中間的表單視窗（Form1.cs[設計]），是佈置視窗控制項的容器，作為視窗應用程式的使用者介面。建立視窗應用程式專案時，會產生一個表單控制項，名稱預

設為 Form1。Form1（表單）控制項的預設畫面如下：

圖 12-11　Form1 表單的預設畫面

Form1 表單的程式碼是儲存在 Form1.cs，只要在表單上按滑鼠右鍵，並點選「檢視程式碼 (C)」，就會出現 Form1.cs 程式碼視窗。也可從圖 12-5 右上方的方案總管視窗中的 Form1.cs 底下的 Form1() 進入。Form1.cs 的預設程式碼如下：

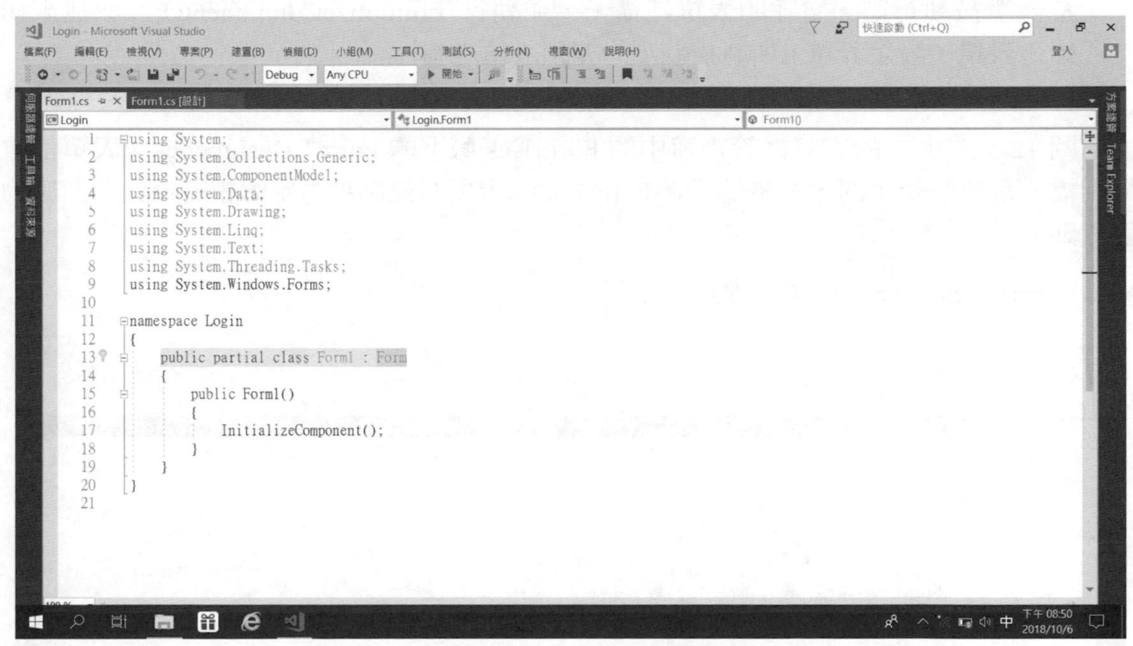

圖 12-12　Form1.cs 的預設程式碼

註：

- 程式碼開頭的「using ...」敘述區，主要是提供程式設計者引用 Microsoft 公司或個人或第三方公司所開發的組件，使撰寫程式更有效率。

- namespace Login，是建立 Login 專案時，系統預設以專案名稱 Login 去定義 Login 命名空間，且會自動建立 Login 資料夾，與 Login 專案有關的所有檔案都儲存在這裡。
- public partial class Form1 : Form 中的 Form1，是表單的預設名稱，它繼承自內建的 Form 類別。而 class 前面的 partial 關鍵字，表示 Form1 類別的定義被分割成若干個，這裡所看到 Form1 類別定義，只是整個 Form1 類別定義的一部分；Form1 的其他部分類別定義，請參考圖 12-13 的 partial class Form1。同一個命名空間內，定義同一個類別、結構或介面時，若想將其內容分割成幾部分，並儲存在不同的類別檔（.cs）內，則必須在 class、struct 或 interface 前加上 partial 關鍵字。同一個類別、結構或介面的定義，若是由多人分工合作完成，則採用部分類別、部分結構或部分介面的定義方式，是較有效率的作法。等所有人將各自撰寫的部分類別、部分結構或部分介面的定義檔（.cs）完成後，再一起加入同一個專案內，編譯時編譯器就會將這些部分類別、部分結構或部分介面的定義，組合成單一的類別、結構或介面。

```
public Form1()
{
   InitializeComponent();
}
```

這是 Form1 表單的建構子。
當表單被執行時，會呼叫表單建構子，並執行「InitializeComponent();」敘述來初始化表單，設定表單上所有控制項的非預設值之屬性。

圖 12-5 右上方的方案總管視窗中的 Form1.cs 底下的 Form1.Designer.cs（表單佈置類別檔）是自動產生的，主要是記錄 Form1 表單上所有控制項設定的相關資訊所對應的程式碼。

Form1.Designer.cs 的預設程式碼如下：

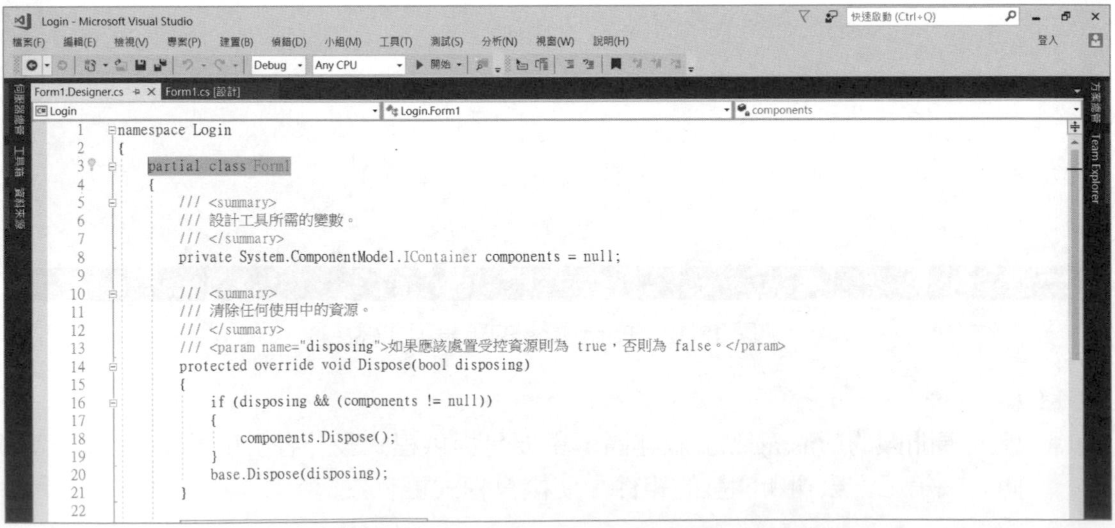
Login - Microsoft Visual Studio
Form1.Designer.cs
Form1.cs [設計]
Login
Login.Form1
components
namespace Login
{
partial class Form1
{
/// <summary>
/// 設計工具所需的變數。
/// </summary>
private System.ComponentModel.IContainer components = null;
/// <summary>
/// 清除任何使用中的資源。
/// </summary>
/// <param name="disposing">如果應該處置受控資源則為 true，否則為 false。</param>
protected override void Dispose(bool disposing)
{
if (disposing && (components != null))
{
components.Dispose();
}
base.Dispose(disposing);
}

圖 12-13 Form1.Designer.cs 的預設程式碼

註：

在編譯時，編譯器會將 Form1.Designer.cs 原始程式碼中的部分類別定義 partial class Form1{…}，與 Form1.cs 原始程式碼中的部分類別定義 partial class Form1 : Form {…}，組合成單一 Form1 類別。

圖 12-5 右上方的方案總管視窗中的 Program.cs，是專案的啓動程式檔。Program.cs 的預設程式碼如下：

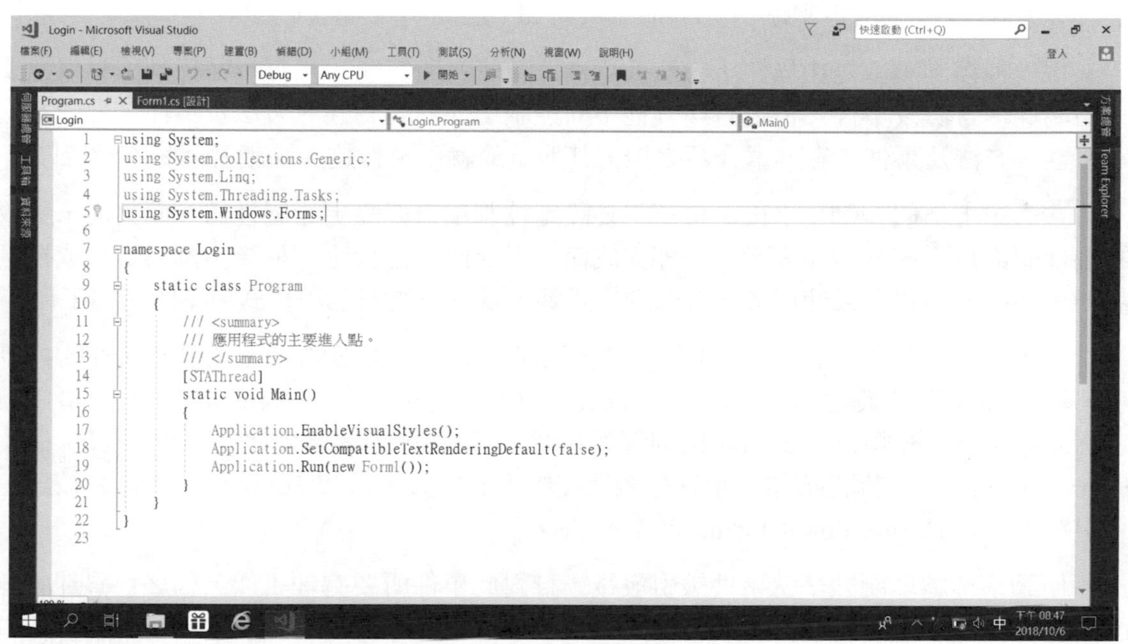

圖 12-14 Program.cs 的預設程式碼

註：

- 程式中的 Main(…) 主方法，是視窗應用程式的主要進入點。首先執行 Application 類別的 EnableVisualStyles() 方法，啓用視覺樣式繪製控制項。接著執行 Application 類別的 SetCompatibleTextRenderingDefault(false) 方法，預設以 TextRenderer 類別中的方法，繪製控制項上的文字。最後執行 Application 類別的 Run(new Form1()) 方法，開啓 Form1 表單。
- 當一個專案包含名稱爲 F_1、F_2、…及 F_n 的 n 個表單時，若想以 F_n 表單爲啓動表單，則只要將 Program.cs 中的 Application.Run(new Form1()); 改成 Application.Run(new F_n()); 即可。

12-2 建立使用者介面

新增視窗應用程式專案後，首先根據問題需求，在預設表單上佈置必要的控制項（或物件），作爲使用者與視窗應用程式的互動介面。

什麼是「控制項」？凡是可與使用者互動的有形或無形圖形介面元件，都稱之爲控制項。有形的控制項，有 Form（表單）、Button（按鈕）、Label（標籤）、TextBox（文字方塊）等；無形的控制項，有 Timer（計時器）、ImageList（影像清單）等。

每一種控制項都是由屬性、方法及事件三種成員所組成，且每一種控制項有自己獨有的屬性、方法及事件，但也有與其他不同控制項共同的屬性、方法及事件。對於共同的屬性、方法及事件，在本章介紹之後，其他章節就不再贅述，請讀者回到本章查閱。

在表單上佈置控制項之後，接著只要設定控制項需要變更的屬性值（而其他未更改的屬性值則以系統預設值表示），即完成使用者介面屬性設定。最後，撰寫表單或控制項的事件處理函式，或使用者自訂類別程式碼，就完成視窗應用程式專案的撰寫工作。

何謂事件？事件（Event）是由使用者或程式邏輯所引發的動作。引發事件的控制項，稱之爲「事件發送者」（event sender）或「事件來源」（event source）。事件發送者可能是 Form 類別、Button 類別等控制項。事件通常是事件發送者的成員，例：FormClosing（正在關閉表單）事件是表單控制項的成員，當按 Form 右上角的 X 按鈕，會引發表單控制項的 FormClosing 事件。

何謂事件處理函式？當事件被引發後，針對此事件所要處理工作，稱之爲事件處理函式，即在此事件中撰寫相對應的程式碼。

本章主要介紹 Form 表單常用的屬性、方法與事件；而其他常用控制項的屬性、方法與事件介紹，請參考「第十三章　常用控制項」。

12-2-1 表單常用之屬性

執行視窗應用程式時，首先映入眼簾的畫面就是表單（Form）。表單是一種容器(Container)，作爲其他控制項佈置的地方。每一種控制項都有各自內建的屬性、方法及事件。因此，了解表單控制項的屬性設定、方法使用及事件引發，是撰寫視窗應用程式的首要工作。

控制項的屬性值，大部分都可以透過屬性視窗（請參考圖 12-7 及圖 12-8）或程式碼視窗（請參考圖 12-12）去存取，極少數只能在程式碼視窗被存取。透過屬性視窗去設定控制項的屬性值時，先在屬性視窗的左邊找到要設定的控制項屬性，然後在其右邊進行設定。屬性的設定操作畫面在介紹之後，類似的情境就請讀者自行練習，不再贅述；而較複雜的屬性設定操作，必要時會適時提供說明。

以下一一介紹表單控制項常用的屬性，請讀者務必熟悉它們的用法，才能進一步朝設計視窗應用程式邁進。

1. **Name 屬性**：用來記錄控制項的名稱。表單的 Name 屬性值，預設為 Form1。在設計階段，首要的工作就是透過屬性視窗去設定每一個控制項的 Name 屬性值。若是在程式碼撰寫過程中，才去修改 Name 屬性值，則程式碼中的控制項名稱與控制項的 Name 屬性值不一致，會產生混淆的現象。每一個控制項的 Name 屬性值之命名規則，請參考「2-2　常數與變數宣告」中的「識別字的命名規則」。每一個控制項的 Name 屬性值之命名，除參考「識別字的命名規則」外，建議讀者同時參照「表 12-1　常用控制項之命名規則」。

表 12-1　常用控制項之命名規則

控制項類型	建議控制項名稱字首	範例
Form（表單）	Frm	FrmLogin
Label（標籤）	Lbl	LblAccount
LinkLabel（超連結標籤）	LLbl	LLblSchoolIp
MaskedTextBox（遮罩文字方塊）	Mtxt	MtxtPassWord
Button（按鈕）	Btn	BtnOK
Timer（計時器）	Tmr	TmrGameStart
PictureBox（圖片方塊）	Pic	PicLogo
ImageList（影像清單）	Img	ImgDice
GroupBox（群組方塊）	Grp	GrpClasses
Panel（面板）	Pnl	PnlDistrict
RadioButton（選項按鈕）	Rdb	RdbSex
CheckBox（核取方塊）	Chk	ChkInteresting
ListBox（清單方塊）	Lst	LstSubjected
CheckedListBox（核取方塊清單）	ChkLst	ChkLstSubject
ComboBox（組合方塊）	Cbo	CboMonth
RichTextBox（豐富文字方塊）	Rtxt	RtxtProfile
MonthCalendar（月曆）	MonCal	MonCalBooking
DateTimePicker（日期挑選）	DtTmPk	DtTmPkBirth
OpenFileDialog（開檔對話方塊）	OpnFilDlg	OpnFilDlgRtxt
SaveFileDialog（存檔對話方塊）	SavFilDlg	SavFilDlgRtxt
FontDialog（字型對話方塊）	FntDlg	FntDlgRtxt
ColorDialog（色彩對話方塊）	ClrDlg	ClrDlgRtxt
PrintDocument（列印文件）	PrtDoc	PrtDocRtxt
PrintDialog（列印對話方塊）	PrtDlg	PrtDlgRtxt

透過屬性視窗設定控制項的 Name 屬性值的作法如下：(以表單控制項的 Name 屬性值設定成 FrmLogin 爲例說明)

圖 12-15　Name 屬性值設定前

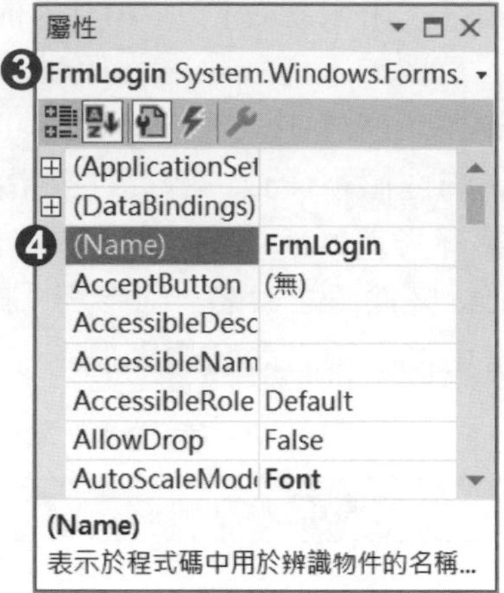

圖 12-16　Name 屬性值設定後

在程式碼視窗中，要取得控制項的 Name 屬性值，撰寫語法如下：

```
控制項名稱.Name
```

例：取得表單控制項的名稱。

```
this.Name
```

註：

保留字 this 是表單的代名詞。若表單控制項的 Name 屬性值爲 FrmLogin，則 this.Name 的結果爲 FrmLogin。

2. **Text 屬性**：用來記錄控制項的標題或文字內容。表單的 Text 屬性值，預設爲 Form1。在程式碼視窗中，要設定或取得控制項的 Text 屬性值，其撰寫語法如下：
設定語法：

```
控制項名稱.Text = "標題或文字內容";
```

例：設定表單控制項的標題爲「登錄帳號及密碼」。

```
this.Text = "登錄帳號及密碼";
```

取得語法：

```
控制項名稱.Text
```

註：

此結果之資料型態爲 String。

例：取得表單控制項的標題。

```
this.Text
```

3. **Enabled 屬性**：用來記錄控制項是否有作用，預設值為 true，表示控制項有作用。若為 false，則表示控制項及其子控制項都沒作用。在程式碼視窗中，要設定或取得控制項的 Enabled 屬性值，其撰寫語法如下：
設定語法：

```
控制項名稱.Enabled = true (或 false);
```

例：設定表單控制項及其子控制項都沒有作用。

```
this.Enabled = false;
```

取得語法：

```
控制項名稱.Enabled
```

註：

此結果之資料型態為 Boolean。

例：取得表單控制項是否有作用。

```
this.Enabled
```

4. **Visible 屬性**：用來記錄控制項是否顯示，預設值為 true，表示控制項會顯示。若為 false，則表示控制項及其子控制項都被隱藏起來。在程式碼視窗中，要設定或取得控制項的 Visible 屬性值，其撰寫語法如下：
設定語法：

```
控制項名稱.Visible = true (或 false);
```

例：設定表單控制項及其子控制項都被隱藏。

```
this.Visible = false;
```

取得語法：

```
控制項名稱.Visible
```

註：

此結果之資料型態為 Boolean。

例：取得表單控制項是否顯示。

```
this.Visible
```

5. **BackColor 屬性**：用來記錄控制項的背景顏色，預設值爲 Control（淺灰色）。在程式碼視窗中，要設定或取得控制項的 BackColor 屬性值，其撰寫語法如下：
設定語法：

```
控制項名稱.BackColor = Color.Color結構的屬性;
```

註：

BackColor 屬性的資料型態爲 Color 結構。Color 爲 Visual C# 的內建結構，位於 System.Drawing 命名空間內。Color 結構常用的公開靜態唯讀屬性，包括 Red（紅色）、Orange（橙色）、Yellow（黃色）、Green（綠色）、Blue（藍色）、Indigo（靛色）、Purple（紫色）等。

例：設定表單控制項的背景顏色爲紅色。

```
this.BackColor = Color.Red;
```

取得語法：

```
控制項名稱.BackColor
```

註：

此結果之資料型態爲 Color 結構。

例：取得表單控制項的背景顏色。

```
this.BackColor
```

6. **ForeColor 屬性**：用來記錄控制項或其子控制項中的文字顏色，預設值爲 ControlText（黑色）。在程式碼視窗中，要設定或取得控制項的 ForeColor 屬性值，其撰寫語法如下：
設定語法：

```
控制項名稱.ForeColor = Color.Color結構的屬性;
```

註：

ForeColor 屬性的資料型態爲 Color 結構。Color 結構結構的屬性說明，請參考 BackColor 的屬性說明。

例：設定表單控制項中的文字顏色爲藍色。

```
this.ForeColor = Color.Blue;
```

取得語法：

```
控制項名稱.ForeColor
```

註：

此結果之資料型態為 Color 結構。

例：取得表單控制項中的文字顏色。

```
this.ForeColor
```

7. **Font 屬性**：用來記錄控制項中的文字字型、大小與樣式，預設值為「新細明體，9 點，標準」。以 FrmLogin 表單的 Font 屬性值改成「新細明體，標準，14 點」為例，透過屬性視窗的作法如下：

圖 12-17　Font 屬性值設定前

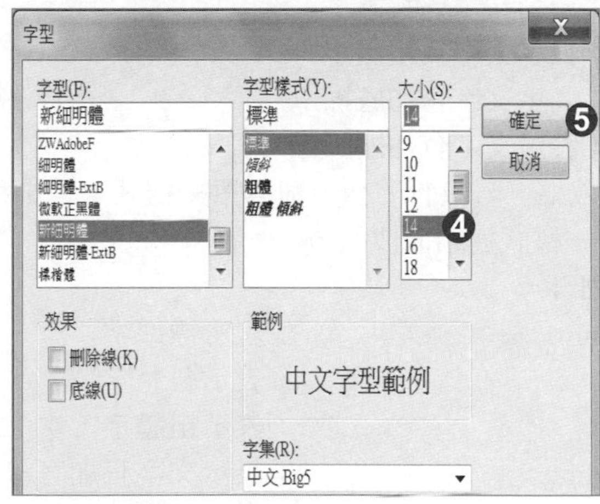

圖 12-18　Font 屬性值設定中

圖 12-19　Font 屬性值設定後

在程式碼視窗中，要設定或取得控制項的 Font 屬性值，其撰寫語法如下：
設定語法：

```
控制項名稱.Font = new Font("字型名稱",大小, FontStyle.FontStyle列舉的成員);
```

註：

字型名稱：包括新細明體、標楷體等。

大小：字體最小 9 點，最大 72 點。

FontStyle 表示文字的樣式及效果，是 Visual C# 的內建列舉，位於 System.Drawing 命名空間內。

FontStyle 列舉的成員如下：

- Regular　：表示文字爲標準字
- Italic　：表示文字爲斜體字
- Bold　：表示文字爲粗體字
- Underline　：表示文字有加底線
- Strikeout　：表示文字有加刪除線。

文字的字型樣式及效果，若只有一種，稱爲單一樣式，否則稱爲複數樣式。複數樣式是透過「|」將單一樣式連結而成的。

單一樣式的表示法如下：

- FontStyle.Regular　：表示標準字
- FontStyle.Italic　：表示斜體字
- FontStyle.Bold　：表示粗體字
- FontStyle.Underline　：表示文字有加底線
- FontStyle.Strikeout　：表示文字有加刪除線

複數樣式的表示法如下：

- FontStyle.Bold | FontStyle.Italic　：表示粗斜體
- …

例：設定表單控制項中的文字字型爲標楷體、大小爲 16 及樣式爲「斜體 + 底線」。

```
this.Font = new Font("標楷體",16, FontStyle.Italic | FontStyle.Underline);
```

取得控制項中的文字字型名稱之語法：

```
控制項名稱.Font.Name
```

註：

此結果之資料型態爲 String。

取得控制項中的文字字型大小之語法：

```
控制項名稱.Font.Size
```

註：

此結果之資料型態爲 Int32。

取得控制項中的文字字型樣式及效果之語法：

```
控制項名稱.Font.Style
```

註：

此結果之資料型態爲 FontStyle 列舉。

另外，還可利用以下五種語法所得到的結果，判斷控制項中的文字字型是否爲某種樣式及效果。以下五種語法所回傳的資料之型態皆爲 Boolean。若得到的結果爲 true，則表示此控制項的文字具有該種樣式及效果，否則不具有該種樣式及效果。

- 取得控制項中的文字是否爲標準字之語法：

```
控制項名稱.Font.Regular
```

- 取得控制項中的文字是否爲斜體字之語法：

```
控制項名稱.Font.Italic
```

- 取得控制項中的文字是否爲粗體字之語法：

```
控制項名稱.Font.Bold
```

- 取得控制項中的文字是否有加底線之語法：

```
控制項名稱.Font.Underline
```

- 取得控制項中的文字是否有刪除線之語法：

```
控制項名稱.Font.Strikeout
```

例：依據上例，設定

```
this.Font = new Font("標楷體",16, FontStyle.Italic);
```

後，可取得

this.Font.Name	的結果爲標楷體，
this.Font.Size	的結果爲 16，
this.Font.Style	的結果爲 FontStyle.Italic，
this.Font.Regular	的結果爲 false，
this.Font.Italic	的結果爲 true，
this.Font.Bold	的結果爲 false，
this.Font.Underline	的結果爲 false，
this.Font.Strikeout	的結果爲 false。

8. **Left 屬性**：用來記錄控制項左方與它的容器左方之距離（單位爲像素），預設值爲 0，它只能在程式碼視窗中存取。在程式碼視窗中，要設定或取得控制項的 Left 屬性值，其撰寫語法如下：

   設定語法：

   ```
   控制項名稱.Left = 正整數;
   ```

   例：設定表單控制項左方與它的容器左方之距離爲 10 像素。

   ```
   this.Left = 10;
   ```

   取得語法：

   ```
   控制項名稱.Left
   ```

   註：

   此結果之資料型態爲 Int32。

   例：取得表單控制項左方與它的容器左方之距離。

   ```
   this.Left
   ```

9. **Top 屬性**：用來記錄控制項上方與它的容器上方之距離（單位爲像素），預設值爲 0，它只能在程式碼視窗中存取。在程式碼視窗中，要設定或取得控制項的 Top 屬性值，其撰寫語法如下：

   設定語法：

   ```
   控制項名稱.Top = 正整數;
   ```

   例：設定表單控制項上方與它的容器上方之距離爲 20 像素。

   ```
   this.Top = 20;
   ```

取得語法：

```
控制項名稱.Top
```

註：

此結果之資料型態為 Int32。

例：取得表單控制項上方與它的容器上方之距離。

```
this.Top
```

10. **Location 屬性**：用來記錄控制項在容器內的座標（單位為像素），預設值為 0, 0。第一個 0，代表控制項左方與它的容器左方之距離為 0 像素；第二個 0，代表控制項上方與它的容器上方之距離為 0 像素。設定「Location」屬性，相當於同時完成屬性 Left 與 Top 的設定。在程式碼視窗中，要設定或取得控制項的 Location 屬性值，其撰寫語法如下：

    設定語法：

```
控制項名稱.Location = new Point(X, Y);
```

註：

Point 為 Visual C# 的內建結構，位於 System.Windows 命名空間內，而 Point() 為其建構子，目的是設定控制項左上角的座標 (X,Y)；X 代表控制項左方與它的容器左方之距離，Y 代表「控制項」上方與它的容器上方之距離。

Location 屬性的資料型態為 Point 結構。

例：設定表單控制項左方與它的容器左方之距離為 10 像素，上方與它的容器上方之距離為 20 像素。

```
this.Location = new Point(10, 20);
```

取得語法：

```
控制項名稱.Location.X
```

註：

其目的是取得控制項左方與它的容器左方間之距離。

此結果之資料型態為 Int32。

例：取得表單控制項左方與它的容器左方之距離。

```
this.Location.X
```

取得語法：

```
控制項名稱.Location.Y
```

註：

其目的是取得「控制項」上方與它的容器上方間之距離。
此結果之資料型態爲 Int32。

例：取得表單控制項上方與它的容器上方之距離。

```
this.Location.Y
```

11. **Width 屬性**：用來紀錄控制項的寬度。在程式碼視窗中，要設定或取得控制項的 Width 屬性值，其撰寫語法如下：
設定語法：

```
控制項名稱.Width = 正整數;
```

例：設定表單控制項的寬度爲 200 像素。

```
this.Width = 200;
```

取得語法：

```
控制項名稱.Width
```

註：

此結果之資料型態爲 Int32。

例：取得表單控制項的寬度。

```
this.Width
```

12. **Height 屬性**：用來記錄控制項的高度。在程式碼視窗中，要設定或取得控制項的 Height 屬性值，其撰寫語法如下：
設定語法：

```
控制項名稱.Height = 正整數;
```

例：設定表單控制項的高度爲 100 像素。

```
this.Height = 100;
```

取得語法：

```
控制項名稱.Height
```

註：

此結果之資料型態爲 Int32。

例：取得表單控制項的高度。

```
this.Height
```

13. **StartPosition 屬性**：用來記錄表單控制項第一次執行時的顯示位置，預設值爲 WindowsDefaultLocation。StartPosition 屬性若要在程式中設定，則必須將設定的敘述撰寫在表單建構子中的「InitializeComponent();」敘述之後才有作用。在「程式碼」視窗中，要設定或取得表單控制項的 StartPosition 屬性值，其撰寫語法如下：
設定語法：

```
this.StartPosition = FormStartPosition.FormStartPosition列舉的成員;
```

註：

StartPosition 屬性的資料型態爲 FormStartPosition 列舉。FormStartPosition 爲 Visual C# 的內建列舉，位於 System.Windows.Forms 命名空間內。FormStartPosition 列舉的成員如下：

- Manual：設計時佈置的位置。
- CenterScreen：置於螢幕中央。
- WindowsDefaultLocation：預設位置。
- WindowsDefaultBounds：系統預設位置和大小。
- CenterParent：置於父表單的中央。

例：設定表單控制項第一次執行時的顯示位置爲 Manual（即，設計時所佈置的位置）。

```
this.StartPosition = FormStartPosition.Manual;
```

取得表單控制項第一次執行時的顯示位置之語法如下：

```
this.StartPosition
```

註：

此結果之資料型態爲 FormStartPosition 列舉。

14. **Icon 屬性**：用來記錄表單控制項的標題列圖示，預設值爲▣（Visual C# 的圖示）。在程式碼視窗中，要設定表單控制項的 Icon 屬性值，其撰寫語法如下：
設定語法：

```
this.Icon = new Icon("圖檔名稱.ico");
```

例：設定表單控制項的標題列圖示為檔案 D:\c#\data\Logo.ico 中的圖示。

```
this.Icon= new Icon("d:\\c#\\data\\Logo.ico");
```

15. **BackgroundImage 屬性**：用來記錄控制項的背景影像，預設值為無。
以表單控制項的 BackgroundImage 屬性值設定成 D:\c#\data\C#.png 為例，透過屬性視窗的作法如下：

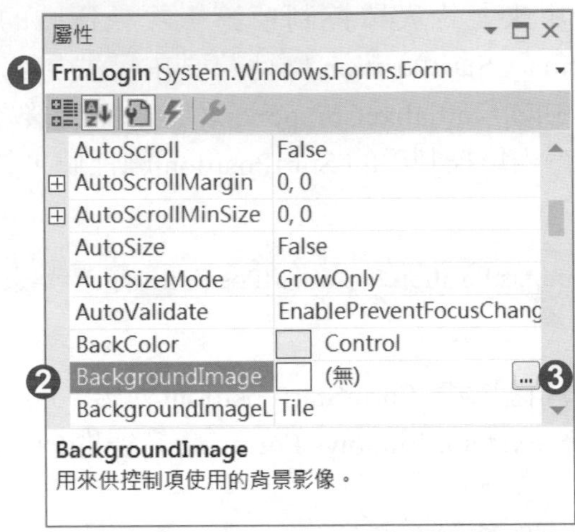

圖 12-20　表單的 BackgroundImage 屬性值設定（一）

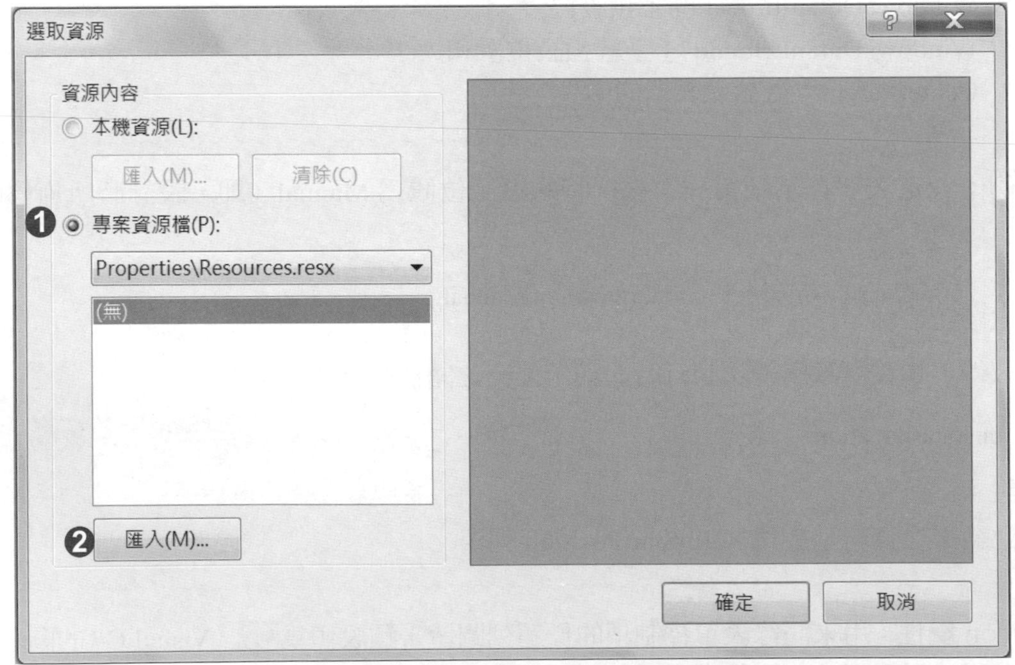

圖 12-21　表單的 BackgroundImage 屬性值設定（二）

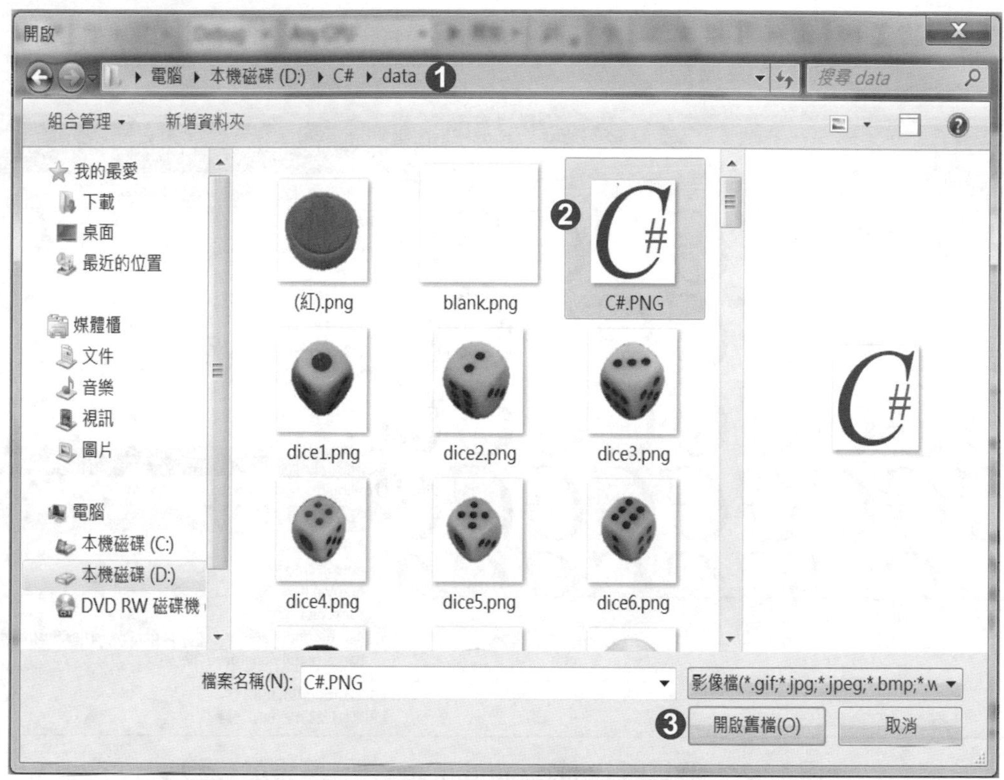

圖 12-22 表單的 BackgroundImage 屬性值設定 (三)

圖 12-23 表單的 BackgroundImage 屬性值設定 (四)

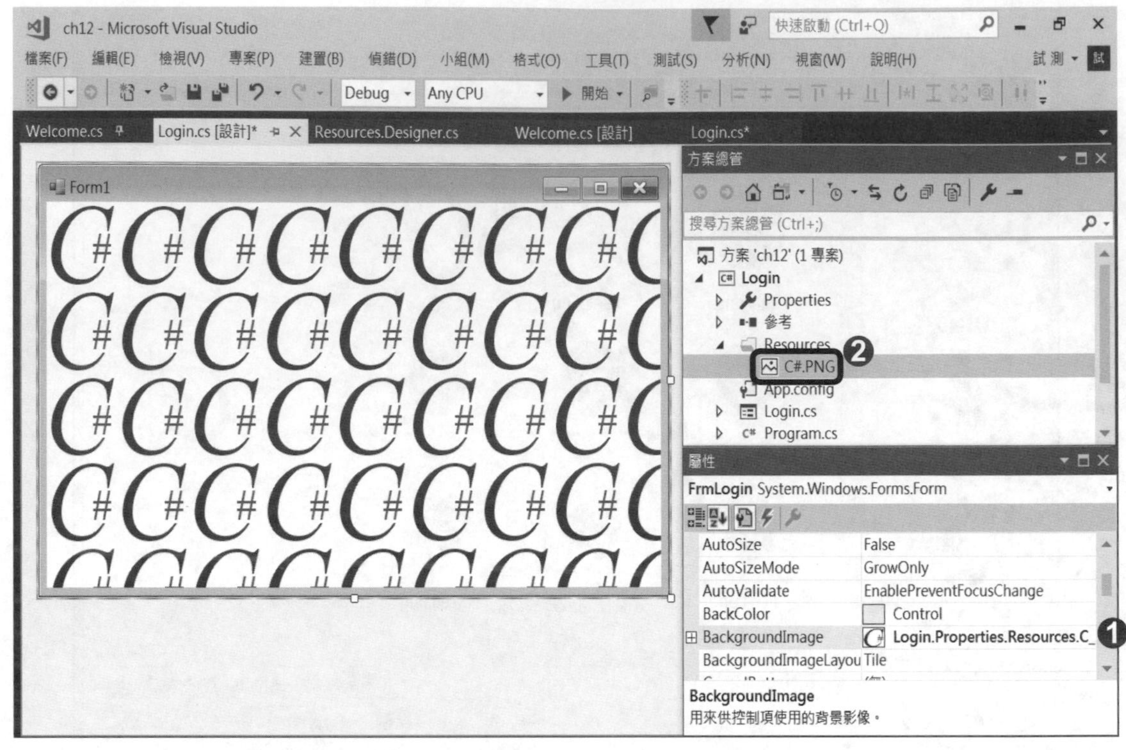

圖 12-24　表單的 BackgroundImage 屬性值設定（五）

在程式碼視窗中，設定控制項的 BackgroundImage 屬性值之語法如下：

```
控制項名稱.BackgroundImage = Image.FromFile("圖檔名稱");
```

註：

- BackgroundImage 屬性的資料型態為 Image 類別。Image 為 Visual C# 的內建類別，位於 System.Drawing 命名空間內，而 FromFile() 為其靜態方法，目的是載入影像。可以顯示的影像之圖檔格式，有 gif、jpeg、jpg、bmp、wmf、png、ico 等。

例：設定表單控制項的背景影像為檔案 D:\c#\data\paper-right.png 中的圖示。

```
this.BackgroundImage = Image.FromFile("d:\\c#\\data\\paper-right.png");
```

16. **BackgroundImageLayout 屬性**：用來記錄背景影像在控制項內的呈現方式，預設值為 Tile。在程式碼視窗中，要設定或取得控制項的 BackgroundImageLayout 屬性值，其撰寫語法如下：
設定語法：

```
控制項名稱.BackgroundImageLayout = ImageLayout.ImageLayout列舉的成員;
```

註：

BackgroundImageLayout 屬性的資料型態爲 ImageLayout 列舉。ImageLayout 爲 Visual C# 的內建列舉，位於 System.Windows.Forms 命名空間內。ImageLayout 列舉的成員如下：

- None：其作用是將影像置於控制項的左上方。
- Tile：其作用是將影像以並排方式顯示於控制項內。
- Center：其作用是將影像置於控制項的中央。
- Stretch：其作用是將影像的大小放大或縮小等於控制項的大小。
- Zoom：其作用是將影像依自身的向量比例放大（或縮小）到剛好置於控制項內。

例：設定表單控制項的背景影像呈現方式爲 Center（即，呈現在表單的中央）。

```
this.BackgroundImageLayout = ImageLayout.Center;
```

取得語法：

```
控制項名稱.BackgroundImageLayout
```

註：

此結果之資料型態爲 ImageLayout 列舉。

例：取得表單控制項的背景影像在表單內的呈現方式。

```
this.BackgroundImageLayout
```

17. **ShowIcon 屬性**：用來記錄表單控制項標題列左上角的圖示是否顯示，預設值爲 true，表示表單標題列左上角的圖示會顯示。若爲 false，則表單標題列左上角的圖示被隱藏。在程式碼視窗中，要設定或取得表單控制項的 ShowIcon 屬性值，其撰寫語法如下：

    設定語法：

```
this.ShowIcon = true (或 false);
```

例：設定表單控制項標題列左上角的圖示被隱藏。

```
this.ShowIcon = false;
```

取得表單控制項標題列左上角圖示是否顯示的語法：

```
this.ShowIcon
```

註：

此結果之資料型態爲 Boolean。

---

18. **MaximizeBox 屬性**：用來記錄表單控制項標題列中的「口」（最大化）按鈕是否有作用，預設值為 true，表示口按鈕有作用。若為 false，則口按鈕無作用。在程式碼視窗中，要設定或取得表單控制項的 MaximizeBox 屬性值，其撰寫語法如下：
設定語法：

```
this.MaximizeBox= true (或 false);
```

例：設定表單控制項標題列中的口（最大化）按鈕無作用。

```
this.MaximizeBox = false;
```

取得表單控制項標題列中的口按鈕是否有作用之語法：

```
this.MaximizeBox
```

註：

此結果之資料型態為 Boolean。

19. **MinimizeBox 屬性**：用來記錄表單控制項標題列中的「-」（最小化）按鈕是否有作用，預設值為 true，表示 - 按鈕有作用。若為 false，則 - 按鈕無作用。在程式碼視窗中，要設定或取得表單控制項的 MinimizeBox 屬性值，其撰寫語法如下：
設定語法：

```
this.MinimizeBox= true (或 false);
```

例：設定表單控制項標題列中的 - 按鈕無作用。

```
this.MinimizeBox = false;
```

取得表單控制項標題列中的 - 按鈕是否有作用之語法：

```
this.MinimizeBox
```

註：

- 此結果之資料型態為 Boolean。
- 若 MaximizeBox 及 MinimizeBox 的屬性值同時為 false，則表單標題列中的口按鈕及 - 按鈕會被隱藏。

20. **ControlBox 屬性**：用來記錄表單控制項標題列中的、-、口及 X 四個按鈕是否顯示，預設值為 true，表示、-、口及 X 四個按鈕會顯示。若為 false，則、-、口及 X 四個按鈕被隱藏。在程式碼視窗中，要設定或取得表單控制項的 ControlBox 屬性值，其撰寫語法如下：
設定語法：

```
this.ControlBox= true (或 false);
```

例：設定表單控制項標題列中的▣、-、口及 X 四個按鈕被隱藏。

```
this.ControlBox = false;
```

取得「表單」控制項標題列中的▣、-、口及 X 四個按鈕是否顯示之語法：

```
this.ControlBox
```

註：

此結果之資料型態爲 Boolean。

21. **TopLevel 屬性**：用來記錄表單控制項是否爲最上層視窗，預設值爲 true，表示表單爲最上層視窗。若爲 false，則表單不爲最上層視窗。TopLevel 屬性只能在程式中設定，無法在屬性視窗中設定。在程式碼視窗中，要設定或取得表單控制項的 TopLevel 屬性值，其撰寫語法如下：
設定語法：

```
this.TopLevel= true (或 false);
```

例：設定「表單」控制項不是最上層視窗。

```
this.TopLevel = false;
```

取得表單控制項是否爲最上層視窗的語法：

```
this.TopLevel
```

註：

此結果之資料型態爲 Boolean。

22. **TopMost 屬性**：用來記錄表單控制項是否爲最上層表單，預設值爲 true，表示表單爲最上層表單。若爲 false，則表單不爲最上層表單。在程式碼視窗中，要設定或取得表單控制項的 TopMost 屬性值，其撰寫語法如下：
設定語法：

```
this.TopMost= true (或 false);
```

例：設定表單控制項不是最上層表單。

```
this.TopMost = false;
```

取得表單控制項是否爲最上層表單的語法：

```
this.TopMost
```

註：

此結果之資料型態為 Boolean。

23. WindowState **屬性**：用來記錄表單控制項執行時的呈現模式，預設值為 Normal。在程式碼視窗中，要設定或取得表單控制項的 WindowState 屬性值，其撰寫語法如下：

設定語法：

```
this.WindowState = FormWindowState.FormWindowState列舉的成員;
```

註：

WindowState 屬性的資料型態為 FormWindowState 列舉。FormWindowState 為 Visual C# 的內建列舉，位於 System.Windows.Forms 命名空間內。FormWindowState 列舉的成員如下：

- Normal：依使用者設定的表單大小呈現。
- Minimized：最小化呈現表單。
- Maximized：最大化呈現表單。

例：視窗應用程式執行時，設定表單以最大化模式呈現。

```
this.WindowState = FormWindowState.Maximized;
```

取得表單控制項執行時的呈現模式之語法：

```
this.WindowState
```

註：

此結果之資料型態為 FormWindowState 列舉。

24. KeyPreview **屬性**：是用來記錄表單控制項是否會在其他控制項之前先去偵測鍵盤所按的按鍵，預設值為 false，表示表單控制項不會在其他控制項之前先去偵測鍵盤所按的按鍵。
    - 當使用者在一個擁有鍵盤事件（KeyDown 事件、KeyPress 事件及 KeyUp 事件）的控制項上，按下鍵盤上的任意鍵時，會依序觸發該控制項的 KeyDown 事件、KeyPress 事件（按下字元鍵才會觸發）及 KeyUp 事件。
    - 若表單的 KeyPreview 屬性值為 true，則使用者在一個擁有鍵盤事件的控制項上，按下鍵盤上的任何鍵時，會依序觸發表單的 KeyDown 事件、KeyPress 事件（按下字元鍵才會觸發）及 KeyUp 事件，然後才依序觸發該控制項的 KeyDown 事件、KeyPress 事件（按下字元鍵才會觸發）及 KeyUp 事件。因此，若要偵測使用者在擁有鍵盤事件的所有控制項上所按下的按鍵，則可將表單的 KeyPreview

屬性值設為 true，且將偵測的程式碼撰寫在表單的 KeyDown 事件、KeyPress 事件或 KeyUp 事件，而不用撰寫在個別控制項的 KeyDown 事件、KeyPress 事件或 KeyUp 事件上。請參考「第十五章　鍵盤事件及滑鼠事件」的範例 2。

◆ 在程式碼視窗中，要設定或取得表單控制項的 KeyPreview 屬性值，其撰寫語法如下：

設定語法：

```
this.KeyPreview = true (或 false);
```

例：設定表單控制項會在其他控制項之前先去偵測鍵盤所按的按鍵。

```
this.KeyPreview = true;
```

取得語法：

```
this.KeyPreview
```

註：

此結果之資料型態為 Boolean。

12-2-2 表單常用之方法及事件

在 12-1 節中建立了 Login 專案，並在 12-2-1 節中將其表單控制項的 Name 屬性值設為 FrmLogin 之後，以下介紹表單的方法及事件處理函式之撰寫語法，是以 Login 專案的表單之 Name 屬性值設成 FrmLogin 為前提。

一、表單控制項常用的公開非靜態方法如下：

1. **Activate() 方法**：將特定表單設定為作用表單。撰寫語法如下：

```
表單控制項變數名稱.Activate();
```

註：

使用前，必須先宣告一個型態為表單的變數。

例：以下片段程式，是使用 Activate() 方法，將 FrmLogin（表單）控制項設定為作用表單。

解：

```
// 宣告型態為 FrmLogin（表單）的變數 flogin。
FrmLogin flogin = new FrmLogin();
// 將 FrmLogin( 表單 ) 設定為作用表單
flogin.Activate();
```

2. **Close() 方法**：關閉作用表單。撰寫語法如下：

```
表單控制項變數名稱.Close();
```

註：

- 使用前，必須先宣告一個型態爲表單的變數。
- 若要關閉專案開啓的所有表單，則撰寫語法如下：

```
Application.Exit();
```

例：以下片段程式，是使用 Close() 方法，將 FrmLogin（表單）關閉。

解：
```
// 宣告型態爲 FrmLogin（表單）的變數 flogin。
FrmLogin flogin = new FrmLogin();
flogin.Close();    // 關閉 FrmLogin( 表單 )
```

3. **ShowDialog() 方法**：表單以對話視窗模式顯示，即，將表單置於最上層視窗，且必須關閉後才能回到呼叫它的表單上。撰寫語法如下：

```
表單控制項變數名稱.ShowDialog();
```

註：

使用前，必須先宣告一個型態爲表單的變數。

例：利用 ShowDialog() 方法，撰寫片段程式，將 FrmWelcome（表單）置於最上層視窗，且必須結束此表單才能回到它的上一層表單。

解：
```
// 宣告型態爲 FrmWelcome ( 表單 ) 的變數 FWelcome
FrmWelcome  FWelcome = new FrmWelcome();
// 開啓 FrmWelcome 表單
FWelcome.ShowDialog();
```

二、表單控制項常用的事件如下：

1. **Load 事件**：執行視窗應用程式，第一次載入表單時首先引發的事件，且只會執行一次。因此，控制項的屬性值初始化作業，最適合撰寫於 Load 事件的事件處理函式中。
2. **Activated 事件**：此事件會接在表單的 Load 事件之後被引發，或表單成爲作用表單時，就會引發此事件。
3. **Deactivate 事件**：當表單從作用表單變成非作用表單時，就會引發此事件。
4. **FormClosing 事件**：當使用者按下表單標題列的 X 按鈕或程式中執行到「表單變數名稱 .Close();」敘述時，就會在關閉此表單之前引發此事件。因此，可在 FormClosing 事件處理函式中，撰寫交談式的程式敘述，以確認是否眞的要關閉此表單。若不想關閉此表單，則在此事件處理函式中，必須以「e.Cancel = true;」敘述來取消關閉表單。

5. **FormClosed 事件**：當表單被關閉時，FormClosed 事件會跟在 FormClosing 事件之後被引發。

12-3 對話方塊

對話方塊（MessageBox）類似表單（Form），是一種須強制回應要求的訊息視窗。對話方塊主要的目的，是傳遞訊息給使用者，並由使用者回應要求。若使用者無回應要求，則會一直停在此視窗，且無法執行視窗應用程式的其他功能。對話方塊被關閉後，會回傳一個型態爲 DialogResult 列舉的資料，設計者可以檢視此回傳值，並做出相對應的處理。

DialogResult 爲 Visual C# 的內建列舉，位於 System.Windows.Forms 命名空間內，主要是定義對話方塊的回傳值。DialogResult 列舉的成員，請參考「表 12-4 DialogResult 列舉成員」。

MessageBox 爲 Visual C# 的內建類別，位於 System.Windows.Forms 命名空間內，主要的功能是產生對話方塊。依是否檢視回傳值來分類，建立對話方塊的語法分成以下兩種類型：

一、建立對話方塊，但不檢視其回傳值的語法如下：

```
1. MessageBox.Show("訊息文字");
2. MessageBox.Show("訊息文字","視窗標題");
```

註：

- Show() 是 MessageBox 類別的靜態方法。
- 訊息文字：出現在對話方塊訊息視窗中間的提示文字。
- 視窗標題：出現在對話方塊訊息視窗標題列的文字。
- 此類型的對話方塊訊息視窗的目的，只是將訊息文字傳遞給使用者知道。

例：(1) MessageBox.Show (" 登入成功 .");
執行結果請參考圖 12-25。

(2) MessageBox.Show(" 登入成功 ."," 登入作業 ");
執行結果請參考圖 12-26。

圖 12-25　對話方塊訊息視窗（一） 圖 12-26 對話方塊訊息視窗（二）

二、建立對話方塊，且檢視其回傳值的語法如下：

```
1. DialogResult 變數名稱 = MessageBox.Show("訊息文字","視窗標題",按鈕常數);
2. DialogResult 變數名稱 =
        MessageBox.Show("訊息文字","視窗標題",按鈕常數,圖示常數);
```

註：

- Show() 是 MessageBox 類別的靜態方法。
- 訊息文字：出現在對話方塊訊息視窗中間的提示文字。
- 視窗標題：出現在對話方塊訊息視窗標題列的文字。
- 按鈕常數：指定對話方塊訊息視窗中出現的按鈕，它的資料型態為 MessageBoxButtons 列舉。按鈕常數的設定，請參考「表 12-2　MessageBoxButtons 列舉成員」。
- 圖示常數：指定對話方塊訊息視窗提示文字前的圖示，它的資料型態為 MessageBoxIcon 列舉。圖示常數的設定，請參考「表 12-3　MessageBoxIcon 列舉成員」。
- DialogResult 為 Visual C# 的內建列舉，位於 System.Windows.Forms 命名空間內，主要是定義對話方塊的回傳值。回傳值的內容，請參考「表 12-4　DialogResult 列舉成員」。
- 此類型的對話方塊訊息視窗的目的，除了將訊息文字傳遞給使用者知道外，還能根據使用者的回應做出相對應的處理。

表 12-2　MessageBoxButtons 列舉成員

MessageBoxButtons 列舉成員	顯示的按鈕
OK	[確定] 按鈕
OkCancel	[確定] 與 [取消] 按鈕
YesNo	[是 (Y)] 與 [否 (N)] 按鈕
YesNoCancel	[是 (Y)]、[否 (N)] 與 [取消] 按鈕
RetryCancel	[重試 (R)] 與 [取消] 按鈕
AbortRetryIgnore	[中止 (A)]、[重試 (R)] 與 [略過 (I)] 按鈕

註：

MessageBoxButtons 為 Visual C# 的內建列舉，位於 System.Windows.Forms 命名空間內，主要是定義出現在對話方塊訊息視窗中的按鈕。

表 12-3 MessageBoxIcon 列舉成員

MessageBoxIcon 列舉成員	顯示的圖示
Information	
Error	
Question	
Exclamation	
None	不顯示圖示

註：

MessageBoxIcon 為 Visual C# 的內建列舉，位於 System.Windows.Forms 命名空間內，主要是定義出現在對話方塊訊息視窗中的圖示。

表 12-4 DialogResult 列舉成員

DialogResult 列舉成員	說明
OK	對話方塊中的 [確定] 鈕被按時，所回傳的資料
Cancel	對話方塊中的 [取消] 鈕被按時，所回傳的資料
Yes	對話方塊中的 [是 (Y)] 鈕被按時，所回傳的資料
No	對話方塊中的 [否 (N)] 鈕被按時，所回傳的資料
Abort	對話方塊中的 [中止 (A)] 鈕被按時，所回傳的資料
Retry	對話方塊中的 [重試 (R)] 鈕被按時，所回傳的資料
Ignore	對話方塊中的 [略過 (I)] 鈕被按時，所回傳的資料
None	對話方塊的右上角 [X] 鈕被按時，所回傳的資料

例：

(1) DialogResult choose = MessageBox.Show(" 確定回到登入視窗嗎 ?",
" 關閉歡迎視窗 ", MessageBoxButtons.YesNo);
執行結果請參考圖 12-27。

(2) DialogResult choose = MessageBox.Show(" 確定回到登入視窗嗎 ?", " 關閉歡迎視窗 ", MessageBoxButtons.YesNo, MessageBoxIcon.Question);
執行結果請參考圖 12-28。

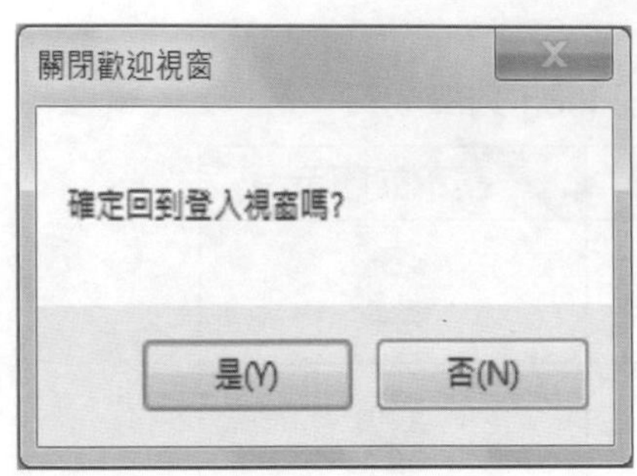

圖 12-27　對話方塊訊息視窗（三）

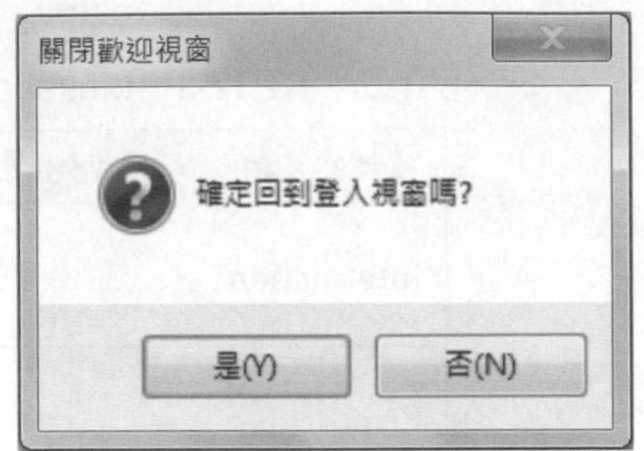

圖 12-28　對話方塊訊息視窗（四）

範例 1

撰寫一支練習表單的屬性值設定、方法使用及事件引發之視窗應用程式專案，且符合下列規定：

- 視窗應用程式專案名稱為 Login。
- 專案內包含一個啓動表單 Login.cs，其 Name 屬性值設為 FrmLogin，Text 的屬性值設為「登入作業」。
- 視窗應用程式專案 Login 執行時，將 FrmLogin 表單的背景顏色設為白色，寬度設為 600 像素（pixel），高度設為 600 像素（pixel）。以 D:\c#\data\C#.png 圖片檔作為 FrmLogin 表單的背景影像圖，並顯示於表單的中央。
- 只要 FrmLogin 表單成為作用表單時，將 FrmLogin 表單的寬度及高度各減 25 像素；但寬度及高度小於 400 像素時，就把 FrmLogin 表單的寬度及高度恢復成原大小。
- 當使用者按 FrmLogin 表單右上角的 X 鈕時，去開啓一對話方塊訊息視窗，再由使用者決定是否關閉 FrmLogin 表單。
- 使用到控制項及相關資訊如下：
    - 表單的屬性：有 Name、Text、Width、Height、BackColor、BackgroundImage 及 BackgroundImageLayout。
    - 表單的事件：有 Load、Activated 及 FormClosing。
    - 對話方塊。

專案的輸出入介面需求及程式碼

- 建立一視窗應用程式，專案名稱為 Login（請參考圖 12-1~ 圖 12-5 的過程）。
- 將表單 Form1.cs 更名為 Login.cs：

◆ 對著表單名稱 Form1.cs「按右鍵 / 重新命名 (M)」。

圖 12-29　表單重新命名 (一)

◆ 輸入 Login.cs。

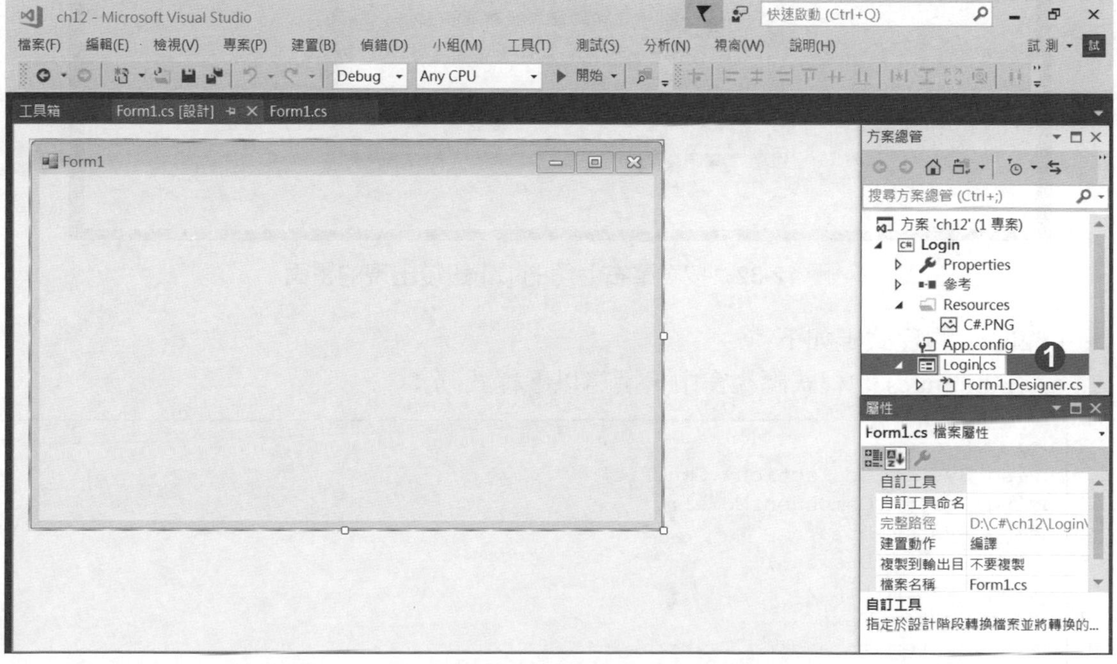

圖 12-30　表單重新命名 (二)

- 將 Login.cs 表單的 Name 屬性值設為 FrmLogin。
- 執行時的畫面示意圖如下：

圖 12-31　範例 1 開啓後的畫面

圖 12-32　按表單右上角的 [X] 鈕後出現的畫面

- Login.cs 的程式碼如下：
  - 在 Login.cs 的程式碼視窗中，撰寫以下程式碼：

```
using System;
using System.Collections.Generic;
using System.ComponentModel;
using System.Data;
using System.Drawing;
using System.Linq;
using System.Text;
using System.Threading.Tasks;
using System.Windows.Forms;

```

```
11  amespace Login
12  {
13      public partial class FrmLogin : Form
14      {
15          public FrmLogin()
16          {
17              InitializeComponent();
18          }
19  
20          private void FrmLogin_Load(object sender, EventArgs e)
21          {
22              this.Text = "登入作業";
23              this.Width = 600;
24              this.Height = 600;
25              this.BackColor = Color.White;
26              this.BackgroundImage = Image.FromFile("d:\\c#\\data\\C#.png");
27              this.BackgroundImageLayout = ImageLayout.Center;
28          }
29  
30          private void FrmLogin_Activated(object sender, EventArgs e)
31          {
32              if (this.Width > 400)
33                  this.Width -= 25;
34              else
35                  this.Width = 600;
36  
37              if (this.Height > 400)
38                  this.Height -= 25;
39              else
40                  this.Height = 600;
41          }
42  
43          private void FrmLogin_FormClosing(object sender, FormClosingEventArgs e)
44          {
45              DialogResult dr = MessageBox.Show("確定關閉登入視窗嗎?","關閉視窗",
46                                   MessageBoxButtons.YesNo, MessageBoxIcon.Question);
47              if (dr == DialogResult.No)  // 按No按鈕
48                  e.Cancel = true;  // 取消關閉FrmLogin表單
49          }
50      }
51  }
```

程式說明

1. Login.cs 的程式碼並不是完全 個字一個字打上去的。以第 20~28 列的 private void FrmLogin_Load(object sender, EventArgs e){…} 區塊爲例，它是點選 FrmLogin 表單的屬性視窗中之 Load 事件（參考圖 12-9）所產生的事件處理函式區塊，然後設計者才將程式碼撰寫在區塊內。同理，只要是撰寫控制項的事件處理函式，都是遵循這種作法。
2. 當使用者按 FrmLogin 表單右上角的 [X] 鈕時，會觸發 FrmLogin 表單的 FormClosing 事件處理函式，並開啓圖 12-32 中的對話方塊訊息視窗。

自我練習

一、選擇題

(　) 1. 變更表單的名稱，是要設定哪個屬性？
(A)Font (B)Name (C)ShowIcon (D)Enabled

(　) 2. 讓表單無作用，是要設定哪個屬性？
(A)Text (B)Name (C)Visible (D)Enabled

(　) 3. 變更表單上的控制項之文字顏色，是要設定哪個屬性？
(A)ForeColor (B)Height (C)BackColor (D)Enabled

(　) 4. 變更表單的圖示，是要設定哪個屬性？
(A)ShowIcon (B)Icon (C)BackgroundImage (D)Font

(　) 5. 執行視窗應用程式時，首先會觸發表單的哪一個事件處理函式？
(A)Click (B)Load (C)Activated (D)Deactivate

二、程式設計題

1. 承範例 1，再新增以下兩項變更。
2. 將 FrmLogin 表單左上角的圖示隱藏。
3. 將 FrmLogin 表單的背景影像圖並排（Title）顯示於表單上。

CHAPTER

13 常用控制項

熟悉表單控制項常用的屬性、方法與事件之後，接著在表單上該佈置何種控制項，是本章的重點。因此，了解每一種控制項常用的屬性、方法與事件，讀者才能設計出符合需求及友善的使用者介面。

使用者介面常用的控制項，分成下列八種類型：

- **文字輸出控制項**：作為文字顯示的介面。例，Label（標籤）及 LinkLabel（超連結標籤）。
- **文字輸入控制項**：作為文字輸入的介面。例，MaskedTextBox（遮罩文字方塊）及 RichTextBox（豐富文字方塊）。
- **圖檔輸出控制項**：作為圖檔顯示的介面。例，PictureBox（圖片方塊）及 ImageList（影像清單）。
- **容器控制項**：作為同類型（或同群組）控制項分類的介面。例，GroupBox（群組方塊）及 Panel（面板）。
- **項目選取控制項**：作為項目選取的介面。例，Button（按鈕）、RadioButton（選項按鈕）、CheckBox（核取方塊）、ListBox（清單方塊）、CheckedListBox（核取清單方塊）及 ComboBox（組合方塊）。
- **日期／時間選取控制項**：作為日期／時間選取的介面。例，MonthCalendar（月曆）及 DateTimePicker（日期挑選）。
- **計時器控制項**：作為時間統計的介面。例，Timer（計時器）。
- **對話方塊控制項**：作為存取資源或變更功能的介面。例，OpenFileDialog（開檔對話方塊）、SaveFileDialog（存檔對話方塊）、FontDialog（字型對話方塊）、ColorDialog（色彩對話方塊）及 PrintDialog（列印對話方塊）。

請讀者務必熟練這些控制項常用的屬性、方法與事件的運用，才能設計出友善的視窗應用程式介面。

13-1 Label（標籤）控制項

A Label（標籤）控制項，主要是作爲文字輸出的介面，它在表單上的模樣類似 label1 。無論是標題、欄位、提示等文字資料，皆可使用標籤控制項來顯示。

在表單上，佈置其他控制項的程序如下（以佈置標籤控制項爲例說明）：

步驟 1. 開啓工具箱視窗，點開通用控制項項目，可以看到標籤控制項。

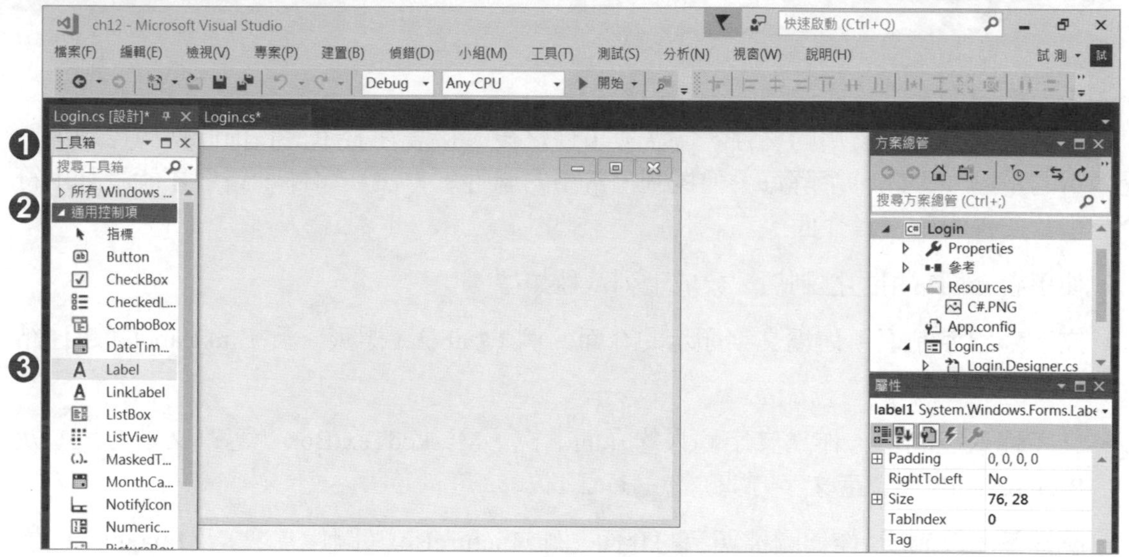

圖 13-1　新增標籤控制項畫面(一)

步驟 2. 對著 A Label 點兩下， label1 就會出現在表單的左上方。另外，也可直接將 A Label 拖曳到表單上。

圖 13-2　新增標籤控制項畫面(二)

註：

在表單上佈置其他控制項的程序，請參考佈置標籤控制項的作法，不再贅述。

13-1-1 標籤控制項常用之屬性

標籤控制項的 Name 屬性值，預設為 **label1**。若要變更 Name 屬性值，則務必在設計階段透過屬性視窗完成設定。標籤控制項的 Name 屬性值的命名規則，請參考「表 12-1 常用控制項之命名規則」。

標籤控制項常用的屬性如下：

1. **Text 屬性**：用來記錄標籤控制項的標題文字，預設值為 **label1**。在程式碼視窗中，要設定或取得標籤控制項的 Text 屬性值，其撰寫語法如下：

   設定語法：

   ```
   標籤控制項名稱.Text = "標題文字";
   ```

   例：設定 label1 標籤控制項的標題文字為「帳號」。

   ```
   label1.Text = "帳號";
   ```

   取得語法：

   ```
   標籤控制項名稱.Text
   ```

   註：

   此結果之資料型態為 String。

   例：取得 label1 標籤控制項的標題文字。

   ```
   label1.Text
   ```

2. **Enabled 屬性**：用來記錄標籤控制項是否有作用，預設值為 **true**，表示標籤控制項有作用。在程式碼視窗中，要設定或取得標籤控制項的 Enabled 屬性值，其撰寫語法如下：

   設定語法：

   ```
   標籤控制項名稱.Enabled = true (或 false);
   ```

   例：設定 label1 標籤控制項沒有作用。

   ```
   label1.Enabled = false;
   ```

   取得語法：

   ```
   標籤控制項項名稱.Enabled
   ```

註：

此結果之資料型態為 Boolean。

例：取得 label1 標籤控制項是否有作用。

```
label1.Enabled
```

3. **Visible 屬性**：用來記錄標籤控制項是否顯示，預設值為 **true**，表示標籤控制項會顯示。在程式碼視窗中，要設定或取得標籤控制項的 Visible 屬性值，其撰寫語法如下：

設定語法：

```
標籤控制項名稱.Visible = true (或 false);
```

例：設定 label1 標籤控制項被隱藏。

```
label1.Visible = false;
```

取得語法：

```
標籤控制項名稱.Visible
```

註：

此結果之資料型態為 Boolean。

例：取得 label1 標籤控制項是否顯示。

```
label1.Visible
```

4. **ForeColor 屬性**：用來記錄標籤控制項的文字顏色，預設值為 **ControlText**（黑色）。在程式碼視窗中，要設定或取得標籤控制項的 ForeColor 屬性值，其撰寫語法如下：

設定語法：

```
標籤控制項名稱.ForeColor = Color.Color結構的屬性;
```

註：

Color 結構的相關說明，請參考「12-2-1　表單常用之屬性」。

例：設定 label1 標籤控制項的文字顏色為紅色。

```
label1.ForeColor = Color.Red;
```

取得語法：

```
標籤控制項名稱.ForeColor
```

註：

此結果之資料型態為 Color 結構。

例：取得 label1 標籤控制項的文字顏色。

```
label1.ForeColor
```

5. **Font 屬性**：用來記錄標籤控制項的文字字型、大小及樣式，預設值為「**新細明體，9 點，標準**」。在程式碼視窗中，要設定或取得標籤控制項的 Font 屬性值，其撰寫語法如下：

設定語法：

```
標籤控制項名稱.Font = new Font("字型名稱",大小, FontStyle.FontStyle列舉的成員);
```

註：

- 字型名稱：包括新細明體、標楷體等。
- 大小：文字最小 9 點，最大 72 點。
- FontStyle 表示文字的字型樣式及效果，是 Visual C# 的內建列舉，位於 System.Drawing 命名空間內。FontStyle 列舉的成員如下：
  - Regular　：表示文字為標準字；
  - Italic　：表示文字為斜體字；
  - Bold　：表示文字為粗體字；
  - Underline　：表示文字有加底線；
  - Strikeout　：表示文字有加刪除線。
- 文字的字型樣式及效果若只有一種，稱為「單一樣式」，否則稱為「複數樣式」。複數樣式是透過「|」將單一樣式連結而成的。

單一樣式的表示法如下：

- FontStyle.Regular　：表示標準字
- FontStyle.Italic　：表示斜體字
- FontStyle.Bold　：表示粗體字
- FontStyle.Underline　：表示文字有加底線
- FontStyle.Strikeout　：表示文字有加刪除線

複數樣式的表示法如下：

- FontStyle.Bold | FontStyle.Italic　：表示粗斜體字
- …

例：設定 label1 標籤控制項的文字字型、大小及樣式，分別為標楷體 ,16 及斜體。

```
label1.Font = new Font("標楷體",16, FontStyle.Italic);
```

取得標籤控制項的文字字型名稱之語法：

```
標籤控制項名稱.Font.Name
```

註：

此結果之資料型態為 String。

取得標籤控制項的文字大小之語法：

```
標籤控制項名稱.Font.Size
```

註：

此結果之資料型態為 Int32。

取得標籤控制項的文字樣式及效果之語法：

```
標籤控制項名稱.Font.Style
```

註：

- 此結果之資料型態為 FontStyle 列舉。
- 另外，還可利用以下五種語法所得到的結果，判斷標籤控制項的文字是否具有某種樣式及效果。以下五種語法所回傳的資料之型態皆為 Boolean。若所回傳的資料為 true，則表示此標籤控制項的文字具有該種樣式及效果，否則不具有該種樣式及效果。
  - 取得標籤控制項的文字是否為標準字之語法：

    ```
    標籤控制項名稱.Font.Regular
    ```

  - 取得標籤控制項的文字是否為斜體字之語法：

    ```
    標籤控制項名稱.Font.Italic
    ```

  - 取得標籤控制項的文字是否為粗體字之語法：

    ```
    標籤控制項名稱.Font.Bold
    ```

  - 取得標籤控制項的文字是否有加底線之語法：

    ```
    標籤控制項名稱.Font.Underline
    ```

  - 取得標籤控制項的文字是否有刪除線之語法：

    ```
    標籤控制項名稱.Font.Strikeout
    ```

例：依據上例，設定 this.Font = new Font(" 標楷體 ",16, FontStyle.Italic); 後，可取得

label1.Font.Name	的結果爲「標楷體」，
label1.Font.Size	的結果爲「16」，
label1.Font.Style	的結果爲「FontStyle.Italic」，
label1.Font.Regular	的結果爲「false」，
label1.Font.Italic	的結果爲「true」，
label1.Font.Bold	的結果爲「false」，
label1.Font.Underline	的結果爲「false」，
label1.Font.Strikeout	的結果爲「false」。

13-2　LinkLabel(超連結標籤)控制項

LinkLabel (超連結標籤) 控制項，它在表單上的模樣類似 linkLabel1 。它除了擁有標籤控制項的文字顯示作用外，還具備超連結的功能。與標籤控制項相同的屬性不再贅述，本節只討論超連結標籤控制項專屬的常用屬性及事件。

13-2-1　超連結標籤控制項常用之屬性

超連結標籤控制項的 Name 屬性值，預設爲 **linkLabel1**。若要變更 Name 屬性值，則務必在設計階段透過屬性視窗完成設定。超連結標籤控制項的 Name 屬性值的命名規則，請參考「表 12-1　常用控制項之命名規則」。

超連結標籤控制項常用的屬性如下：

1. **LinkColor 屬性**：用來記錄超連結標籤控制項中的超連結文字，在未被點選前的顏色，預設爲藍色。在程式碼視窗中，要設定或取得超連結標籤控制項的 LinkColor 屬性值，其撰寫語法如下：

   設定語法：

   ```
   超連結標籤控制項名稱.LinkColor = Color.Color結構的屬性;
   ```

   註：

   Color 結構的相關說明，請參考「12-2-1　表單常用之屬性」。

   例：設定 linkLabel1 超連結標籤控制項中的超連結文字，在未被點選前的顏色爲綠色。

   ```
   linkLabel1.LinkColor = Color.Green;
   ```

取得語法：

```
超連結標籤控制項名稱.LinkColor
```

註：

此結果之資料型態為 Color 結構。

例：取得 linkLabel1 超連結標籤控制項中的超連結文字，在未被點選前的顏色。

```
linkLabel1.LinkColor
```

2. **LinkVisited 屬性**：用來記錄超連結標籤控制項中的超連結文字顏色，是否可以從 LinkColor 的屬性值變更成 VisitedLinkColor 的屬性值。預設為 false，表示無法變更。在超連結標籤控制項的預設事件 LinkClicked 中，設定超連結標籤控制項的 LinkVisited 屬性值為 true，才能感受超連結標籤控制項被按前與被按後文字顏色的變化。在程式碼視窗中，要設定或取得超連結標籤控制項的 LinkVisited 屬性值，其撰寫語法如下：

   設定語法：

```
超連結標籤控制項名稱.LinkVisited = true (或 false);
```

例：設定 linkLabel1 超連結標籤控制項中的超連結文字顏色，可以從 LinkColor 的屬性值變更成 VisitedLinkColor 的屬性值。

```
linkLabel1.LinkVisited= true;
```

取得語法：

```
超連結標籤控制項名稱.LinkVisited
```

註：

此結果之資料型態為 Boolean。

例：取得 linkLabel1 超連結標籤控制項中的超連結文字顏色，是否可以從 LinkColor 的屬性值變更成 VisitedLinkColor 的屬性值。

```
linkLabel1.LinkVisited
```

3. **VisitedLinkColor 屬性**：用來記錄超連結標籤控制項中的超連結文字，被點選後的顏色，預設為**紫色**。在程式碼視窗中，要設定或取得超連結標籤控制項的 VisitedLinkColor 屬性值，其撰寫語法如下：

   設定語法：

```
超連結標籤控制項名稱.VisitedLinkColor = Color.Color結構的屬性;
```

註：

Color 結構的相關說明，請參考「12-2-1　表單常用之屬性」。

例：設定 linkLabel1 超連結標籤控制項中的超連結文字，被點選後的顏色為紅色。

```
linkLabel1.VisitedLinkColor = Color.Red;
```

取得語法：

```
超連結標籤控制項名稱.VisitedLinkColor
```

註：

此結果之資料型態為 Color 結構。

例：取得 linkLabel1 超連結標籤控制項中的超連結文字，被點選後的顏色。

```
linkLabel1.VisitedLinkColor
```

4. **LinkArea 屬性**：用來記錄超連結標籤控制項中，超連結文字的範圍，預設為 **0, 10**，表示超連結文字包含第 1 個字元到第 10 個字元。在程式碼視窗中，要設定或取得超連結標籤控制項的 LinkArea 屬性值，其撰寫語法如下：
設定語法：

```
超連結標籤控制項名稱.LinkArea = new  LinkArea(起始字元的索引值,超連結文字的字數) ;
```

註：

- 起始字元的索引值：超連結文字的第 1 個字元的索引值（>=0）。
- 超連結文字的字數：超連結文字的長度。

例：設定 linkLabel1 超連結標籤控制項中，超連結文字的範圍為 **1, 2**。

```
linkLabel1.LinkArea = new LinkArea(1,2);
// 即，超連結文字包含第2個及第3個字元
```

取得語法：

```
超連結標籤控制項名稱.LinkArea.Start
```

註：

- 此結果之資料型態為 Int32。
- 取得超連結標籤控制項中，超連結文字的第 1 個字元的索引值。

例：取得 linkLabel1 超連結標籤控制項中，超連結文字的之第 1 個字元的索引值。

```
linkLabel1.LinkArea.Start
```

取得語法：

```
超連結標籤控制項名稱.LinkArea.Length
```

註：

- 此結果之資料型態為 Int32。
- 取得超連結標籤控制項中，超連結文字的字數。

例：取得 linkLabel1 超連結標籤控制項中，超連結文字的字數。

```
linkLabel1.LinkArea.Length
```

13-2-2 超連結標籤控制項常用之事件

當使用者點超連結標籤控制項中的超連結文字，就會觸發超連結標籤控制項的預設事件 LinkClicked。因此，若要開啓指定的網頁、檔案或電子郵件，則可將程式碼撰寫在 LinkClicked 事件處理函式中，就宛如超連結的動作。

1. 開啓「網頁」的語法如下：

```
System.Diagnostics.Process.Start("指定的網址");
```

註：

Process 為 Visual C# 的內建類別，位於 System.Diagnostics 命名空間內。Start() 是 Process 類別的方法，其目的是開啓指定的資源。

例：開啓 https://tw.yahoo.com 網頁。

```
System.Diagnostics.Process.Start("https://tw.yahoo.com");
```

2. 開啓「檔案」的語法如下：

```
System.Diagnostics.Process.Start("指定的檔案名稱");
```

例：開啓 d:\c#\data\c#.png 檔。

```
System.Diagnostics.Process.Start("d:\\c#\\picture\\c#.png");
```

3. 開啓「電子郵件」的語法如下：

```
System.Diagnostics.Process.Start( "mailto:指定的電子郵件帳號");
```

例：開啓電子郵件，並寄信給帳號 logicslin@gmail.com。

```
System.Diagnostics.Process.Start( "mailto:logicslin@gmail.com");
```

13-3 MaskedTextBox(遮罩文字方塊)控制項

MaskedTextBox **(遮罩文字方塊)控制項**主要是作爲文字輸入的介面，它在表單上的模樣類似 。遮罩文字方塊控制項除了具備隱藏使用者所輸入的文字之功能外，還可以限制文字的輸入樣式，來防止使用者有意或無意間輸入違反條件的文字所造成的例外。

13-3-1 遮罩文字方塊控制項常用之屬性

遮罩文字方塊的 Name 屬性值，預設爲 maskedTextBox1。若要變更 Name 屬性值，則務必在設計階段透過屬性視窗完成設定。遮罩文字方塊控制項的 Name 屬性值的命名規則，請參考「表 12-1　常用控制項之命名規則」。

遮罩文字方塊控制項常用的屬性如下：

1. **Text 屬性**：用來記錄遮罩文字方塊控制項中的文字內容，預設值爲空白。在程式碼視窗中，要設定或取得遮罩文字方塊控制項的 Text 屬性值，其撰寫語法如下：
設定語法：

```
遮罩文字方塊控制項名稱.Text = "文字內容";
```

例：設定 maskedTextBox1 遮罩文字方塊控制項中的文字內容爲「02-12345678」。

```
maskedTextBox1.Text = "02-12345678";
```

取得語法：

```
遮罩文字方塊控制項名稱.Text
```

註：

此結果之資料型態爲 String。

例：取得 maskedTextBox1 遮罩文字方塊控制項中的文字內容。

```
maskedTextBox1.Text
```

2. **PasswordChar 屬性**：用來記錄遮罩文字方塊控制項在輸入資料時所顯示的字元，預設值爲空白，表示以正常方式顯示所輸入的資料。輸入密碼時，務必設定此屬性。在程式碼視窗中，要設定或取得遮罩文字方塊控制項的 PasswordChar 屬性值，其撰寫語法如下：
設定語法：

```
遮罩文字方塊控制項名稱.PasswordChar = "要顯示的字元";
```

例：設定 maskedTextBox1 遮罩文字方塊控制項輸入資料時，以「*」來取代所輸入的文字。

```
maskedTextBox1.PasswordChar = "*";
```

取得語法：

```
遮罩文字方塊控制項名稱.PasswordChar
```

註：

此結果之資料型態為 Char。

例：取得 maskedTextBox1 遮罩文字方塊控制項在輸入資料時所顯示的字元。

```
maskedTextBox1.PasswordChar
```

3. **Mask 屬性**：用來記錄遮罩文字方塊控制項在輸入文字資料時的遮罩字元，預設值為空白，表示在遮罩文字方塊控制項中可以輸入任何字元。在程式碼視窗中，要設定或取得遮罩文字方塊控制項的 Mask 屬性值，其撰寫語法如下：
   設定語法：

```
遮罩文字方塊控制項名稱.Mask = "遮罩字元的組合";
```

註：

遮罩字元，請參考「表 13-1　常用的遮罩字元」。

例：設定 maskedTextBox1（遮罩文字方塊）控制項輸入資料時，必須輸入三位資料，且每一位為 0~9。

```
maskedTextBox1.Mask = "000";
```

取得語法：

```
遮罩文字方塊控制項名稱.Mask
```

註：

此結果之資料型態為 String。

例：取得 maskedTextBox1 遮罩文字方塊控制項輸入資料時，所設定的遮罩格式。

```
maskedTextBox1.Mask
```

表 13-1　常用的遮罩字元

遮罩字元	作用說明
0	必填，且輸入的字元必須是數字
9	選擇性輸入。若有輸入資料，則資料必須是數字或空格
#	選擇性輸入。若有輸入資料，則資料必須是數字、+ 或 -
L	必填，且輸入的字元必須是 ASCII 字元集中的英文字母
?	選擇性輸入。若有輸入資料，則資料必須是 ASCII 字元集中的英文字母
&	必填，且任何字元皆可輸入
C	選擇性輸入。若有輸入資料，則資料必須是任何的**非控制**字元
A	必填，且輸入的字元必須是 ASCII 字元集中的英文字母或數字
a	選擇性輸入。若有輸入資料，則資料必須是 ASCII 字元集中的英文字母或數字
.	直接將「.」（小數點）字元顯示在遮罩文字方塊中
,	直接將「,」（千分位）字元顯示在遮罩文字方塊中
:	直接將「:」（時間分隔）字元顯示在遮罩文字方塊中
/	直接將「/」（日期分隔）字元顯示在遮罩文字方塊中
$	直接將當地的貨幣名稱及「$」（貨幣）字元顯示在遮罩文字方塊中。例：NT$ 中的 NT，為中華民國貨幣名稱
<	將「<」之後的所有字元轉換成小寫
>	將「>」之後的所有字元轉換成大寫
\	若要將「\」直接顯示在遮罩文字方塊中，則遮罩字元必須以「\\」（逸出序列）表示
其他字元	所有非遮罩的字元，執行時都會顯示在遮罩文字方塊中。它佔用一個位置，且使用者無法移動或刪除它。例，@

例：若遮罩文字方塊控制項中要輸入的資料爲日期格式（天 / 月 / 西元年），則可將遮罩文字方塊控制項的 Mask 屬性值設爲 09/09/0000。在遮罩文字方塊控制項中會以「/」將天、月及西元年分隔，且「天」至少要輸入 1 位，「月」至少要輸入 1 位，「西元年」要輸入 4 位。

若遮罩文字方塊控制項中要輸入的資料爲中華民國的身分證，則可將遮罩文字方塊控制項的 Mask 屬性值設爲 >L000000000。在遮罩文字方塊控制項中第一位是英文字大寫，2~9 位都是數字。

若遮罩文字方塊控制項中要輸入的資料爲電話號碼，則可將遮罩文字方塊控制項的 Mask 屬性值設爲 (00)0000-0000。在遮罩文字方塊控制項中會以 ( ) 將「區碼」與「電話號碼」分隔，且區碼要輸入 2 位，電話號碼要輸入 8 位，並以「-」連接。

若遮罩文字方塊控制項中要輸入的資料代表貨幣，則可將遮罩文字方塊控制項的 Mask 屬性值的第一個遮罩字元設爲「$」。以 Mask 屬性值設爲 $099,999.00 說明，其表示在遮罩文字方塊控制項中的最前面會顯示當地貨幣名稱 NT$（中華民國貨幣名稱），也會顯示「,」及「.」，且整數位至少要輸入 1 位，小數位要輸入 2 位。

4. **BeepOnError 屬性**：用來記錄是否發出嗶聲，以提醒使用者在遮罩文字方塊控制項中所輸入資料違反 Mask 屬性所設定的遮罩字元規範。預設值爲 false，表示不會發出嗶聲。在程式碼視窗中，要設定或取得遮罩文字方塊控制項的 BeepOnError 屬性值，其撰寫語法如下：

   設定語法：

   ```
   遮罩文字方塊控制項名稱.BeepOnError = true (或 false);
   ```

   例：設定 maskedTextBox1 遮罩文字方塊控制項所輸入的資料違反 Mask 屬性所設定的遮罩字元規範時，發出嗶聲來提醒使用者。

   ```
   maskedTextBox1.BeepOnError = true;
   ```

   取得語法：

   ```
   遮罩文字方塊控制項名稱.BeepOnError
   ```

   註：

   此結果之資料型態爲 Boolean。

   例：取得 maskedTextBox1 遮罩文字方塊控制項所輸入的資料違反 Mask 屬性所設定的遮罩字元規範時，是否發出嗶聲來提醒使用者。

   ```
   maskedTextBox1.BeepOnError
   ```

5. **PromptChar 屬性**：用來記錄遮罩文字方塊控制項中所顯示的提示字元，讓使用者了解是否還可以輸入資料，預設值爲「_」（底線）。在程式碼視窗中，要設定或取得遮罩文字方塊控制項的 PromptChar 屬性值，其撰寫語法如下：

   設定語法：

   ```
   遮罩文字方塊控制項名稱.PromptChar = '字元';
   ```

   例：設定 maskedTextBox1 遮罩文字方塊控制項所顯示的提示字元爲 ?。

   ```
   maskedTextBox1.PromptChar = '?';
   ```

   取得語法：

   ```
   遮罩文字方塊控制項名稱.PromptChar
   ```

註：

此結果之資料型態為 Char。

例：取得 maskedTextBox1 遮罩文字方塊控制項所顯示的提示字元。

```
maskedTextBox1.PromptChar
```

6. TextMaskFormat **屬性**：用來記錄遮罩文字方塊控制項的 Text 屬性值可以存取的文字來源，預設值為 **IncludeLiterals**，表示 Text 屬性值可以包含遮罩中所設定的字元常數。常用的字元常數包括 (、)、:、/、- 及 ,。在程式碼視窗中，要設定或取得遮罩文字方塊控制項的 TextMaskFormat 屬性值，其撰寫語法如下：

   設定語法：

```
遮罩文字方塊控制項名稱.TextMaskFormat = MaskFormat.MaskFormat列舉的成員;
```

註：

MaskFormat 為 Visual C# 的內建列舉，位於 System.Windows.Forms 命名空間內。MaskFormat 列舉的成員如下：

- ExcludePromptAndLiterals：表示 Text 屬性值只能存取使用者輸入的文字。
- IncludePrompt：表示 Text 屬性值能存取使用者輸入的文字及提示字元。
- IncludeLiterals：表示 Text 屬性值能存取使用者輸入的文字及字元常數。
- IncludePromptAndLiterals：表示 Text 屬性值能存取使用者輸入的文字、提示字元及字元常數。

例：設定 maskedTextBox1（遮罩文字方塊）控制項的 Text 屬性值只能存取使用者輸入的文字。

```
maskedTextBox1.TextMaskFormat =  MaskFormat.ExcludePromptAndLiterals;
```

取得語法：

```
遮罩文字方塊控制項名稱.TextMaskFormat
```

註：

此結果之資料型態為 MaskFormat 列舉。

例：取得 maskedTextBox1 遮罩文字方塊控制項的 Text 屬性值能存取的文字來源。

```
maskedTextBox1.TextMaskFormat
```

7. MaskCompleted **屬性**：用來記錄遮罩文字方塊控制項是否輸入了所有必要的資料。若遮罩文字方塊控制項輸入了所有必要的資料，則 MaskCompleted 屬性值為 true

屬性，否則為 false。遮罩文字方塊控制項的 MaskCompleted 屬性值，只能在程式碼視窗中被取得，且無法手動設定。取得遮罩文字方塊控制項的 MaskCompleted 屬性值的語法如下：

```
遮罩文字方塊控制項名稱.MaskCompleted;
```

註：

此結果之資料型態為 Boolean。

例：取得 maskedTextBox1 遮罩文字方塊控制項是否輸入了所有必要的資料。

```
maskedTextBox1.MaskCompleted
```

13-3-2 遮罩文字方塊控制項常用之方法與事件

遮罩文字方塊控制項常用的方法與事件如下：

1. **Clear() 方法**：清除遮罩文字方塊控制項中的資料，撰寫語法如下：

```
遮罩文字方塊控制項名稱.Clear();
```

例：清除 maskedTextBox1 遮罩文字方塊控制項中的所有文字。

```
maskedTextBox1.Clear();
```

2. **MaskInputRejected 事件**：當遮罩文字方塊控制項中所輸入的文字違反 Mask 屬性所設定的遮罩字元規範時，就會觸發遮罩文字方塊控制項的預設事件 **MaskInputRejected**。因此，可在 MaskInputRejected 事件處理函式中，撰寫類似下列的程式碼，來提醒使用者違反輸入規定的訊息。

```
private void maskedTextBox1_MaskInputRejected(object sender,
                                              MaskInputRejectedEventArgs e)
{
 string error = "輸入的字元";
 switch (e.RejectionHint)
  {
   case MaskedTextResultHint.AsciiCharacterExpected:
      error += "必須屬於ASCII字元集.";
      break;
   case MaskedTextResultHint.AlphanumericCharacterExpected:
      error += "必須是字母或數字.";
      break;
   case MaskedTextResultHint.DigitExpected:
      error += "必須是數字.";
      break;
   case MaskedTextResultHint.LetterExpected:
```

```
        error += "必須是英文字母.";
        break;
    case MaskedTextResultHint.SignedDigitExpected:
        error += "必須是有號數字.";
        break;
    case MaskedTextResultHint.PromptCharNotAllowed: error += "不可為提示字元.";
        break;
  }
  MessageBox.Show(error);
}
```

註：

MaskInputRejected 事件處理函式中，參數 e 的資料型態爲 MaskInputRejectedEventArgs 類別。

MaskInputRejectedEventArgs 類別常用的屬性如下：

- RejectionHint 屬性：用來記錄輸入字元被拒絕原因。RejectionHint 屬性的資料型態爲 MaskedTextResultHint 列舉。MaskedTextResultHint 爲 Visual C# 的內建列舉，位於 System.ComponentModel 命名空間內。

  MaskedTextResultHint 列舉的成員如下：
  - AsciiCharacterExpected：輸入的字元必須屬於 ASCII 字元集。
  - AlphanumericCharacterExpected：輸入的字元必須是字母或數字。
  - DigitExpected：輸入的字元必須是數字。
  - LetterExpected：輸入的字元必須是英文字母。
  - SignedDigitExpected：輸入的字元必須是有號數字。
  - PromptCharNotAllowed：輸入的字元不可爲提示字元。
- Position 屬性：用來記錄遮罩文字方塊控制項中無效字元所在的位置，位置編號從 0 開始。Position 屬性的資料型態爲 Int32。

3. Validating **事件**：當離開遮罩文字方塊控制項時，就會觸發遮罩文字方塊控制項的 Validating 事件。因此，可在 Validating 事件處理函式中，撰寫類似下列的程式碼，來判斷使用者所輸入的資料是否符合其他規定。若不符合規定，則不讓游標離開遮罩文字方塊控制項。

```
private void maskedTextBox1_Validating(object sender, CancelEventArgs e)
{
  // 若沒有輸入所有必要的資料
  if (!maskedTextBox1.MaskCompleted)
  {
    MessageBox.Show("沒有輸入所有必要的資料.");
    // 不讓游標離開「maskedTextBox1」遮罩文字方塊控制項
    e.Cancel = true;
  }
}
```

註：

- 在 Validating 事件處理函式中，參數 e 的資料型態為 CancelEventArgs 類別。
- Cancel 是 CancelEventArgs 類別的屬性，用來設定是否要離開該遮罩文字方塊控制項(即 maskedTextBox1)。Cancel 的屬性值，預設為 **false**，表示會離開 maskedTextBox1 遮罩文字方塊控制項。若將 Cancel 屬性值設定為 true，則表示取消離開 maskedTextBox1 遮罩文字方塊控制項。

13-4 Button(按鈕)控制項

Button **(按鈕)控制項**，主要是作為執行指定功能的輸入介面，它在表單上的模樣類似 button1。

13-4-1 按鈕控制項常用之屬性及方法

按鈕控制項的 Name 屬性值，預設為 button1。若要變更 Name 屬性值，則務必在設計階段透過屬性視窗完成設定。按鈕控制項的 Name 屬性值的命名規則，請參考「表 12-1 常用控制項之命名規則」。

按鈕控制項常用的屬性及方法如下：

1. **Text 屬性**：用來記錄按鈕控制項的標題文字，預設值為 button1。在程式碼視窗中，要設定或取得按鈕控制項的 Text 屬性值，其撰寫語法如下：

   設定語法：

   ```
   按鈕控制項名稱.Text = "標題文字";
   ```

   例：設定 button1 按鈕控制項的標題文字為「結束」。

   ```
   button1.Text = "結束";
   ```

   取得語法：

   ```
   按鈕控制項名稱.Text
   ```

   註：

   此結果之資料型態為 String。

   例：取得 button1 按鈕控制項的標題文字。

   ```
   button1.Text
   ```

2. **DialogResult 屬性**：從 DialogResult 字面可以了解，此屬性是用來記錄對話方塊的回應，即用來記錄使用者在強制回應的表單中所按的按鈕。預設值為 None，表示使用者按表單右上角 [X] 鈕所回傳的資料。按鈕控制項的 DialogResult 屬性值，是在屬性視窗中設定（請參考圖 13-3），而非程式碼視窗中。在強制回應的表單中之按鈕控制項被按後所回傳的資料，就是該按鈕控制項的 DialogResult 屬性所記錄的資料。

   例：若 A 按鈕的 DialogResult 屬性值為 OK 時，當使用者按 A 按鈕時，就會將 DialogResult.OK 回傳給呼叫的上一層表單。因此，針對強制回應的表單中之按鈕控制項，去設定 DialogResult 屬性值才有意義，而其他非強制回應的表單中之按鈕，設定 DialogResult 屬性值則完全沒有作用。

   DialogResult 屬性的資料型態為 DialogResult 列舉，DialogResult 列舉的成員，請參考「第十二章」的「表 12-4　DialogResult 列舉成員」。

圖 13-3　DialogResult 屬性設定

3. **PerformClick() 方法**：其目的是以程式敘述的方式，去點按鈕控制項。PerformClick() 是按鈕控制項的方法，相當於用滑鼠去點按鈕控制項，進而觸發按鈕控制項的 Click 事件處理函式。在程式碼視窗中，以程式敘述的方式，去觸發按鈕控制項的 Click 事件處理函式的語法如下：

```
按鈕控制項名稱.PerformClick();
```

   例：以程式敘述的方式，去觸發 button1 按鈕控制項的 Click 事件處理函式。

```
button1.PerformClick();
```

   註：

   PerformClick() 方法的應用，請參考範例 4。

13-4-2 按鈕控制項常用之事件

Click 事件，是按鈕控制項的預設事件。當使用者以滑鼠左鍵點按鈕控制項時，就會觸發按鈕控制項的 Click 事件。因此，可在 Click 事件處理函式中，撰寫該按鈕控制項所要執行的作業之程式碼。

範例 1

撰寫一算術四則運算視窗應用程式專案，以符合下列規定：

- ▶ 視窗應用程式專案名稱為 Arithmetic。
- ▶ 專案中的表單名稱為 Arithmetic.cs，其 Name 屬性值設為 FrmArithmetic，Text 屬性值設為「算術四則運算」。在此表單上佈置以下控制項：
  - ◆ 四個遮罩文字方塊控制項：其中三個遮罩文字方塊控制項的 Name 屬性值，分別設為 MtxtA、MtxtB 及 MtxtC，且 MtxtA 及 MtxtB 的 Text 屬性值都只接受 1~3 位數的正整數，MtxtC 的 Text 屬性值只接受 1~6 位數的整數。另外一個遮罩文字方塊控制項的 Name 屬性值設為 MtxtOperator，且 MtxtOperator 的 Text 屬性值只接受 +、-、* 或 / 四種字元。
  - ◆ 兩個標籤控制項：其中一個標籤的 Text 屬性值設為 =，另一個標籤的 Name 屬性值設為 LblHintAndResult，Text 屬性值設為「提示：輸入兩個數字，一個運算子及另一個數字結果」。
  - ◆ 一個按鈕控制項：它的 Name 屬性值設為 BtnAnswer，Text 屬性值設為看答案。當使用者按看答案按鈕時，若結果正確，則將 LblHintAndResult 標籤控制項的 Text 屬性值設為「答對了」；否則設為「答錯了」。
- ▶ 其他相關屬性（顏色、文字大小…），請自行設定即可。

專案的輸出入介面需求及程式碼

- ▶ 執行時的畫面示意圖如下：

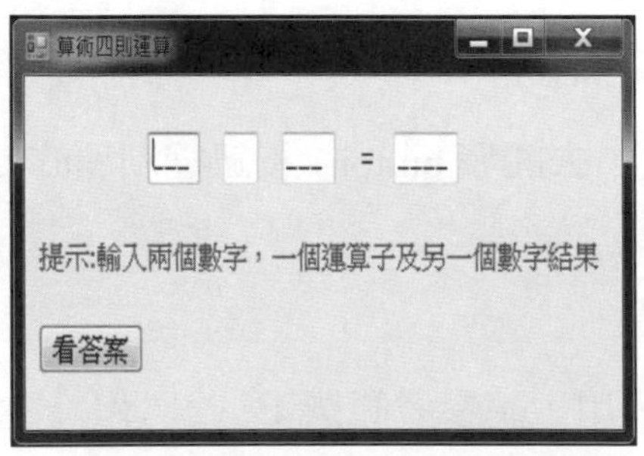

圖 13-4　範例 1 執行後的畫面

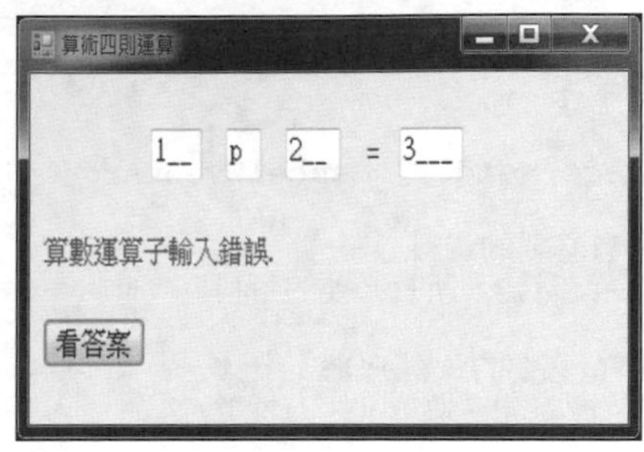

圖 13-5 運算子輸入錯誤後的畫面

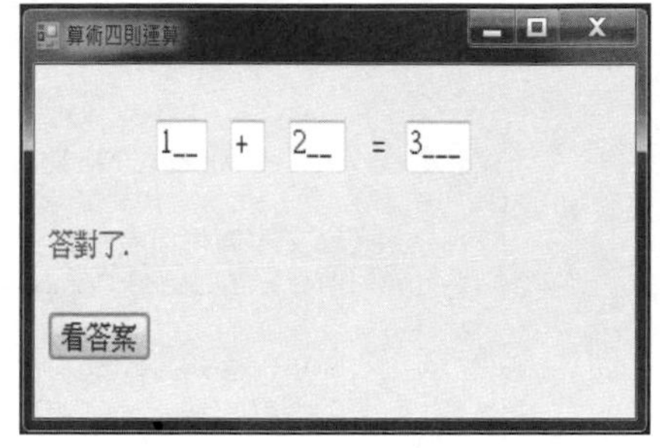

圖 13-6 輸入正確後的畫面

▶ **Arithmetic.cs** 的程式碼如下：

◆ 在 **Arithmetic.cs** 的程式碼視窗中，撰寫以下程式碼：

```
using System;
using System.Collections.Generic;
using System.ComponentModel;
using System.Data;
using System.Drawing;
using System.Linq;
using System.Text;
using System.Threading.Tasks;
using System.Windows.Forms;

namespace Arithmetic
{
    public partial class FrmArithmetic : Form
    {
        public FrmArithmetic()
        {
            InitializeComponent();
        }

        private void BtnAnswer_Click(object sender, EventArgs e)
        {
            int answer = 0;
            switch (MtxtOperator.Text)
            {
                case "+":
                    answer = Int32.Parse(MtxtA.Text) + Int32.Parse(MtxtB.Text);
                    break;
                case "-":
                    answer = Int32.Parse(MtxtA.Text) - Int32.Parse(MtxtB.Text);
                    break;
                case "*":
                    answer = Int32.Parse(MtxtA.Text) * Int32.Parse(MtxtB.Text);
                    break;
                case "/":
                    answer = Int32.Parse(MtxtA.Text) / Int32.Parse(MtxtB.Text);
                    break;
                default:
                    LblHintAndResult.Text = "算數運算子輸入錯誤.";
                    return; //結束BtnAnswer按鈕的Click事件處理程序
            }
            if (answer == Int32.Parse(MtxtC.Text))
                LblHintAndResult.Text = "答對了.";
            else
```

```
44              LblHintAndResult.Text = "答錯了.";
45          }
46
47          private void MtxtA_Validating(object sender, CancelEventArgs e)
48          {
49              //遮罩文字方塊「MtxtA」沒有輸入所有必要的資料
50              if (!MtxtA.MaskCompleted)  // 沒有輸入所有必要的資料
51              {
52                  MessageBox.Show("沒有輸入所有必要的資料.");
53                  e.Cancel = true;  // 不讓游標離開「遮罩文字方塊」
54              }
55          }
56
57          private void MtxtB_Validating(object sender, CancelEventArgs e)
58          {
59              //遮罩文字方塊「MtxtB」沒有輸入所有必要的資料
60              if (!MtxtB.MaskCompleted)
61              {
62                  MessageBox.Show("沒有輸入所有必要的資料.");
63                  e.Cancel = true;  // 不讓游標離開「遮罩文字方塊」
64              }
65          }
66
67          private void MtxtC_Validating(object sender, CancelEventArgs e)
68          {
69              //遮罩文字方塊「MtxtC」只輸入+，或-，或沒輸入任何資料
70              if (MtxtC.Text=="" || MtxtC.Text == "+" || MtxtC.Text == "-")
71              {
72                  MessageBox.Show("沒有輸入所有必要的資料.");
73                  e.Cancel = true;  // 不讓游標離開「遮罩文字方塊」
74              }
75          }
76      }
77  }
```

程式說明

程式第 39 列 return; 敘述，是用來中止一個事件處理程序或方法。

範例 2

撰寫一判斷帳號及密碼視窗應用程式專案，以符合下列規定：

- 視窗應用程式專案名稱為 Login。
- 專案內包含兩個表單，其中一個為啓動表單 Login.cs，其 Name 屬性值設為 FrmLogin，Text 屬性值設為「登入作業」。在此表單上佈置以下控制項：
  - 兩個標籤控制項：它們的 Name 屬性值分別設為 LLblAccount 及 LblPassword；Text 屬性值分別設為「帳號：」及「密碼：」。
  - 兩個遮罩文字方塊控制項：它們的 Name 屬性值，分別設為 MtxtAccont 及 MtxtPassword。它們的 Text 屬性值為英文或數字資料，資料之長度分別為 6 及 8，且要隱藏所輸入的「密碼」資料。
  - 一個超連結標籤控制項：它的 Name 屬性值設為 LblOperation，Text 屬性值設為「操作說明」。當使用者按**操作說明**超連結標籤控制項時，會開啓 d:\c#\

data\operation.rtf 檔，並顯示檔案內的操作說明。

- 兩個按鈕控制項：它們的 Name 屬性值，分別設為 BtnLogin 及 BtnQuit；Text 屬性值，分別設為「登入」及「結束」。當使用者按登入按鈕時，若輸入的帳號等於 OMyGod，且密碼等於 Me516888，則開啓另一個表單 FrmWelcome，架構如下；否則開啓對話方塊，告知使用者帳號或密碼輸入錯誤的訊息。若使用者按結束按鈕時，則關閉 FrmLogin 表單。

▶ 另一個表單 Welcome.cs 的 Name 屬性值設為 FrmWelcome，Text 屬性值設為「登入成功」。在此表單上佈置以下控制項：

- 一個標籤控制項：它的 Name 屬性值設為 LLblWelcome，並將 Text 屬性值設為「歡迎光臨」＋「登入帳號」＋「先生 / 小姐」。
- 兩個按鈕控制項：它們的 Name 屬性值，分別設為 BtnReturn 及 BtnExit；Text 屬性值分別設為「回上一層表單」及「結束」。當使用者按回上一層表單按鈕時，會關閉 FrmWelcome 表單，並回到 FrmLogin 表單；當使用者按結束按鈕時，會關閉 FrmWelcome 表單，並回到 FrmLogin 表單，然後關閉 FrmLogin 表單，並結束「判斷帳號及密碼」的視窗應用程式。

▶ 其他相關屬性，請自行設定即可。

專案的輸出入介面需求及程式碼

▶ 建立一視窗應用程式，專案名稱為 Login（請參考圖 12-1~ 圖 12-5 的過程）。

▶ 依下列程序，建立第二個表單 Form2.cs。

步驟 1. 對著專案名稱 Login 按右鍵，點選「加入 (D)/ 類別 (C)」。

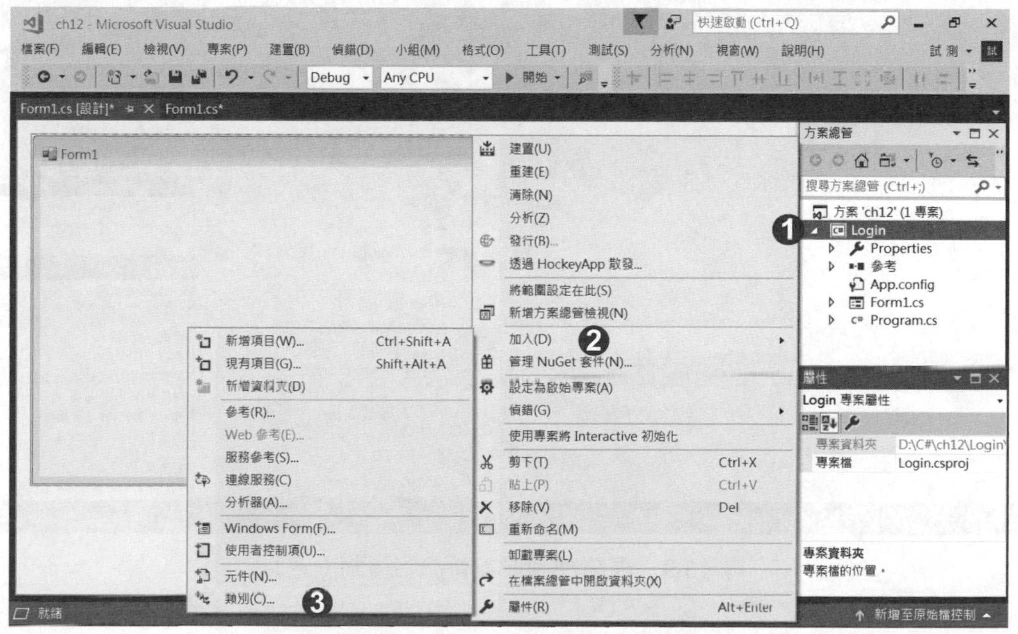

圖 13-7　在專案中新增表單控制項畫面（一）

步驟 2. 點選「Visual C# 項目 /Windows Form/ 新增 (A)」。

圖 13-8　在專案中新增表單控制項畫面(二)

▶ 依下列程序，將表單 Form1.cs 及 Form2.cs 分別更名爲 Login.cs 及 Welcome.cs。

步驟 1. 對著表單名稱 Form1.cs 按右鍵，點選「重新命名 (M)」。

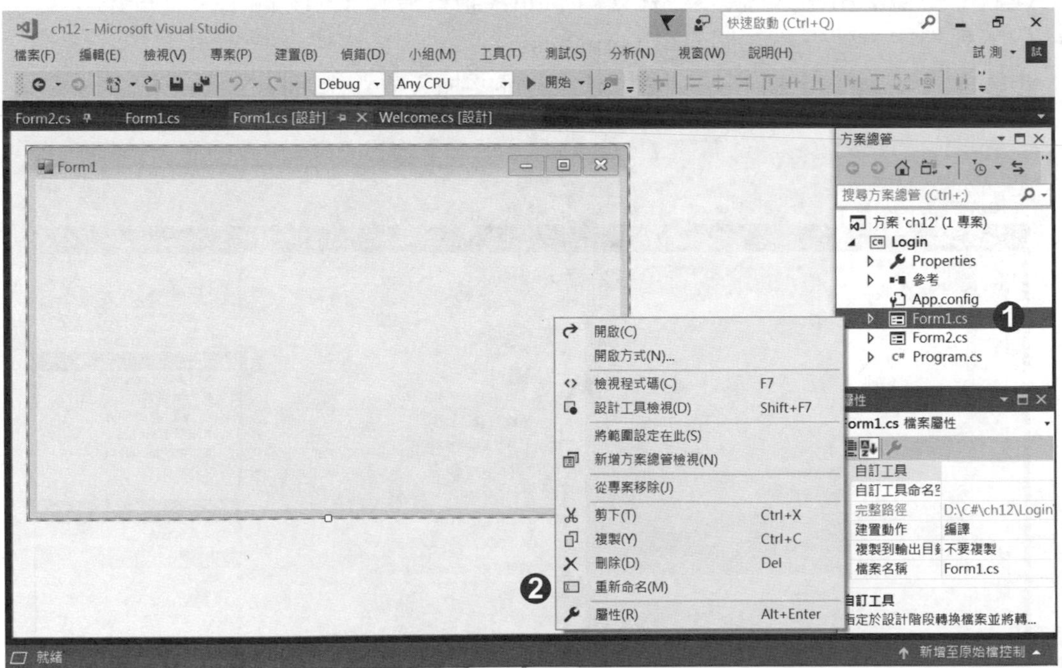

圖 13-9　表單控制項重新命名畫面(一)

步驟 2. 輸入 Login.cs。

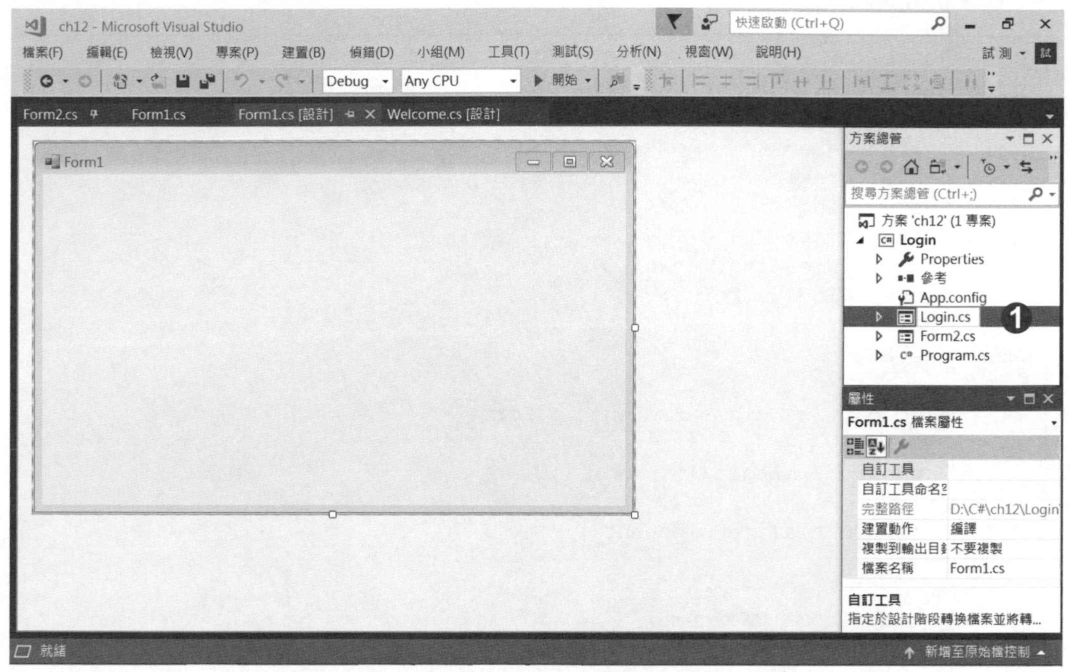

圖 13-10　表單控制項重新命名畫面（二）

註：

這個程序再重複一次，將 Form2.cs 更名為 Welcome.cs。

- 將表單 Login.cs 及 Welcome.cs 的 Name 屬性值，分別設為 FrmLogin 及 FrmWelcome。
- 執行時的畫面示意圖如下：

圖 13-11　範例 2 執行後的畫面

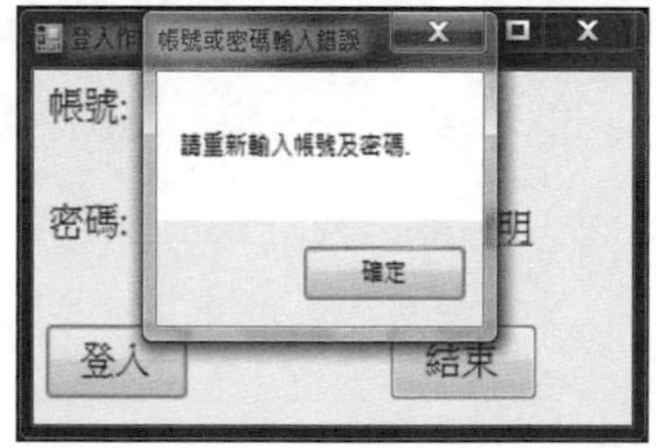

圖 13-12　帳號或密碼輸入錯誤後的畫面

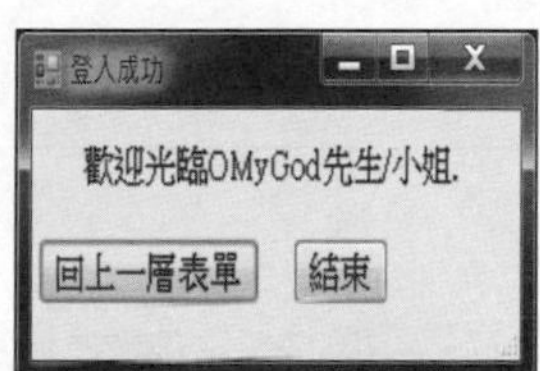

圖 13-13　帳號及密碼輸入正確後的畫面

▶ **Login.cs** 及 **Welcome.cs** 的程式碼如下：

◆ 在 **Login.cs** 的程式碼視窗中，撰寫以下程式碼：

```
1  using System;
2  using System.Collections.Generic;
3  using System.ComponentModel;
4  using System.Data;
5  using System.Drawing;
6  using System.Linq;
7  using System.Text;
8  using System.Threading.Tasks;
9  using System.Windows.Forms;
10 
11 namespace Login
12 {
13     public partial class FrmLogin : Form
14     {
15         public FrmLogin()
16         {
17             InitializeComponent();
18         }
19 
20         FrmWelcome FWelcome;
21 
22         private void BtnLogin_Click(object sender, EventArgs e)
23         {
24             FWelcome = new FrmWelcome(MtxtAccont.Text);
25             if (MtxtAccont.Text == "OMyGod" && MtxtPassword.Text == "Me516888")
26             {
27                 DialogResult dr = FWelcome.ShowDialog();
28                 if (dr == DialogResult.No)
29                     Application.Exit();
30             }
31             else
32                 MessageBox.Show("請重新輸入帳號及密碼.", "帳號或密碼輸入錯誤");
33         }
34 
35         private void BtnQuit_Click(object sender, EventArgs e)
36         {
37             Application.Exit();
38         }
39 
40         private void LLblOperation_LinkClicked(object sender,
                                          LinkLabelLinkClickedEventArgs e)
41         {
42             System.Diagnostics.Process.Start("d:\\c#\\data\\operation.rtf");
43         }
44     }
45 }
```

程式說明

1. Login.cs 的程式碼，並不是完全一個字一個字打上去的。以第 22~33 列的 private void BtnLogin_Click(object sender, EventArgs e){…} 區塊爲例，它是點選 BtnLogin

按鈕的屬性視窗中之 Click 事件（參考圖 12-9）所產生的事件處理函式區塊，然後設計者才將程式碼撰寫在區塊內。同理，只要是撰寫控制項的事件處理程序，都是遵循這種作法。

2. 若不是撰寫控制項的事件處理程序之程式碼，則直接到程式碼視窗中撰寫即可。例，在 Login.cs 的程式碼視窗中之第 20 列 FrmWelcome FWelcome;。
3. 在 A 表單中，若要開啓 B 表單，則必須宣告型態爲 B 表單的變數 C，然後以 C.ShowDialog(); 去呼叫 C 所指向的 B 表單之 ShowDialog() 方法，並開啓 B 表單。
4. 程式第 24 列 FWelcome = new FrmWelcome(MtxtAccont.Text); 的作用，是以 new 運算子建立 FrmWelcome 表單實例，同時將引數 MtxtAccont.Text 傳遞給有參數的建構子 FrmWelcome()，來初始化 FrmWelcome 表單，最後表單變數 FWelcome 指向所產生的表單實例。**FWelcome 就是 FrmWelcome 表單的代名詞**。
5. 程式第 27 列 FWelcome.ShowDialog(); 的目的，是去呼叫表單變數 FWelcome 所指向的 FrmWelcome 表單之 ShowDialog() 方法，並開啓 FrmWelcome 表單。
6. 程式第 28 列 if (dr == DialogResult.No) 的目的，主要是檢視程式第 27 列執行後，FrmWelcome 表單被關閉時，所回傳的資料是否爲 DialogResult.No ？若是，則結束程式。

- 在 **Welcome.cs** 的程式碼視窗中，撰寫以下程式碼：

```
using System;
using System.Collections.Generic;
using System.ComponentModel;
using System.Data;
using System.Drawing;
using System.Linq;
using System.Text;
using System.Threading.Tasks;
using System.Windows.Forms;

namespace Login
{
    public partial class FrmWelcome : Form
    {
        public FrmWelcome()
        {
            InitializeComponent();
        }

        public FrmWelcome(string str)
        {
            InitializeComponent();
            LblWelcome.Text = "歡迎光臨" + str + "先生/小姐.";
        }
    }
}
```

程式說明

1. 程式第 20~24 列，定義有宣告參數的 FrmWelcome 表單建構子。
2. 若不是撰寫控制項的事件處理程序之程式碼，則直接撰寫在程式碼視窗中即可。例，在程式第 20~24 列的 public FrmWelcome(string str){…} 區塊。

13-5 Timer(計時器)控制項

當程式執行時，若要每隔一段時間去執行某項功能，則必須在表單上佈置 Timer (計時器)控制項。計時器控制項陳列在工具箱的元件項目中，它在表單上的模樣類似 timer1 。計時器控制項在設計階段是佈置於表單的正下方，程式執行時，它並不會出現在表單上，屬於在幕後運作的「非視覺化」控制項。

13-5-1 計時器控制項常用之屬性

計時器控制項的 Name 屬性值，預設為 timer1。若要變更 Name 屬性值，則務必在設計階段透過屬性視窗完成設定。計時器控制項的Name屬性值的命名規則，請參考「表 12-1 常用控制項之命名規則」。

計時器控制項常用的屬性如下：

1. Enabled 屬性：用來記錄計時器控制項是否有作用，預設值為 **false**，表示計時器控制項沒有作用。在程式碼視窗中，要設定或取得計時器控制項的 Enabled 屬性值，其撰寫語法如下：

   設定語法：

   ```
   計時器控制項名稱.Enabled = true (或 false);
   ```

   例：設定 timer1 計時器控制項有作用。

   ```
   timer1.Enabled = true;
   ```

   取得語法：

   ```
   計時器控制項名稱.Enabled
   ```

   註：

   此結果之資料型態為 Boolean。

   例：取得 timer1 計時器控制項是否有作用。

   ```
   timer1.Enabled
   ```

2. **Interval 屬性**：用來記錄執行計時器控制項的 Tick 事件處理函式之間隔時間（毫秒數），預設值為 **100** 毫秒。在程式碼視窗中，要設定或取得計時器控制項的 Interval 屬性值，其撰寫語法如下：
   設定語法：

```
計時器控制項名稱.Interval = 整數值;
```

例：設定執行 timer1 計時器控制項的 Tick 事件處理函式之間隔時間（毫秒數）為 1000 毫秒。

```
timer1.Interval = 1000;  // 1000毫秒 = 1秒
```

取得語法：

```
計時器控制項名稱.Interval
```

註：

此結果之資料型態為 Int32。

例：取得設定執行 timer1 計時器控制項的 Tick 事件處理函式之間隔時間（毫秒數）。

```
timer1.Interval
```

13-5-2 計時器控制項常用之事件

Tick 事件是計時器控制項的預設事件，也是唯一的事件。每隔 Interval 毫秒就會觸發 Tick 事件，並執行計時器控制項的 Tick 事件處理函式。因此，可在 Tick 事件處理函式中，撰寫計時器控制項所要處理的工作之程式碼。

範例 3

撰寫一文字跑馬燈視窗應用程式專案，以符合下列規定：

- 視窗應用程式專案名稱為 Marquee。
- 專案中的表單名稱為 Marquee.cs，其 Name 屬性值設為 FrmMarquee，Text 屬性值設為文字跑馬燈。在此表單上佈置以下控制項：
  - 一個標籤控制項：它的 Name 屬性值設為 LblMarquee，Text 屬性值設為「歡迎來到 Visual C Sharp 的世界！」。
  - 一個計時器控制項：它的 Name 屬性值設為 TmrMarquee，Interval 屬性值設為 500。
  - 兩個按鈕控制項：它們的 Name 屬性值，分別設為 BtnStart 及 BtnStop，且 BtnStart 及 BtnStop 的 Text 屬性值，分別設為「啓動跑馬燈」及「停止跑馬燈」。當使用者按**啓動跑馬燈**按鈕時，「歡迎來到 Visual C Sharp 的世界！」文字每隔 0.5 秒會往左移動 5 個 pixel（像素）點。當「歡迎來到 Visual C Sharp 的世界 !」文字從表單中完全消失後，「歡迎來到 Visual C Sharp 的世界 !」文字再從表單的右邊出現。當使用者按停止跑馬燈按鈕時，「歡迎來到 Visual C Sharp 的世界 !」就停止移動。

▶ 其他相關屬性（顏色、文字大小⋯），請自行設定即可。

專案的輸出入介面需求及程式碼

▶ 執行時的畫面示意圖如下：

圖 13-14　範例 3 執行後的畫面

圖 13-15　按啓動跑馬燈鈕後的畫面

圖 13-16　按停止跑馬燈鈕後的畫面

▶ **Marquee.cs** 的程式碼如下：

◆ 在 **Marquee.cs** 的程式碼視窗中，撰寫以下程式碼：

```
using System;
using System.Collections.Generic;
using System.ComponentModel;
using System.Data;
using System.Drawing;
using System.Linq;
using System.Text;
using System.Threading.Tasks;
using System.Windows.Forms;

namespace Marquee
{
    public partial class FrmMarquee : Form
    {
```

```
15          public FrmMarquee()
16          {
17              InitializeComponent();
18          }
19
20          private void BtnStart_Click(object sender, EventArgs e)
21          {
22              TmrMarquee.Enabled = true;  // 啓動TmrMarquee計時器
23          }
24
25          private void BtnStop_Click(object sender, EventArgs e)
26          {
27              TmrMarquee.Enabled = false;  // 停止TmrMarquee計時器
28          }
29
30          private void TmrMarquee_Tick(object sender, EventArgs e)
31          {
32              LblMarquee.Left = LblMarquee.Left - 5;
33              if (LblMarquee.Left <= -LblMarquee.Width)
34                  LblMarquee.Left = this.Width;
35          }
36      }
37  }
```

程式說明

1. 程式第 32 列 LblMarquee.Left = LblMarquee.Left-5; 敘述，表示將 LblMarquee 標籤控制項的 Left 屬性值 - 5 個 pixel（像素）點，即，將 LblMarquee 標籤控制項往左移動 5 個 pixel 點。
2. 程式第 33 列 if (LblMarquee.Left <= -LblMarquee.Width) 敘述，是判斷 LblMarquee 標籤控制項位於表單左邊的距離是否小於或等於標籤控制項寬度的負值 (即，判斷 LblMarquee 標籤控制項是否完全不在表單內)？若是，則將 LblMarquee 標籤控制項位於表單左邊的距離設爲表單的寬度。

13-6 PictureBox(圖片方塊)控制項

PictureBox (圖片方塊) 控制項，作爲影像的顯示介面，它在表單上的模樣類似 。圖片方塊控制項可以顯示的影像之圖檔格式，有 gif、jpeg、jpg、bmp、wmf、png、ico 等。當圖片方塊控制項結合計時器控制項時，就能使連續的圖片呈現栩栩如生的動畫。

13-6-1 圖片方塊控制項常用之屬性

圖片方塊控制項的 **Name** 屬性值，預設為 **pictureBox1**。若要變更 **Name** 屬性值，則務必在設計階段透過**屬性**視窗完成設定。**圖片方塊**控制項的 **Name** 屬性值的命名規則，請參考「表 12-1　常用控制項之命名規則」。

圖片方塊控制項常用的屬性如下：

1. Image **屬性**：用來記錄**圖片方塊**控制項所顯示的影像，預設值為「無」。在程式碼視窗中，設定**圖片方塊**控制項的 **image** 屬性值之語法如下：

```
圖片方塊控制項名稱.Image = Image.FromFile("圖檔名稱");
```

註：

- **Image** 屬性的資料型態為 **Image** 類別。
- **Image** 為 Visual C# 的內建類別，位於 **System.Drawing** 命名空間內，而 **FromFile()** 為其靜態方法，目的是載入影像檔。

例：設定 **pictureBox1** 圖片方塊控制項所顯示的影像為 **d:\c#\data\paper-right.png** 檔中的影像。

```
pictureBox1.Image = Image.FromFile("d:\\c#\\data\\paper-right.png");
```

例：設定 **pictureBox1** 圖片方塊控制項所顯示的影像為空影像。

```
pictureBox1.Image = null;   // 即，移除pictureBox1圖片方塊控制項中的影像
```

2. Size **屬性**：用來記錄**圖片方塊**控制項的寬與高，預設值為「**100, 50**」，表示**圖片方塊**控制項的寬為 100 像素（pixels），高為 50 像素。在**程式碼**視窗中，要設定或取得**圖片方塊**控制項的 **Size** 屬性值，其撰寫語法如下：
設定語法：

```
圖片方塊控制項名稱.Size = new Size(寬度, 高度);
```

註：

- **Size** 屬性的資料型態為 **Size** 結構。
- **Size** 為 Visual C# 的內建結構，位於 **System.Drawing** 命名空間內，而 **Size()** 為其建構子。
- 寬度及高度必須為正整數。

例：設定 **pictureBox1** 圖片方塊控制項的寬度為 50 pixels，高度為 100 pixels。

```
pictureBox1.Size = new Size(50, 100);
```

取得**圖片方塊**控制項寬度的語法：

```
圖片方塊控制項名稱.Size.Width
```

註：

此結果之資料型態為 **Int32**。

例：取得 **pictureBox1 圖片方塊**控制項的寬度。

```
pictureBox1.Size.Width
```

取得**圖片方塊**控制項高度的語法：

```
圖片方塊控制項名稱.Size.Height
```

註：

此結果之資料型態為 **Int32**。

例：取得 **pictureBox1 圖片方塊**控制項的高度。

```
pictureBox1.Size.Height
```

3. SizeMode **屬性**：用來記錄影像在**圖片方塊**控制項中的位置及大小，預設值為 **Normal**，表示將影像置於**圖片方塊**控制項的左上角。在**程式碼**視窗中，要設定或取得**圖片方塊**控制項的 **SizeMode** 屬性值，其撰寫語法如下：
   設定語法：

```
圖片方塊控制項名稱.SizeMode = PictureBoxSizeMode.PictureBoxSizeMode列舉的成員;
```

註：

- **SizeMode** 屬性的資料型態為 **PictureBoxSizeMode** 列舉。
- **PictureBoxSizeMode** 為 Visual C# 的內建列舉，位於 **System.Windows.Forms** 命名空間內。**PictureBoxSizeMode** 列舉的成員如下：
  - **Normal**：其作用是將影像置於**圖片方塊**控制項的左上角。若影像超過**圖片方塊**控制項的大小，則超出的部分會被裁切掉。
  - **StretchImage**：其作用是影像以放大（或縮小）的方式填滿整個**圖片方塊**控制項。
  - **AutoSize**：其作用是將**圖片方塊**控制項的大小放大（或縮小）等於影像的大小。
  - **CenterImage**：其作用是將影像顯示在**圖片方塊**控制項的中央。若影像大於**圖片方塊**控制項的大小，則超出的部分會被裁切掉。
  - **Zoom**：其作用是將影像依自身的向量比例放大（或縮小）到剛好置於**圖片方塊**控制項內。

例：設定影像以放大（或縮小）的方式塡滿 **pictureBox1** 圖片方塊控制項。

```
pictureBox1.SizeMode = PictureBoxSizeMode.StretchImage;
```

取得語法：

```
圖片方塊控制項名稱.SizeMode
```

註：

此結果之資料型態爲 **PictureBoxSizeMode** 列舉。

例：取得影像在 **pictureBox1** 圖片方塊控制項中的位置及大小。

```
pictureBox1.SizeMode
```

13-7 ImageList(影像清單)控制項

ImageList（影像清單）控制項是儲存影像的容器，主要作爲其他控制項的影像資料庫，它在表單上的模樣類似 imageList1 。只要擁有 **BackgroundImage**、**Image** 或 **ImageList** 屬性的控制項，就能取得影像清單控制項中的影像。例，標籤、超連結標籤、按鈕、選項按鈕、核取方塊、圖片方塊等控制項，都有 **BackgroundImage**、**Image** 或 **ImageList** 屬性。影像清單控制項是陳列在工具箱的元件項目中，在設計階段是佈置於表單的正下方，程式執行時，它並不會出現在表單上，屬於在幕後運作的「非視覺化」控制項。

13-7-1 影像清單控制項常用之屬性

影像清單控制項的 **Name** 屬性值，預設爲 **imageList1**。若要變更 **Name** 屬性值，則務必在設計階段透過屬性視窗完成設定。影像清單控制項的 **Name** 屬性值的命名規則，請參考「表 12-1　常用控制項之命名規則」。

影像清單控制項常用的屬性如下：

1. Images **屬性**：是一個集合體，用來記錄影像清單控制項中所包含的影像，預設值爲空白。在屬性視窗中，設定影像清單控制項的 **Images** 屬性值的程序如下：
   步驟 1. 點選影像清單控制項，再點選 **Images** 屬性右邊的…鈕。

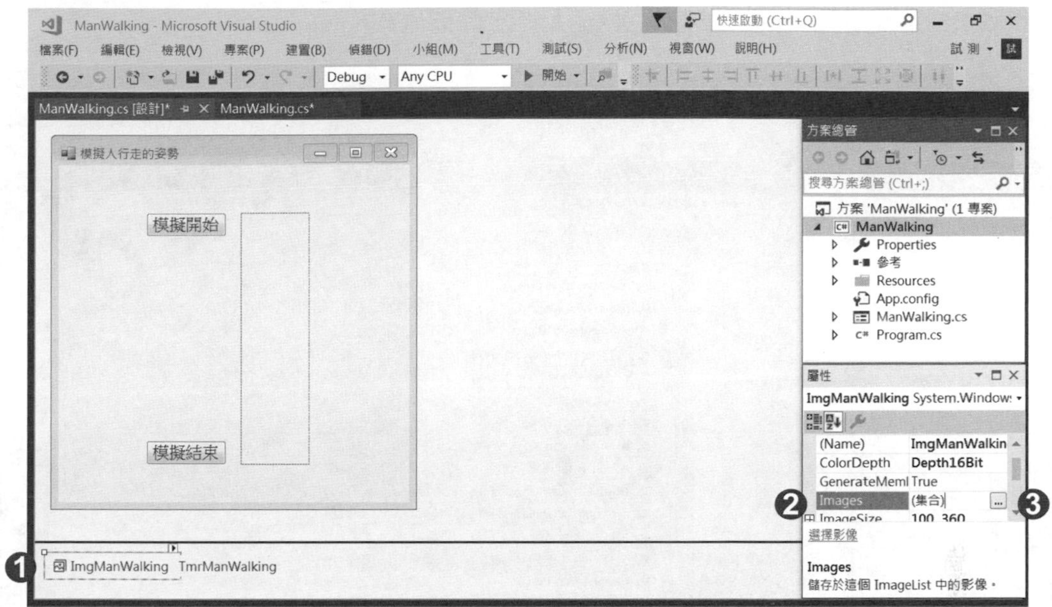

圖 13-17 設定影像清單控制項的 **Images** 屬性畫面（一）

步驟 2. 在影像集合編輯器視窗中，按「加入 (A)」，進入開啟影像檔畫面。

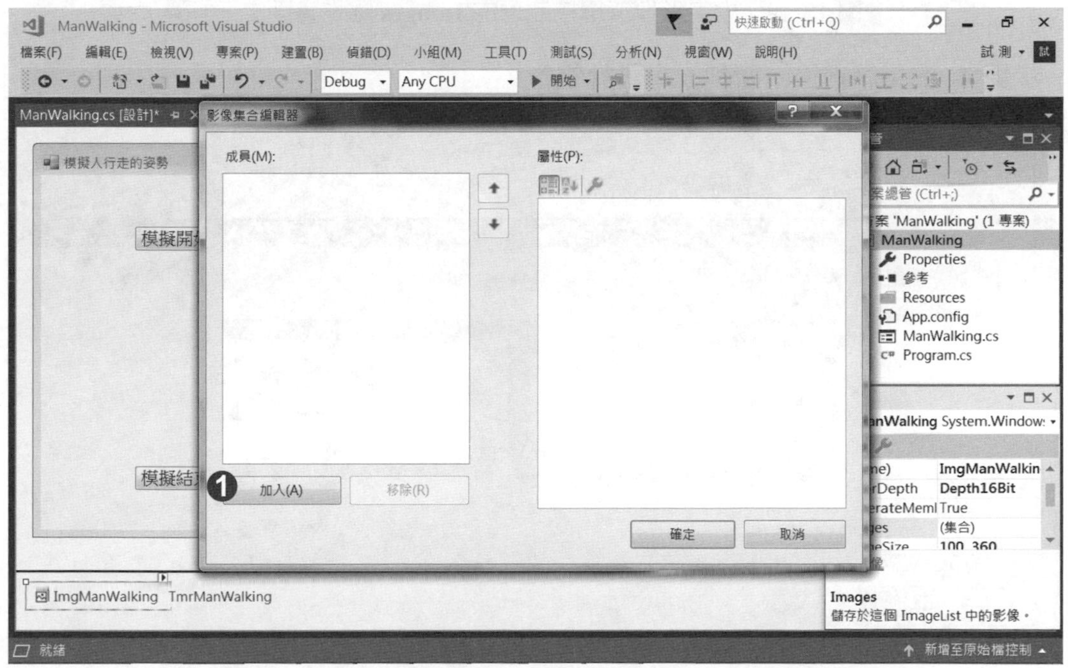

圖 13-18 設定影像清單控制項的 **Images** 屬性畫面（二）

步驟 3. 選擇要加入的影像檔，並按「開啓舊檔 (O)」。

圖 13-19　設定影像清單控制項的 **Images** 屬性畫面 (三)

步驟 4. 按「確定」，回到表單設計視窗。

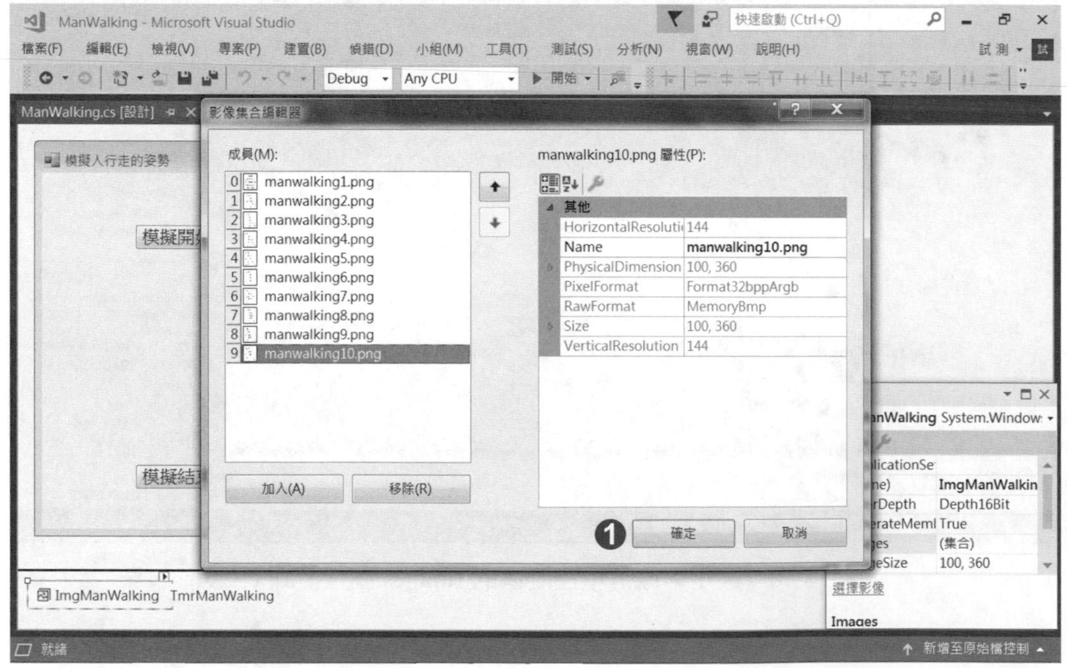

圖 13-20　設定影像清單控制項的 **Images** 屬性畫面 (四)

2. ImageSize **屬性**：用來記錄**影像清單**控制項中每個影像的大小，預設值為「16，16」，表示**影像清單**控制項中每個影像的寬為 16 像素（pixels），高為 16 像素。在程式碼視窗中，要設定或取得**影像清單**控制項的 **ImageSize** 屬性值，其撰寫語法如下：

設定語法：

```
影像清單控制項名稱.ImageSize = new Size(寬度, 高度);
```

註：

- **ImageSize** 屬性的資料型態為 **Size** 結構。
- **Size** 為 Visual C# 的內建結構，位於 **System.Drawing** 命名空間內，而 **Size()** 為其建構子。
- 寬度及高度必須為正整數。

例：設定 **imageList1** **影像清單**控制項中每個影像的寬度為 32 pixels，高度為 32 pixels。

```
imageList1.ImageSize = new Size(32, 32);
```

取得**影像清單**控制項中每個影像的寬度之語法：

```
影像清單控制項名稱.ImageSize.Width
```

註：

此結果之資料型態為 **Int32**。

例：取得 **imageList1** **影像清單**控制項中每個影像的寬度。

```
imageList1.ImageSize.Width
```

取得**影像清單**控制項中每個影像的高度之語法：

```
影像清單控制項名稱.ImageSize.Height
```

註：

此結果之資料型態為 **Int32**。

例：取得 **imageList1** **影像清單**控制項中每個影像的高度。

```
imageList1.ImageSize.Height
```

3. ColorDepth **屬性**：用來記錄**影像清單**控制項中每個影像的色彩位元數，預設值為 **Depth8Bit**。在程式碼視窗中，要設定或取得**影像清單**控制項的 **ColorDepth** 屬性值，其撰寫語法如下：

設定語法：

```
影像清單控制項名稱.ColorDepth = ColorDepth.ColorDepth列舉的成員;
```

註：

ColorDepth 為 Visual C# 的內建列舉，位於 **System.Windows.Forms** 命名空間內。**ColorDepth** 列舉的成員如下：

- **Depth4Bit** ：影像的色彩位元數為 4 bits。
- **Depth8Bit** ：影像的色彩位元數為 8 bits。
- **Depth16Bit**：影像的色彩位元數為 16 bits。
- **Depth24Bit**：影像的色彩位元數為 24 bits。
- **Depth32Bit**：影像的色彩位元數為 32 bits。

例：設定 **imageList1 影像清單**控制項中每個影像的色彩位元數為 24Bits。

```
imageList1.ColorDepth = ColorDepth.Depth24Bit;
```

取得語法：

```
影像清單控制項名稱.ColorDepth.ToString();
```

註：

此結果之資料型態為 **ColorDepth** 列舉。

例：取得 **imageList1 影像清單**控制項中每個影像的色彩位元數。

```
imageList1.ColorDepth.ToString()
```

13-7-2 影像清單控制項常用之方法

在程式碼視窗中，要將影像加入**影像清單**控制項的 **Images** 屬性值中，或移除影像清單控制項的 **Images** 屬性值所包含的影像之方法如下：

1. **Add() 方法**：將一個影像加入**影像清單**控制項的 **Images** 屬性值所包含的影像尾端。語法如下：

```
影像清單控制項名稱.Images.Add( Image.FromFile("影像檔名稱"));
```

例：將 **d:\c#\data\paper-right.png** 檔案中的影像，加入 **imageList1 影像清單**控制項的 **Images** 屬性值所包含的影像尾端。

```
imageList1.Images.Add( Image.FromFile("d:\\c#\\data\\paper-right.png"));
```

2. **RemoveAt() 方法**：將指定索引的影像從**影像清單**控制項的 **Images** 屬性值中移除。即，將指定索引的影像從**影像清單**控制項中移除。將索引值為 n 的影像從**影像清單**控制項中移除的語法如下：

```
影像清單控制項名稱.Images.RemoveAt(n);
```

註：

n 為整數，代表影像的索引值，索引編號從 0 開始。索引值為 0，代表第 1 張影像，…，索引值為 n，代表第 (n+1) 張影像。

例：將索引值為 1 的影像（即，第 2 張影像圖），從 **imageList1 影像清單**控制項的 **Images** 屬性值所包含的影像中移除。

```
imageList1.Images.RemoveAt(1);
```

3. **Clear() 方法**：將**影像清單**控制項的 **Images** 屬性值所包含的影像全部移除。語法如下：

```
影像清單控制項名稱.Images.Clear();
```

例：移除 **imageList1 影像清單**控制項的 **Images** 屬性值所包含的影像全部移除。

```
imageList1.Images.Clear();
```

13-7-3 取得影像清單控制項中之影像

擁有 **ImageList** 屬性的控制項 A，想取得影像清單控制項 B 中的影像之步驟如下：

步驟 1：A 的 ImageList 屬性值設為 B。
步驟 2：A 的 ImageIndex 屬性值設為 n。

註：

- ImageIndex 代表影像清單控制項 B 中的影像索引，n 為整數，n>=0 且 n< 影像清單控制項 B 中的影像總數。
- 經過步驟 1 及 2 之後，控制項 A 的 Image 屬性值就是影像清單控制項 B 中索引值為 n 的影像。

例：若要將 **button1 按鈕**控制項的 **Image** 屬性值設定為 **ImgDice 影像清單**控制項中的第 3 張影像，則語法如下：

```
//「button1」按鈕連結「ImgDice」影像清單
 button1.ImageList = ImgDice;

//「button1」的「Image」屬性值為「ImgDice」的第 3 張影像
 button1.ImageIndex = 2;
```

至於無 **ImageList** 屬性，但擁有 **BackgroundImage** 及 **Image** 屬性的控制項 A，若想取得影像清單控制項 B 中的影像，則語法分別如下：

```
控制項A.BackgroundImage = 影像清單控制項B.Images[n];
```

及

```
控制項A.Image = 影像清單控制項B.Images[n];
```

註：

n 為整數，n>=0 且 n< 影像清單控制項 B 中的影像總數。

例：若想設定 **PicSmallGreenMan** 圖片方塊控制項的 **BackgroundImage** 及 **Image** 屬性值為 **ImgSmallGreenMan** 影像清單控制項中的第 6 張影像，則語法分別如下：

```
PicSmallGreenMan.BackgroundImage = ImgSmallGreenMan.Images[5];
```

及

```
PicSmallGreenMan.Image = ImgSmallGreenMan.Images[5];
```

範例 4

撰寫一模擬一分鐘紅綠燈小綠人行走視窗應用程式專案，以符合下列規定：

- 視窗應用程式專案名稱為 **SmallGreenMan**。
- 專案中的表單名稱為 **SmallGreenMan**.cs，其 **Name** 屬性值設為 **FrmSmallGreenMan**，**Text** 屬性值設為「模擬紅綠燈小綠人行走」。在此表單上佈置以下控制項：
  - 一個圖片方塊控制項：它的 **Name** 屬性值設為 **PicSmallGreenMan**，**Size** 屬性值為 **190, 480**，**SizeMode** 屬性值設為 **StretchImage**。
  - 一個計時器控制項：它的 **Name** 屬性值設為 **TmrSmallGreenMan**，**Interval** 屬性值設為 **500**。
  - 一個影像清單控制項：它的 **Name** 屬性值設為 **ImgSmallGreenMan**，**Images** 屬性值設為 **d:\c#\data\GreenMan1.png~ GreenMan10.png**，**ImageSize** 屬性值設為 **190, 360**。
  - 兩個按鈕控制項：它們的 **Name** 屬性值，分別設為 **BtnStart** 及 **BtnStop**，且 **BtnStart** 及 **BtnStop** 的 **Text** 屬性值，分別設為「模擬開始」及「模擬結束」。當使用者按「模擬開始」按鈕時，**PicSmallGreenMan** 圖片方塊中的影像，在 0~30 秒之間每隔 0.5 秒會換一張，在 30~50 秒之間每隔 0.2 秒會換一張，在 50~60 秒之間每隔 0.1 秒會換一張，在第 60 秒時影像停止變換。當使用者按「模擬結束」按鈕時，**PicSmallGreenMan** 圖片方塊中的影像就停止變換。
- 其他相關屬性（顏色、文字大小…），請自行設定即可。

專案的輸出入介面需求及程式碼

▶ 執行時的畫面示意圖如下：

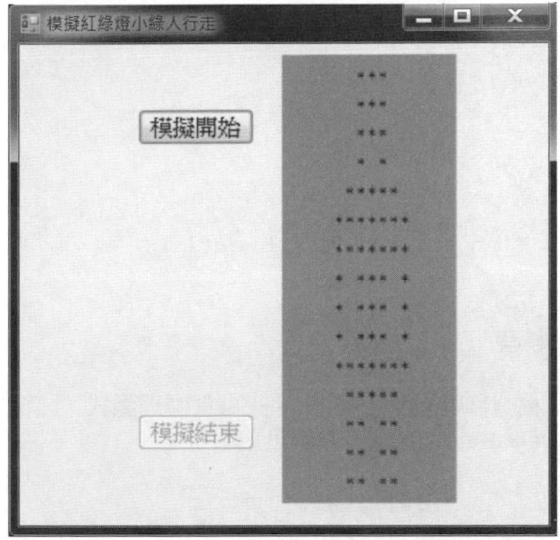

圖 13-21　範例 4 執行後的畫面

圖 13-22　按「模擬開始」鈕後的畫面

▶ **SmallGreenMan.cs** 的程式碼如下：

◆ 在 **SmallGreenMan.cs** 的程式碼視窗中，撰寫以下程式碼：

```
using System;
using System.Collections.Generic;
using System.ComponentModel;
using System.Data;
using System.Drawing;
using System.Linq;
using System.Text;
using System.Threading.Tasks;
using System.Windows.Forms;

namespace SmallGreenMan
{
    public partial class FrmSmallGreenMan : Form
    {
        public FrmSmallGreenMan()
        {
            InitializeComponent();
        }

        int ImgIndex = 1;  // 0:第1張影像的索引 1:第2張影像的索引 …
        int passTime;  // 經過的毫秒數

        private void FrmSmallGreenMan_Load(object sender, EventArgs e)
        {
            // 顯示第1張靜止影像
            PicSmallGreenMan.Image = ImgSmallGreenMan.Images[0];
            BtnStop.Enabled = false;
```

```
28          }
29  
30          private void BtnStart_Click(object sender, EventArgs e)
31          {
32              passTime = 0;
33              TmrSmallGreenMan.Enabled = true;
34              TmrSmallGreenMan.Interval = 500;
35              BtnStart.Enabled = false;
36              BtnStop.Enabled = true;
37          }
38  
39          private void TmrSmallGreenMan_Tick(object sender, EventArgs e)
40          {
41              passTime += TmrSmallGreenMan.Interval;
42              if (passTime == 60000) // 60秒時
43              {
44                  BtnStop.PerformClick(); // 呼叫BtnStop的Click事件處理函式
45                  return; // 結束TmrSmallGreenMan_Tick事件處理函式
46              }
47              else if (passTime >= 50000) // 50~60秒間，每隔0.1秒
48                  TmrSmallGreenMan.Interval = 100;
49              else if (passTime >= 30000) // 30~50秒間，每隔0.2秒
50                  TmrSmallGreenMan.Interval = 200;
51  
52              // 顯示第(ImgIndex +1)張影像
53              PicSmallGreenMan.Image = ImgSmallGreenMan.Images[ImgIndex];
54  
55              ImgIndex++;
56  
57              // 若ImgIndex=10，則表示下一次要顯示第11張影像，
58              // 但只有10張影像無法顯示第11張影像，因此下一次要顯示第2張影像
59              ImgIndex = ImgIndex % 10;
60              if (ImgIndex == 0)
61                  ImgIndex = 1; // 第2張影像得索引
62          }
63  
64          private void BtnStop_Click(object sender, EventArgs e)
65          {
66              TmrSmallGreenMan.Enabled = false;
67              PicSmallGreenMan.Image = ImgSmallGreenMan.Images[0];
68              BtnStop.Enabled = false;
69              BtnStart.Enabled = true;
70          }
71      }
72  }
```

程式說明

1. 程式第 20 列 **int ImgIndex = 1;** 敘述，作爲 **ImgSmallGreenMan** 影像清單控制項的影像索引。
2. 程式第 39~61 列，**PicSmallGreenMan** 圖片方塊控制項中的影像，在 0~30 秒之間每隔 0.5 秒會換一張影像，在 30~50 秒之間每隔 0.2 秒會換一張影像，在 50~60 秒之間每隔 0.1 秒會換一張影像，在 60 秒時影像停止變換。當影像換完第 10 張後，

將 **PicSmallGreenMan** 圖片方塊控制項中的影像換成 **ImgSmallGreenMan** 影像清單控制項中的第 2 張影像。

3. 程式第 44 列 **BtnStop.PerformClick();** 中的 **PerformClick()** 方法說明，請參考「13-4-1　按鈕控制項常用之屬性及方法」。
4. 程式第 45 列 **return;**，是作為結束一個方法或事件處理函式之用。

13-8　GroupBox(群組方塊)及Panel(面板)控制項

當表單上佈置的控制項多而零亂時，則可將同類型或同群組的控制項置於 GroupBox **(群組方塊)** 控制項或 Panel **(面板)** 控制項內，使表單有系統的呈現，它們在表單上的外觀分別是 groupBox1 及 。因此，**群組方塊**控制項及**面板**控制項，適合作為各種控制項分類呈現的容器。**群組方塊**控制項及**面板**控制項都陳列在工具箱的**容器**項目中，它們與表單一樣，都能在它們內部佈置其他控制項，也都是一種容器控制項。

在**群組方塊**控制項或**面板**控制項上，佈置其他**控制項**的程序如下（**以在面板控制項上佈置按鈕控制項為例說明**）：

步驟 1. 在工具箱視窗中，點開**容器**項目，可以看到**群組方塊**控制項及**面板**控制項。

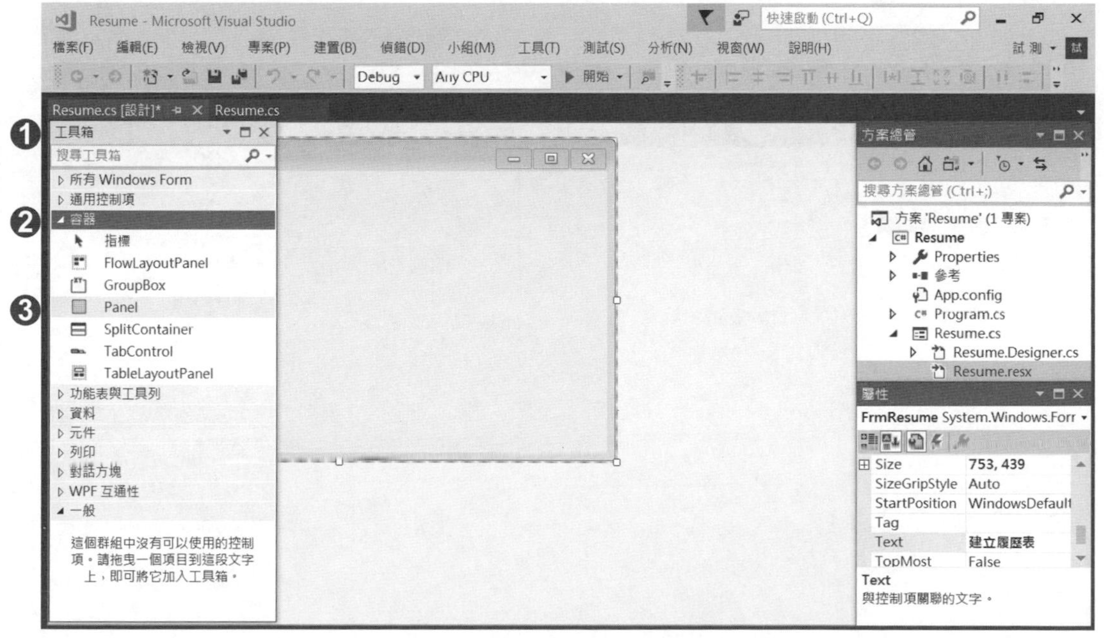

圖 13-23　新增面板控制項畫面（一）

步驟 2. 對著 Panel 點兩下， 就會出現在表單的左上方。另外也可直接拖曳 Panel 到表單上。

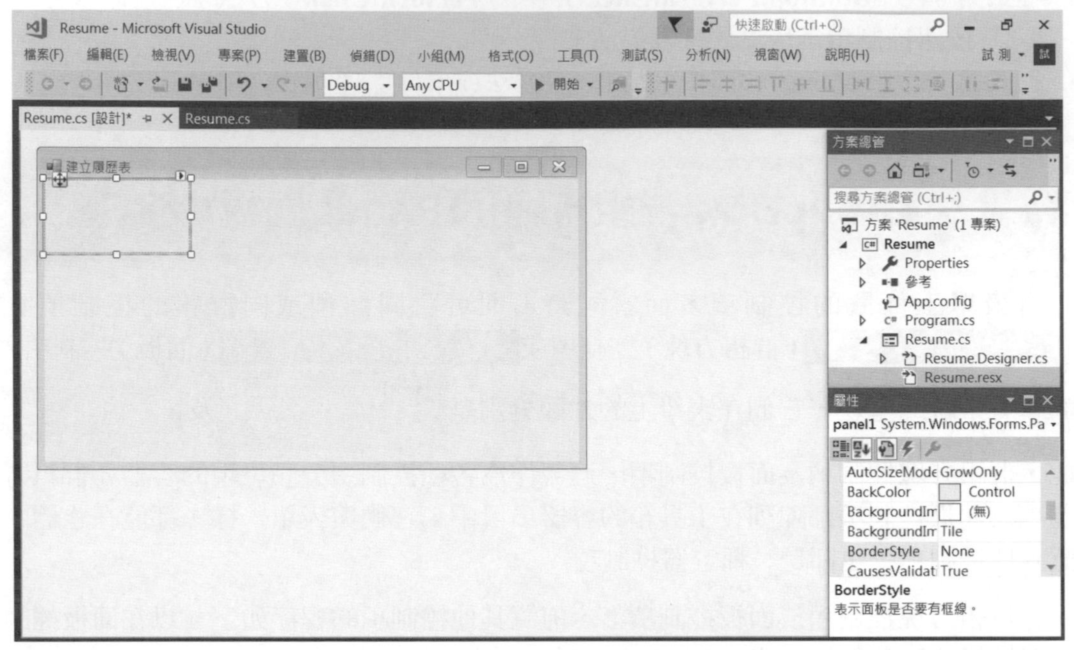

圖 13-24　新增面板控制項畫面（二）

步驟 3. 在工具箱視窗中，點開**通用控制項**項目，可以看到**按鈕**控制項。

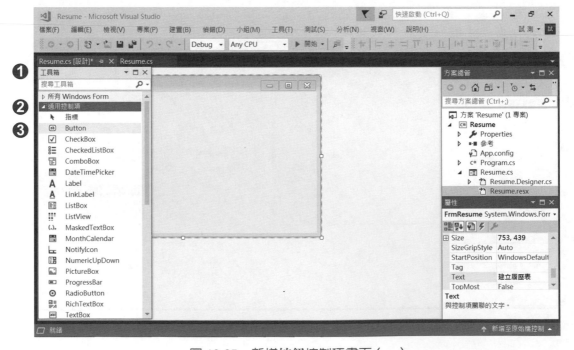

圖 13-25　新增按鈕控制項畫面（一）

步驟 4. 對著 Button 點兩下， button1 就會出現在面板的左上方。另外也可直接拖曳 Button 到面板上。

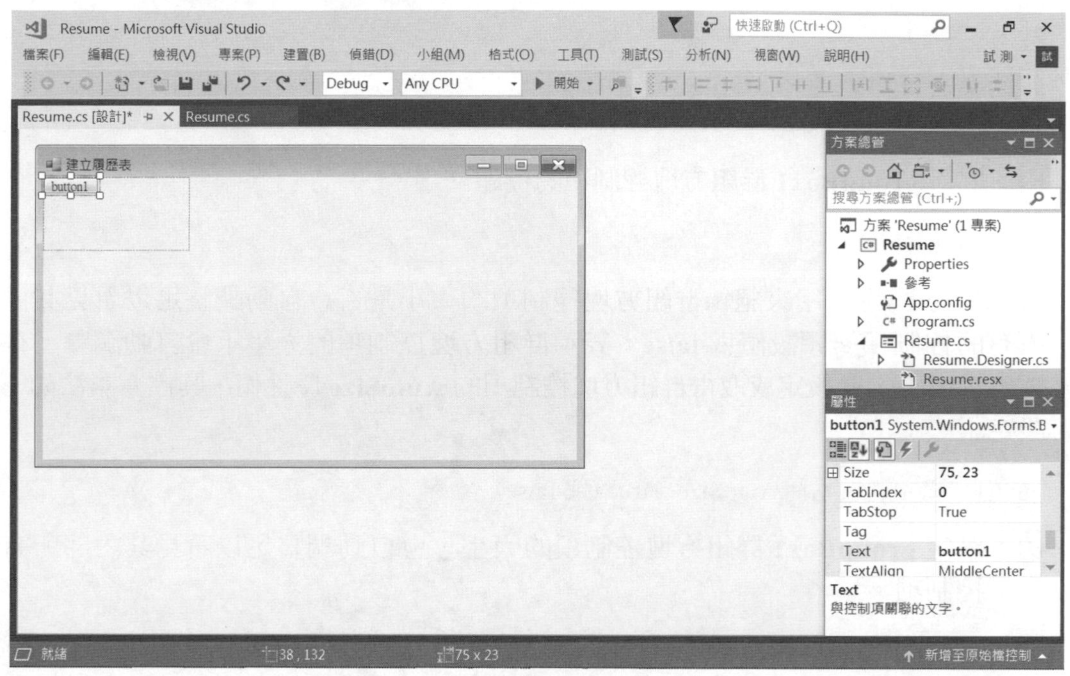

圖 13-26　新增按鈕控制項畫面（二）

註：

在**面板**上佈置其他**控制項**的程序，以及在**群組方塊**上佈置其他**控制項**的程序，請參考在**面板**上佈置**按鈕**控制項的作法，不再贅述。

13-8-1　群組方塊控制項常用之屬性、方法與事件

群組方塊控制項的 **Name** 屬性值，預設為 **groupBox1**。若要變更 **Name** 屬性值，則務必在設計階段透過**屬性**視窗完成設定。**群組方塊**控制項的 **Name** 屬性值之命名規則，請參考「表 12-1　常用控制項之命名規則」。

群組方塊控制項常用的屬性、方法與事件如下：

1. **Text 屬性**：用來記錄群組方塊控制項的標題文字，預設值為 groupBox1。在程式碼視窗中，要設定或取得群組方塊控制項的 Text 屬性值，其撰寫語法如下：
   設定語法：

```
群組方塊控制項名稱.Text = "標題文字";
```

例：設定 **groupBox1 群組方塊**控制項的標題文字為「基本資料區」。

```
groupBox1.Text = "基本資料區";
```

取得語法：

```
群組方塊控制項名稱.Text
```

註：

此結果之資料型態為 **String**。

例：取得 **groupBox1 群組方塊**控制項的標題文字。

```
groupBox1.Text
```

2. AutoSize **屬性**：用來記錄**群組方塊**控制項的大小是否會自動調整足以看見其內部所有的控制項。預設值為 **false**，表示**群組方塊**控制項的大小不會自動調整。在程式碼視窗中，要設定或取得**群組方塊**控制項的 **AutoSize** 屬性值，其撰寫語法如下：
設定語法：

```
群組方塊控制項名稱.AutoSize = true (或 false);
```

例：設定 **groupBox1 群組方塊**控制項的大小，會自動調整足以看見其內部所有的控制項。

```
groupBox1.AutoSize = true;
```

取得語法：

```
群組方塊控制項名稱.AutoSize
```

註：

此結果之資料型態為 **Boolean**。

例：取得 **groupBox1 群組方塊**控制項的大小，是否 會自動調整足以看見其內部所有的控制項。

```
groupBox1.AutoSize
```

3. AutoSizeMode **屬性**：用來記錄**群組方塊**控制項內的控制項增加、減少或移動時，**群組方塊**控制項的調整方式。預設值為 **GrowOnly**，表示**群組方塊**控制項內的控制項跑出**群組方塊**控制項範圍時，**群組方塊**控制項的大小會自動放大。**必須在 AutoSize 屬性值為 true 時，AutoSizeMode 屬性才有作用**。在程式碼視窗中，要設定或取得**群組方塊**控制項的 **AutoSizeMode** 屬性值，其撰寫語法如下：
設定語法：

```
群組方塊控制項名稱.AutoSizeMode = AutoSizeMode.AutoSizeMode列舉的成員;
```

註：

AutoSizeMode 為 Visual C# 的內建列舉，位於 **System.Windows.Forms** 命名空間內。**AutoSizeMode** 列舉的成員如下：

- **GrowAndShrink**：設定**群組方塊**控制項的大小會自動放大或縮小。若**群組方塊**控制項內的控制項跑出**群組方塊**控制項外，則**群組方塊**控制項的大小會自動放大。若**群組方塊**控制項內的控制項比之前更集中於**群組方塊**控制項內，則**群組方塊**控制項的大小會自動縮小。
- **GrowOnly**：設定**群組方塊**控制項的大小會自動放大。若**群組方塊**控制項內的控制項跑出**群組方塊**控制項外，則**群組方塊**控制項的大小會自動放大。

例：設定 **groupBox1** **群組方塊**控制項大小的調整方式為 GrowAndShrink。

```
groupBox1.AutoSizeMode = AutoSizeMode.GrowAndShrink;
```

取得語法：

```
群組方塊控制項名稱.AutoSizeMode
```

註：

此結果之資料型態為 **AutoSizeMode** 列舉。

例：取得 **groupBox1** **群組方塊**控制項大小的調整方式。

```
groupBox1.AutoSizeMode
```

4. Controls **屬性**：是一個集合體，用來記錄**群組方塊**控制項中所包含的控制項。在**程式碼**視窗中，要設定或取得**群組方塊**控制項中的第 n 個**控制項**的相關屬性值，其撰寫語法如下：

   設定**群組方塊**控制項中的第 n 個**控制項**的 **Enabled** 屬性值之語法：

```
群組方塊控制項名稱.Controls[n-1].Enabled = true (或 false);
```

註：

其他屬性的設定語法類似。

例：設定 **groupBox1** **群組方塊**控制項中的第 2 個**控制項**沒有作用。

```
groupBox1.Controls[1].Enabled = false;
```

取得**群組方塊**控制項中的第 n 個**控制項**的 **Enabled** 屬性值之語法：

```
群組方塊控制項名稱.Controls[n-1].Enabled
```

註：

其他屬性的取得語法類似。

例：取得 **groupBox1 群組方塊**控制項中的第 1 個**控制項**的 **Enabled** 屬性值。

```
groupBox1.Controls[0].Enabled
```

5. Add() **方法**：將一個**控制項**加到**群組方塊**控制項中。增加一個**控制項**到**群組方塊**控制項中的語法如下：

```
群組方塊控制項名稱.Controls.Add(控制項名稱);
```

註：

在此敘述之前，必須先宣告一個控制項，且指向某個實例。

例：增加一個名稱爲 **BtnClose** 的**按鈕**控制項到 **groupBox1** 群組方塊控制項中。

```
Button  BtnClose = new Button();
groupBox1.Controls.Add(BtnClose );
```

6. Remove() **方法**：移除**群組方塊**控制項中的特定**控制項**。移除**群組方塊**控制項中的特定**控制項**之語法如下：

```
群組方塊控制項名稱.Controls.Remove(特定控制項名稱);
```

例：移除 **groupBox1 群組方塊**控制項中的 **BtnClose 按鈕**控制項。

```
groupBox1.Controls.Remove(BtnClose);
```

7. RemoveAt() **方法**：移除**群組方塊**控制項中指定索引值的**控制項**。將索引值爲 n 的**控制項**從**群組方塊**控制項中移除的語法如下：

```
群組方塊控制項名稱.Controls.RemoveAt(n);
```

註：

n 爲整數，代表**控制項**的索引值，索引編號從 0 開始。索引值爲 0，代表第 1 個**控制項**，…，索引值爲 n，代表第 (n+1) 個**控制項**。

例：移除 **groupBox1 群組方塊**控制項中索引值爲「2」的控制項。

```
groupBox1.Controls.RemoveAt(2);
```

8. ControlAdded **事件**：將一個**控制項**加到**群組方塊**控制項中後，就會觸發此事件。因此，被加入的控制項的屬性初始值設定程式碼，可撰寫在**群組方塊**控制項的 **ControlAdded** 事件處理函式中。

13-8-2 面板控制項常用之屬性、方法與事件

面板控制項與**群組方塊**控制項的差異，是面板控制項沒有 **Text** 屬性（即，沒有標題文字），而有 **AutoScroll** 屬性（即，有捲軸功能）。**面板**控制項的 **Name** 屬性值，預設為 **panel1**。若要變更 **Name** 屬性值，則務必在設計階段透過**屬性**視窗完成設定。**面板**控制項的 **Name** 屬性值之命名規則，請參考「表 12-1 常用控制項之命名規則」。

面板控制項常用的屬性、方法與事件如下：

1. AutoScroll **屬性**：用來記錄**面板**控制項是否會自動出現捲軸，預設值為 **false**，表示當**面板**控制項內部控制項的佈置範圍大於**面板**控制項本身的大小時，**面板**控制項不會自動出現捲軸。在**程式碼**視窗中，要設定或取得**面板**控制項的 **AutoScroll** 屬性值，其撰寫語法如下：

   設定語法：

   ```
   面板控制項名稱.AutoScroll = true (或 false);
   ```

   例：設定 **panel1** 面板控制項會自動出現捲軸。

   ```
   panel1.AutoScroll = true;
   ```

   取得語法：

   ```
   面板控制項名稱.AutoScroll
   ```

   註：

   此結果之資料型態為 **Boolean**。

   例：取得 **panel1** 面板控制項是否會自動出現捲軸。

   ```
   panel1.AutoScroll
   ```

2. AutoSize **屬性**：請參考**群組方塊**控制項的 **AutoSize** 屬性介紹。
3. AutoSizeMode **屬性**：請參考**群組方塊**控制項的 **AutoSizeMode** 屬性介紹。
4. Controls **屬性**：請參考**群組方塊**控制項的 **Controls** 屬性介紹。
5. Add() **方法**：請參考**群組方塊**控制項的 **Add()** 方法介紹。
6. Remove() **方法**：請參考**群組方塊**控制項的 **Remove()** 方法介紹。
7. RemoveAt() **方法**：請參考**群組方塊**控制項的 **RemoveAt()** 方法介紹。
8. ControlAdded **事件**：請參考**群組方塊**控制項的 **ControlAdded** 事件介紹。

範例 5

撰寫一履歷表填寫視窗應用程式專案，以符合下列規定：

- 視窗應用程式專案名稱為 **Resume**。
- 專案中的表單名稱為 **Resume.cs**，其 **Name** 屬性值設為 **FrmResume**，**Text** 屬性值設為「建立履歷表」。在此表單上佈置以下控制項：
- 一個**群組方塊**控制項：它的 **Name** 屬性值設為 **GrpBasicData**，**Text** 屬性值設為「基本資料」。並在其內部佈置以下控制項：
  - 五個**標籤**控制項：它們的 **Name** 屬性值，分別設為 **LblName**、**LblBirthDate**、**LblTel**、**LblAddress** 及 **LblEducation**，且五個標籤控制項的 **Text** 屬性值，分別設為**姓名**、**出生日期**、**電話**、**地址**及**學歷**。
  - 五個**遮罩文字方塊**控制項：它們的 **Name** 屬性值，分別設為 **MtxtName**、**MtxtBirthDate**、**MtxtTel**、**MtxtAddress** 及 **MtxtEducation**。**MtxtBirthDate** 及 **MtxtTel** 的 **Mask** 屬性值分別設為 **90/90/0000** 及 **(00)0000-0000**，且 **TextMaskFormat** 屬性值分別設為 **IncludePrompt** 及 **ExcludePromptAndLiterals**。這五個**遮罩文字方塊**控制項，分別對應上述的五個標籤控制項。
- 一個**面板**控制項：它的 **Name** 屬性值設為 **PnlButton**，並在其內部佈置兩個按鈕控制項。兩個按鈕控制項的 **Name** 屬性值，分別設為 **BtnSure** 及 **BtnCancel**，且 **Text** 屬性值，分別設為「確定」及「取消」。當使用者按「確定」按鈕時，顯示所輸入的基本資料。當使用者按「取消」按鈕時，將所輸入的資料清空。
- 其他相關屬性（顏色、文字大小…），請自行設定即可。

專案的輸出入介面需求及程式碼

- 執行時的畫面示意圖如下：

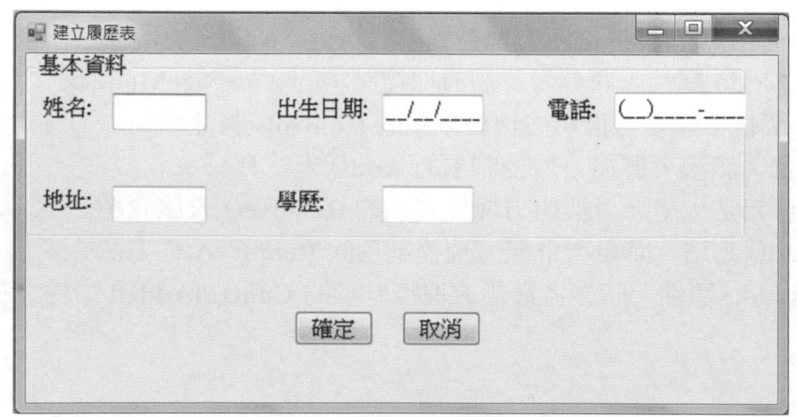

圖 13-27　範例 5 執行後的畫面

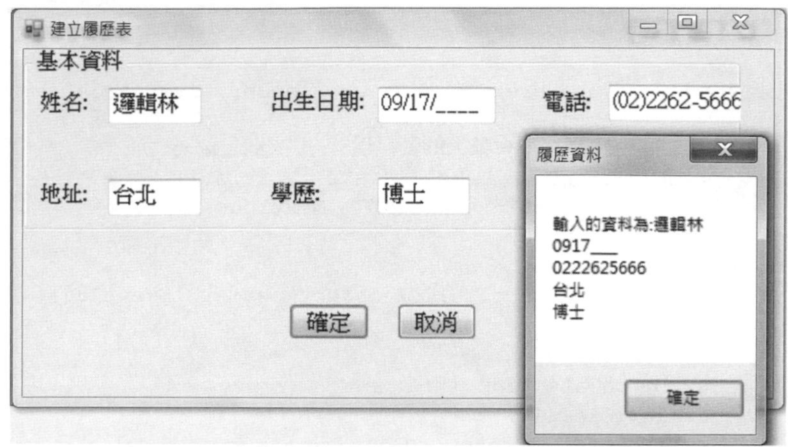

圖 13-28　資料輸入完按「確定」鈕後的畫面

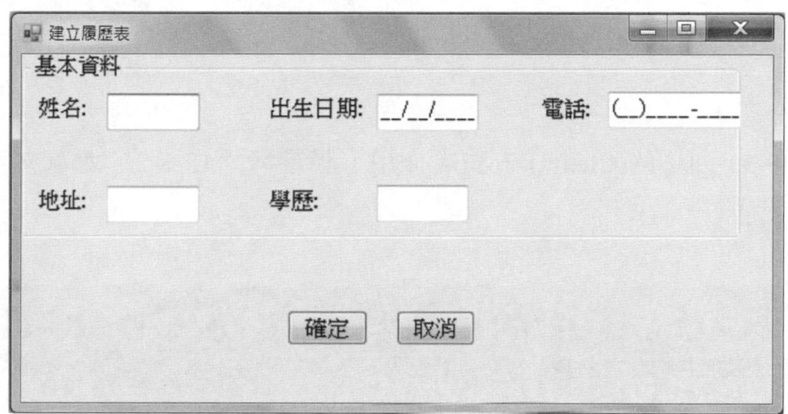

圖 13-29　資料輸入完按「取消」鈕後的畫面

▶ **Resume.cs** 的程式碼如下：

- 在 **Resume.cs** 的程式碼視窗中，撰寫以下程式碼：

```
using System;
using System.Collections.Generic;
using System.ComponentModel;
using System.Data;
using System.Drawing;
using System.Linq;
using System.Text;
using System.Threading.Tasks;
using System.Windows.Forms;

namespace Resume
{
    public partial class FrmResume : Form
    {
        public FrmResume()
        {
            InitializeComponent();
```

```
18          }
19
20          private void BtnSure_Click(object sender, EventArgs e)
21          {
22              MessageBox.Show("輸入的資料爲:" + MtxtName.Text + "\n" +
23                  MtxtBirthDate.Text + "\n" + MtxtTel.Text + "\n" +
24                  MtxtAddress.Text + "\n" + MtxtEducation.Text, "履歷資料");
25          }
26
27          private void BtnCancel_Click(object sender, EventArgs e)
28          {
29              MtxtName.Clear();
30              MtxtBirthDate.Clear();
31              MtxtTel.Clear();
32              MtxtAddress.Clear();
33              MtxtEducation.Clear();
34          }
35      }
36  }
```

程式說明

程式第 29~33 列中的 **Clear()** 方法之作用，請參考「13-3-2　遮罩文字方塊常用之方法與事件」。

13-9 RadioButton(選項按鈕)及CheckBox(核取方塊)控制項

當同一群組中的資料項只能被選取一個時，則可使用 RadioButton **(選項按鈕)** 控制項作爲互斥資料項的輸入介面，它在表單上的模樣類似 radioButton1 。當同一群組中的資料項能被勾選一個以上時，則可使用 CheckBox **(核取方塊)** 控制項作爲資料項複選的輸入介面，它在表單上的模樣類似 checkBox1 。

13-9-1 選項按鈕控制項常用之屬性與事件

選項按鈕控制項具有排他性，在同一群組的**選項按鈕**控制項中，只能選擇其中之一，非常適合作爲單選的輸入介面。若要選擇兩個（含）以上的**選項按鈕**控制項，則必須將**選項按鈕**控制項分別佈置在不同的群組中。

選項按鈕控制項的 **Name** 屬性值，預設爲 **radioButton1**。**選項按鈕**控制項常用的屬性與事件如下：

1. **Text 屬性**：用來記錄**選項按鈕**控制項的的標題文字，預設值爲 **radioButton1**。在程式碼視窗中，要設定或取得選項按鈕控制項的 **Text** 屬性值，其撰寫語法如下：

設定語法：

```
選項按鈕控制項名稱.Text = "標題文字";
```

例：設定 **radioButton1 選項按鈕**控制項的標題文字為「1. 一年級」，且執行時按 **1**，等於點選「1. 一年級」選項。

```
radioButton1.Text = "&1. 一年級";
```

註：

- **選項按鈕**控制項的標題文字前加「&」的作用，是讓使用者可以用快速鍵來選取**選項按鈕**控制項。
- 本例，使用者可直接按「1」鍵，來選取 **radioButton1 選項按鈕**控制項。

取得語法：

```
選項按鈕控制項名稱.Text
```

註：

此結果之資料型態為 **String**。

例：取得 **radioButton1 選項按鈕**控制項的標題文字。

```
radioButton1.Text
```

2. Appearance **屬性**：用來記錄**選項按鈕**控制項的外觀樣式，預設值為 **Normal**，表示**選項按鈕**控制項以 ◎ radioButton1 顯示。在**程式碼**視窗中，要設定或取得**選項按鈕**控制項的 **Appearance** 屬性值，其撰寫語法如下：
設定語法：

```
選項按鈕控制項名稱.Appearance = Appearance.Appearance列舉的成員;
```

註：

Appearance 為 Visual C# 的內建列舉，位於 **System.Windows.Forms** 命名空間內。**Appearance** 列舉的成員如下：

- **Normal**：表示**選項按鈕**控制項的外觀樣式為 ◎ radioButton1 。
- **Button**：表示**選項按鈕**控制項的外觀樣式為 radioButton1 。

例：設定 **radioButton1 選項按鈕**控制項的外觀樣式為 radioButton1 。

```
radioButton1.Appearance = Appearance.Button;
```

取得語法：

```
選項按鈕控制項名稱.Appearance
```

註：

此結果之資料型態爲 **Appearance** 列舉。

例：取得 **radioButton1 選項按鈕**控制項的外觀樣式。

```
radioButton1.Appearance
```

3. Checked **屬性**：用來記錄**選項按鈕**控制項是否被選取，預設值爲 **False**，表示**選項按鈕**控制項沒被選取。在程式碼視窗中，要設定或取得**選項按鈕**控制項的 **Checked** 屬性值，其撰寫語法如下：
   設定語法：

```
選項按鈕控制項名稱.Checked = true (或 false);
```

例：設定 **radioButton1 選項按鈕**控制項被選取。

```
radioButton1.Checked = true;
```

取得語法：

```
選項按鈕控制項名稱.Checked
```

註：

此結果之資料型態爲 **Boolean**。

例：取得 **radioButton1 選項按鈕**控制項的是否被取。

```
radioButton1.Checked
```

4. CheckedChanged **事件**：當**選項按鈕**控制項的 **Checked** 屬性值改變時，會觸發**選項按鈕**控制項的預設事件 **CheckedChanged**。因此，當 **Checked** 屬性值改變時，可將欲執行的程式碼，撰寫在 **CheckedChanged** 事件處理函式中。

13-9-2 核取方塊控制項常用之屬性與事件

由於**核取方塊**控制沒有排他性，因此，**核取方塊**控制項非常適合作爲資料項複選的輸入介面。

核取方塊控制項的 **Name** 屬性值，預設爲 **checkbox1**。**核取方塊**控制項常用的屬性與事件如下：

1. Text **屬性**：用來記錄**核取方塊**控制項的標題文字，預設值爲 **checkbox1**。在程式碼視窗中，要設定或取得**核取方塊**控制項的 **Text** 屬性值，其撰寫語法如下：
   設定語法：

```
核取方塊控制項名稱.Text = "標題文字";
```

例：設定 **checkbox1** **核取方塊**控制項的標題文字為「少油」。

```
checkbox1.Text = "少油";
```

取得語法：

```
核取方塊控制項名稱.Text
```

註：

此結果之資料型態為 **String**。

例：取得 **checkbox1** **核取方塊**控制項的標題文字。

```
checkbox1.Text
```

2. Appearance **屬性**：用來記錄**核取方塊**控制項的外觀樣式，預設值為 **Normal**，表示按鈕以 □ checkBox1 顯示。在**程式碼**視窗中，要設定或取得**核取方塊**控制項的 **Appearance** 屬性值，其撰寫語法如下：
設定語法：

```
核取方塊控制項名稱.Appearance = Appearance.Appearance列舉的成員;
```

註：

Appearance 為 Visual C# 的內建列舉，位於 **System.Windows.Forms** 命名空間內。**Appearance** 列舉的成員如下：

- **Normal**：表示**核取方塊**控制項的外觀樣式為 □ checkBox1 。
- **Button**：表示**核取方塊**控制項的外觀樣式為 checkBox1 。

例：設定 **checkbox1** **核取方塊**控制項的外觀樣式為 checkBox1 。

```
checkbox1.Appearance = Appearance.Button;
```

取得語法：

```
核取方塊名稱.Appearance
```

註：

此結果之資料型態為 **Appearance** 列舉。

例：取得 **checkbox1** **核取方塊**控制項的外觀樣式。

```
checkbox1.Appearance
```

3. Checked **屬性**：用來記錄核取方塊控制項是否被選取，預設值為 **False**，表示核取方塊控制項沒被選取。在程式碼視窗中，要設定或取得核取方塊控制項的 **Checked** 屬性值，其撰寫語法如下：

   設定語法：

```
核取方塊控制項名稱.Checked = true (或 false);
```

   例：設定 **checkbox1** 核取方塊控制項被選取。

```
checkbox1.Checked = true;
```

   取得語法：

```
核取方塊控制項名稱.Checked
```

   註：

   此結果之資料型態為 **Boolean**。

   例：取得 **checkbox1** 核取方塊控制項是否被選取。

```
checkbox1.Checked
```

4. CheckedChanged **事件**：當核取方塊控制項的 **Checked** 屬性值改變時，會觸發核取方塊控制項的預設事件 **CheckedChanged**。因此，當 **Checked** 屬性值改變時，可將欲執行的程式碼，撰寫在 **CheckedChanged** 事件處理函式中。

範例 6

撰寫一養生麵食訂購視窗應用程式專案，以符合下列規定：

- ▶ 視窗應用程式專案名稱為 **NoodleOrder**。
- ▶ 專案中的表單名稱為 **NoodleOrder.cs**，其 **Name** 屬性值設為 **FrmNoodleOrder**，**Text** 屬性值設為「養生麵食訂購系統」。在此表單上佈置以下控制項：
- ▶ 三個群組方塊控制項：它們的 **Name** 屬性值，分別設為 **GrpNoodle**、**GrpSize** 及 **GrpTaste**，且它們的 **Text** 屬性值，分別設為**麵食品名**、**規格**及**口味**。
  - ◆ 在 **GrpNoodle** 群組方塊控制項內部佈置三個選項按鈕控制項：它們的 **Name** 屬性值，分別設為 **RdbBeef**、**RdbSeaFood** 及 **RdbItalian**，且三個選項按鈕控制項的 **Text** 屬性值，分別設為牛肉麵、海鮮麵及義大利麵。
  - ◆ 在 **GrpSize** 群組方塊控制項內部佈置兩個選項按鈕控制項：它們的 **Name** 屬性值，分別設為 **RdbBig** 及 **RdbSmall**，且兩個選項按鈕控制項的 **Text** 屬性值，分別設為大碗及小碗。

- 在 **GrpTaste** 群組方塊控制項內部佈置三個核取方塊控制項：它們的 **Name** 屬性值，分別設為 **CkbOilLittle**、**CkbSaltLittle** 及 **CkbHotLittle**，且三個核取方塊控制項的 **Text** 屬性值，分別設為**少油**、**少鹽**及**微辣**。

▶ 兩個標籤控制項：它們的 **Name** 屬性值，分別設為 **LblCompany** 及 **LblOrderData**，且兩個標籤控制項的 **Text** 屬性值，分別設為**養生麵食館**及**訂購資料 :**。

▶ 一個按鈕控制項：它的 **Name** 屬性值設為 **BtnSummit**，**Text** 屬性值設為**結帳**。當使用者按**結帳**鈕時，將訂購資料及金額顯示在 **LblOrderData** 標籤控制項上。

▶ 小碗**牛肉麵**、**海鮮麵**及**義大利麵**的價位，分別為 130、120 及 100。若是大碗，則各加 20 元。

▶ 其他相關屬性（顏色、文字大小…），請自行設定即可。

專案的輸出入介面需求及程式碼

▶ 執行時的畫面示意圖如下：

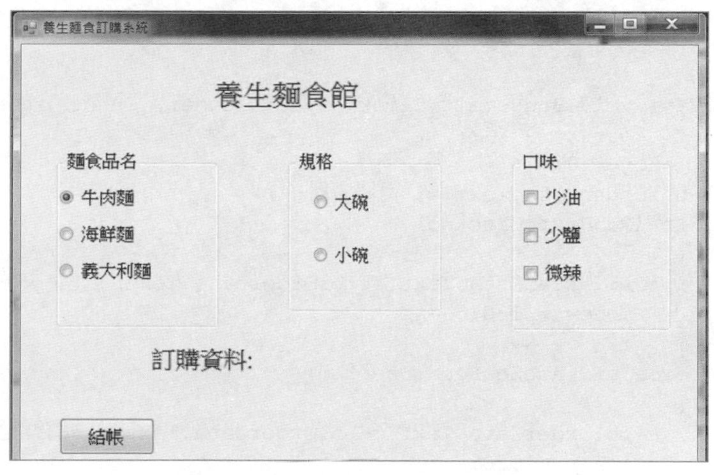

圖 13-30　範例 6 執行後的畫面

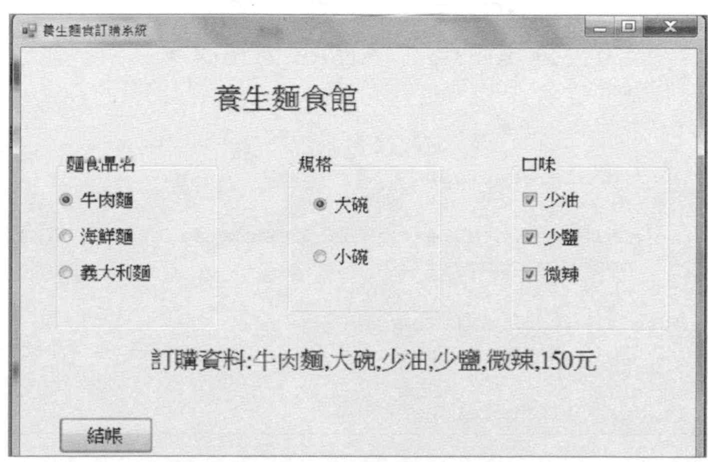

圖 13-31　按結帳鈕後的畫面

▶ **NoodleOrder.cs** 的程式碼如下：

◆ 在 **NoodleOrder.cs** 的程式碼視窗中，撰寫以下程式碼：

```
using System;
using System.Collections.Generic;
using System.ComponentModel;
using System.Data;
using System.Drawing;
using System.Linq;
using System.Text;
using System.Threading.Tasks;
using System.Windows.Forms;

namespace NoodleOrder
{
    public partial class FrmNoodleOrder : Form
    {
        int money;

        public FrmNoodleOrder()
        {
            InitializeComponent();
        }

        private void BtnSummit_Click(object sender, EventArgs e)
        {
            money = 0;
            LblOrderData.Text = "訂購資料:";
            if (RdbBeef.Checked)
            {
                LblOrderData.Text = LblOrderData.Text + "牛肉麵,";
                money = 130;
            }
            else if (RdbSeaFood.Checked)
            {
                LblOrderData.Text = LblOrderData.Text + "海鮮麵,";
                money = 120;
            }
            else if (RdbItalian.Checked)
            {
                LblOrderData.Text = LblOrderData.Text + "義大利麵,";
                money = 100;
            }

            if (RdbBig.Checked)
            {
                LblOrderData.Text = LblOrderData.Text + "大碗,";
                money = money + 20;
            }
            else if (RdbSmall.Checked)
                LblOrderData.Text = LblOrderData.Text + "小碗,";

            if (CkbOilLittle.Checked)
```

```
                    LblOrderData.Text = LblOrderData.Text + "少油,";

                if (CkbSaltLittle.Checked)
                    LblOrderData.Text = LblOrderData.Text + "少鹽,";

                if (CkbHotLittle.Checked)
                    LblOrderData.Text = LblOrderData.Text + "微辣,";

                LblOrderData.Text = LblOrderData.Text + money.ToString()+"元";
            }
        }
}
```

程式說明

1. 同一群組中的**選項按鈕**控制項，彼此間是互斥的。因此，只需使用單獨一個 **if … else if … else** …選擇結構，就能判斷哪一個**選項按鈕**控制項被選取。
2. 同一群組中的**核取方塊**控制項，彼此間是互不影響。因此，每一個**核取方塊**控制項，必須使用一個 **if** …選擇結構，才能判斷它是否被選取。

13-10 ListBox(清單方塊)控制項

可以當作資料項選取的輸入介面，除了**選項按鈕**控制項及核取方塊控制外，還有 ListBox (**清單方塊**)控制項，它在表單上的模樣類似 listBox1 。**清單方塊**控制項的資料項，可以設定以單行或多行方式呈現，也可以設定爲單選或複選。當**清單方塊**控制項中的資料項無法完全顯示在**清單方塊**控制項中時，預設會自動出現垂直捲軸來輔助使用者查閱資料項。當**清單方塊**控制項中的資料項設定爲多行方式呈現，且**清單方塊**控制項無法完全顯示資料項時，預設會自動出現水平捲軸來輔助使用者查閱資料項。

13-10-1 清單方塊控制項常用之屬性

清單方塊控制項的 **Name** 屬性值，預設爲 **listBox1**。**清單方塊**控制項常用的屬性如下：

1. **Items 屬性**：是一個集合體，用來記錄清單方塊控制項中所有的資料項，預設值爲空白。在屬性視窗中，設定**清單方塊**控制項的 **Items** 屬性值之程序如下：

步驟 1. 點選清單方塊控制項，再點選屬性視窗的 **Items** 屬性右邊的…按鈕。

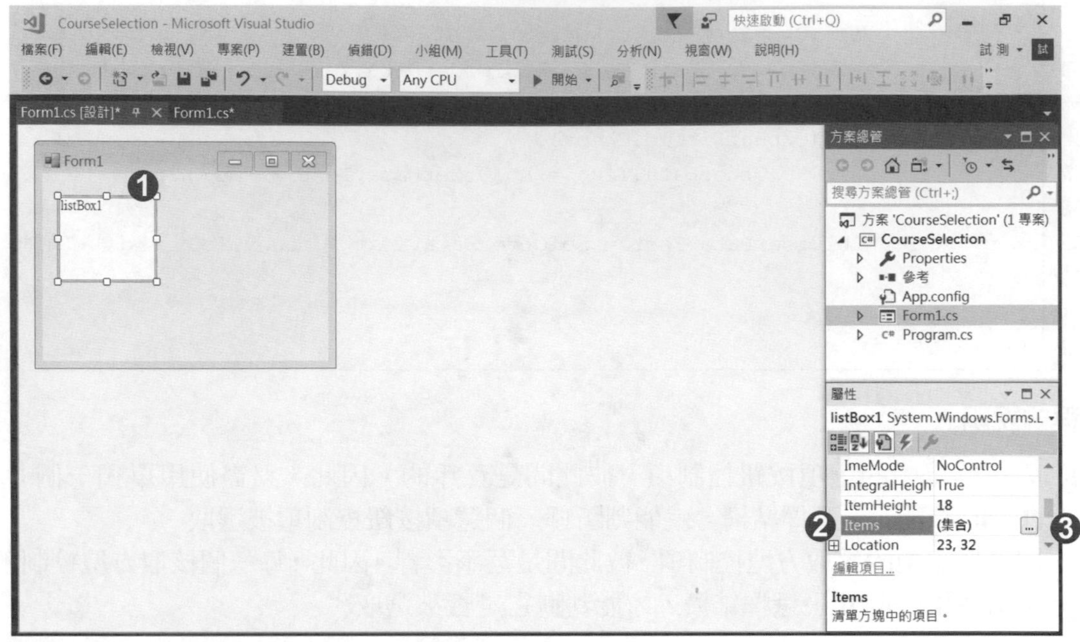

圖 13-32　設定清單方塊控制項的 **Items** 屬性畫面(一)

步驟 2. 在字串集合編輯器視窗中，輸入所需要的資料項。

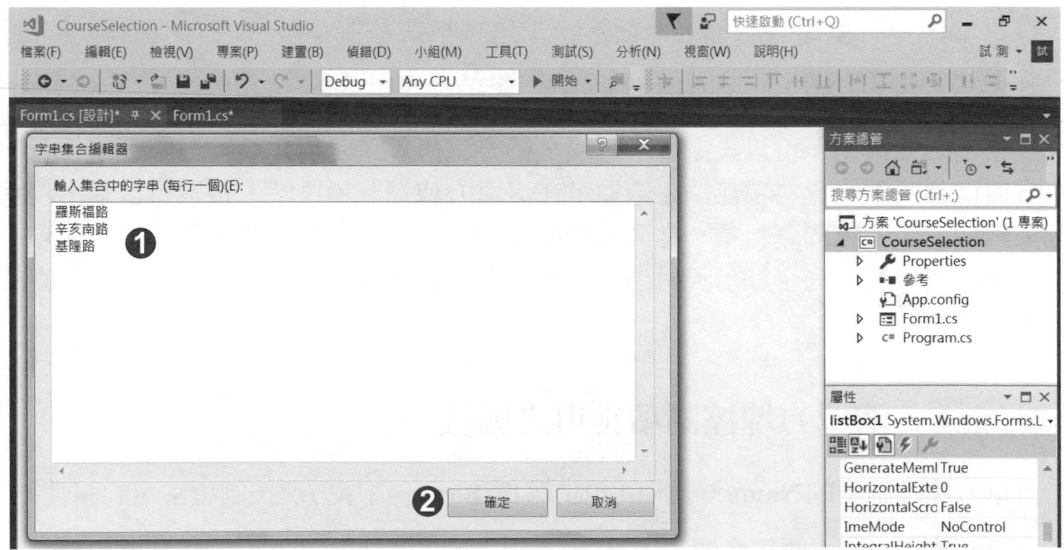

圖 13-33　設定清單方塊控制項的 **Items** 屬性畫面(二)

步驟 3. 按**確定**鈕，回到表單設計視窗。

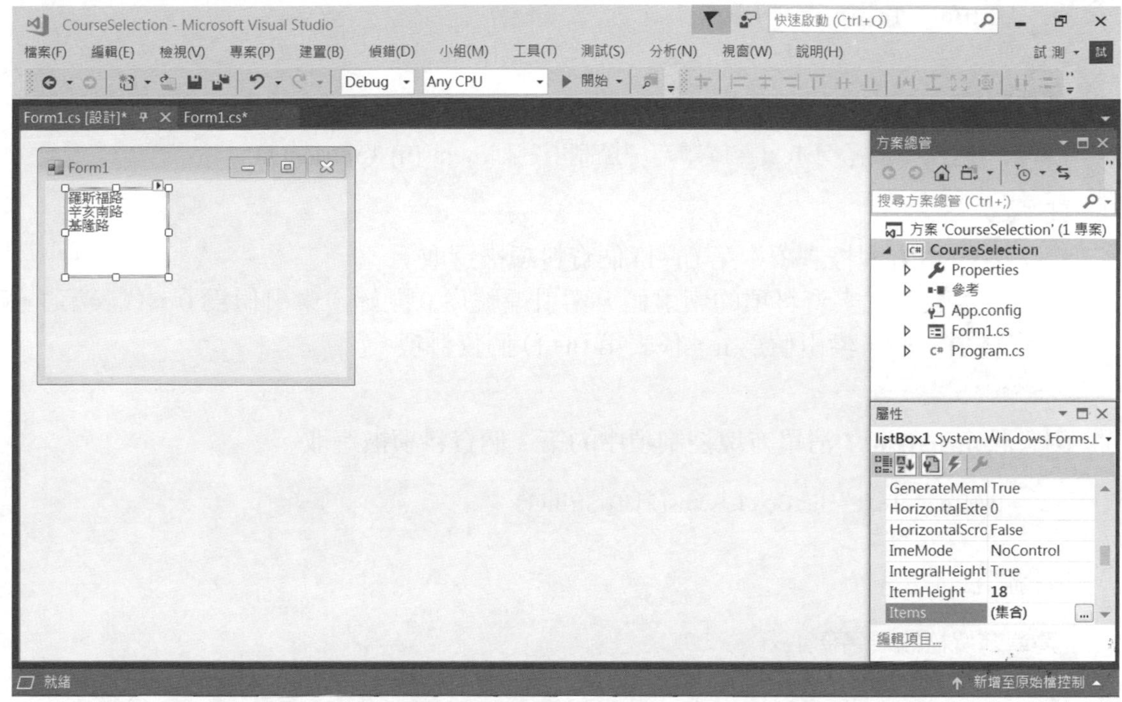

圖 13-34 設定清單方塊控制項的 **Items** 屬性畫面 (三)

在**程式碼**視窗中，要取得**清單方塊**控制項中的第 (n+1) 個**資料項**內容，其撰寫語法如下：

```
清單方塊控制項名稱.Items[n].ToString()
```

註：

- 此結果之資料型態為 **String**。
- n 為整數，代表**資料項**的索引值，索引編號從 0 開始。索引值為 0，代表第 1 個**資料項**，…，索引值為 n，代表第 (n+1) 個**資料項**。

例：取得 **listBox1 清單方塊**控制項的第 1 個資料項的內容。

```
listBox1.Items[0].ToString()
```

2. Text **屬性**：用來記錄單選功能的**清單方塊**控制項中所選取的資料項，或用來記錄複選功能的**清單方塊**控制項中所選取的第一個資料項，只能在程式執行階段中被存取。在**程式碼**視窗中，要設定或取得**清單方塊**控制項的 **Text** 屬性值，其語法如下：
設定語法 1：

```
清單方塊控制項名稱.Text ="清單方塊中的資料項";
```

例：設定 **listBox1 清單方塊**控制項中所選取的第 1 個資料項為**羅斯福路**。

```
listBox1.Text ="羅斯福路";
```

設定語法 2：

```
清單方塊控制項名稱.Text = 清單方塊控制項名稱.Items[n].ToString();
```

註：

- 設定**清單方塊**控制項中第 (n+1) 個**資料項**被選取。
- n 為整數，代表**資料項**的索引值，索引編號從 0 開始。索引值為 0，代表第 1 個**資料項**，…，索引值為 n，代表第 (n+1) 個**資料項**。

例：設定 **listBox1 清單方塊**控制項中的第 3 個**資料項**被選取。

```
listBox1.Text = listBox1.Items[2].ToString();
```

取得語法：

```
清單方塊控制項名稱.Text
```

註：

此結果之資料型態為 String。

例：取得 **listBox1 清單方塊**控制項中被選取的第一個資料項。

```
listBox1.Text
```

3. Items.Count **屬性**：用來記錄**清單方塊**控制項所包含的資料項個數，只能在程式執行階段中被取得。在**程式碼**視窗中，要取得**清單方塊**控制項的 **Items.Count** 屬性值，其撰寫語法如下：

```
清單方塊控制項名稱.Items.Count
```

註：

此結果之資料型態為 **Int32**。

例：取得 **listBox1 清單方塊**控制項內的資料項個數。

```
listBox1.Items.Count
```

4. Sorted **屬性**：用來記錄**清單方塊**控制項內的資料項是否按照字母順序排列，預設值為 **False**，表示資料項不照字母順序排列。在**程式碼**視窗中，要設定或取得**清單方塊**控制項的 **Sorted** 屬性值，其撰寫語法如下：

設定語法：

```
清單方塊控制項名稱.Sorted = true (或 false);
```

例：設定 **listBox1 清單方塊**控制項內的資料項按照字母順序排列。

```
listBox1.Sorted = true;
```

取得語法：

```
清單方塊控制項名稱.Sorted
```

註：

此結果之資料型態為 **Boolean**。

例：取得 **listBox1 清單方塊**控制項內的資料項是否按照字母順序排列。

```
listBox1.Sorted
```

5. MultiColumn **屬性**：用來記錄**清單方塊**控制項內的資料項是否以多行呈現，預設值為 **False**，表示資料項以單行呈現。在**程式碼**視窗中，要設定或取得**清單方塊**控制項的 **MultiColumn** 屬性值，其撰寫語法如下：
   設定語法：

```
清單方塊控制項名稱.MultiColumn = true (或 false);
```

註：

當**清單方塊**控制項內的資料項無法完全呈現出來時，**清單方塊**控制項才會以多行模式呈現。

例：將 **listBox1 清單方塊**控制項內的資料項以多行呈現。

```
listBox1.MultiColumn = true;
```

取得語法：

```
清單方塊控制項名稱.MultiColumn
```

註：

此結果之資料型態為 **Boolean**。

例：取得 **listBox1 清單方塊**控制項內的資料項是否以多行呈現。

```
listBox1.MultiColumn
```

6. SelectionMode **屬性**：用來記錄**清單方塊**控制項內的資料項是單選或複選的模式，預設值為 **One**，表示只能選取一個資料項。在**程式碼**視窗中，要設定或取得**清單方塊**控制項的 **SelectionMode** 屬性值，其撰寫語法如下：
設定語法：

```
清單方塊控制項名稱.SelectionMode = SelectionMode.SelectionMode列舉的成員;
```

註：

SelectionMode 為 Visual C# 的內建列舉，位於 **System.Windows.Forms** 命名空間內。**SelectionMode** 列舉的成員如下：

- **None**：表示無法選取**清單方塊**控制項內的資料項。
- **One**：表示只能以滑鼠來點選**清單方塊**控制項內的一個資料項。
- **MultiSimple**：表示只能以滑鼠來點選**清單方塊**控制項內的多個資料項。
- **MultiExtended**：表示能以滑鼠配合 **Shift** 鍵或 **Ctrl** 鍵，來點選**清單方塊**控制項內的多個資料項。

例：設定只能以滑鼠來點選 **listBox1** **清單方塊**控制項內的多個資料項。

```
listBox1.SelectionMode = SelectionMode.MultiSimple;
```

取得語法：

```
清單方塊控制項名稱.SelectionMode
```

註：

此結果之資料型態為 **SelectionMode** 列舉。

例：取得 **listBox1** **清單方塊**控制項內的資料項被選取模式。

```
listBox1.SelectionMode
```

7. SelectedIndex **屬性**：用來記錄**清單方塊**控制項中被選取的第一個資料項之索引值，只能在程式執行階段中被存取。第 1 個資料項的索引值為 0，第 2 個資料項的索引值為 1，…，以此類推。在**程式碼**視窗中，要設定或取得**清單方塊**控制項的 **SelectedIndex** 屬性值，其撰寫語法如下：
設定語法：

```
清單方塊控制項名稱.SelectedIndex = 整數值;
```

例：設定 **listBox1** **清單方塊**控制項內索引值為 5 的資料項（即，第 6 個資料項）被選取。

```
listBox1.SelectedIndex = 5;
```

取得語法：

```
清單方塊控制項名稱.SelectedIndex
```

註：

此結果之資料型態為 **Int32**。

例：取得 **listBox1** 清單方塊控制項內被選取的第一個資料項之索引值。

```
listBox1.SelectedIndex
```

8. SelectedItems **屬性**：是一個集合體，用來記錄清單方塊控制項中所有被選取的資料項，只能在程式執行階段中被取得。在程式碼視窗中，要取得清單方塊控制項中被選取的第 (n+1) 個資料項，其撰寫語法如下：

```
清單方塊控制項名稱.SelectedItems[n]
```

註：

- 此結果之資料型態為 **String**。
- n 為整數，代表資料項的索引值，索引編號從 0 開始。索引值為 0，代表第 1 個資料項，…，索引值為 n，代表第 (n+1) 個資料項。

例：取得 **listBox1** 清單方塊控制項內被選取的第 3 個資料項。

```
listBox1.SelectedItems[2]
```

9. SelectedIndices **屬性**：是一個集合體，用來記錄清單方塊控制項中所有被選取的資料項之索引值，只能在程式執行階段中被取得。在程式碼視窗中，要取得清單方塊控制項中被選取的第 (n+1) 個資料項的索引值，其撰寫語法如下：

```
清單方塊控制項名稱.SelectedIndices[n]
```

註：

- 此結果之資料型態為 Int32。
- n 為整數，從 0 開始。

例：取得 **listBox1** 清單方塊控制項中被選取的第 1 個資料項之索引值。

```
listBox1.SelectedIndices[0]
```

13-10-2 清單方塊控制項常用之方法與事件

清單方塊控制項常用的方法與事件如下：

1. Add() **方法**：將資料項加到清單方塊控制項的 **Items** 屬性值所包含的資料項尾端。

語法如下：

```
清單方塊控制項名稱.Items.Add("資料項");
```

例：將**羅斯福路**加到 **listBox1** **清單方塊**控制項內的最後面。

```
listBox1.Items.Add("羅斯福路");
```

2. **AddRange() 方法**：將一組資料項，依序加到**清單方塊**控制項的 **Items** 屬性值所包含的資料項尾端。
   語法如下：

```
string[] 陣列名稱 = new string[n] {"資料項1",…, "資料項n"};
清單方塊控制項名稱.Items.AddRange(陣列名稱);
```

註：

n 爲正整數。

例：將**羅斯福路**及辛亥南路，依次加到 **listBox1** **清單方塊**控制項內的最後面。

```
string[] road = new string[2] {"羅斯福路","基隆路"};
listBox1.Items.AddRange(road);
```

3. **Insert() 方法**：將**資料項**插入**清單方塊**控制項的 **Items** 屬性值中。即，**資料項**插入**清單方塊**控制項內。在**程式碼**視窗中，將**資料項**插入**清單方塊**控制項中的第 **(n+1)** 個位置，其撰寫語法如下：

```
清單方塊控制項名稱.Items.Insert(n, "資料項");
```

例：將**基隆路**插入 **listBox1** **清單方塊**控制項中的第 3 個位置。

```
listBox1.Items.Insert(2, "基隆路");
```

4. **Remove() 方法**：將**資料項**從**清單方塊**控制項的 **Items** 屬性值中移除。即，將指定的資料項從**清單方塊**控制項中移除。在**程式碼**視窗中，將資料項從**清單方塊**控制項中移除，其撰寫語法如下：

```
清單方塊控制項名稱.Items.Remove("資料項");
```

例：將**羅斯福路**從 **listBox1** **清單方塊**控制項中移除。

```
listBox1.Items.Remove("羅斯福路");
```

5. **RemoveAt() 方法**：將指定位置的**資料項**，從**清單方塊**控制項的 **Items** 屬性值中移除。即，將指定位置的**資料項**，從**清單方塊**控制項中移除。在**程式碼**視窗中，將第 (n+1) 個**資料項**從**清單方塊**控制項中移除，其撰寫語法如下：

```
清單方塊控制項名稱.Items.RemoveAt(n);
```

註：

n 爲整數，代表資料項的索引值，n>=0。資料項的索引編號從 0 開始，索引值爲 0，代表第 1 個資料項，…，索引值爲 n，代表第 (n+1) 個資料項。

例：將索引值爲 1 的資料項（即，第 2 個資料項），從 **listBox1 清單方塊**控制項中移除。

```
listBox1.Items.RemoveAt(1);
```

6. **Clear() 方法**：將清單方塊控制項的 **Items** 屬性值所包含的資料項全部移除。語法如下：

```
清單方塊控制項名稱.Items.Clear();
```

例：移除 **listBox1 清單方塊**控制項中的全部資料項。

```
listBox1.Items.Clear();
```

7. **GetSelected() 方法**：取得清單方塊控制項中的資料項是否被選取。若資料項有被選取，則回傳 **true**，否則回傳 **false**。取得清單方塊控制項中的第 (n+1) 個資料項是否被選取之語法如下：

```
清單方塊控制項名稱.GetSelected(n)
```

註：

- 此結果之資料型態爲 **Boolean**。
- n 爲整數，代表資料項的索引值，索引編號從 0 開始。索引值爲 0，代表第 1 個資料項，…，索引值爲 n，代表第 (n+1) 個資料項。

例：取得 **listBox1 清單方塊**控制項中的第 1 個資料項是否被選取。

```
listBox1.GetSelected(0)
```

8. **SetSelected() 方法**：用來設定清單方塊控制項中的資料項是否被選取。在程式碼視窗中，設定第 (n+1) 個資料項被選取的語法如下：

```
清單方塊控制項名稱.SetSelected(n, true);
```

例：設定 **listBox1 清單方塊**控制項中的第 3 個資料項被選取。

```
listBox1.SetSelected(2, true);
```

設定第 (n+1) 個資料項沒被選取的語法如下：

```
清單方塊控制項名稱.SetSelected(n, false);
```

例：設定 **listBox1 清單方塊**控制項中的第 5 個資料項沒被選取。

```
listBox1.SetSelected(4, false);
```

9. ClearSelected() **方法**：取消清單方塊控制項中被選取的資料項。語法如下：

```
清單方塊控制項名稱.ClearSelected();
```

例：取消 **listBox1** 清單方塊控制項中被選取的資料項。

```
listBox1.ClearSelected();
```

10. SelectedIndexChanged **事件**：當清單方塊控制項的 **SelectedIndex** 屬性值改變時，會觸發清單方塊控制項的預設事件 **SelectedIndexChanged**。因此，當 **SelectedIndex** 屬性值改變時，可將欲執行的程式碼，撰寫在清單方塊控制項的 **SelectedIndexChanged** 事件處理函式中。

範例 7

撰寫一地址填寫作業視窗應用程式專案，以符合下列規定：

- 視窗應用程式專案名稱爲 **AddressInput**。
- 專案中的表單名稱爲 **AddressInput.cs**，其 **Name** 屬性值設爲 **FrmAddressInput**，Text 屬性值設爲**地址填寫作業**。在此表單上佈置以下控制項：
  - 五個標籤控制項：它們的 **Text** 屬性值，分別設爲**地址**、**城市**、**區域**、**街道**及**號碼**。
  - 一個遮罩文字方塊控制項：它的 **Name** 屬性值設爲 **MtxtAddress**。
  - 四個清單方塊控制項：它們的 **Name** 屬性值，分別設爲 **LstCity**、**LstLocation**、**LstRoad** 及 **LstNo**。**LstCity**、**LstLocation**、**LstRoad** 及 **LstNo** 清單方塊控制項的位置，分別對應**城市**、**區域**、**街道**及**號碼**四個標籤。**LstCity**、**LstLocation** 及 **LstRoad** 清單方塊控制項中的資料項只能單選；而 **LstNo** 清單方塊控制項的資料項可以複選，且以多行呈現。
  - 視窗應用程式執行後，在 **LstCity** 清單方塊控制項內加入**台北市**及**台中市**兩個資料項，且在 **LstNo** 清單方塊控制項內加入**一段**、**二段**、**1**、**2**、**3** 及**號**六個資料項。
  - 當使用者按 **LstCity** 清單方塊控制項內的**台北市**時，在 **LstLocation** 清單方塊控制項內加入**大安區**及**松山區**兩個資料項。
  - 當使用者按 **LstCity** 清單方塊控制項內的**台中市**時，在 **LstLocation** 清單方塊控制項內加入**北區**及**中區**兩個資料項。
  - 當使用者按 **LstLocation** 清單方塊控制項內的**大安區**時，在 **LstRoad** 清單方塊控制項內加入**羅斯福路**、**辛亥南路**及**基隆路**三個資料項。
  - 當使用者按 **LstLocation** 清單方塊控制項內的**松山區**時，在 **LstRoad** 清單方塊控制項內加入**民權東路**及**塔悠路**兩個資料項。
  - 當使用者按 **LstLocation** 清單方塊控制項內的**北區**時，在 **LstRoad** 清單方塊控制項內加入**三民路**及**雙十路**兩個資料項。
  - 當使用者按 **LstLocation** 清單方塊控制項內的**中區**時，在 **LstRoad** 清單方塊控制項內加入中正路、中山路及成功路三個資料項。

- 當使用者點選 **LstCity**、**LstLocation**、**LstRoad** 或 **LstNo** 清單方塊控制項中的資料項時，在 **MtxtAddress** 遮罩文字方塊控制項內加入所點選的資料項。

▶ 其他相關屬性（顏色、文字大小…），請自行設定即可。

專案的輸出入介面需求及程式碼

▶ 執行時的畫面示意圖如下：

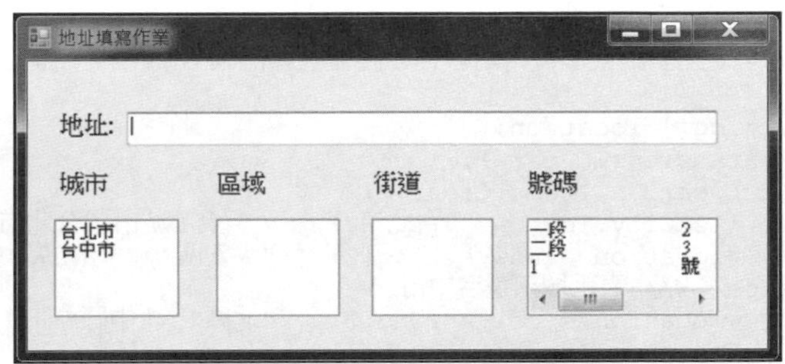

圖 13-35　範例 7 執行後的畫面

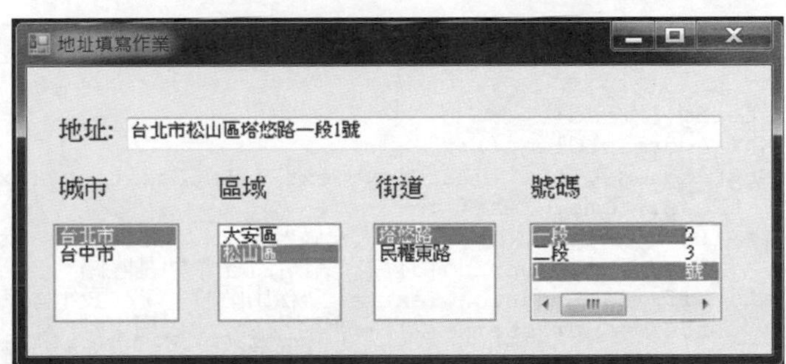

圖 13-36　按城市、區域、街道及號碼中的資料後之畫面

▶ **AddressInput.cs** 的程式碼如下：

- 在 **AddressInput.cs** 的程式碼視窗中，撰寫以下程式碼：

```
using System;
using System.Collections.Generic;
using System.ComponentModel;
using System.Data;
using System.Drawing;
using System.Linq;
using System.Text;
using System.Threading.Tasks;
using System.Windows.Forms;

namespace Address
{
    public partial class FrmAddressInput : Form
    {
```

```
        public FrmAddressInput()
        {
            InitializeComponent();
        }

        private void FrmAddressInput_Load(object sender, EventArgs e)
        {
            string[] city = new string[2] { "台北市", "台中市" };
            LstCity.Items.AddRange(city);

            string[] no = new string[6] { "一段", "二段", "1", "2", "3", "號" };
            LstNo.Items.AddRange(no);
        }

        private void LstCity_SelectedIndexChanged(object sender, EventArgs e)
        {
            string[] location;
            MtxtAddress.Clear();
            LstLocation.Items.Clear();
            if (LstCity.Text == "台北市")    // 表示城市選台北市
                location = new string[2] { "大安區", "松山區" };
            else    // 表示城市選台中市
                location = new string[2] { "北區", "中區" };
            LstLocation.Items.AddRange(location);
            MtxtAddress.Text = LstCity.Text;
        }

        private void LstLocation_SelectedIndexChanged(object sender,
                                                       EventArgs e)
        {
            string[] road;
            MtxtAddress.Clear();
            MtxtAddress.Text = LstCity.Text + LstLocation.Text;
            LstRoad.Items.Clear();
            if (LstLocation.Text == "大安區")  // 表示區域選大安區
                road = new string[3] { "羅斯福路", "基隆路", "辛亥南路" };
            else if (LstLocation.Text == "松山區")  // 表示區域選松山區
                road = new string[2] { "塔悠路", "民權東路" };
            else if (LstLocation.Text == "北區")  // 表示區域選北區
                road = new string[2] { "三民路", "雙十路" };
            else  // 表示區域選中區
                road = new string[3] { "中正路", "中山路", "成功路" };
            LstRoad.Items.AddRange(road);
        }

        private void LstRoad_SelectedIndexChanged(object sender, EventArgs e)
        {
            MtxtAddress.Clear();
            MtxtAddress.Text = LstCity.Text + LstLocation.Text + LstRoad.Text;
        }

        private void LstNo_SelectedIndexChanged(object sender, EventArgs e)
        {
            MtxtAddress.Text = LstCity.Text + LstLocation.Text + LstRoad.Text;
            // 檢查LstNo控制項中的每一個「資料項」
            for (int i = 0; i < LstNo.Items.Count; i++)
                if (LstNo.GetSelected(i)) // 若第(i+1)個「資料項」被選取
                    MtxtAddress.Text = MtxtAddress.Text + LstNo.Items[i];
        }
    }
}
```

程式說明

1. 當使用者點選 **LstCity**、**LstLocation**、**LstRoad** 或 **LstNo** 清單方塊控制項中的資料項時，就會執行 **LstCity_SelectedIndexChanged**、**LstLocation_SelectedIndexChanged**、**LstRoad_SelectedIndexChanged** 或 **LstNo_SelectedIndexChanged** 事件處理函式，並將所點選的資料項填入 **MtxtAddress** 遮罩文字方塊控制項中。
2. 因 **LstNo** 清單方塊控制項中的資料項可以複選，要判斷資料項是否被選取，則必須使用迴圈結構逐一檢查。

13-11 CheckedListBox(核取方塊清單)控制項

可以當作資料項勾選的輸入介面，除了核取方塊控制項外，還有 CheckedListBox (核取方塊清單) 控制項，它在表單上的模樣類似 checkedListBox1 。核取方塊清單控制項內的每個資料項前都有一個核取方塊，可視為清單方塊控制項與核取方塊控制項的結合體。

核取方塊清單控制項中的資料項可以複選，也可以設定以單欄或多行方式呈現。當核取方塊清單控制項中的資料項無法完全顯示在核取方塊清單控制項中時，則會出現垂直捲軸來輔助使用者查閱資料項。當核取方塊清單控制項中的資料項設定為多行方式呈現，且核取方塊清單控制項無法完全顯示資料項時，預設會自動出現水平捲軸來輔助使用者查閱資料項。

13-11-1 核取方塊清單控制項常用之屬性

核取方塊清單控制項的 **Name** 屬性值，預設為 **checkedListBox1**。核取方塊清單控制項常用的屬性如下：

1. Items **屬性**：說明及用法，與「13-10-1　清單方塊常用之屬性」的 **Items** 屬性相同，差別在於這個控制項一是**核取方塊清單**，另一個則是**清單方塊**。
2. Items.Count **屬性**：說明及用法，與「13-10-1　清單方塊常用之屬性」的 **Items.Count** 屬性相同，差別在於這個控制項一是**核取方塊清單**，另一個則是**清單方塊**。
3. Sorted **屬性**：說明及用法，與「13-10-1　清單方塊常用之屬性」的 **Sorted** 屬性相同，差別在於這個控制項一是**核取方塊清單**，另一個則是**清單方塊**。
4. MultiColumn **屬性**：說明及用法，與「13-10-1　清單方塊常用之屬性」的 **MultiColumn** 屬性相同，差別在於這個控制項一是**核取方塊清單**，另一個則是**清單方塊**。
5. CheckOnClick **屬性**：用來記錄核取方塊清單控制項中的資料項是否按滑鼠左鍵一次，就會被勾選，預設值為 **False**，表示按滑鼠左鍵兩次才會勾選。在程式碼視窗中，要設定或取得核取方塊清單控制項的 **CheckOnClick** 屬性值，其撰寫語法如下：

設定語法：

```
核取方塊清單控制項名稱.CheckOnClick = true (或 false);
```

例：設定 **checkedListBox1** 核取方塊清單控制項內的資料項按滑鼠左鍵一次，就會被勾選。

```
checkedListBox1.CheckOnClick = true;
```

取得語法：

```
核取方塊清單控制項名稱.CheckOnClick
```

註：

此結果之資料型態為 **Boolean**。

例：取得 **checkedListBox1** 核取方塊清單控制項內的資料項是否按滑鼠左鍵一次，就會被勾選。

```
checkedListBox1.CheckOnClick
```

6. CheckedItems **屬性**：是一個集合體，用來記錄核取方塊清單控制項中所有被勾選的資料項，只能在程式執行階段中被取得。在程式碼視窗中，要取得核取方塊清單控制項中被勾選的第 (n+1) 個資料項，其撰寫語法如下：

```
核取方塊清單控制項名稱.CheckedItems[n].ToString()
```

註：

- 此結果之資料型態為 **String**。
- n 為整數，從 0 開始。

例：取得 **checkedListBox1** 核取方塊清單控制項內被勾選的第 3 個資料項。

```
checkedListBox1.CheckedItems[2].ToString()
```

7. CheckedIndices **屬性**：是一個集合體，用來記錄核取方塊清單控制項中所有被勾選的資料項之索引值，只能在程式執行階段中被取得。在程式碼視窗中，要取得核取方塊清單控制項中被勾選的第 (n+1) 個資料項的索引值，其撰寫語法如下：

```
核取方塊清單控制項名稱.CheckedIndices[n]
```

註：

- 此結果之資料型態為 **Int32**。
- n 為整數，從 0 開始。

例：取得 **checkedListBox1** 核取方塊清單控制項內被勾選的第 2 個資料項之索引值。

```
checkedListBox1.CheckedIndices[1]
```

13-11-2　核取方塊清單控制項常用之方法與事件

核取方塊清單控制項常用的方法與事件如下：

1. **Add() 方法**：說明及用法，與「13-10-2　清單方塊常用之方法與事件」的 **Add()** 方法相同，差別在於這個控制項一是**核取方塊清單**，另一個則是**清單方塊**。
2. **AddRange() 方法**：說明及用法，與「13-10-2　清單方塊常用之方法與事件」的 **AddRange()** 方法相同，差別在於這個控制項一是**核取方塊清單**，另一個則是**清單方塊**。
3. **Insert() 方法**：說明及用法，與「13-10-2　清單方塊常用之方法與事件」的 **Insert ()** 方法相同，差別在於這個控制項一是**核取方塊清單**，另一個則是**清單方塊**。
4. **Remove() 方法**：說明及用法，與「13-10-2　清單方塊常用之方法與事件」的 **Remove()** 方法相同，差別在於這個控制項一是**核取方塊清單**，另一個則是**清單方塊**。
5. **RemoveAt() 方法**：說明及用法，與「13-10-2　清單方塊常用之方法與事件」的 **RemoveAt()** 方法相同，差別在於這個控制項一是**核取方塊清單**，另一個則是**清單方塊**。
6. **Clear() 方法**：說明及用法，與「13-10-2　清單方塊常用之方法與事件」的 **Clear()** 方法相同，差別在於這個控制項一是**核取方塊清單**，另一個則是**清單方塊**。
7. **GetItemChecked() 方法**：取得**核取方塊清單**控制項中的資料項是否被勾選。若資料項有被勾選，則回傳 **true**，否則回傳 **false**。取得**核取方塊清單**控制項中的第 (n+1) 個資料項是否被勾選之語法如下：

```
核取方塊清單控制項名稱.GetItemChecked(n)
```

註：

- 此結果之資料型態為 **Boolean**。
- n 為整數，代表資料項的索引值，索引編號從 0 開始。索引值為 0，代表第 1 個資料項，…，索引值為 n，代表第 (n+1) 個資料項。

例：取得 **checkedListBox1** 核取方塊清單控制項中的第 1 個資料項是否被選取。

```
checkedListBox1.GetItemChecked(0)
```

8. **ItemCheck 事件**：當核取方塊清單控制項中的資料項被勾選或取消時，就會觸發核取方塊清單控制項的 **ItemCheck** 事件。因此，當資料項被勾選或取消時，可將欲執行的程式碼，撰寫在 **ItemCheck** 事件處理函式中。

例：當使用者勾選 **checkedListBox1** 核取方塊清單控制項中的資料項時，在 **ItemCheck** 事件處理函式中，撰寫顯示該資料項內容的程式敘述。

```
private void checkedListBox1_ItemCheck(object sender, ItemCheckEventArgs e)
{
  if (e.CurrentValue == CheckState.Unchecked)
    MessageBox.Show(checkedListBox1.Text);
}
```

程式說明

1. **ItemCheckEventArgs** 是 Visual C# 的內建類別，位於 **System.Windows.Forms** 命名空間內。**CurrentValue** 為 **ItemCheckEventArgs** 類別的屬性。
2. **e** 的資料型態為 **ItemCheckEventArgs** 類別，**e.CurrentValue** 表示資料項未被點選前的勾選狀態，它的資料型態為 **CheckState** 列舉。**CheckState** 是 Visual C# 的內建列舉，位於 **System.Windows.Forms** 命名空間內。**CheckState** 列舉的成員如下：
   Checked：表示資料項有勾選。
   Unchecked：表示資料項未勾選。
3. ItemCheck 事件處理函式的其它應用，可參考「範例 8」的程式說明。

13-12 ComboBox(組合方塊)控制項

ComboBox (組合方塊)控制項，是一種下拉式資料項的選取輸入介面，它在表單上的模樣類似 ▾ 。組合方塊控制項所佔空間，比同樣是選取資料項的清單方塊控制項及核取方塊清單控制項小，且還可以透過輸入的方式來選取資料項，但只能單選資料項。

13-12-1 組合方塊控制項常用之屬性

組合方塊控制項的 **Name** 屬性值，預設為 **comboBox1**。組合方塊控制項常用的屬性如下：

1. **Items 屬性**：說明及用法，與「13-10-1　清單方塊常用之屬性」的 **Items** 屬性相同，差別在於這個控制項一是組合方塊，另一個則是清單方塊。
2. **Text 屬性**：用來記錄組合方塊控制項中被選取的資料項，只能在程式執行階段中被存取。在程式碼視窗中，要設定或取得組合方塊控制項的 **Text** 屬性值，其語法如下：
   設定語法 1：

```
組合方塊控制項名稱.Text ="組合方塊中的資料項";
```

例：設定 **comboBox1** 組合方塊控制項中的一年級項目被選取。

```
comboBox1.Text ="一年級";
```

設定語法 2：

```
組合方塊控制項名稱.Text = 組合方塊控制項名稱.Items[n].ToString();
```

註：

- 設定**組合方塊**控制項中第 (n+1) 個**資料項**被選取。
- n 為整數，代表**資料項**的索引值，索引編號從 0 開始。索引值為 0，代表第 1 個**資料項**，…，索引值為 n，代表第 (n+1) 個**資料項**。

例：設定 **comboBox1** **組合方塊**控制項中第 2 個**資料項**被選取。

```
comboBox1.Text = comboBox1.Items[1].ToString();
```

取得語法：

```
組合方塊控制項名稱.Text
```

註：

此結果之資料型態為 **String**。

例：取得 **comboBox1** **組合方塊**控制項中被選取的**資料項**。

```
comboBox1.Text
```

3. Items.Count **屬性**：說明及用法，與「13-10-1　清單方塊常用之屬性」的 **Items.Count** 屬性相同，差別在於這個控制項一是**組合方塊**，另一個則是**清單方塊**。
4. Sorted **屬性**：說明及用法，與「13-10-1　清單方塊常用之屬性」的 **Sorted** 屬性相同，差別在於這個控制項一是**組合方塊**，另一個則是**清單方塊**。
5. DropDownStyle **屬性**：用來記錄**組合方塊**控制項中**資料項**的選取方式，預設值為 **DropDown**，表示選取**組合方塊**控制項中的**資料項**，可以透過按**組合方塊**控制項右邊的倒三角鈕去選取，或直接在**組合方塊**控制項中輸入，或在**組合方塊**控制項中，按上下鍵來選取。在程式碼視窗中，要設定或取得組合方塊控制項的 **DropDownStyle** 屬性值，其撰寫語法如下：
   設定語法：

```
組合方塊控制項名稱.DropDownStyle = ComboBoxStyle.ComboBoxStyle列舉的成員;
```

註：

ComboBoxStyle 為 Visual C# 的內建列舉，位於 **System.Windows.Forms** 命名空間內。**ComboBoxStyle** 列舉的成員如下：

- **Simple**：表示**組合方塊**控制項中的**資料項**有以下兩種選取方式：
  - 在**組合方塊**控制項中，直接輸入**資料項**。
  - 在**組合方塊**控制項中，按上下鍵來選取**資料項**。

這種選取方式的「組合方塊」控制項，執行時的模樣類似以下圖示：

圖 13-37　DropDownStyle 屬性設為 Simple 的畫面

- **DropDown**：表示**組合方塊**控制項中的**資料項**有以下三種選取方式：
  - 以滑鼠按下**組合方塊**控制項右邊的倒三角鈕，再去選取**資料項**。
  - 在**組合方塊**控制項中，直接輸入**資料項**。
  - 在**組合方塊**控制項中，按上下鍵來選取**資料項**。

  這種選取方式的**組合方塊**控制項，執行時的模樣類似以下圖示：

圖 13-38　DropDownStyle 屬性設為 DropDown 的畫面

- **DropDownList**：表示**組合方塊**控制項中的**資料項**有以下兩種選取方式：
  - 以滑鼠按下**組合方塊**控制項右邊的倒三角鈕，再去選取**資料項**。
  - 在**組合方塊**控制項中，按上下鍵來選取**資料項**。

  這種選取方式的**組合方塊**控制項，執行時的模樣類似以下圖示：

圖 13-39　DropDownStyle 屬性設為 DropDownList 的畫面

例：設定 **comboBox1** **組合方塊**控制項中的**資料項**，只能以滑鼠或上下鍵來選取。

```
comboBox1.DropDownStyle = ComboBoxStyle.DropDownList;
```

取得語法：

```
組合方塊控制項名稱.DropDownStyle
```

註：

此結果之資料型態爲 **ComboBoxStyle** 列舉。

例：取得 **comboBox1** **組合方塊**控制項中**資料項**的選取方式。

```
comboBox1.DropDownStyle
```

13-12-2 組合方塊控制項常用之方法與事件

組合方塊控制項常用的方法與事件如下：

1. Add() **方法**：說明及用法，與「13-10-2 清單方塊常用之方法與事件」的 **Add()** 方法相同，差別在於這個控制項一是**組合方塊**，另一個則是**清單方塊**。
2. AddRange() **方法**：說明及用法，與「13-10-2 清單方塊常用之方法與事件」的 **AddRange()** 方法相同，差別在於這個控制項一是**組合方塊**，另一個則是**清單方塊**。
3. Insert() **方法**：說明及用法，與「13-10-2 清單方塊常用之方法與事件」的 **Insert()** 方法相同，差別在於這個控制項一是**組合方塊**，另一個則是**清單方塊**。
4. Remove() **方法**：說明及用法，與「13-10-2 清單方塊常用之方法與事件」的 **Remove()** 方法相同，差別在於這個控制項一是**組合方塊**，另一個則是**清單方塊**。
5. RemoveAt() **方法**：說明及用法，與「13-10-2 清單方塊常用之方法與事件」的 **RemoveAt()** 方法相同，差別在於這個控制項一是**組合方塊**，另一個則是**清單方塊**。
6. Clear() **方法**：說明及用法，與「13-10-2 清單方塊常用之方法與事件」的 **Clear()** 方法相同，差別在於這個控制項一是**組合方塊**，另一個則是**清單方塊**。
7. SelectedIndexChanged **事件**：說明及用法，與「13-10-2 清單方塊常用之方法與事件」的 **SelectedIndexChanged** 事件相同，差別在於這個控制項一是**組合方塊**，另一個則是**清單方塊**。

範例 8

撰寫一選課作業視窗應用程式專案，以符合下列規定：

- 視窗應用程式專案名稱為 **CourseSelection**。
- 專案中的表單名稱為 **CourseSelection.cs**，其 **Name** 屬性值設為 **FrmCourseSelection**，**Text** 屬性值設為**選課作業**。在此表單上佈置以下控制項：
  - 三個**標籤**控制項：它們的 **Text** 屬性值，分別設為**年級**、**課程名稱**及**選課結果**。
  - 一個**組合方塊**控制項：它的 **Name** 屬性值設為 **CboGrade**。
  - 一個核取方塊清單控制項：它的 **Name** 屬性值設為 **ChkLstCourse**，且 **CheckOnClick** 屬性值設為 **true**，按一下資料項就勾選完成。
  - 一個清單方塊控制項：它的 **Name** 屬性值設為 **LstResult**。
  - **CboGrade**、**ChkLstCourse** 及 **LstResult** 控制項的位置，分別對應**年級**、**課程名稱**及**選課結果**三個標籤。
- **其他相關屬性（顏色、文字大小…），請自行設定即可。**

專案的輸出入介面需求及程式碼

▶ 執行時的畫面示意圖如下：

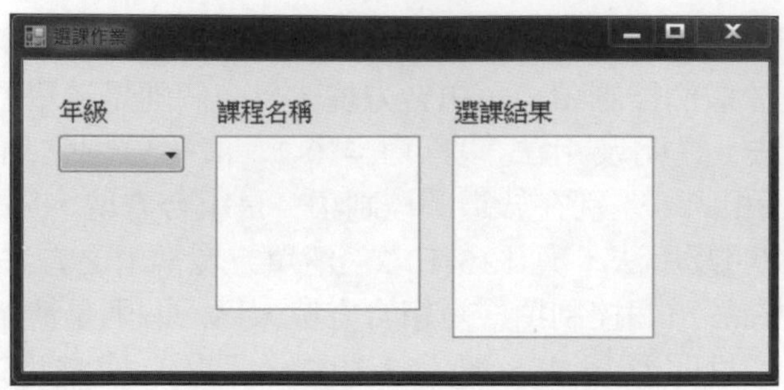

圖 13-40　範例 8 執行後的畫面

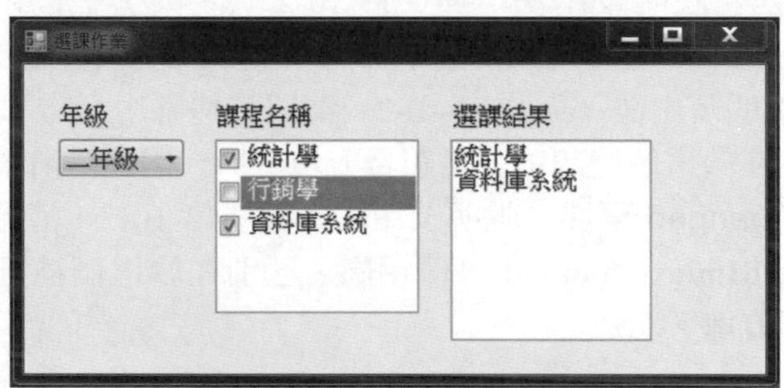

圖 13-41　勾選課程名稱中資料項後的畫面

▶ **CourseSelection.cs** 的程式碼如下：

- 在 **CourseSelection.cs** 的程式碼視窗中，撰寫以下程式碼：

```
using System;
using System.Collections.Generic;
using System.ComponentModel;
using System.Data;
using System.Drawing;
using System.Linq;
using System.Text;
using System.Threading.Tasks;
using System.Windows.Forms;

namespace CourseSelection
{
    public partial class FrmCourseSelection : Form
    {
        public FrmCourseSelection()
        {
            InitializeComponent();
        }

        private void FrmCourseSelection_Load(object sender, EventArgs e)
        {
```

```
22                 string[] grade = new string[4] { "一年級", "二年級", "三年級", "四年級" };
23                 CboGrade.Items.AddRange(grade);
24             }
25
26             private void CboGrade_SelectedIndexChanged(object sender, EventArgs e)
27             {
28                 ChkLstCourse.Items.Clear();
29                 string[] course;
30                 if (CboGrade.Text == "一年級")
31                     course = new string[4] { "英文", "微積分", "國文", "物件導向程式設計" };
32                 else if (CboGrade.Text == "二年級")
33                     course = new string[3] { "統計學", "行銷學", "資料庫系統" };
34                 else if (CboGrade.Text == "三年級")
35                     course = new string[3] { "進銷存系統", "系統分析與設計", "演算法" };
36                 else
37                     course = new string[2] { "軟體工程", "資料挖掘" };
38                 ChkLstCourse.Items.AddRange(course);
39             }
40
41             private void ChkLstCourse_SelectedIndexChanged(object sender, EventArgs e)
42             {
43                LstResult.Items.Clear();
44                // 檢查ChkLstCourse控制項中的每一個「資料項」
45                for (int i = 0; i < ChkLstCourse.Items.Count; i++)
46                    if (ChkLstCourse.GetItemChecked(i)) //若第(i+1) 「資料項」被勾取
47                        LstResult.Items.Add(ChkLstCourse.Items[i]);
48             }
49         }
50     }
```

程式說明

1. 當使用者勾選 **ChkLstCourse** 核取方塊清單控制項中的資料項時，就會執行 **ChkLstCourse_SelectedIndexChanged** 事件處理函式，並將所勾選的資料項加入 **LstResult** 清單方塊控制項中。
2. 因 **ChkLstCourse** 核取方塊清單控制項中的資料項可以複選，若要判斷有哪些資料項被勾選，則必須使用迴圈結構逐一檢查。
3. 第 41~48 列的程式碼是 ChkLstCourse 核取方塊清單控制項的 SelectedIndexChanged 事件處理函式，也可以用 ChkLstCourse 核取方塊清單控制項的 ItemCheck 事件處理函式來取代：

```
private void ChkLstCourse_ItemCheck(object sender, ItemCheckEventArgs e)
{
    if (e.CurrentValue == CheckState.Unchecked)// 若點選資料項前，該資料項未被勾選
        LstResult.Items.Add(ChkLstCourse.Text);     // 加入該資料項
    else
        LstResult.Items.Remove(ChkLstCourse.Text); // 移除該資料項
}
```

13-13 DateTimePicker(日期時間挑選)控制項

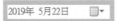

可以當作日期資料的輸入介面，有遮罩文字方塊控制項相關、MonthCalendar(月曆)控制項，以及 DateTimePicker(日期時間挑選)控制項等。其中月曆控制項及**日期時間挑選**控制項，可以輕鬆地選取日期或時間資料，它們在表單上的模樣，分別類似圖 13-42 及圖 13-43。

圖 13-42　月曆控制項介面

2019年 5月22日

13-43　日期時間挑選控制項介面

13-13-1 日期時間挑選控制項常用之屬性

日期時間挑選控制項的 **Name** 屬性值，預設為 **dateTimePicker1**。日期時間挑選控制項常用的屬性如下：

1. **Value 屬性**：用來記錄**日期時間挑選**控制項中被選取的日期或時間。在程式碼視窗中，要設定或取得**日期時間挑選**控制項的 **Value** 屬性值，其語法如下：

   設定語法 1：

   ```
   日期時間挑選控制項名稱.Value = new DateTime(西元年,月,日);
   ```

   註：

   DateTime 為 Visual C# 的內建結構，位於 **System** 命名空間內，而 **DateTime()** 為 **DateTime** 結構的建構子。

   例：設定 **dateTimePicker1** **日期時間挑選**控制項中的日期為 **2018/01/01**。

   ```
   dateTimePicker1.Value = new DateTime(2018,1,1);
   ```

   設定語法 2：

   ```
   日期時間挑選控制項名稱.Value =  new DateTime(西元年,月,日,時,分,秒);
   ```

   例：設定 **dateTimePicker1** **日期時間挑選**控制項中的日期時間為 **2018/01/01 12:00:00**。

   ```
   dateTimePicker1.Value = new DateTime(2018,1,1,12,0,0);
   ```

取得語法：

```
日期時間挑選控制項名稱.Value
```

註：

此結果之資料型態為 **DateTime**。

例：取得 **dateTimePicker1** 日期時間挑選控制項中被使用者選取的日期或時間。

```
dateTimePicker1.Value.ToString()
```

執行結果，類似 **2018/1/1** 下午 **12:00:00**。

```
dateTimePicker1.Value.ToLongDateString()
```

執行結果，類似 **2018** 年 **1** 月 **1** 日。

```
dateTimePicker1.Value.ToShortDateString()
```

執行結果，類似 **2018/1/1**。

```
dateTimePicker1.Value.ToLongTimeString()
```

執行結果，類似下午 **12:00:00**。

```
dateTimePicker1.Value.ToShortTimeString()
```

執行結果，類似下午 **12:00**。

2. Year **屬性**：用來記錄**日期時間挑選**控制項中被選取日期的年份值，它只能被取得無法直接變更。在程式碼視窗中，要取得**日期時間挑選**控制項的 **Year** 屬性值之語法如下：

```
日期時間挑選控制項名稱.Value.Year
```

註：

- 此結果之資料型態為 **Int32**。
- 只要屬性的資料型態為 **DateTime**，都可利用 **Year** 屬性來取得年份值。

例：取得 **dateTimePicker1** 日期時間挑選控制項中被選取日期的年份值。

```
dateTimePicker1.Value.Year
```

3. Month **屬性**：用來記錄**日期時間挑選**控制項中被選取日期的月份值，它只能被取得無法直接變更。在程式碼視窗中，要取得**日期時間挑選**控制項的 **Month** 屬性值之語法如下：

```
日期時間挑選控制項名稱.Value.Month
```

註：

- 此結果之資料型態為 **Int32**。
- 只要屬性的資料型態為 **DateTime**，都可利用 **Month** 屬性來取得月份值。

例：取得 **dateTimePicker1** 日期時間挑選控制項中被選取日期的月份值。

```
dateTimePicker1.Value.Month
```

4. Day **屬性**：用來記錄日期時間挑選控制項中被選取日期的日份值，它只能被取得無法直接變更。在程式碼視窗中，要取得日期時間挑選控制項的 **Day** 屬性值之語法如下：

```
日期時間挑選控制項名稱.Value.Day
```

註：

- 此結果之資料型態為 **Int32**。
- 只要屬性的資料型態為 **DateTime**，都可利用 **Day** 屬性來取得日份值。

例：取得 **dateTimePicker1** 日期時間挑選控制項中被選取日期的日份值。

```
dateTimePicker1.Value.Day
```

5. Format **屬性**：用來記錄日期時間挑選控制項中日期時間的顯示格式，預設值為 **Long**，表示以作業系統所設定的長日期格式來顯示日期時間。在程式碼視窗中，要設定或取得日期時間挑選控制項的 **Format** 屬性值，其撰寫語法如下：
設定語法：

```
日期時間挑選控制項名稱.Format =
                    DateTimePickerFormat.DateTimePickerFormat列舉的成員;
```

註：

DateTimePickerFormat 為 Visual C# 的內建列舉，位於 **System.Windows.Forms** 命名空間內。**DateTimePickerFormat** 列舉的成員如下：

- **Long**：表示以作業系統所設定的長日期格式來顯示日期時間。這種日期時間挑選控制項的顯示格式，執行時的模樣，類似以下圖示：

2018年 9月10日

圖 13-44　Format 屬性設為 Long 的畫面

- **Short**：表示以作業系統所設定的簡短日期格式來顯示日期時間。這種日期時間挑選控制項的顯示格式，執行時的模樣，類似以下圖示：

2018/ 9/10

圖 13-45　Format 屬性設為 Short 的畫面

- **time**：表示以作業系統所設定的時間格式來顯示時間。這種**日期時間挑選**控制項的顯示格式，執行時的模樣，類似以下圖示：

下午 06:14:57

圖 13-46　Format 屬性設為 time 的畫面

- **Custom**：表示以自訂的格式來顯示日期時間，須配合設定 **CustomFormat** 屬性才有效。

例：設定 **dateTimePicker1** **日期時間挑選**控制項，以簡短日期格式來顯示日期時間。

```
dateTimePicker1.Format = DateTimePickerFormat.Short;
```

Format 屬性值的取得語法：

```
日期時間挑選控制項名稱.Format
```

註：

此結果之資料型態爲 **DateTimePickerFormat** 列舉。

例：取得 dateTimePicker1 日期時間挑選控制項中日期時間的顯示格式。

```
dateTimePicker1.Format
```

6. CustomFormat **屬性**：用來記錄使用者在**日期時間挑選**控制項中所設定的日期時間格式。當 **Format** 屬性值設爲 **Custom** 時，設定 **CustomFormat** 屬性才有作用。在程式碼視窗中，要設定**日期時間挑選**控制項的 **CustomFormat** 屬性值之撰寫語法如下：

```
日期時間挑選控制項名稱.CustomFormat = "日期時間格式";
```

註：

- 常用的日期時間格式，是下列格式的組合：
  yyyy：西元年。
  MM：月。
  dd：日。
  HH：時（24 小時制）。
  mm：分。
  ss：秒。
  tt：上午或下午。
- 其他與日期時間格式相關的程式碼撰寫，請參考 https://msdn.microsoft.com/zh-tw/library/system.windows.forms.datetimepicker.customformat(v=vs.110).aspx 網頁說明。

例：設定 **dateTimePicker1** 日期時間挑選控制項顯示的日期時間格式為 **MM/dd/yyyy**。

```
dateTimePicker1.Format = DateTimePickerFormat.Custom;
dateTimePicker1.CustomFormat = "MM/dd/yyyy";
```

執行結果，類似以下圖示：

圖 13-47　CustomFormat 屬性設為 MM/dd/yyyy 的畫面

13-13-2 日期時間挑選控制項常用之方法與事件

日期時間挑選控制項常用的方法與事件如下：

1. AddYears() **方法**：將型態為 **DateTime** 的屬性之年份值與一個數值相加。只要型態為 **DateTime** 的屬性，都可呼叫 **AddYears()** 方法來增加該屬性的年份值。在程式碼視窗中，呼叫 AddYears() 方法將型態為 **DateTime** 的屬性之年份值加 **n** 的語法如下：

```
控制項名稱.型態為DateTime的屬性.AddYears(n)
```

註：

n 可以是正數或負數。

例：將 **dateTimePicker1** 日期時間挑選控制項的 **Value** 屬性值中之年份值加 1。

```
dateTimePicker1.Value.AddYears(1)
```

2. AddMonths() **方法**：將型態為 **DateTime** 的屬性之月份值與一個數值相加。只要型態為 **DateTime** 的屬性，都可呼叫 **AddMonths()** 方法來增加該屬性的月份值。在程式碼視窗中，呼叫 **AddMonths()** 方法將型態為 **DateTime** 的屬性之月份值加 **n** 的語法如下：

```
控制項名稱.型態為DateTime的屬性.AddMonths(n)
```

註：

n 可以是正數或負數。

例：將 **dateTimePicker1** 日期時間挑選控制項的 **Value** 屬性值中之月份值加 2。

```
dateTimePicker1.Value.AddMonths(2)
```

3. AddDays() **方法**：將型態為 **DateTime** 的屬性之日份值與一個數值相加。只要型態為 **DateTime** 的屬性，都可呼叫 **AddDays()** 方法來增加該屬性的日份值。在程式碼視窗中，呼叫 **AddDays()** 方法，將型態為 **DateTime** 的屬性之日份值加 **n** 的語法如下：

```
控制項名稱.型態為DateTime的屬性.AddDays(n)
```

註：

n 可以是正數或負數。

例：將 **dateTimePicker1** 日期時間挑選控制項的 **Value** 屬性值中之日份值加 3。

```
dateTimePicker1.Valuc.AddDays(3)
```

4. AddHours() **方法**：將型態爲 **DateTime** 的屬性之小時值與一個數值相加。只要型態爲 **DateTime** 的屬性，都可呼叫 **AddHours()** 方法來增加該屬性的小時值。在程式碼視窗中，呼叫 **AddHours()** 方法將型態爲 **DateTime** 的屬性之小時值加 **n** 的語法如下：

```
控制項名稱.型態為DateTime的屬性.AddHours(n)
```

註：

n 可以是正數或負數。

例：將 **dateTimePicker1** 日期時間挑選控制項的 **Value** 屬性值中之小時值加 4。

```
dateTimePicker1.Value.AddHours(4)
```

5. AddMinutes() **方法**：將型態爲 **DateTime** 的屬性之分鐘值與一個數值相加。只要型態爲 **DateTime** 的屬性，都可呼叫 **AddMinutes()** 方法來增加該屬性的分鐘值。在程式碼視窗中，呼叫 **AddMinutes()** 方法將型態爲 **DateTimc** 的屬性之分鐘值加 **n** 的語法如下：

```
控制項名稱.型態為DateTime的屬性.AddMinutes(n)
```

註：

n 可以是正數或負數。

例：將 **dateTimePicker1** 日期時間挑選控制項的 **Value** 屬性值中之分鐘值加 5。

```
dateTimePicker1.Value.AddMinutes(5)
```

6. AddSeconds() **方法**：將型態爲 **DateTime** 的屬性之秒數值與一個數值相加。只要型態爲 **DateTime** 的屬性，都可呼叫 **AddSeconds()** 方法來增加該屬性的秒數值。在程式碼視窗中，呼叫 **AddSeconds()** 方法將型態爲 **DateTime** 的屬性之秒數值加 **n** 的語法如下：

```
控制項名稱.型態為DateTime的屬性.AddSeconds(n)
```

註：

n 可以是正數或負數。

例：將 **dateTimePicker1** 日期時間挑選控制項的 **Value** 屬性值中之秒數值加 6。

```
dateTimePicker1.Value.AddSeconds(6)
```

7. **Subtract() 方法**：計算兩個型態爲 **DateTime** 的資料間之間隔天數。在程式碼視窗中，要計算型態爲 DateTime 的屬性與另一個型態爲 DateTime 的資料間之間隔天數的語法如下：

```
控制項名稱.型態為DateTime的屬性.Subtract(型態為DateTime的資料).Days
```

例：計算 **dateTimePicker1** 日期時間挑選控制項的 **Value** 屬性值與日期 **2018/1/1** 的間隔天數。

```
dateTimePicker1.Value.Subtract(new DateTime(2018,1,1)).Days
```

8. **ValueChanged 事件**：當日期時間挑選控制項的 **Value** 屬性值改變時，會觸發日期時間挑選控制項的預設事件 **ValueChanged**。因此，當 **Value** 屬性值改變時，可將欲執行的程式碼，撰寫在 **ValueChanged** 事件處理函式中。

13-14 MonthCalendar(月曆)控制項

月曆控制項與日期時間挑選控制項的差異，在於日期時間挑選控制項是單選日期或時間的介面，而月曆控制項則是可連續選取日期的介面。

13-14-1 月曆控制項常用之屬性

月曆控制項的 **Name** 屬性值，預設爲 **monthCalendar1**。月曆控制項常用的屬性如下：

1. **MaxDate 屬性**：用來記錄月曆控制項中可選取的日期上限。在程式碼視窗中，要設定或取得月曆控制項的 **MaxDate** 屬性值，其語法如下：
設定語法：

```
月曆控制項名稱.MaxDate = new DateTime(西元年,月,日);
```

例：設定 **monthCalendar1** 月曆控制項中可選取的日期上限爲 **2022/12/31**。

```
monthCalendar1.MaxDate = new DateTime(2022,12,31);
```

取得語法：

```
月曆控制項名稱.MaxDate
```

註：

此結果之資料型態為 **DateTime**。

例：取得 **monthCalendar1** 月曆控制項中可選取的日期上限。

```
monthCalendar1.MaxDate.ToLongDateString()
```

執行結果，類似 **2022** 年 **12** 月 **31** 日。

```
monthCalendar1.MaxDate.ToShortDateString()
```

執行結果，類似 **2022/12/31**。

2. MinDate **屬性**：用來記錄月曆控制項中可選取的日期下限。在程式碼視窗中，要設定或取得月曆控制項的 **MinDate** 屬性值，其語法如下：
   設定語法：

```
月曆控制項名稱.MinDate = new DateTime(西元年,月,日);
```

例：設定 **monthCalendar1** 月曆控制項中可選取的日期下限為 **2018/01/01**。

```
monthCalendar1.MinDate = new DateTime(2018, 1, 1);
```

取得語法：

```
月曆控制項名稱.MinDate
```

註：

此結果之資料型態為 **DateTime**。

例：取得 **monthCalendar1** 月曆控制項中可選取的日期下限。

```
monthCalendar1.MinDate.ToLongDateString()
```

執行結果，類似 **2018** 年 **1** 月 **1** 日。

```
monthCalendar1.MinDate.ToShortDateString()
```

執行結果，類似 **2018/1/1**。

3. MaxSelectionCount **屬性**：用來記錄月曆控制項中可以連續選取日期的總天數，預設值為「7」，表示最多只能選取 7 天。在程式碼視窗中，要設定或取得月曆控制項的 **MaxSelectionCount** 屬性值，其語法如下：

設定語法：

```
月曆控制項名稱.MaxSelectionCount = 正整數;
```

例：設定 **monthCalendar1** 月曆控制項中可以連續選取的日期最多 5 天。

```
monthCalendar1.MaxSelectionCount = 5;
```

取得語法：

```
月曆控制項名稱.MaxSelectionCount
```

註：

此結果之資料型態爲 **Int32**。

例：取得 **monthCalendar1** 月曆控制項中可以連續選取的日期總天數。

```
monthCalendar1.MaxSelectionCount
```

4. SelectionStart **屬性**：用來記錄月曆控制項中連續選取日期的起始日期。在程式碼視窗中，要設定或取得月曆控制項的 **SelectionStart** 屬性值，其語法如下：
   設定語法：

```
月曆控制項名稱.SelectionStart =  new DateTime(西元年,月,日);
```

例：設定 **monthCalendar1** 月曆控制項中連續選取日期的起始日期爲 **2018/07/01**。

```
monthCalendar1.SelectionStart =  new DateTime(2018, 7, 1);
```

取得語法：

```
月曆控制項名稱.SelectionStart
```

註：

結果之資料型態爲 **DateTime**。

例：取得 **monthCalendar1** 月曆控制項中連續選取日期的起始日期。

```
monthCalendar1.SelectionStart.ToLongDateString()
```

執行結果，類似 **2018** 年 **7** 月 **1** 日。

```
monthCalendar1.SelectionStart.ToShortDateString()
```

執行結果，類似 **2018/7/1**。

5. SelectionEnd **屬性**：用來記錄月曆控制項中連續選取日期的終止日期。在程式碼視窗中，要設定或取得月曆控制項的 **SelectionEnd** 屬性值，其語法如下：

設定語法：

```
月曆控制項名稱.SelectionEnd = new DateTime(西元年,月,日);
```

例：設定 **monthCalendar1** 月曆控制項中連續選取日期的終止日期爲 **2018/07/31**。

```
monthCalendar1.SelectionEnd = new DateTime(2018, 7, 31);
```

取得語法：

```
月曆控制項名稱.SelectionEnd
```

註：

此結果之資料型態爲 **DateTime**。

例：取得 **monthCalendar1** 月曆控制項中連續選取日期的終止日期。

```
monthCalendar1.SelectionEnd.ToLongDateString()
```

執行結果，類似 **2018** 年 **7** 月 **31** 日。

```
monthCalendar1.SelectionEnd.ToShortDateString()
```

執行結果，類似 **2018/7/31**。

6. Year **屬性**：參考「13-13-1　日期時間挑選控制項常用之屬性與事件」中的 **Year** 屬性說明。取得語法：

```
月曆控制項名稱.SelectionStart.Year
```

7. Month **屬性**：參考「13-13-1　日期時間挑選控制項常用之屬性與事件」中的 **Month** 屬性說明。取得語法：

```
月曆控制項名稱.SelectionStart.Month
```

8. Day **屬性**：參考「13-13-1　日期時間挑選控制項常用之屬性與事件」中的 **Day** 屬性說明。取得語法：

```
月曆控制項名稱.SelectionStart.Day
```

13-14-2　月曆控制項常用之方法與事件

月曆控制項常用之方法與事件

1. AddYears() **方法**：說明及用法，與「13-13-2　日期時間挑選控制項常用之方法與事件」的 **AddYears()** 方法相同，差別在於這個控制項一是**月曆**，另一個**日期時間挑選**。

2. **AddMonths() 方法**：說明及用法，與「13-13-2　日期時間挑選控制項常用之方法與事件」的 **AddMonths()** 方法相同，差別在於這個控制項一是**月曆**，另一個則是**日期時間挑選**。
3. **AddDays() 方法**：說明及用法，與「13-13-2　日期時間挑選控制項常用之方法與事件」的 **AddDays()** 方法相同，差別在於這個控制項一是**月曆**，另一個則是**日期時間挑選**。
4. **AddHours() 方法**：說明及用法，與「13-13-2　日期時間挑選控制項常用之方法與事件」的 **AddHours()** 方法相同，差別在於這個控制項一是**月曆**，另一個則是**日期時間挑選**。
5. **AddMinutes() 方法**：說明及用法，與「13-13-2　日期時間挑選控制項常用之方法與事件」的 **AddMinutes()** 方法相同，差別在於這個控制項一是**月曆**，另一個則是**日期時間挑選**。
6. **AddSeconds() 方法**：說明及用法，與「13-13-2　日期時間挑選控制項常用之方法與事件」的 **AddSeconds()** 方法相同，差別在於這個控制項一是**月曆**，另一個則是**日期時間挑選**。
7. **Subtract() 方法**：說明及用法，與「13-13-2　日期時間挑選控制項常用之方法與事件」的 **Subtract()** 方法，差別在於這個控制項一是**月曆**，另一個則是**日期時間挑選**。
8. **DateSelected 事件**：當使用者選取**月曆**控制項中的日期時，會觸發月曆控制項的 **DateSelected** 事件。因此，當使用者選取日期時，可將欲執行的程式碼，撰寫在 **DateSelected** 事件處理函式中。

範例 9

撰寫一租車作業視窗應用程式專案，以符合下列規定：

- 視窗應用程式專案名稱為 **CarRental**。
- 專案中的表單名稱為 **CarRental.cs**，其 **Name** 屬性值設為 **FrmCarRental**，**Text** 屬性值設為**租車系統**。在此表單上佈置以下控制項：
  - 三個**標籤**控制項：它們的 **Text** 屬性值，分別設為租車人出生日期：、**車種：**及**租車期間：**。
  - 一個**標籤**控制項：它的 **Name** 屬性值設為 **LblResult**，**Text** 屬性值設為**租車選擇結果(當月壽星，租車費用打八折)：**。在租車作業中，每完成一個選項，立刻將結果反映在 **LblResult** **標籤**控制項的 **Text** 屬性值上。
  - 一個**日期時間挑選**控制項：它的 **Name** 屬性值設為 **DtTmPkBirth**。
  - 一個**組合方塊**控制項：它的 **Name** 屬性值設為 **CboCarKind**，且 **Items** 屬性值的內容包含 **Benz**、**Toyota** 及 **Ford** 三種車款，每日租金分別為 2500 元、2000 元及 1800 元。
  - 一個**月曆**控制項：它的 **Name** 屬性值設為 **MonCalRentDate**。
  - 一個**按鈕**控制項：它的 **Name** 屬性值設為 **BtnSure**，**Text** 屬性值設為**確定**。

- **DtTmPkBirth**、**CboCarKind** 及 **MonCalRentTime** 控制項的位置，分別對應租車人出生日期：、車種：及租車期間：三個標籤。

▶ 其他相關屬性（顏色、文字大小…），請自行設定即可。

專案的輸出入介面需求及程式碼

▶ 執行時的畫面示意圖如下：

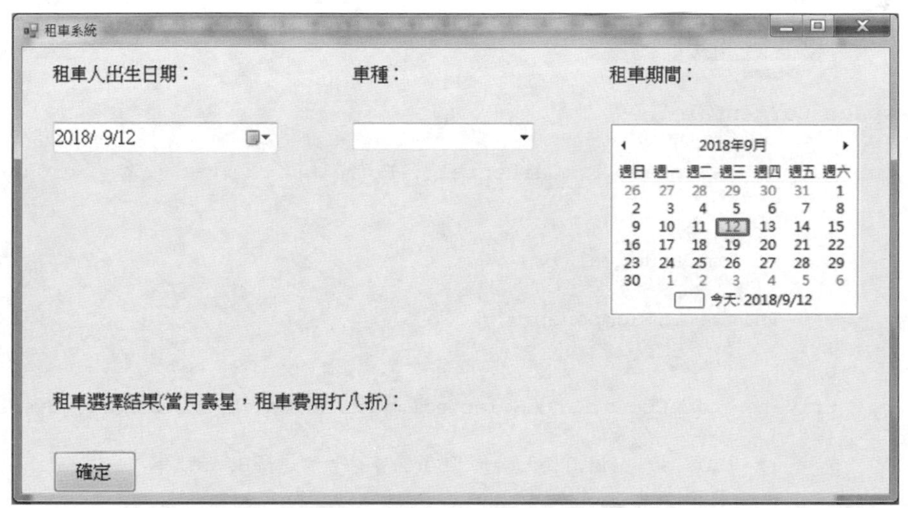

圖 13-48　範例 9 執行後的畫面

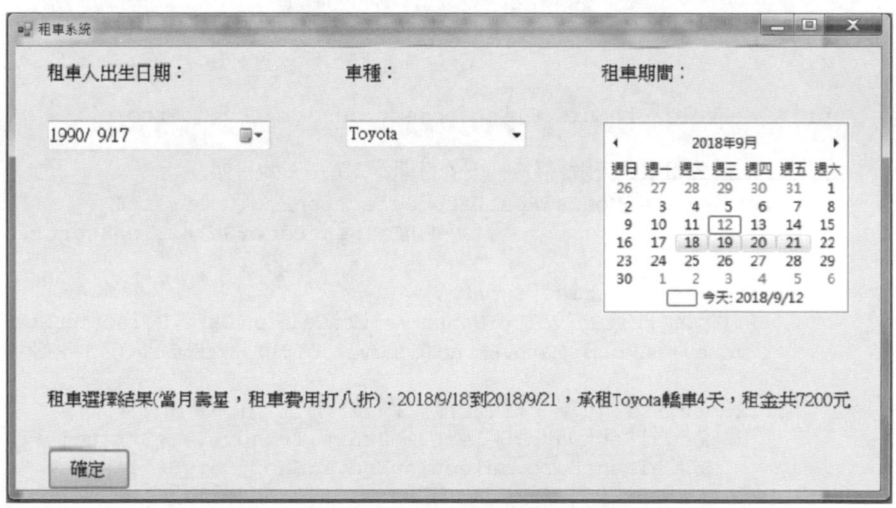

圖 13-49　租車作業完成後的畫面

▶ **CarRental.cs** 的程式碼如下：

◆ 在 **CarRental.cs** 的程式碼視窗中，撰寫以下程式碼：

```
using System;
using System.Collections.Generic;
using System.ComponentModel;
using System.Data;
using System.Drawing;
using System.Linq;
using System.Text;
using System.Threading.Tasks;
using System.Windows.Forms;

namespace CarRental
{
    public partial class FrmCarRental : Form
    {
        int price=0;
        public FrmCarRental()
        {
            InitializeComponent();
        }

        private void CboCarKind_SelectedIndexChanged(object sender, EventArgs e)
        {
            if (CboCarKind.Text == "Benz")  // 選擇Bens轎車
                price = 2500;
            else if (CboCarKind.Text == "Toyota")  // 選擇Toyota轎車
                price = 2000;
            else
                price = 1800;
        }

        private void BtnSure_Click(object sender, EventArgs e)
        {
            // 計算租車的天數:最後一天的日期 - 第一天的日期 + 1
            int days = MonCalRentDate.SelectionEnd.Subtract(
                                  MonCalRentDate.SelectionStart).Days + 1;

            int money = price * days;
            if (DtTmPkBirth.Value.Month == MonCalRentDate.SelectionStart.Month)
              money = (int) Math.Round(money * 0.8); //四捨五入後，再強制轉型爲整數

            LblResult.Text = "租車選擇結果(當月壽星，租車費用打八折)：" +
                MonCalRentDate.SelectionStart.ToShortDateString()+ "到"+
                MonCalRentDate.SelectionEnd.ToShortDateString() + "，承租" +
                 CboCarKind.Text + "輛車" + days + "天，租金共" + money + "元";
        }
    }
}
```

自我練習

一、選擇題

( ) 1. 欲改變 **Label 標籤**控制項的文字顏色，則必須設定 **Label 標籤**控制項的哪個屬性？
(A)ForeColor (B)BackColor (C)Color (D)Image

( ) 2. 在 **MaskedTextBox 遮罩文字方塊**控制項中輸入資料時，若不希望出現所輸入的文字，則必須設定 **MaskedTextBox 遮罩文字方塊**控制項的哪個屬性？
(A)Visible (B)PasswordChar (C)Enabled (D)Password

( ) 3. 在強制回應的表單中，若包含的 **Button 按鈕**控制項之 **DialogResult** 屬性值設為 **OK**，則使用者去點該按鈕控制項，則會回傳下列哪一項資料給上一層表單？
(A)DialogResult.Yes (B)DialogResult.No
(C)DialogResult.OK (D)DialogResult.None

( ) 4. 將 **Timer 計時器**控制項的哪個屬性值設為 **true**，**Timer 計時器**控制項才會開始計時？
(A)Visible (B)Interval (C)Enabled (D)Tick

( ) 5. 將 **PictureBox 圖片方塊**控制項的 **SizeMode** 屬性值設為下列哪一項，才能使影像以放大（或縮小）的方式填滿整個圖片方塊控制項？
(A)StretchImage (B)AutoSize (C)Zoom (D)Normal

( ) 6. 將 **ImageList 影像清單**控制項的 **Images** 屬性所包含的影像全部移除的方法，是下列哪一個？
(A)Remove (B)RemoveAt (C)Clear (D)Add

( ) 7. 將 **ListBox 清單**控制項的哪個屬性值設為 **true**，**ListBox 清單**控制項中的項目就能以多欄顯示？
(A)MultiRow (B)Row (C)MultiColumn (D)Column

( ) 8. **CheckedListBox** 核取清單方塊控制項的哪個方法，能將多個資料項一次加入到 **CheckedListBox** 核取清單方塊控制項中？
(A)Add (B)AddRange (C)Insert (D)MultiInsert

( ) 9. 將 **ComboBox 組合方塊**控制項的哪個屬性值設為 **true**，**ComboBox 組合方塊**控制項中的項目就會依照字母排序？
(A)Order (B)ReSort (C)Sorted (D)ReSort

( ) 10. 當使用者選取 **DateTimePicker** 日期挑選控制項中的日期時，會觸發哪個事件？
(A)TextChanged (B)DateChanged (C)ValueChanged (D)DateTimeChanged

二、程式設計

1. 撰寫一美金兌換台幣的視窗應用程式專案，以符合下列規定：
   - 視窗應用程式專案名稱為 **ExchangeRate**。
   - 專案內只有一個啓動表單 **ExchangeRate**.cs，其 **Name** 屬性值設為 **FrmExchangeRate**，**Text** 屬性值設為**美金兌換台幣**。在此表單上佈置以下控制項：
     - 兩個**遮罩文字方塊**控制項：兩個**遮罩文字方塊**控制項的 **Name** 屬性值，分別設為 **MtxtUS** 及 **MtxtRate**，且 **MtxtUS** 及 **MtxtRate** 的 **Mask** 屬性值，分別設為 **09999** 及 **90.099**。
     - 三個**標籤**控制項：其中兩個**標籤**的 **Text** 屬性值，分別設為美金：及**兌換匯率** (美金對台幣比值):。另一個**標籤**的 **Name** 屬性值設為 **LblNT**，**Text** 屬性值設為台幣。
     - 一個按鈕控制項：它的 **Name** 屬性值設為 **BtnEqual**，且 **Text** 屬性值設為 =。當使用者按 = 按鈕時，顯示**台幣**及**對應的金額**。
   - 其他相關屬性（顏色、文字大小…），請自行設定即可。
2. 撰寫一隨機出題的算術四則運算視窗應用程式專案，以符合下列規定：
   - 視窗應用程式專案名稱為 **RandomArithmetic**。
   - 專案內只有一個啓動表單 **RandomArithmetic.cs**，其 **Name** 屬性值設為 **FrmRandomArithmetic**，**Text** 屬性值設為**隨機出題的算術四則運算**。在此表單上佈置以下控制項：
     - 四個遮罩文字方塊控制項：其中三個**遮罩文字方塊**控制項的 **Name** 屬性值，分別設為 **MtxtA**、**MtxtB** 及 **MtxtC**，且 **MtxtA** 及 **MtxtB** 的 **Text** 屬性值是由亂數隨機產生的最多 3 位數正整數，**MtxtC** 的 **Text** 屬性值最多接受 6 位數的整數。另外一個**遮罩文字方塊**控制項的 **Name** 屬性值設為 **MtxtOperator**，且 **MtxtOperator** 的 **Text** 屬性值也是由亂數隨機產生的 +、-、* 或 / 的運算子。
     - 兩個**標籤**控制項：其中一個標籤的 **Text** 屬性值設為 =，另一個標籤的 Name 屬性值設為 **LblHintAndResult**，**Text** 屬性值設為**提示：按隨機出題按鈕，來產生算術四則運算的題目**。
     - 兩個**按鈕**控制項：它們的 **Name** 屬性值，分別設為 **BtnAnswer** 及 **BtnQuestion**，且 **Text** 屬性值分別設為看答案及隨機出題。當使用者按隨機出題按鈕時，會產生兩個數字及一個運算子，並分別指定給 **MtxtA**、**MtxtB** 及 **MtxtOperator** 的 **Text** 屬性。當使用者按**看答案**按鈕時，若結果正確，則將 **LblHintAndResult** 標籤的 **Text** 屬性值設為**答對了**；否則設為**答錯了**。
   - 其他相關屬性（顏色、文字大小…），請自行設定即可。
3. 寫一視窗應用程式專案，模擬十字路口紅綠燈的轉換過程。假設綠燈時間 30 秒，閃黃燈時間 5 秒，紅燈時間 25 秒，由綠燈開始顯示。提示：

   (1) 參考範例 4 的作法；

   (2) 紅綠燈圖片，可參考光碟片中 **\c#\data** 資料夾內的 **greenlight.png**，**yellowlight.png**，**redlight.png** 及 **darklight.png**。

4. 請參考範例 7，撰寫一地址填寫作業視窗應用程式專案，以符合下列規定：
   - 視窗應用程式專案名稱為 **AddressInput**。
   - 專案內只有一個啓動表單 **AddressInput.cs**，其 **Name** 屬性值設為 **FrmAddressInput**，**Text** 屬性值設為**地址填寫作業**。在此表單上佈置以下控制項：
     - 六個**標籤**控制項：它們的 **Text** 屬性值，分別設為**地址**、**城市**、**區域**、**街道**、**路段**及**號碼**。
     - 一個**遮罩文字方塊**控制項：它的 **Name** 屬性值設為 **MtxtAddress**。**MtxtAddress** 遮罩文字方塊控制項，對應**地址標籤**控制項。
     - 五個**組合方塊**控制項：它們的 **Name** 屬性值，分別設為 **CboCity**、**CboLocation**、**CboRoad**、**CboSection** 及 **CboNo**。**boCity**、**CboLocation**、**CboRoad**、**CboSection** 及 **CboNo** **組合方塊**控制項的位置，分別對應**城市**、**區域**、**街道**、**路段**及**號碼**五個標籤。
   - **地址填寫作業視窗應用程式**執行後，在 **CboCity** **組合方塊**控制項內加入**台北市**及**台中市**兩個資料項，在 **CboSection** **組合方塊**控制項內加入**一段**及**二段**兩個資料項。且在 **CboNo** **組合方塊**控制項內加入 **1**、**2** 及 **3** 三個資料項。
   - 當使用者按 **CboCity** **組合方塊**控制項內的**台北市**時，**CboLocation** **組合方塊**控制項內**大安區**及**松山區**兩個資料項。當使用者按 **CboCity** **組合方塊**控制項內的**台中市**時，**CboLocation** **組合方塊**控制項內**北區**及**中區**兩個資料項。
   - 當使用者按 **CboCity** **組合方塊**控制項內的**台北市**時，**CboLocation** **組合方塊**控制項內**大安區**及**松山區**兩個資料項。當使用者按 **CboCity** **組合方塊**控制項內的**台中市**時，**CboLocation** **組合方塊**控制項內**北區**及**中區**兩個資料項。
   - 當使用者按 **CboLocation** **組合方塊**控制項內的**大安區**時，**CboRoad** **組合方塊**控制項內**羅斯福路**、**辛亥南路**及**基隆路**三個資料項。當使用者按 **CboLocation** **組合方塊**控制項內的**松山區**時，**CboRoad** **組合方塊**控制項內**民權東路**及**塔悠路**兩個資料項。當使用者按 **CboLocation** **組合方塊**控制項內的**北區**時，**CboRoad** **組合方塊**控制項內**三民路**及**雙十路**兩個資料項。當使用者按 **CboLocation** **組合方塊**控制項內的**中區**時，**CboRoad** **組合方塊**控制項內**中正路**、**中山路**及**成功路**三個資料項。
   - 當使用者按 **CboCity**、**CboLocation**、**CboRoad**、**CboSection** 及 **CboNo** **組合方塊**控制項時，**MtxtAddress** **遮罩文字方塊**控制項的內容要隨時更新。
   - **其他相關屬性**（**顏色**、**文字大小**…），**請自行設定即可**。
5. 寫一剪刀 - 石頭 - 布人機互動遊戲視窗應用程式專案，在 Form 表單控制項上佈置 2 個圖片方塊控制項，用來呈現剪刀 - 石頭 - 布的圖片。執行時，玩家輸入 1 個數字（0：布 1：剪刀 2：石頭）以 * 顯示，5 秒後與電腦比輸贏，輸出誰獲勝。為符合題目的需求，可自行佈置其他控制項。(提示：剪刀，石頭及布的圖片，可參考光碟片中 \c#\data 資料夾內的 scissors-right.png，scissors-left.png，rock-right.png，rock-left.png，paper-right.png 及 paper-left.png)
6. 請參考範例 9，撰寫一飯店訂房作業視窗應用程式專案。

7. 撰寫一「MOVE」文字繞著表單四周移動的視窗應用程式專案，以符合下列規定：
   - 視窗應用程式專案名稱為 **BtnMoving**。
   - 專案中的表單名稱為 **BtnMoving.cs**，其 **Name** 屬性值設為 **BtnMoving**，**Text** 屬性值設為「**MOVE 繞著表單的四周移動**」，**Width** 屬性值設為 416，**Height** 屬性值設為 439。在此表單上佈置以下控制項：
     - 四個按鈕控制項：它們的 **Name** 屬性值，分別設為 **Btn1**，**Btn2**，**Btn3** 及 **Btn4**；它們的 **Text** 屬性值，分別設為 **M**，**O**，**V** 及 **E**；它們的 **Width** 屬性值，均設為 40；它們的 **Height** 屬性值，均設為 40。這四個按鈕要連在一起。
     - 一個計時器控制項：它的 **Name** 屬性值設為 **Tmr1**。每隔 1 秒，將四個按鈕同時移動 40 個 pixel（像素）點。
   - 若第 1 個按鈕控制項 Btn1，超出表單右方邊界時，則往下移動。
   - 若第 1 個按鈕控制項 Btn1，超出表單下方邊界時，則往左移動。
   - 若第 1 個按鈕控制項 Btn1，超出表單左方邊界時，則往上移動。
   - 若第 1 個按鈕控制項 Btn1，超出表單上方邊界時，則往右移動。
   - 其他相關屬性（顏色、文字大小…），請自行設定即可。

CHAPTER 14

共用事件及動態控制項

表單上的**控制項**，當彼此間的共同事件處理函式之程式碼完全相同 (或是程式碼架構一樣，但資料不同) 時，若爲**控制項**各自撰寫共同事件處理函式的程式碼，不但浪費儲存空間，而且是非常沒效率的作法，甚至會增加程式更新及除錯的困難度。在這種狀況下，撰寫一共用事件處理函式，是最適合的作法。

14-1 共用事件

建立**控制項**間的共用事件處理函式，有以下兩種方式：

1. 在**屬性**視窗中，點選其中一個**控制項**的事件進入**程式設計**視窗，並撰寫此共用事件處理函式。然後，再到**屬性**視窗中，分別對其他**控制項**的同一事件去訂閱此共用事件處理函式（參考範例 1）。
2. 在**屬性**視窗中，點選其中一個控制項的事件進入程式設計視窗，並撰寫此共用事件處理函式。然後，在**表單**控制項的 Load 事件處理函式中，分別撰寫其他**控制項**的同一事件訂閱此共用事件處理函式的程式碼（參考範例 2）。

範例 1

撰寫一猜測數字大小視窗應用程式專案，以符合下列規定：

- 專案名稱爲 **DigitCompare**。
- 專案中的表單名稱爲 **DigitCompare.cs**，其 **Name** 屬性值設爲 **FrmDigitCompare**，**Text** 屬性值設爲**猜測數字大小**。在此表單上佈置以下控制項：
  - 三個**標籤**控制項：它們的 **Name** 屬性值分別設爲 **LblNum1**，**LblNum2** 及 **LblResult**。程式執行時，由亂數隨機產生兩個介於 1~99 之間的整數，分別當作 **LblNum1** 及 **LblNum2** 的 **Text** 屬性值。其中 **LblNum1** 的 **Text** 屬性值會顯示出來，而 **LblNum2** 的 **Text** 屬性值暫時以**隱藏的數字**顯示。**LblResult** 的 **Text** 屬性值設爲**提示：按「>」或「=」或「<」按鈕，顯示您的猜測 .**。

- 三個按鈕控制項：它們的 **Name** 屬性值分別設爲 **BtnGreater**，**BtnEqual** 及 **BtnSmaller**，且它們的 **Text** 屬性值，分別設爲 >，= 及 <。當使用者按「>」，「=」或「<」按鈕時，若猜測的結果正確，則將 **LblResult** 的 **Text** 屬性值設爲**猜對了.**，否則設爲**猜錯了.**。

▶ 其他相關屬性（顏色、文字大小…），請自行設定即可。

專案的輸出入介面需求及程式碼

▶ 執行時的畫面示意圖如下：

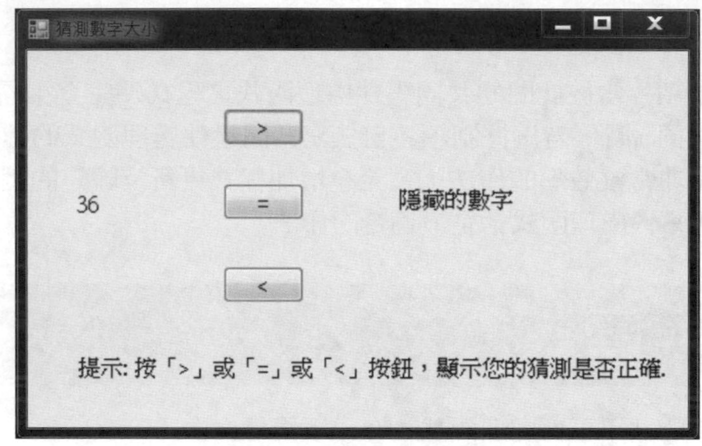

圖 14-1　範例 1 執行後的畫面

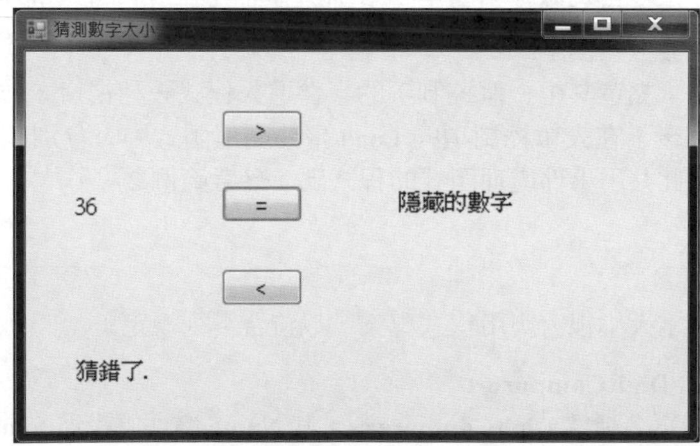

圖 14-2　按「=」鈕後的畫面

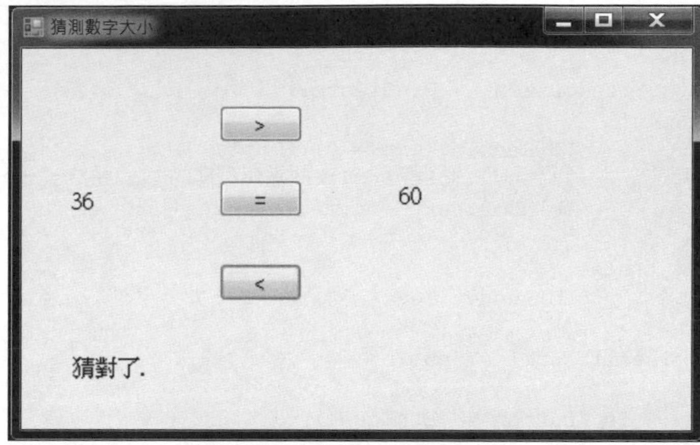

圖 14-3　按「<」鈕後的畫面

▶ **DigitCompare.cs** 的程式碼如下：

◆ 在 **DigitCompare.cs** 的程式碼視窗中，撰寫以下程式碼：

```
using System;
using System.Collections.Generic;
using System.ComponentModel;
using System.Data;
using System.Drawing;
using System.Linq;
using System.Text;
using System.Threading.Tasks;
using System.Windows.Forms;

namespace DigitCompare
{
    public partial class FrmDigitCompare : Form
    {
        int num1, num2;
        public FrmDigitCompare()
        {
            InitializeComponent();
        }

        private void FrmDigitCompare_Load(object sender, EventArgs e)
        {
          Random rd = new Random();
          num1 = rd.Next(1, 100);
          // num1.ToString():將數值型態的num1轉成string型態的num1
          LblNum1.Text = num1.ToString();
          num2 = rd.Next(1, 100);
          LblNum2.Text = "隱藏的數字";
          LblResult.Text = "提示：按「>」或「=」或「<」按鈕，顯示您的猜測是否正確.";
        }

        private void BtnGreater_Click(object sender, EventArgs e)
        {
            Button button = (Button)sender;
```

```
35             if (num1 > num2)
36             {
37                 if (button == BtnGreater)
38                 {
39                     LblResult.Text = "猜對了.";
40                     // num2.ToString():將數值型態的num2轉成string型態的num2
41                     LblNum2.Text = num2.ToString();
42                 }
43                 else
44                     LblResult.Text = "猜錯了.";
45             }
46             else if (num1 == num2)
47             {
48                 if (button == BtnEqual)
49                 {
50                     LblResult.Text = "猜對了.";
51                     LblNum2.Text = num2.ToString();
52                 }
53                 else
54                     LblResult.Text = "猜錯了.";
55             }
56             else
57             {
58                 if (button == BtnSmaller)
59                 {
60                     LblResult.Text = "猜對了.";
61                     LblNum2.Text = num2.ToString();
62                 }
63                 else
64                     LblResult.Text = "猜錯了.";
65             }
66         }
67     }
68 }
```

程式說明

1. 因爲 **BtnGreater**，**BtnEqual** 及 **BtnSmaller** 三個按鈕都是用來判斷使用者的猜測是否正確，所以作法是先在 **BtnGreater_Click** 事件處理函式中撰寫第 34~65 列的程式碼，接著在屬性視窗中，將 **BtnEqual** 及 **BtnSmaller** 兩個按鈕的 **Click** 事件，分別訂閱 **BtnGreater_Click** 事件處理函式（請參考圖 14-4 及圖 14-5）。這樣 **BtnGreater**，**BtnEqual** 及 **BtnSmaller** 三個按鈕就共用 **BtnGreater_Click** 事件處理函式。經過訂閱之後，系統會在 **DigitCompare.Designer.cs** 檔案中的 **InitializeComponent()** 方法內，自動產生 **BtnGreater**，**BtnEqual** 及 **BtnSmaller** 三個按鈕控制項各自訂閱 **BtnGreater_Click** 事件處理函式的程式碼。請參考 **InitializeComponent()** 方法中的程式碼：

```
private void InitializeComponent()
 {
    ...
    this.BtnGreater.Click +=
```

```
        new System.EventHandler(this.BtnGreater_Click);
  ...
  this.BtnEqual.Click +=
        new System.EventHandler(this.BtnGreater_Click);
  ...
  this.BtnSmaller.Click +=
        new System.EventHandler(this.BtnGreater_Click);
}
```

其中「+=」爲加法指派運算子，表示將 **BtnGreater_Click** 事件處理函式分別附加到 **BtnGreater**，**BtnEqual** 及 **BtnSmaller** 三個按鈕的 **Click** 事件上。

2. 雖然 **BtnGreater**，**BtnEqual** 及 **BtnSmaller** 三個按鈕共用 **BtnGreater_Click** 事件處理函式，但要讓系統知道使用者到底是按了 **BtnGreater**，**BtnEqual** 及 **BtnSmaller** 三個按鈕中的哪一個，則必須在 **BtnGreater_Click** 事件處理函式中取得使用者所按的按鈕名稱，否則 **BtnGreater_Click** 事件處理函式，只對 **BtnGreater** 按鈕有作用。程式第 33 列 **Button button = (Button)sender;** 是用來取得使用者所按的**按鈕**控制項名稱。其中 **sender** 是 **BtnGreater_Click** 事件處理函式的參數，代表觸發 **BtnGreater_Click** 事件處理函式的**控制項**。**sender** 的資料型態爲 **object**，但觸發 **BtnGreater_Click** 事件處理函式的**控制項**是**按鈕**控制項，且**按鈕**控制項的資料型態爲 **Button**。因此，必須以 **(Button)sender** 將 **sender** 強制轉型爲 **Button**，然後指定給資料型態爲 **Button** 的 **button** 變數。

圖 14-4　BtnEqual 按鈕的共用 Click 事件處理函式設定畫面

圖 14-5　BtnSmaller 按鈕的共用 Click 事件處理函式設定畫面

範例 2

題目內容與範例 1 相同，但訂閱共用事件是在執行時才設定的。

專案的輸出入介面需求及程式碼

- 執行畫面與範例 1 相同。
- **DigitCompare2.cs** 的程式碼如下：
  - 在 **DigitCompare2.cs** 的程式碼視窗中，撰寫以下程式碼：

```
using System;
using System.Collections.Generic;
using System.ComponentModel;
using System.Data;
using System.Drawing;
using System.Linq;
using System.Text;
using System.Threading.Tasks;
using System.Windows.Forms;

namespace DigitCompare2
{
    public partial class FrmDigitCompare2 : Form
    {
        int num1, num2;
        public FrmDigitCompare2()
        {
            InitializeComponent();
        }

        private void FrmDigitCompare_Load(object sender, EventArgs e)
        {
          Random rd = new Random();
          num1 = rd.Next(1, 100);
          LblNum1.Text = num1.ToString();
          num2 = rd.Next(1, 100);
          LblNum2.Text = "隱藏的數字";
          LblResult.Text = "提示: 按「>」或「=」或「<」按鈕，顯示您的猜測是否正確.";

          // BtnEqual按鈕訂閱BtnGreater_Click事件處理函式
          this.BtnEqual.Click += new System.EventHandler(this.BtnGreater_Click);

          // BtnSmaller按鈕項訂閱BtnGreater_Click事件處理函式
          this.BtnSmaller.Click += new System.EventHandler(this.BtnGreater_Click);
        }

        private void BtnGreater_Click(object sender, EventArgs e)
        {
            Button button = (Button)sender;
            if (num1 > num2)
            {
                if (button == BtnGreater)
                {
                    LblResult.Text = "猜對了.";
                    LblNum2.Text = num2.ToString();
                }
                else
                    LblResult.Text = "猜錯了.";
```

```
49              }
50              else if (num1 == num2)
51              {
52                  if (button == BtnEqual)
53                  {
54                      LblResult.Text = "猜對了.";
55                      LblNum2.Text = num2.ToString();
56                  }
57                  else
58                      LblResult.Text = "猜錯了.";
59              }
60              else
61              {
62                  if (button == BtnSmaller)
63                  {
64                      LblResult.Text = "猜對了.";
65                      LblNum2.Text = num2.ToString();
66                  }
67                  else
68                      LblResult.Text = "猜錯了.";
69              }
70          }
71      }
72  }
```

程式說明

1. 程式第 30~34 列，在程式執行時，**BtnEqual** 及 **BtnSmaller** 兩個按鈕各自訂閱 **BtnGreater_Click** 事件處理函式，使 **BtnGreater**、**BtnEqual** 及 **BtnSmaller** 三個按鈕共用 **BtnGreater_Click** 事件處理函式。第 31 及 34 列的程式碼，也可改成

```
BtnEqual.Click += new System.EventHandler(BtnGreater_Click);
BtnSmaller.Click += new System.EventHandler(BtnGreater_Click)
```

2. 在屬性視窗中，**BtnEqual** 及 **BtnSmaller** 兩個按鈕的 **Click** 事件，都沒有訂閱 **BtnGreater_Click** 事件處理函式。因此，在 **DigitCompare2.Designer.cs** 檔案中的 **InitializeComponent()** 方法內，不會自動產生 **BtnEqual** 及 **BtnSmaller** 兩個按鈕各自訂閱 **BtnGreater_Click** 事件處理函式的程式碼，只會有 **BtnGreater** 按鈕訂閱 **BtnGreater_Click** 事件處理函式的程式碼。請參考 **InitializeComponent()** 方法中的程式碼：

```
private void InitializeComponent()
{
   ...
   this.BtnGreater.Click +=
                 new System.EventHandler(this.BtnGreater_Click);
   ...

}
```

14-2 動態控制項

對一般視窗應用程式而言，程式設計師想在表單上佈置各種類型的輸入／輸出介面，最簡單的作法就是直接選取工具箱中的**控制項**，然後設定這些**控制項**的各種屬性值，並在相關的事件處理函式中撰寫程式碼。但當需要佈置大量同類型的**控制項**時，上述作法不但缺乏效率，而且會增添程式維護的困難度。

程式執行時，在表單上佈置大量同類型**控制項**的步驟如下：

步驟 1：宣告型態爲**控制項**類別的一維（或二維）陣列變數。

步驟 2：使用一層（或兩層）迴圈，產生此一維（或二維）陣列控制項實例，並設定這些**控制項**實例的屬性值，或加入訂閱事件處理函式的程式碼。

步驟 3：定義這些**控制項**實例的事件處理函式。

範例 3

撰寫一雙人互動井字（OX）遊戲視窗應用程式專案，以符合下列規定：

- 專案名稱爲 **GameOX**。
- 專案中的表單名稱爲 **GameOX.cs**，其 **Name** 屬性值設爲 **FrmGameOX**，**Text** 屬性值設爲 **OX 遊戲**。在此表單上佈置一個**按鈕**控制項：它的 **Name** 屬性值設爲 **BtnStart**，且 **Text** 屬性值設爲**啓動 OX 遊戲**。
- 程式執行時，在 **FrmGameOX** 表單上動態建立 9(=3*3) 個**按鈕**控制項。這 9 個按鈕控制項的名稱，分別爲 BtnOX[0,0]，...，BtnOX[2,2]，且它們的 **Name** 屬性值，分別設爲 Btn00，...，Btn22。
- 當使用者按「啓動 OX 遊戲」按鈕後，兩位玩家輪流隨意按 1 個**按鈕**。第 1 位玩家按**按鈕**後，在**按鈕**上顯示 O，而第 2 位玩家按**按鈕**後，在**按鈕**上顯示 X。若有三個 O（或 X）連成一直線，則遊戲結束，輸出誰獲勝。
- **其他相關屬性（顏色、文字大小…），請自行設定即可。**

專案的輸出入介面需求及程式碼

- 執行時的畫面示意圖如下：

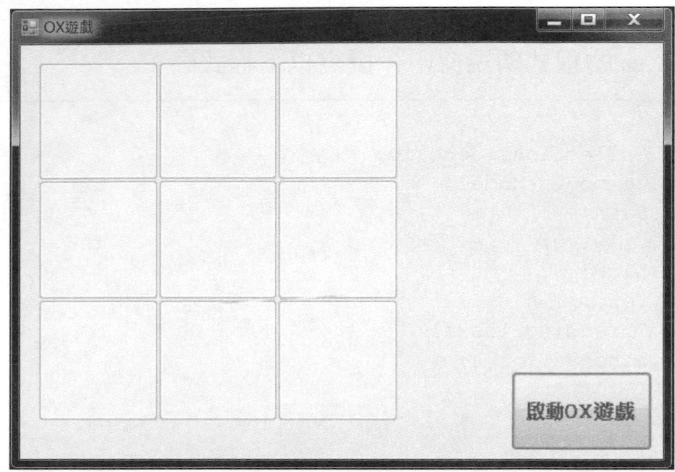

圖 14-6　範例 3 井字（OX）遊戲執行後的畫面

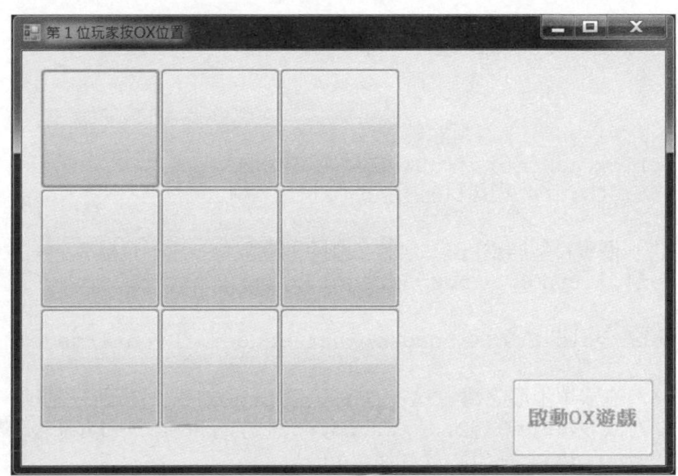

圖 14-7　按「啓動 OX 遊戲」鈕後的畫面

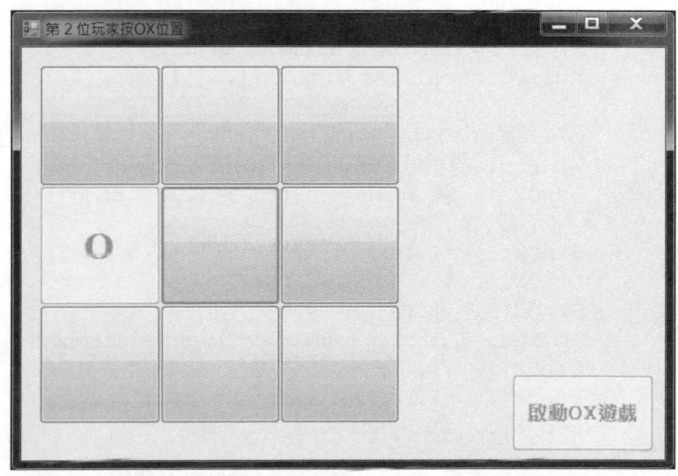

圖 14-8　第 1 位玩家選完位置後的畫面

▶ **GameOX.cs** 的程式碼如下：

◆ 在 **GameOX.cs** 的程式碼視窗中，撰寫以下程式碼：

```
using System;
using System.Collections.Generic;
using System.ComponentModel;
using System.Data;
using System.Drawing;
using System.Linq;
using System.Text;
using System.Threading.Tasks;
using System.Windows.Forms;

namespace GameOX
{
    public partial class FrmGameOX : Form
    {
        public FrmGameOX()
        {
            InitializeComponent();
        }

        int whoPlayer; // 玩家編號
        int clickCount=0; // OX按鈕已按過幾個
        Button btn; // 紀錄目前所按的OX按鈕名稱

        //宣告一個資料型態為Button的二維陣列變數BtnOX，且擁有9(=3X3)個元素
        Button[,] BtnOX = new Button[3, 3];

        private void FrmOX_Load(object sender, EventArgs e)
        {
            // 在表單上產生BtnOX[0,0],...,BtnOX[2,2]按鈕控制項
            // 並設定BtnOX[0,0],...,BtnOX[2,2]按鈕控制項的相關屬性值及事件
            for (int i = 0; i < 3; i++)
                for (int j = 0; j < 3; j++)
                {
                  BtnOX[i, j] = new Button();

                  // 在表單上加入Button控制項:BtnOX[i, j]
                  this.Controls.Add(BtnOX[i, j]);

                  // 設定BtnOX[i,j]按鈕控制項的Name屬性值為Btnij,
                  // Btnij表示位於第i列第j行的按鈕名稱
                  BtnOX[i, j].Name = "Btn" + i.ToString() + j.ToString();

                  BtnOX[i, j].Text = "";
                  BtnOX[i, j].Width = 100;
                  BtnOX[i, j].Height = 100;
                  BtnOX[i, j].Font = new Font("Times New Roman", 24, FontStyle.Bold);
                  BtnOX[i, j].Top = 15 + i * 100;
                  BtnOX[i, j].Left = 15 + j * 100;
                  BtnOX[i, j].Enabled = false;

                  // BtnOX[0,0]~BtnOX[2,2]控制項訂閱的BtnOX[0,0]控制項的
```

```
                // Btn00_Click事件處理函式
                BtnOX[i, j].Click += new EventHandler(Btn00_Click);
            }
    }

    // 定義BtnOX[0,0]控制項的Btn00_Click事件處理函式
    // 設定被按的按鈕之Text屬性值，並判斷O或X是否連成一直線
    protected void Btn00_Click(object sender, EventArgs e)
    {
        btn = (Button)sender; //取得觸發此事件處理函式的按鈕名稱
        if (btn.Enabled) // 若按鈕有作用(即，還未被按過)"
        {
            btn.Enabled = false; // 設定按鈕沒有作用
            clickCount++;
            if (clickCount % 2 == 1)
                btn.Text = "O";    // O:代表第1位玩家
            else
                btn.Text = "X";    // X:代表第2位玩家

            if (clickCount >= 5)
            {
                // 取得btn按鈕是位於第幾列
                int row = Int32.Parse(btn.Name.ToString().Substring(3, 1));
                // 取得此按鈕是位於第幾行
                int column = Int32.Parse(btn.Name.ToString().Substring(4, 1));
                CheckIsBingo(row, column, clickCount);
            }
            whoPlayer++;

            // 若whoPlayer=2，則whoPlayer%2=0，表示下一次輪到第1位玩家
            whoPlayer %= 2;

            this.Text = "第 " + (whoPlayer + 1) + " 位玩家按OX位置";
        }
    }

    // 自訂方法：CheckIsBingo，用來判斷被按的按鈕之Text屬性值，
    // 與連成一直線的按鈕之Text屬性值，是否都是O或X?若是，則OX遊戲結束。
    private void CheckIsBingo(int row, int column, int clickCount)
    {
        int j;
        // 判斷同一列按鈕的Text屬性值，是否都是O或X?
        // 若都是O或X，則j=2
        for (j = 0; j < 2; j++)
            if (BtnOX[row, j].Text != BtnOX[row, j + 1].Text)
                break;

        int i;
        // 判斷同一行按鈕的Text屬性值，是否都是O或X?
        // 若都是O或X，則i=2
        for (i = 0; i < 2; i++)
            if (BtnOX[i, column].Text != BtnOX[i + 1, column].Text)
                break;

        int k = 0;
```

```
            // 判斷對角線按鈕的Text屬性值，是否都是O或X?
            // 若都是O或X，則k=2
            if (row == column)
                for (k = 0; k < 2; k++)
                    if (BtnOX[k, k].Text != BtnOX[k + 1, k + 1].Text)
                        break;

            int p = 0;
            // 判斷反對角線按鈕的Text屬性值，是否都是O或X?
            // 若都是O或X，則p=2
            if ((row + column) == 2)
                for (p = 0; p < 2; p++)
                    if (BtnOX[p, 2 - p].Text != BtnOX[p + 1, 1 - p].Text)
                        break;

            // 若有一方贏得比賽或程式自動按第9個按鈕時
            if (j == 2 || i == 2 || k == 2 || p == 2 || clickCount==9)
            {
                if (clickCount == 9) //程式自動按第9個按鈕時，不要顯示O
                   BtnOX[row, column].Text = "";

                if (j == 2 || i == 2 || k == 2 || p == 2)
                    if (clickCount % 2 == 1)
                        MessageBox.Show("第1位玩家(O):獲勝.", "OX遊戲");
                    else
                        MessageBox.Show("第2位玩家(X):獲勝.", "OX遊戲");
                else
                    MessageBox.Show("平分秋色.", "OX遊戲");

                // 設定所有OX按鈕沒有作用,並設定啓動OX遊戲按鈕有作用
                for (i = 0; i < 3; i++)
                    for (j = 0; j < 3; j++)
                        BtnOX[i, j].Enabled = false;
                BtnStart.Enabled = true;
            }
            else if (clickCount == 8) // 若已按過8個按鈕
            {
                // 尋找尚未被按過的第9個按鈕之所在位置
                for (i = 0; i < 3; i++)
                    for (j = 0; j < 3; j++)
                        if (BtnOX[i, j].Enabled)
                            goto ExitDoubleFor;

                ExitDoubleFor:
                row = i;     // 第9個按鈕位於第row列
                column = j; // 第9個按鈕位於第column行
                BtnOX[i, j].Text = "O"; // 設定第9個按鈕爲O
                CheckIsBingo(row, column, 9); // 程式自動按第9個按鈕時
            }
        }
```

```
157
158         private void BtnStart_Click(object sender, EventArgs e)
159         {
160             whoPlayer = 0;
161             this.Text = "第 " + (whoPlayer + 1) + " 位玩家按OX位置";
162
163             // 設定所有OX按鈕的Text屬性值爲空字串及Enabled屬性值爲true
164             for (int i = 0; i < 3; i++)
165                 for (int j = 0; j < 3; j++)
166                 {
167                     BtnOX[i, j].Enabled = true; // 設定按鈕有作用
168                     BtnOX[i, j].Text = "";
169                 }
170
171             BtnStart.Enabled = false; // 設定BtnStart按鈕沒有作用
172             clickCount = 0; // 設定OX按鈕被按過的次是歸0
173         }
174     }
175 }
```

程式說明

1. 爲什麼程式第 53 列，不是使用 **this.BtnOX[i, j].Click += new EventHandler(this.BtnOX[0,0]_Click);** 來訂閱 **BtnOX[0,0]** 控制項的 **BtnOX[0,0]_Click** 事件處理函式，而是使用 **this.BtnOX[i, j].Click += new EventHandler(this.Btn00_Click);** 呢？因爲，除了陣列名稱外，其他識別字名稱不可包含 [、, 或] 文字，且 **Btn00** 是 **BtnOX[0,0]** 控制項的 **Name** 屬性值。因此，可用 **Btn00** 替代 **BtnOX[0,0]**。
2. 當按過第 8 個按鈕後，程式會執行第 142~155 列，自動判斷誰贏誰輸，而不用再按第 9 個按鈕。若要等按過第 9 個按鈕後，才判斷誰贏誰輸，則直接將程式第 142~155 列刪除即可。

範例 4

撰寫一八數字推盤（又名重排九宮）的九宮格數字排列遊戲視窗應用程式專案，以符合下列規定：

- 專案名稱爲 **DigitArrange**。
- 專案中的表單名稱爲 **DigitArrange.cs**，其 **Name** 屬性值設爲 **FrmDigitArrange**，**Text** 屬性值設爲**九宮格數字排列遊戲**。在此表單上佈置一個按鈕控制項：它的 **Name** 屬性值設爲 **BtnStart**，且 **Text** 屬性值設爲啓動遊戲。
- 程式執行時，先在 **FrmDigitArrange** 表單上動態建立 1 個面板控制項，它的 **Name** 屬性值爲 **PnlPlatter**。然後在 **PnlPlatter** 面板控制項動態建立 9(=3*3) 個按鈕控制項，它們的名稱分別設爲 **BtnDigit[0,0]**，...，**BtnDigit[2,2]**，且它們的 **Name** 屬性值分別設爲 Btn00，...，Btn22。
- 當使用者按「啓動遊戲」按鈕時，會隨機產生 8 個介於 1~8 之間的亂數值，分別指定給第 1~8 個按鈕的 **Text** 屬性值，第 9 個按鈕的 **Text** 屬性值設爲空字串。

- 操作時，只能將「空白」按鈕的 **Text** 屬性值與上下（或左右）相鄰的「數字」按鈕的 **Text** 屬性值做交換。
- 當數字由 1 到 8 排列成圖 14-11 時，遊戲結束。
- 其他相關屬性（顏色、文字大小…），請自行設定即可。

專案的輸出入介面需求及程式碼

- 執行時的畫面示意圖如下：

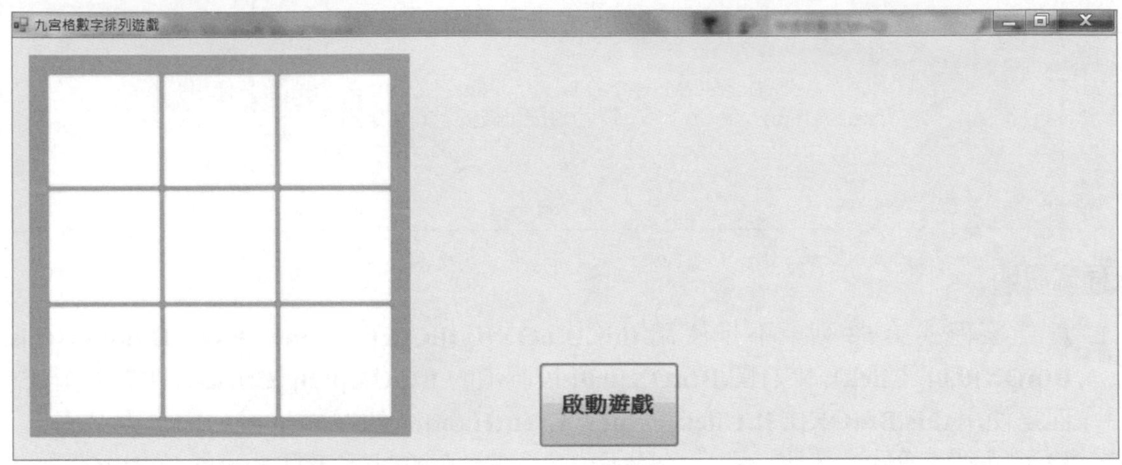

圖 14-9　範例 4「八數字推盤」執行後的畫面

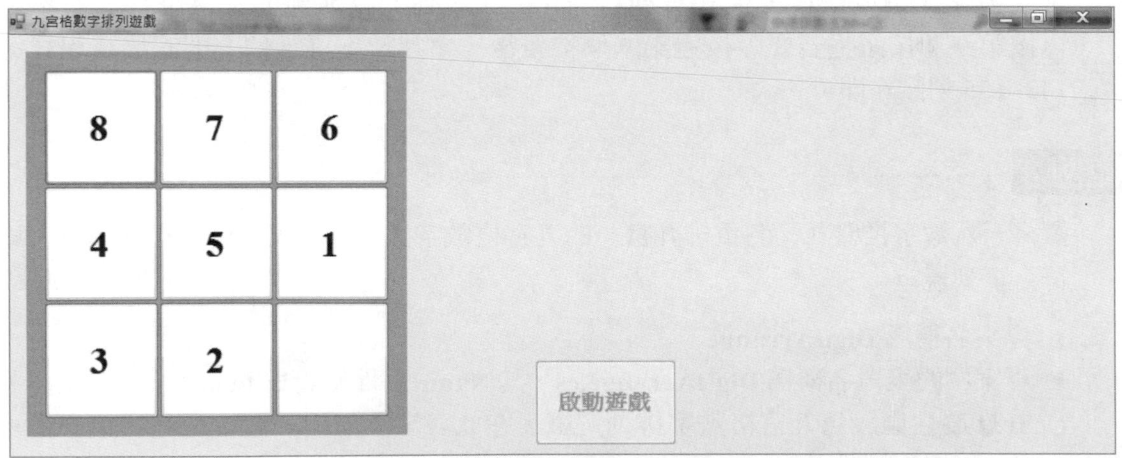

圖 14-10　按「啟動遊戲」鈕後的畫面

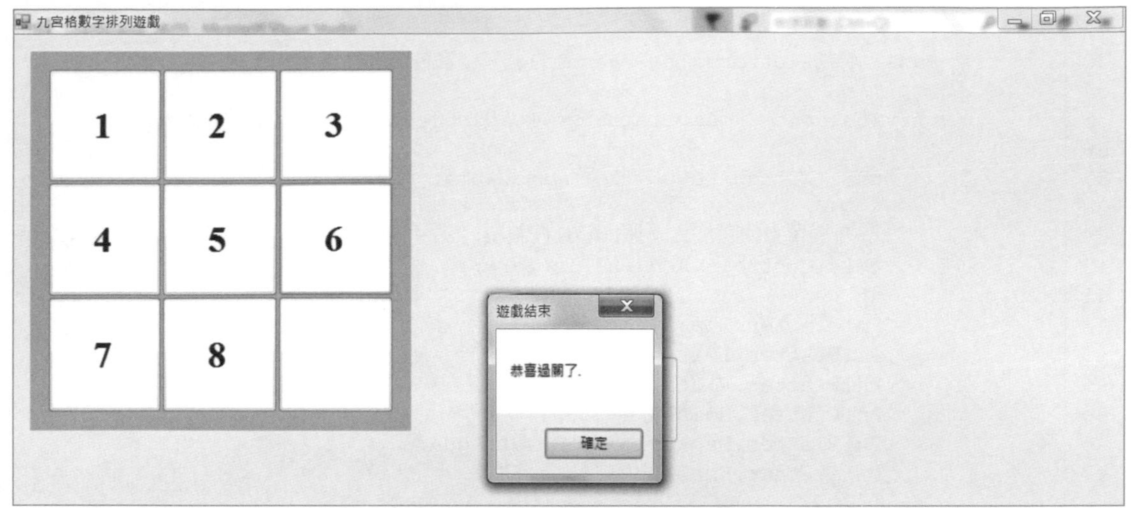

圖 14-11　數字排好後的畫面

- **DigitArrange.cs** 的程式碼如下：
  - 在 **DigitArrange.cs** 的程式碼視窗中，撰寫以下程式碼：

```
using System;
using System.Collections.Generic;
using System.ComponentModel;
using System.Data;
using System.Drawing;
using System.Linq;
using System.Text;
using System.Threading.Tasks;
using System.Windows.Forms;

namespace DigitArrange
{
    public partial class FrmDigitArrange : Form
    {
        public FrmDigitArrange()
        {
            InitializeComponent();
        }
        // 紀錄點選的第1個按鈕之Left屬性值與Top屬性值
        int firstBtnLeft, firstBtnTop;
        // 紀錄點選的第2個按鈕之Left屬性值與Top屬性值
        int secondBtnLeft, secondBtnTop;
        // 紀錄點選的第1個按鈕及第2個按鈕之Text屬性值
        string firstBtnText, secondBtnText;

        int clickBtnCount = 0;      // 點選按鈕的次數
        bool pressBtnBlank = false; // 是否有點選BtnBlank按鈕
        Button btn1, btn2;  // 點選的的第1個按鈕及的第2個按鈕

        //宣告一個資料型態爲Button的二維陣列變數BtnDigit，且擁有9(=3X3)個元素
        Button[,] BtnDigit = new Button[3, 3];
```

```
        Panel PnlPlatter = new Panel();  //宣告Panel控制項變數:PnlPlatter

        private void FrmDigitArrange_Load(object sender, EventArgs e)
        {
            this.WindowState = FormWindowState.Maximized;

            //在表單上動態加入一個Panel控制項:PnlPlatter
            this.Controls.Add(PnlPlatter);

            PnlPlatter.Top = 15;
            PnlPlatter.Left = 15;
            PnlPlatter.Width = 330;
            PnlPlatter.Height = 330;
            PnlPlatter.BackColor = Color.Aqua;
            PnlPlatter.Enabled = false;

            //在表單上產生BtnDigit[0,0],...,BtnDigit[2,2]控制項實例
            //並將設定BtnDigit[0,0],...,BtnDigit[2,2]按鈕控制項的相關屬性值及事件
            for (int i = 0; i < 3; i++)
                for (int j = 0; j < 3; j++)
                {
                  BtnDigit[i, j] = new Button();

                  //在Panel控制項上加入Button控制項:BtnDigit[i, j]
                  PnlPlatter.Controls.Add(BtnDigit[i, j]);

                  BtnDigit[i, j].Name = "btn" + i.ToString() + j.ToString();
                  BtnDigit[i, j].Text = "";
                  BtnDigit[i, j].Width = 100;
                  BtnDigit[i, j].Height = 100;
                  BtnDigit[i, j].Font = new Font("Times New Roman", 24, FontStyle.Bold);
                  BtnDigit[i, j].Top = 15 + i * 100;
                  BtnDigit[i, j].Left = 15 + j * 100;
                  BtnDigit[i, j].BackColor = Color.White;

                  // BtnDigit[0,0]~BtnDigit[2,2]控制項訂閱的BtnOX[0,0]控制項的
                  // Btn00_Click事件處理函式
                  BtnDigit[i, j].Click += new EventHandler(Btn00_Click);
                }
        }

       // 定義BtnDigit[0, 0]控制項的Btn00_Click事件處理函式
        // 點選兩個按鈕後,決定是否交換它們的Text屬性值
        protected void Btn00_Click(object sender, EventArgs e)
        {
            clickBtnCount++;
            if (clickBtnCount == 1)  //按第1個按鈕時
            {
                btn1 = (Button)sender;
                firstBtnLeft = btn1.Left;
                firstBtnTop = btn1.Top;
                firstBtnText = btn1.Text;
                if (btn1.Text == "") // btn1按鈕的Text屬性值為空字串時
```

```
                    pressBtnBlank = true;
            }
            else //按第2個按鈕時
            {
                btn2 = (Button)sender;
                secondBtnLeft = btn2.Left;
                secondBtnTop = btn2.Top;
                secondBtnText = btn2.Text;
                if (btn2.Text == "") // btn2按鈕的Text屬性值爲空字串時
                    pressBtnBlank = true;

                if (pressBtnBlank) // 有點過空字串按鈕時
                {
                    // 若點選的兩個按鈕位於同一行且兩個按鈕是垂直相鄰，或
                    //    點選的兩個按鈕位於同一列且兩個按鈕是水平相鄰時
                    // 則交換兩個按鈕的Text屬性值
                    if (firstBtnLeft == secondBtnLeft &&
                        Math.Abs(firstBtnTop - secondBtnTop) == btn1.Height ||
                             firstBtnTop == secondBtnTop &&
                             Math.Abs(firstBtnLeft - secondBtnLeft) == btn1.Width)
                    {
                        btn1.Text = secondBtnText;
                        btn2.Text = firstBtnText;
                    }
                }
                clickBtnCount = 0;
                pressBtnBlank = false;
                int i, j;

                // 檢查九宮格上按鈕的Text屬性值，是不是按1,2....,8及空字串排列
                for (i = 0; i < 3; i++)
                    for (j = 0; j < 3; j++)
                        if (i == 2 && j == 2)
                        {
                            // 第2列第2行的按鈕之Text屬性值不等於空字串時
                            if (BtnDigit[2, 2].Text != "")
                                goto ExitDoubleFor;
                        }
                        else
                           // 第i列第j行的按鈕之Text屬性值不等於(3 * i + j + 1)時
                           if (BtnDigit[i, j].Text != (3 * i + j + 1).ToString())
                                goto ExitDoubleFor;

                ExitDoubleFor:
                if (i == 3) // 九宮格上按鈕的Text屬性值，按1,2....,8及空字串排列時
                {
                    MessageBox.Show("恭喜過關了.", "遊戲結束");
                    PnlPlatter.Enabled = false;
                    BtnStart.Enabled = true;
                }
            }
        }

        private void BtnStart_Click(object sender, EventArgs e)
        {
```

```
                PnlPlatter.Enabled = true;
                Random rd = new Random();
                int[] num = new int[8] { 1, 2, 3, 4, 5, 6, 7, 8 };
                int index;
                int count = 8;
                for (int i = 0; i < 3; i++)
                    for (int j = 0; j < 3; j++)
                    {
                      if (i == 2 && j == 2)  // 第2列第2行的按鈕之Text屬性值爲空字串
                          break;
                      index = rd.Next(count);
                      BtnDigit[i, j].Text = num[index].ToString();
                      count--;

                      // 將num陣列索引值爲count的元素內容指定給索引值爲index
                      // 的元素，下一次就不會隨機抽到原先索引值爲index的元素內容
                      num[index] = num[count];
                    }
                BtnDigit[2, 2].Text = "";
                BtnStart.Enabled = false;
            }
        }
}
```

範例 5

撰寫一踩地雷遊戲視窗應用程式專案，以符合下列規定：

- 專案名稱爲 **Landmine**。
- 專案中的表單名稱爲 **Landmine.cs**，其 **Name** 屬性值設爲 **FrmLandmine**，**Text** 屬性值設爲**踩地雷遊戲**。在此表單上佈置一個**按鈕**控制項，它的 **Name** 屬性值設爲 **BtnStart**，且 **Text** 屬性值設爲啓動遊戲。
- 程式執行時，在 **FrmLandmine** 表單上動態建立 64(=8*8) 個**按鈕**控制項，這 64 個**按鈕**控制項的名稱，分別爲 BtnLandmine[0,0]，...，BtnLandmine[7,7]，且它們的 **Name** 屬性值，分別設爲 Btn00，...，Btn77。

  8*8 地雷佈置圖資料，儲存在二維陣列變數 landmine 中，如下所示：

```
string[ , ] landmine = new string[8, 8] {
             { "0", "1", "1", "1", "0", "0", "0", "0" },
             { "0", "1", "*", "3", "2", "2", "1", "1" },
             { "1", "2", "3", "*", "*", "2", "*", "1" },
             { "*", "1", "2", "*", "3", "2", "1", "1" },
             { "1", "1", "1", "1", "1", "0", "0", "0" },
             { "0", "0", "0", "0", "1", "1", "1", "0" },
             { "0", "0", "0", "0", "1", "*", "2", "1" },
             { "0", "0", "0", "0", "1", "1", "2", "*" } };
```

  若 landmine[i,j]= "*"，則表示 BtnLandmine[i,j] **按鈕**控制項爲地雷；若 landmine[i,j]= "n"，則表示 BtnLandmine[i,j] **按鈕**控制項緊鄰的右邊、右下邊、下邊、左下邊、左邊、左上邊、上邊及右上邊的 8 個按鈕，共有 n 個地雷，0<= i <8，且 0<= j <8。

- 當按「啓動遊戲」按鈕後，若使用者所按的按鈕之 **Text** 屬性值爲 "0"，則顯示其周圍的按鈕之 **Text** 屬性值；若所按的按鈕之 Text 屬性值爲 "*"，則顯示「踩到地雷了 !」；若 **Text** 屬性值不是 "*" 的所有按鈕都已被按過，則顯示「恭喜過關了 !」。
- 其他相關屬性（顏色、文字大小⋯），請自行設定即可。

專案的輸出入介面需求及程式碼

- 執行時的畫面示意圖如下：

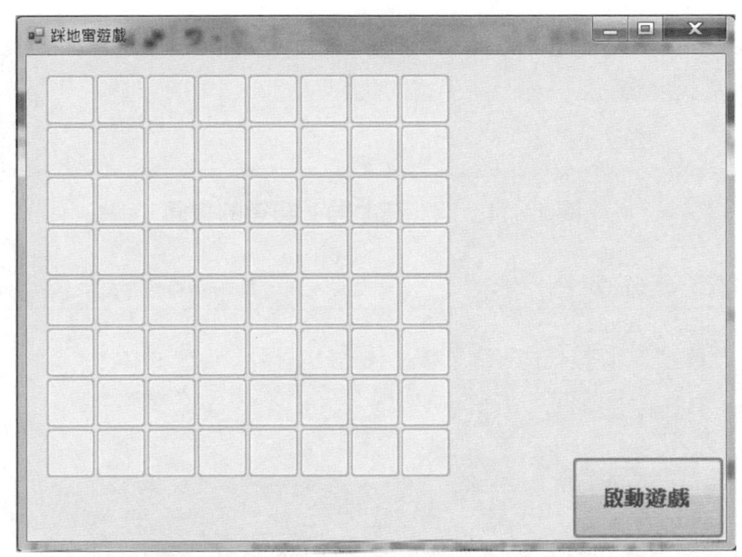

圖 14-12　範例 5 執行後的畫面

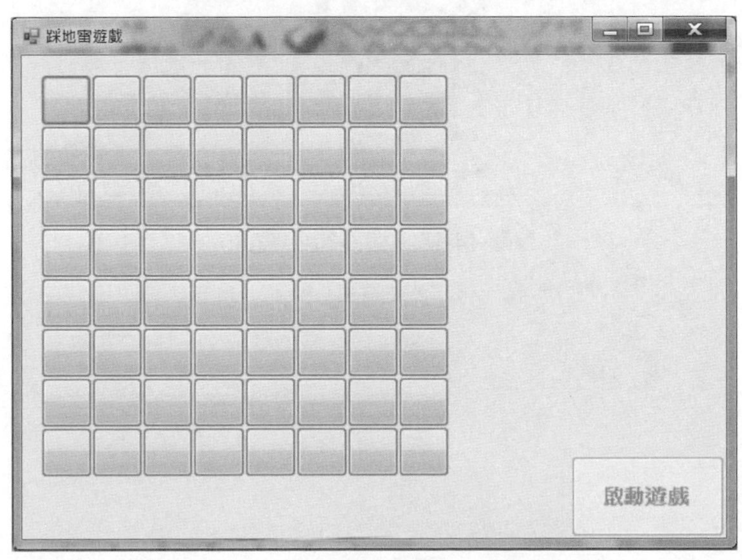

圖 14-13　按「啓動遊戲」鈕後的畫面

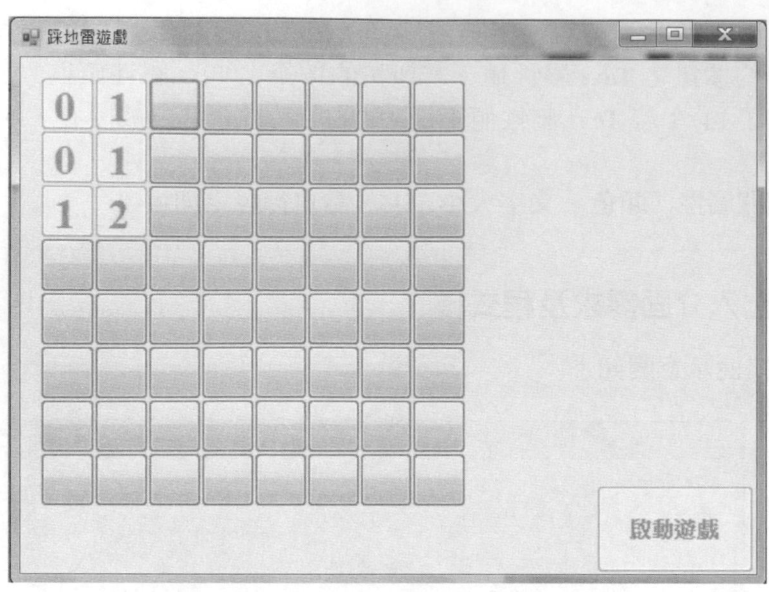

圖 14-14　按「左上角」鈕後的畫面

圖 14-15　過關後的畫面

▶ **Landmine.cs** 的程式碼如下：

◆ 在 **Landmine.cs** 的程式碼視窗中，撰寫以下程式碼：

```
using System;
using System.Collections.Generic;
using System.ComponentModel;
using System.Data;
using System.Drawing;
using System.Linq;
using System.Text;
using System.Threading.Tasks;
using System.Windows.Forms;

namespace Landmine
{
    public partial class FrmLandmine : Form
    {
        public FrmLandmine()
        {
            InitializeComponent();
        }

        int i, j;

        // 8X8地雷佈置圖資料
        string[,] landmine = new string[8, 8] {
            { "0", "1", "1", "1", "0", "0", "0", "0" },
            { "0", "1", "*", "3", "2", "2", "1", "1" },
            { "1", "2", "3", "*", "*", "2", "*", "1" },
            { "*", "1", "2", "*", "3", "2", "1", "1" },
            { "1", "1", "1", "1", "1", "0", "0", "0" },
            { "0", "0", "0", "0", "1", "1", "1", "0" },
            { "0", "0", "0", "0", "1", "*", "2", "1" },
            { "0", "0", "0", "0", "1", "1", "2", "*" } };

        Button btn; // 紀錄目前所按的按鈕名稱
        Button btnNeighbor; // 紀錄目前所按的按鈕之鄰近按鈕名稱

        // 宣告一個資料型態爲Button的二維陣列變數BtnLandmine，
        // 且擁有81(=9X9)個元素
        Button[,] BtnLandmine = new Button[8, 8];

        private void FrmLandmine_Load(object sender, EventArgs e)
        {
            // 在表單上產生BtnLandmine[0,0],...,BtnLandmine[8,8]按鈕控制項
            // 並設定BtnLandmine[0,0],...,BtnLandmine[8,8]按鈕控制項的
            // 相關屬性值及事件
            for (int i = 0; i < 8; i++)
                for (int j = 0; j < 8; j++)
                {
                    BtnLandmine[i, j] = new Button();

                    // 在表單上加入按鈕控制項:BtnLandmine[i, j]
                    this.Controls.Add(BtnLandmine[i, j]);
```

```
                // 設定BtnLandmine[i,j]按鈕控制項的Name屬性值爲Btnij,
                // Btnij表示位於第i列第j行的按鈕名稱
                BtnLandmine[i, j].Name = "Btn" + i.ToString() + j.ToString();

                BtnLandmine[i, j].Text = "";
                BtnLandmine[i, j].Width = 40;
                BtnLandmine[i, j].Height = 40;
                BtnLandmine[i, j].Font =
                              new Font("Times New Roman", 24, FontStyle.Bold);
                BtnLandmine[i, j].Top = 15 + i * 40;
                BtnLandmine[i, j].Left = 15 + j * 40;
                BtnLandmine[i, j].Enabled = false;

                // BtnLandmine[0,0]~BtnLandmine[8,8]控制項訂閱的
                // BtnLandmine[0,0]控制項Btn00_Click事件處理函式
                BtnLandmine[i, j].Click += new EventHandler(Btn00_Click);
            }
    }

    // BtnLandmine[0,0]控制項的Btn00_Click事件處理函式
    // 設定被按的按鈕之Text屬性值，並判斷O或X是否連成一直線
    protected void Btn00_Click(object sender, EventArgs e)
    {
        btn = (Button)sender; //取得觸發此事件處理函式的按鈕名稱
        if (btn.Enabled) // 若按鈕有作用(即，還未被按過)
        {
            // 取得btn按鈕是位於第幾列
            int row = Int32.Parse(btn.Name.ToString().Substring(3, 1));
            // 取得btn按鈕是位於第幾行
            int col = Int32.Parse(btn.Name.ToString().Substring(4, 1));
            Bomb(row, col, btn); // 檢查是否踩到地雷了或過關
        }
    }

    // 自訂遞迴方法:Bomb，檢查是否踩到地雷了或過關
    private void Bomb(int row, int col, Button btn)
    {
        btn.Text = landmine[row, col];

        // 當位置(row,col)的btn按鈕的Text屬性值"0",且btn按鈕是Enabled時
        // 顯示按鈕btn周圍按鈕的Text屬性值(由右邊依順時針方向)
        if (btn.Text == "0" && btn.Enabled)
        {
            btn.Enabled = false;

            // 顯示位置(row,col)的右邊位置(row,col+1)按鈕的Text屬性值
            if (col + 1 <= 7)
            {
                btnNeighbor = BtnLandmine[row, col + 1];
                if (btnNeighbor.Enabled)
                    Bomb(row, col + 1, btnNeighbor);
            }

            // 顯示位置(row,col)的右下角位置(row+1,col+1)按鈕的Text屬性值
```

```
                if (row + 1 <= 7 && col + 1 <= 7)
                {
                    btnNeighbor = BtnLandmine[row + 1, col + 1];
                    if (btnNeighbor.Enabled)
                        Bomb(row + 1, col + 1, btnNeighbor);
                }

                // 顯示位置(row,col)的下面位置(row+1,col)按鈕的Text屬性值
                if (row + 1 <= 7)
                {
                    btnNeighbor = BtnLandmine[row + 1, col];
                    if (btnNeighbor.Enabled)
                        Bomb(row + 1, col, btnNeighbor);
                }

                // 顯示位置(row,col)的左下角位置(row+1,col-1)按鈕的Text屬性值
                if (row + 1 <= 7 && col - 1 >= 0)
                {
                    btnNeighbor = BtnLandmine[row + 1, col - 1];
                    if (btnNeighbor.Enabled)
                        Bomb(row + 1, col - 1, btnNeighbor);
                }

                // 顯示位置(row,col)的左邊位置(row,col-1)按鈕的Text屬性值
                if (col - 1 >= 0)
                {
                    btnNeighbor = BtnLandmine[row, col - 1];
                    if (btnNeighbor.Enabled)
                        Bomb(row, col - 1, btnNeighbor);
                }

                // 顯示位置(row,col)的左上角位置(row-1,col-1)按鈕的Text屬性值
                if (row - 1 >= 0 && col - 1 >= 0)
                {
                    btnNeighbor = BtnLandmine[row - 1, col - 1];
                    if (btnNeighbor.Enabled)
                        Bomb(row - 1, col - 1, btnNeighbor);
                }

                // 顯示位置(row,col)的上面位置(row-1,col)按鈕的Text屬性值
                if (row - 1 >= 0)
                {
                    btnNeighbor = BtnLandmine[row - 1, col];
                    Bomb(row - 1, col, btnNeighbor);
                }

                // 顯示位置(row,col)的右上角位置(row-1,col+1)按鈕的Text屬性值
                if (row - 1 >= 0 && col + 1 <= 7)
                {
                    btnNeighbor = BtnLandmine[row - 1, col + 1];
                    if (btnNeighbor.Enabled)
                        Bomb(row - 1, col + 1, btnNeighbor);
                }
            }
            btn.Enabled = false;
```

```

            // 若位置(row,col)按鈕的Text屬性值為*(地雷)時
            if (btn.Text == "*")
            {
                // 設定所有按鈕的Enabled屬性值為false
                for (i = 0; i < 8; i++)
                    for (j = 0; j < 8; j++)
                        BtnLandmine[i, j].Enabled = false; // 設定按鈕沒有作用
                BtnStart.Enabled = true; // 設定BtnStart按鈕有作用
                MessageBox.Show("踩到地雷了!", "遊戲結束");
            }
            else
            {
                // 檢查每一個不是地雷的按鈕,若都已被按過,則表示過關
                for (i = 0; i < 8; i++)
                {
                    for (j = 0; j < 8; j++)
                    {
                        btn = BtnLandmine[i, j];
                        // 若還有未按過的按鈕時
                        if (landmine[i, j] != "*" && btn.Enabled)
                            goto ExitDoubleFor;
                    }
                }

                ExitDoubleFor:
                if (i == 8)  // i=8,表示每一個不是地雷的按鈕,都被按過了
                {
                    // 顯示所有按鈕的Text屬性值及設定Enabled屬性值為false
                    for (i = 0; i < 8; i++)
                        for (j = 0; j < 8; j++)
                        {
                            BtnLandmine[i, j].Text = landmine[i, j];
                            BtnLandmine[i, j].Enabled = false; // 設定按鈕沒有作用
                        }
                    BtnStart.Enabled = true; // 設定BtnStart按鈕有作用
                    MessageBox.Show("恭喜過關了!", "遊戲結束");
                }
            }
        }

        private void BtnStart_Click(object sender, EventArgs e)
        {
            // 設定所有按鈕的Text屬性值為空字串及Enabled屬性值為true
            for (int i = 0; i < 8; i++)
                for (int j = 0; j < 8; j++)
                {
                    BtnLandmine[i, j].Enabled = true; // 設定按鈕有作用
                    BtnLandmine[i, j].Text = "";
                }
            BtnStart.Enabled = false; // 設定BtnStart按鈕沒有作用
        }
    }
}
```

自我練習

程式設計：

1. 寫一雙人互動的撲克牌對對碰遊戲視窗應用程式專案。在表單控制項上動態佈置 52(=4*13) 個**按鈕**控制項，產生 52 個介於 0~51 之間的隨機亂數值，並分別根據亂數值設定 52 個**按鈕**的 **BackgroundImage** 屬性值。若亂數值介於 0~3 之間，則設定**按鈕**的 **BackgroundImage** 屬性值為撲克牌「A」的圖；若亂數值介於 4~7 之間，則設定**按鈕**的 **BackgroundImage** 屬性值為撲克牌「2」的圖；…；若亂數值介於 48~51 之間，則設定**按鈕**的 **BackgroundImage** 屬性值為撲克牌「K」的圖。執行時，52 張牌是蓋著看不到圖案的，兩位玩家每次可選 2 張牌，若所選的 2 張牌是同一個牌號，則這兩張牌就不用蓋回去，且繼續翻下兩張牌；否則兩張牌要蓋回去，且換人翻下兩張牌。整個翻完後，輸出誰獲勝。其他相關屬性（顏色、文字大小…），請自行設定即可。
2. 寫一雙人互動的五子棋遊戲視窗應用程式專案。在表單控制項上動態佈置 900(=30*30) 個**按鈕**控制項，執行時兩位玩家輪流隨意按 1 個**按鈕**，第 1 位玩家按**按鈕**後，在**按鈕**上顯示「●」（黑子），而第 2 位玩家按**按鈕**後，在**按鈕**上顯示「○」（白子）。若有五個「●」或「○」連成一直線，則遊戲結束，輸出誰獲勝。其他相關屬性（顏色、文字大小…），請自行設定即可。
3. 模仿範例 4 的程式撰寫方式，設計一個十五數字推盤的十六宮格數字排列遊戲視窗應用程式專案。
4. 撰寫一 10 X 10 地雷佈陣圖資料的主控台應用程式專案，以符合下列規定：
   - 專案名稱為 **LandmineLayout**。
   - 程式執行時，宣告 landmine 二維陣列（參考範例 5），記錄 10X10 地雷佈陣圖資料。由隨機亂數挑選 20 個 landmine 陣列元素 landmine[i,j]，並設定其內容為 "*"。接著，計算出其餘的 landmine[i,j] 元素值（即，等於 landmine[i,j] 緊鄰的右邊、右下邊、下邊、左下邊、左邊、左上邊、上邊及右上邊的 8 個位置的地雷總數）。0<= i <=9，且 0<= j <=9。
5. 撰寫一模擬一分鐘紅綠燈小綠人行走視窗應用程式專案以符合下列規定：
   - 視窗應用程式專案名稱為 SmallGreenMan。
   - 專案中的表單名稱為 SmallGreenMan.cs，其 Name 屬性值設為 FrmSmallGreenMan，Text 屬性值設為「模擬紅綠燈小綠人行走」。在此表單上佈置以下控制項：
     - 一個影像清單控制項：它的 Name 屬性值設為 ImgSmallGreenMan，Images 屬性值設為「d:\c#\data\Light0.png」～「d:\c#\data\Light1.png」，ImageSize 屬性值設為「25, 25」。
     - 動態佈置 256(=16*16) 個圖片方塊控制項，每個圖片方塊控制項的 Size 屬性值均設為「25, 25」，且每個圖片方塊控制項的 Image 屬性值不是「d:\c#\data\Light0.png」，就是「d:\c#\data\Light1.png」。

- 一個計時器控制項：它的 Name 屬性值設為 TmrSmallGreenMan，Interval 屬性值設為「500」。
- 兩個「按鈕」控制項：它們的 Name 屬性值，分別設為 BtnStart 及 BtnStop，且 BtnStart 及 BtnStop 的 Text 屬性值，分別設為「模擬開始」及「模擬結束」。當使用者按「模擬開始」按鈕時，動態佈置的圖片方塊控制項中的影像，在 0~30 秒之間每隔 0.5 秒會換一張，在 30~50 秒之間每隔 0.2 秒會換一張，在 50~60 秒之間每隔 0.1 秒會換一張，在第 60 秒時影像停止變換。當使用者按「模擬結束」按鈕時，動態佈置的圖片方塊控制項中的影像就停止變換。

■ 其他相關屬性 (顏色、文字大小…)，請自行設定即可。

CHAPTER 15

鍵盤事件及滑鼠事件

在視窗應用程式中，使用者輸入資料，主要是透過鍵盤及滑鼠。程式執行時，若使用者在焦點（即，游標所在）**控制項**上，按鍵盤上的任何按鍵，則會觸發該**控制項**的鍵盤相關事件。因此，若要判斷使用者輸入的資料是否符合需求等相關問題，則可將欲執行的程式碼撰寫在該**控制項**的鍵盤相關事件處理函式中。若使用者透過滑鼠去點選有作用的**控制項**，或拖曳有作用的**控制項**時，則會觸發該**控制項**的滑鼠相關事件。因此，若要處理使用者透過滑鼠對**控制項**的動作，則可將欲執行的程式碼撰寫在該**控制項**的滑鼠相關事件處理函式中。

15-1 常用的鍵盤事件

常用的鍵盤事件如下：

1. KeyDown **事件**：當鍵盤上的任何按鍵被按下且未放開時，就會觸發此事件。
2. KeyPress **事件**：當鍵盤上的字元鍵被按下時，才會觸發此事件。
3. KeyUp **事件**：當鍵盤上的任何按鍵被按下且放開時，就會觸發此事件。

當鍵盤上的字元鍵被按下到放開時，所觸發的事件依序為 **KeyDown** 事件、**KeyPress** 事件及 **KeyUp** 事件。當鍵盤上的非字元鍵（例，**F1** 鍵、**Tab** 鍵、**Ctrl** 鍵、**Home** 鍵、↑鍵、**PageUp** 鍵等）被按下到放開時，所觸發的事件依序為 **KeyDown** 事件及 **KeyUp** 事件。

15-1-1 KeyPress 事件

當使用者在焦點**控制項**上按下鍵盤上的字元鍵時，才會觸發該控制項的 **KeyPress** 事件，並執行 **KeyPress** 事件處理函式。因此，若要判斷使用者輸入的資料是否符合需求等，則可將欲執行的程式碼撰寫在 **KeyPress** 事件處理函式中。

字元鍵是指鍵盤上的 **0~9** 鍵，**A~Z** 鍵，**a~z** 鍵，空白鍵，**← Backspace** 鍵，**Enter** 鍵，**Esc** 及所有的**符號**鍵。**控制項**的 **KeyPress** 事件處理函式之架構如下：

```
private void 控制項名稱_KeyPress(object sender,KeyPressEventArgs e)
{
  程式敘述區塊;
}
```

KeyPress 事件處理函式的第一個參數 **sender**，代表觸發 **KeyPress** 事件的控制項，它的資料型態為 **object**（物件）。若要使用 **sender**，則必須將其強制轉型為該控制項所屬的類別型態。例，若觸發 **KeyPress** 事件的控制項為按鈕，則使用 **(Button) sender** 將 **sender** 轉型為 **Button** 類別型態。第二個參數 **e** 的資料型態為 **KeyPressEventArgs** 類別，程式設計師可以利用參數 **e** 的屬性，來取得使用者所輸入的字元，以及設定是否接受使用者所輸入的字元。**KeyPressEventArgs** 是 Visual C# 的內建類別，位於 **System.Windows.Forms** 命名空間內。**KeyPressEventArgs** 類別的常用屬性如下：

- KeyChar **屬性**：用來取得使用者所輸入的字元。可根據 **KeyChar** 屬性值，來判斷使用者所輸入的字元是否違反規定，或處理各種不同的工作。
- Handled **屬性**：用來設定是否不接受使用者所輸入的字元。若 **Handled** 屬性值為 **false**，則表示接受使用者所輸入的字元；若為 **true**，則表示不接受使用者所輸入的字元。當使用者輸入的字元不合法時，只要將 **Handled** 屬性值設為 **true**，該字元就不會出現在控制項中，且游標會停在原處。

範例 1

撰寫一判斷帳號及密碼是否正確的視窗應用程式專案，以符合下列規定：

- 視窗應用程式專案名稱為 **Login**。
- 專案中的表單名稱為 **Login.cs**，其 **Name** 屬性值設為 **FrmLogin**，**Text** 屬性值設為**登入作業**。在此表單上佈置以下控制項：
  - 兩個**標籤**控制項：它們的 **Name** 屬性值，分別設為 **LblAccount** 及 **LblPassword**，**Text** 屬性值分別設為**帳號：**及**密碼：**。
  - 兩個**遮罩文字方塊**控制項：它們的 Name 屬性值，分別設為 MtxtAccount 及 MtxtPassword。輸入的資料必須是英文或數字，若使用者所輸入的字元不是 A~Z，a~z，或 0~9，則不接受此字元。
  - 一個**按鈕**控制項：它的 **Name** 屬性值設為 **BtnLogin**，**Text** 屬性值設為**登入**。當使用者按**登入**鈕時，若輸入的**帳號**等於「OMyGod」且**密碼**等於「Me516888」，則顯示**帳號及密碼輸入正確**的訊息，否則顯示**帳號或密碼輸入錯誤，請重新輸入**的訊息。
- 其他相關屬性（顏色、文字大小…），請自行設定即可。

專案的輸出入介面需求及程式碼

▶ 執行時的畫面示意圖如下：

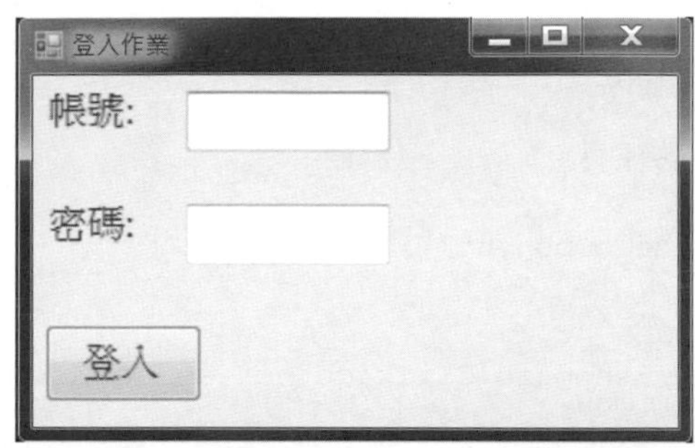

圖 15-1　範例 1 執行後的畫面

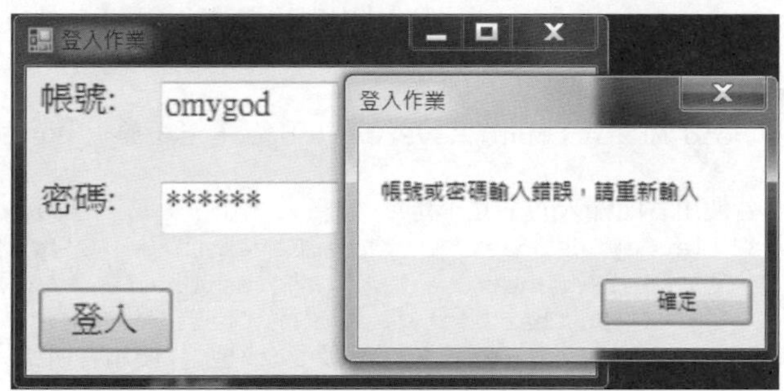

圖 15-2　帳號或密碼輸入錯誤後的畫面

圖 15-3　帳號及密碼輸入正確後的畫面

▶ **Login.cs** 的程式碼如下：

- 在 **Login.cs** 的程式碼視窗中，撰寫以下程式碼：

```
using System;
using System.Collections.Generic;
using System.ComponentModel;
using System.Data;
using System.Drawing;
using System.Linq;
using System.Text;
```

```
using System.Threading.Tasks;
using System.Windows.Forms;

namespace Login
{
    public partial class FrmLogin : Form
    {
        public FrmLogin()
        {
            InitializeComponent();
        }

        private void BtnLogin_Click(object sender, EventArgs e)
        {
            if (MtxtAccount.Text == "OMyGod" && MtxtPassword.Text == "Me516888")
                MessageBox.Show("帳號或密碼輸入正確", "登入作業");
            else
                MessageBox.Show("帳號或密碼輸入錯誤，請重新輸入", "登入作業");
        }

        private void MtxtAccount_KeyPress(object sender, KeyPressEventArgs e)
        {
            // 若使用者所輸入的字元不是A~Z，a~z，0~9，或「←Backspace」鍵
            if (!((e.KeyChar >= 'A' && e.KeyChar <= 'Z') ||
                     (e.KeyChar >= 'a' && e.KeyChar <= 'z') ||
                     (e.KeyChar >= '0' && e.KeyChar <= '9') || e.KeyChar == '\b'))
                e.Handled = true; // 不接受(或拒絕)使用者所輸入的字元
        }
    }
}
```

程式說明

1. **KeyPress** 事件處理函式中的程式碼，是用來檢查使用者輸入的字元是否為鍵盤上的 **0~9** 鍵，**A~Z** 鍵，**a~z** 鍵或← **Backspace** 鍵。若不是，則執行 **e.Handled = true;**，表示不接受（或拒絕）使用者所輸入的字元。
2. 因 **MtxtAccount** 及 **MtxtPassword** **遮罩文字方塊**控制項，輸入的資料都必須是英文或數字，故它們的 **KeyPress** 事件處理函式的內容是一樣的。在程式設計視窗中，並無撰寫 **MtxtPassword** 控制項的 **KeyPress** 事件處理函式，若要讓系統能檢查 **MtxtPassword** 控制項中所輸入的資料是否是英文或數字，則在**屬性**視窗中，**MtxtPassword** 控制項的 **KeyPress** 事件還必須去訂閱 **MtxtAccount_ KeyPress** 事件處理函式。

15-1-2 KeyDown 事件及 KeyUp 事件

當使用者在焦點控制項上按下鍵盤上的任何按鍵時，就會觸發該控制項的 **KeyDown** 事件，並執行 **KeyDown** 事件處理函式。因此，當使用者按下鍵盤上的任何按鍵時，若要處理特定的工作，則可將該工作的程式碼撰寫在 **KeyDown** 事件處理函式中。

當使用者按下任何按鍵不放時，會連續觸發 **KeyDown** 事件，直到放開爲止。**控制項**的 **KeyDown** 事件處理函式之架構如下：

```
private void 控制項名稱_KeyDown(object sender, KeyEventArgs e)
{
 程式敘述區塊;
}
```

當使用者在焦點**控制項**上按下鍵盤上的任何按鍵並放開時，就會觸發該**控制項**的 **KeyUp** 事件，並執行 **KeyUp** 事件處理函式。因此，當使用者按下鍵盤上的任何按鍵並放開時，若要處理特定的工作，則可將該工作的程式碼撰寫在 **KeyUp** 事件處理函式中。控制項的 **KeyUp** 事件處理函式之架構如下：

```
private void 控制項名稱_KeyUp(object sender, KeyEventArgs e)
{
 程式敘述區塊;
}
```

KeyDown 及 **KeyUp** 事件處理函式的第一個參數 **sender**，它的資料型態都是 **object**（物件），分別代表觸發 **KeyDown** 事件的**控制項**及觸發 **KeyUp** 事件的**控制項**。若要使用 **sender**，則必須將其強制轉型爲該**控制項**所屬的類別型態。例，若**觸發 KeyDown 事件**或 **KeyUp 事件的控制項**爲**按鈕**，則使用 **(Button) sender** 將 **sender** 轉型爲 **Button** 類別型態。第二個參數 **e** 的資料型態都是 **KeyEventArgs** 類別，程式設計師可以利用參數 **e** 的屬性，來取得使用者所按下的按鍵。**KeyEventArgs** 是 Visual C# 的內建類別，位於 **System.Windows.Input** 命名空間內。**KeyEventArgs** 類別的常用屬性如下：

- KeyCode **屬性**：用來取得使用者所按的按鍵之對應鍵盤碼，它的資料型態爲 **Keys** 列舉。因此，可根據 **KeyCode** 屬性值，來判斷使用者所按下的按鍵是否違反規定，或處理各種不同的工作。鍵盤碼是 **Keys** 列舉的成員，每個按鍵對應的鍵盤碼，請參考「表 15-1　Keys 列舉的成員名稱」。例，「→」對應的鍵盤碼爲 **Right**，若要判斷使用者是否按下→鍵的語法結構如下：

```
if (e.KeyCode == Keys.Right)
{
 程式敘述區塊;
}
```

- Shift **屬性**：用來取得使用者是否按下 **Shift** 鍵，它的資料型態爲 **Boolean**。若 **Shift** 屬性值爲 **true**，表示有按 **Shift** 鍵；若 **Shift** 屬性值爲 **false**，表示沒有按 **Shift** 鍵。判斷使用者是否按下 **Shift** 鍵的語法結構如下：

```
if (e.Shift)
{
  程式敘述區塊;
}
```

► Control 屬性：用來取得使用者是否按下 **Control** 鍵，它的資料型態爲 **Boolean**。若 **Control** 屬性值爲 **true**，表示有按 **Control** 鍵；若 **Control** 屬性值爲 **false**，表示沒有按 **Control** 鍵。判斷使用者是否按下 **Control** 鍵的語法結構如下：

```
if (e.Control)
{
  程式敘述區塊;
}
```

► Alt 屬性：用來取得使用者是否按下 **Alt** 鍵，它的資料型態爲 **Boolean**。若 **Alt** 屬性值爲 **true**，表示有按 **Alt** 鍵；若 **Alt** 屬性值爲 **false**，表示沒有按 **Alt** 鍵。判斷使用者是否按下 **Alt** 鍵的語法結構如下：

```
if (e.Alt)
{
  程式敘述區塊;
}
```

表 15-1　Keys 列舉的成員名稱

滑鼠／鍵盤按鍵	對應的 Keys 列舉成員名稱
滑鼠「左」鍵 .	LButton
滑鼠「右」鍵 .	RButton
← Backspace 鍵	Back
Tab 鍵	Tab
Enter 鍵	Enter
Shift 鍵	ShiftKey
Ctrl 鍵	ControlKey
Alt 鍵	AltKey
Esc 鍵	Escape
空白鍵	Space
End 鍵	End
Home 鍵	Home
↑ 鍵	Up
→鍵	Right
←鍵	Left
↓ 鍵	Down
PageUp 鍵	PageUp
PageDown 鍵	PageDown
Insert 或 Ins 鍵	Insert

滑鼠／鍵盤按鍵	對應的 Keys 列舉成員名稱
Delete 或 Del 鍵	Delete
0~9 鍵（數字鍵）	D0 ~ D9
A~Z 鍵	A ~ Z
0~9 鍵（數字鍵盤中的數字鍵）	NumPad0 ~ NumPad9
a~z 鍵	A ~ Z
F1 鍵	F1
F2 鍵	F2
F3 鍵	F3
F4 鍵	F4
F5 鍵	F5
F6 鍵	F6
F7 鍵	F7
F8 鍵	F8
F9 鍵	F9
F10 鍵	F10
F11 鍵	F1
F12 鍵	F12
+ 鍵	Add
* 鍵	Multiply
. 鍵	Decimal
- 鍵	Subtract
/ 鍵	Divide

範例 2

撰寫一接球遊戲視窗應用程式專案，以符合下列規定：

- 視窗應用程式專案名稱為 **BallOnBar**。
- 專案中的表單名稱為 **BallOnBar**.cs，其 **Name** 屬性值設為 **FrmBallOnBar**，**Text** 屬性值設為**接球遊戲**。在此表單上佈置以下控制項：
  - 兩個**圖片方塊**控制項：它們的 **Name** 屬性值分別設為 **PicBall** 及 **PicBar**；它們的 **Image** 屬性值分別設為 **d:\c#\data\ball.png** 及 **d:\c#\data\bar.png** 的影像；它們的 **SizeMode** 屬性值，都設為 **AutoSize**。
  - 一個計時器控制項：它的 **Name** 屬性值設為 **TmrBallMove**；**Interval** 屬性值設為 **50** 毫秒。

- **PicBall 圖片方塊**控制項出現的位置由隨機亂數產生，且每隔 **Interval** 毫秒，由上往下移動 5Pixels。
- 當使用者按→鍵或←鍵時，**PicBar 圖片方塊**控制項會往右或往左移動 15Pixels。當使用者同時按 **Shift** 鍵及→鍵或←鍵時，**PicBar 圖片方塊**控制項會往右或往左移動 20Pixels。
- 若 **PicBall 圖片方塊**控制項的中心點落在 **PicBar 圖片方塊**控制項上，則將接到球的次數加 1，**TmrBallMove** 計時器控制項的 **Interval** 屬性值減 5（但不能小於 5），且由隨機亂數重新產生 **PicBall 圖片方塊**控制項的出現位置。
- **其他相關屬性（顏色、文字大小⋯），請自行設定即可。**

專案的輸出入介面需求及程式碼

- 執行時的畫面示意圖如下：

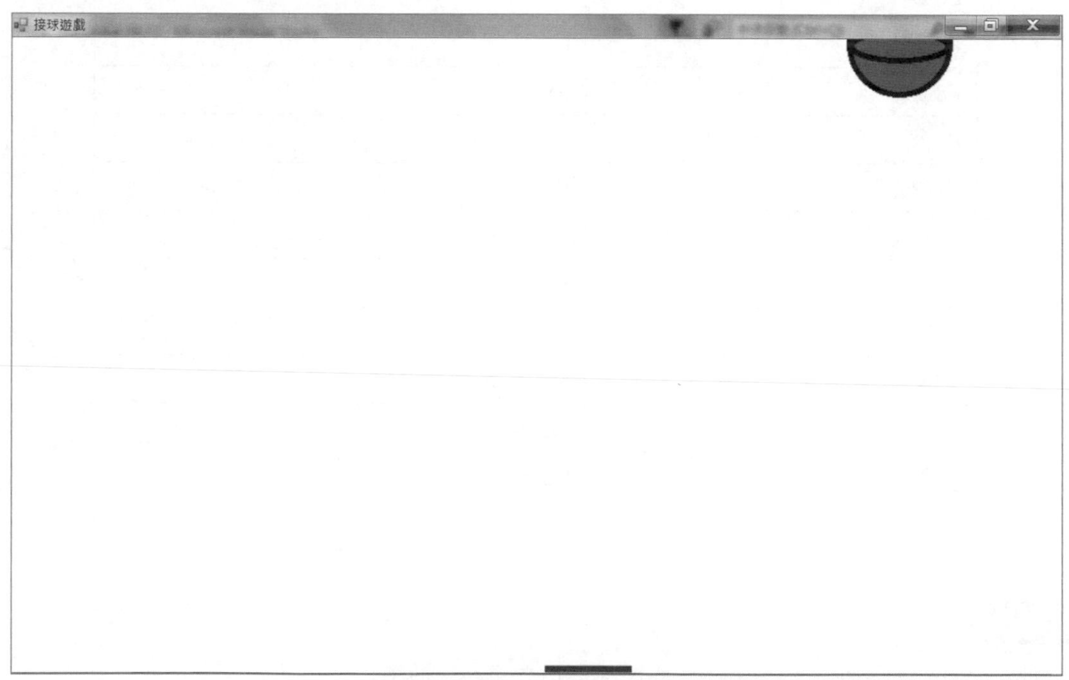

圖 15-4　範例 2 執行後的畫面

圖 15-5　遊戲進行中的畫面

圖 15-6　遊戲結束後的畫面

- ▶ **BallOnBar.cs** 的程式碼如下：
  - 在 **BallOnBar.cs** 的程式碼視窗中，撰寫以下程式碼：

```
using System;
using System.Collections.Generic;
using System.ComponentModel;
using System.Data;
using System.Drawing;
using System.Linq;
using System.Text;
using System.Threading.Tasks;
using System.Windows.Forms;

namespace BallOnBar
{
    public partial class FrmBallOnBar : Form
    {
        public FrmBallOnBar()
        {
            InitializeComponent();
        }

        Random rd = new Random();
        int catchNum = 0; //接到球的次數

        private void FrmBallOnBar_Load(object sender, EventArgs e)
        {
            // 設定PicBall圖(球)一開始的Top位置在螢幕上簷外
            PicBall.Top = -100; // 因PicBall圖(球)的高度=100

            // 由亂數產生PicBall圖(球)一開始的Left位置在(0,表單寬度-球的寬度)
            PicBall.Left = rd.Next(0, this.Width - PicBall.Width);

            // 設定PicBar圖(一短棍)一開始的Top位置在表單的最下方
            // 40:代表標題列的高度
            PicBar.Top = this.Height - PicBar.Height - 40;

            //設定PicBar圖(一短棍)一開始的Left位置在表單的中間
            PicBar.Left = this.Width / 2;

            TmrBallMove.Enabled = true;
            TmrBallMove.Interval = 50;
        }

        private void TmrBallMove_Tick(object sender, EventArgs e)
        {
            PicBall.Top += 5; // PicBall圖往下移5Pixels
            // 若PicBall圖的上方位置 + PicBall圖的高度 >= PicBox圖的上方位置
            if (PicBall.Top + PicBall.Height >= PicBar.Top)
            {
                // 若PicBall圖的位置低於PicBar圖的位置
                if (PicBall.Top > PicBar.Top)
                {
                    TmrBallMove.Enabled = false;
```

```
                    MessageBox.Show("總共接到" + catchNum + "次球", "程式結束");
                    Application.Exit();
                }
                else if ((PicBall.Left + PicBall.Width / 2) >= PicBar.Left &&
                        (PicBall.Left + PicBall.Width / 2) <= (PicBar.Left +
                                                        PicBar.Width))
                {  // 若PicBall圖的中心點位於PicBar圖內
                    catchNum++; // 接到球的次數+1
                    PicBall.Left = PicBall.Left = rd.Next(0, this.Width -
                                                        PicBall.Width);
                    PicBall.Top = -100; // 移動PicBall圖到最上方位置

                    if (TmrBallMove.Interval >= 10)
                      TmrBallMove.Interval -= 5; // 縮短5/1000秒去移動PicBall圖
                }
            }
        }

        // 偵測使用者是否按了鍵盤的「Shift」鍵，「→」鍵或「←」鍵
        private void FrmBallOnBar_KeyDown(object sender, KeyEventArgs e)
        {
            switch (e.KeyCode) // 按鍵的KeyCode值
            {
                int moveDistance; // 移動距離(Pixel)
                if (e.Shift) // 若有按Shift鍵時
                    moveDistance = 20;
                else
                    moveDistance = 15;

                case Keys.Left: // 按下左鍵
                    // PicBox圖往左移moveDistance(Pixels)
                    PicBar.Left -= moveDistance;
                    break;
                case Keys.Right: // 按下右鍵
                    // PicBox圖往右移moveDistance(Pixels)
                    PicBar.Left += moveDistance;
                    break;
            }
        }
    }
}
```

15-2 常用的滑鼠事件

使用者在有作用的控制項上，按滑鼠左鍵到放開的過程中，會依序觸發 **MouseDown**、**Click** 及 **MouseUp** 三個事件。

1. MouseDown **事件**：當使用者在有作用的控制項上按下滑鼠左鍵時，首先會觸發該控制項的 **MouseDown** 事件，並執行 **MouseDown** 事件處理函式。

2. Click **事件**：當使用者在有作用的**控制項**上按滑鼠左鍵時，第二個觸發的事件是該**控制項**的 **Click** 事件，並執行 **Click** 事件處理函式。
3. MouseUp **事件**：當使用者在有作用的**控制項**上放開滑鼠左鍵時，就會觸發該**控制項**的 **MouseUp** 事件，並執行 **MouseUp** 事件處理函式。

當使用者將滑鼠游標，從有作用的**控制項**外面，移入此控制項中，到移出此**控制項**的過程中，會依序觸發 **MouseEnter**、**MouseMove**、**MouseHover** 及 **MouseLeave** 四個事件。

1. MouseEnter **事件**：當使用者將滑鼠游標移入有作用的**控制項**中時，就會觸發該**控制項**的 **MouseEnter** 事件，並執行 **MouseEnter** 事件處理函式。
2. MouseMove **事件**：當使用者將滑鼠游標在作用的**控制項**中移動時，就會觸發該**控制項**的 **MouseMove** 事件，並執行 **MouseMove** 事件處理函式。
3. MouseHover **事件**：當使用者將滑鼠游標停在有作用的**控制項**中不動時，就會觸發該**控制項**的 **MouseHover** 事件，並執行 **MouseHover** 事件處理函式。
4. MouseLeave **事件**：當使用者將滑鼠游標移出有作用的**控制項**時，就會觸發該**控制項**的 **MouseLeave** 事件，並執行 **MouseLeave** 事件處理函式。

15-2-1 Click 事件

當使用者在有作用的**控制項**上按滑鼠左鍵時，會觸發該**控制項**的 **Click** 事件，並執行 **Click** 事件處理函式。因此，當使用者在有作用的**控制項**上按滑鼠左鍵時，可將欲執行的程式碼，撰寫在 **Click** 事件處理函式中。**控制項**的 **Click** 事件處理函式之架構如下：

```
private void 控制項名稱_Click(object sender, EventArgs e)
{
 程式敘述區塊;
}
```

控制項名稱 _Click 事件處理函式的第一個參數 **sender**，它的資料型態爲 **object**（物件），代表觸發 **Click** 事件的**控制項**。若要使用 **sender**，則必須將其強制轉型爲該**控制項**所屬的類別型態。例，若觸發 **Click** 事件的**控制項**爲**按鈕**，則使用 **(Button) sender**，將 **sender** 轉型爲 **Button** 類別型態。第二個參數 **e**，代表呼叫**控制項名稱 _Click** 事件處理函式的事件，它的資料型態爲 **EventArgs** 類別。程式設計師可以利用 **e** 的方法，來取得呼叫**控制項名稱 _Click** 事件處理函式的事件之相關資訊。**EventArgs** 是 Visual C# 的內建類別，位於 **System** 命名空間內。

Equals()，是 **EventArgs** 類別的常用方法。**Equals()** 方法在程式碼視窗的**控制項名稱 _Click** 事件處理函式中，用來取得呼叫**控制項名稱 _Click** 事件處理函式的事件是否爲**指定的事件**。若爲「指定的事件」，則回傳 **true**，否則回傳 **false**。因此，可根據 **Equals()** 方法所得到的結果，來處理各種不同的工作。取得呼叫**控制項名稱 _Click** 事件處理函式的事件是否爲「指定的事件」之語法如下：

```
e.Equals(指定的事件名稱)
```

註：

- **指定的事件名稱**代表呼叫**控制項名稱 _Click** 事件處理函式的事件，它的型態為 **EventArgs** 類別。**指定的事件名稱**使用前，必須以下列語法宣告：

```
EventArgs 指定的事件名稱 = new EventArgs();
```

- 參數 **e**，代表呼叫**控制項名稱 _Click** 事件時的事件名稱。

例：取得呼叫 **BtnExit_Click** 事件處理函式的事件是否為 **MouseEnter** 事件。

```
// 宣告型態為EventArgs的變數MouseEnter
EventArgs MouseEnter = new EventArgs();
private void BtnExit_Click(object sender, EventArgs e)
{
  程式敘述;...
  if (e.Equals(MouseEnter))
  {
    程式敘述區塊;
  }
}
```

例：(程式片段)

```
// 宣告型態為EventArgs的變數MouseEnter
EventArgs  MouseEnter = new  EventArgs();
private void BtnLeave_MouseEnter(object sender, EventArgs e)
{
  // 呼叫BtnExit_Click事件處理函式，
  // 並傳入引數BtnLeave及MouseEnter
  BtnExit_Click(BtnLeave, MouseEnter);
}

private void BtnExit_Click(object sender, EventArgs e)
{
  Button Btn = (Button)sender;
  if (Btn == BtnLeave)
    if (e.Equals(MouseEnter))
      MessageBox.Show("因觸發BtnLeave的MouseEnter事件，" +
                "進而呼叫BtnExit的Click事件處理函式");
}
```

註：

- **if (Btn == BtnLeave)** 的目的，是判斷觸發 **BtnExit_Click** 事件的控制項是否為 **BtnLeave**。
- **if (e.Equals(MouseEnter))** 的目的，是判斷觸發 **BtnExit_Click** 事件處理函式的事件是否為 **BtnLeave_MouseEnter**。**e** 代表呼叫 **BtnExit_Click** 事件時的事件名稱（此例，e 代表 **MouseEnter**）。

15-2-2 MouseDown 及 MouseUp 事件

當使用者在有作用的**控制項**上按滑鼠左鍵時，會觸發該**控制項**的 **MouseDown** 事件，並執行 **MouseDown** 事件處理函式。因此，當使用者在有作用的**控制項**上按滑鼠左鍵時，可將欲執行的程式碼，撰寫在 **MouseDown** 事件處理函式中。**控制項**的 **MouseDown** 事件處理函式之架構如下：

```
private void 控制項名稱_MouseDown(object sender, MouseEventArgs e)
{
  程式敘述區塊;
}
```

當使用者在有作用的**控制項**上按滑鼠左鍵並放開時，會觸發該**控制項**的 **MouseUp** 事件，並執行 **MouseUp** 事件處理函式。因此，當使用者在有作用的**控制項**上按滑鼠左鍵並放開時，可將欲執行的程式碼，撰寫在 **MouseUp** 事件處理函式中。**控制項**的 **MouseUp** 事件處理函式之架構如下：

```
private void 控制項名稱_MouseUp(object sender, MouseEventArgs e)
{
  程式敘述區塊;
}
```

MouseDown 及 **MouseUp** 事件處理函式的第一個參數 **sender**，它的資料型態都是 **object**（物件），分別代表觸發 **MouseDown** 事件的**控制項**及觸發 **MouseUp** 事件的**控制項**。若要使用 **sender**，則必須將其強制轉型為該**控制項**所屬的類別型態。例，若觸發 **MouseDown** 事件或 **MouseUp** 事件的**控制項**為**按鈕**，則使用 **(Button) sender** 將 **sender** 轉型為 **Button** 類別型態。第二個參數 **e** 的資料型態為 **MouseEventArgs** 類別，程式設計師可以利用參數 **e** 的屬性，來取得被按的滑鼠按鍵名稱及滑鼠的座標位置。**MouseEventArgs** 是 Visual C# 的內建類別，位於 **System** 命名空間內。**MouseEventArgs** 類別的常用屬性如下：

- **Button 屬性**：用來取得被按的滑鼠按鍵名稱。可根據 **Button** 屬性值，處理各種不同的工作。
- **X 屬性**：用來取得滑鼠游標在控制項內的 X 座標值。
- **Y 屬性**：用來取得滑鼠游標在控制項內的 Y 座標值。

15-2-3 MouseEnter、MouseMove、MouseHover 及 MouseLeave 事件

當使用者將滑鼠移入有作用的**控制項**中時，會觸發該**控制項**的 **MouseEnter** 事件，並執行 **MouseEnter** 事件處理函式。因此，當使用者將滑鼠移入有作用的**控制項**中時，可將欲執行的程式碼，撰寫在 **MouseEnter** 事件處理函式中。**控制項**的 **MouseEnter** 事件處理函式之架構如下：

```
private void 控制項名稱_MouseEnter(object sender, EventArgs e)
{
  程式敘述區塊;
}
```

當使用者將滑鼠在有作用的**控制項**中移動時，會觸發該**控制項**的 **MouseMove** 事件，並執行 **MouseMove** 事件處理函式。因此，當使用者將滑鼠在有作用的**控制項**中移動時，可將欲執行的程式碼，撰寫在 **MouseMove** 事件處理函式中。**控制項**的 **MouseMove** 事件處理函式之架構如下：

```
private void 控制項名稱_MouseMove(object sender, MouseEventArgs e)
{
  程式敘述區塊;
}
```

當使用者將滑鼠停在有作用的**控制項**內不動時，會觸發該**控制項**的 **MouseHover** 事件，並執行 **MouseHover** 事件處理函式。因此，當使用者將滑鼠停在有作用的**控制項**中不動時，可將欲執行的程式碼，撰寫在 **MouseHover** 事件處理函式中。**控制項**的 **MouseHover** 事件處理函式之架構如下：

```
private void 控制項名稱_ MouseHover(object sender, EventArgs e)
{
  程式敘述區塊;
}
```

當使用者將滑鼠從有作用的**控制項**中移出時，會觸發該**控制項**的 **MouseLeave** 事件，並執行 **MouseLeave** 事件處理函式。因此，當使用者將滑鼠從有作用的**控制項**中移出時，可將欲執行的程式碼，撰寫在 **MouseLeave** 事件處理函式中。**控制項**的 **MouseLeave** 事件處理函式之架構如下：

```
private void 控制項名稱_MouseLeave(object sender, EventArgs e)
{
  程式敘述區塊;
}
```

MouseEnter、**MouseMove**、**MouseHover** 及 **MouseLeave** 事件處理函式的參數說明，請參考「15-2-1　Click 事件」與「15-2-2　MouseDown 及 MouseUp 事件」。

範例 3

撰寫河內塔遊戲（Tower of Hanoi）視窗應用程式專案，以符合下列規定：

- 視窗應用程式專案名稱爲 **TowerofHanoi**。
- 專案中的表單名稱爲 **TowerofHanoi.cs**，其 **Name** 屬性值設爲 **FrmTowerofHanoi**，**Text** 屬性值設爲**河內塔遊戲**。在此表單上佈置以下控制項：

- 一個標籤控制項：它的 **Name** 屬性值設爲 **LblHint**，且 **Text** 屬性值設爲**遊戲說明**。程式執行時，**Text** 屬性值變更爲**遊戲說明 : 河內塔遊戲 (圓盤數量 3)，將木釘 A 上的三個圓盤，移至木釘 C 上。移動規則 :(1) 一次只能移動一個圓盤 (2) 移動過程中，必須遵守大圓盤只能放在小圓盤的下面**。
- 兩個影像清單控制項：它們的 **Name** 屬性值，分別設爲 **ImgCircle** 及 **ImgNail**。**ImgCircle** 影像清單控制項的 **Images** 屬性值內容分別是 **d:\c#\data\Circle1.png**、**d:\c#\data\Circle1.png** 及 **d:\c#\data\Circle1.png** 三張影像。**ImgNail** 影像清單控制項的 **Images** 屬性值內容分別是 **d:\c#\data\NailA.png**、**d:\c#\data\NailB.png** 及 **d:\c#\data\NailC.png** 三張影像。
- 一個提示說明控制項：它的 **Name** 屬性值設爲 **TtipOperation**。

▶ 程式執行時：

- 在 **FrmTowerofHanoi** 表單上動態建立 3 個圖片方塊控制項，名稱分別爲 PicNail[0]，PicNail[1] 及 PicNail[2]，並設定這 3 個圖片方塊控制項的相關屬性值及事件。
- 在 **FrmTowerofHanoi** 表單上動態建立 3 個圖片方塊控制項，名稱分別爲 PicCircle[0]，PicCircle[1] 及 PicCircle[2]，且它們的 **Name** 屬性值，分別設爲 PicCircle0，PicCircle1 及 PicCircle2，並設定這 3 個圖片方塊控制項的相關屬性值及事件。
- 當使用者將滑鼠移入有作用的「圓盤」內時，會顯示浮動提示說明：「按住滑鼠左鍵，才能拖曳圓盤到其他木釘上」。

▶ **其他相關屬性（顏色、文字大小…），請自行設定即可。**

專案的輸出入介面需求及程式碼

▶ 執行時的畫面示意圖如下：

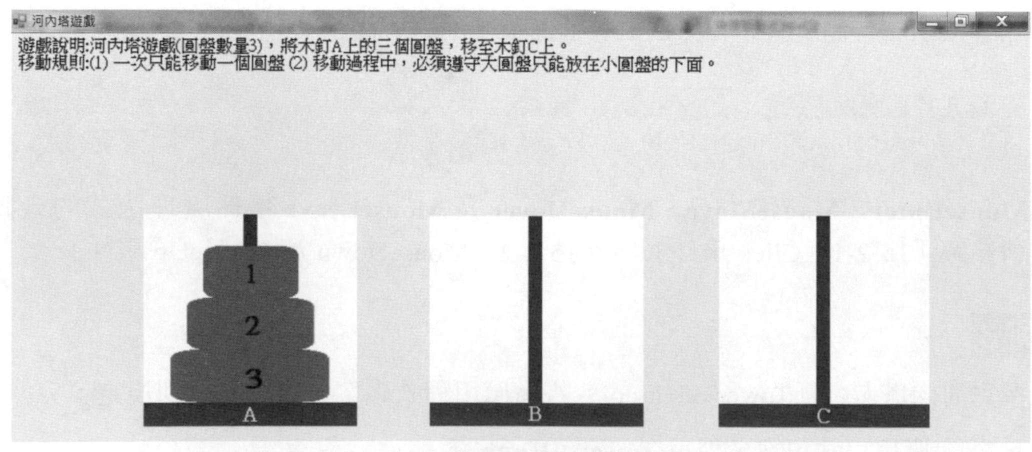

圖 15-7　範例 3 執行後的畫面

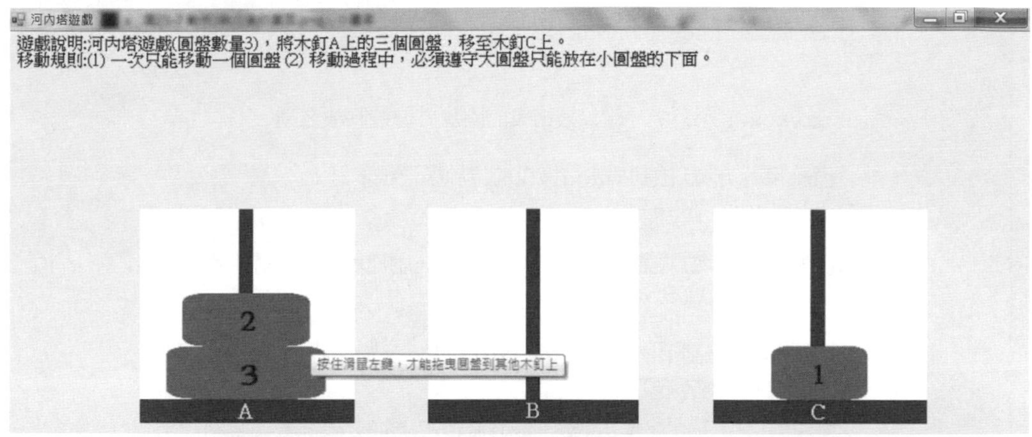

圖 15-8　遊戲進行中的畫面

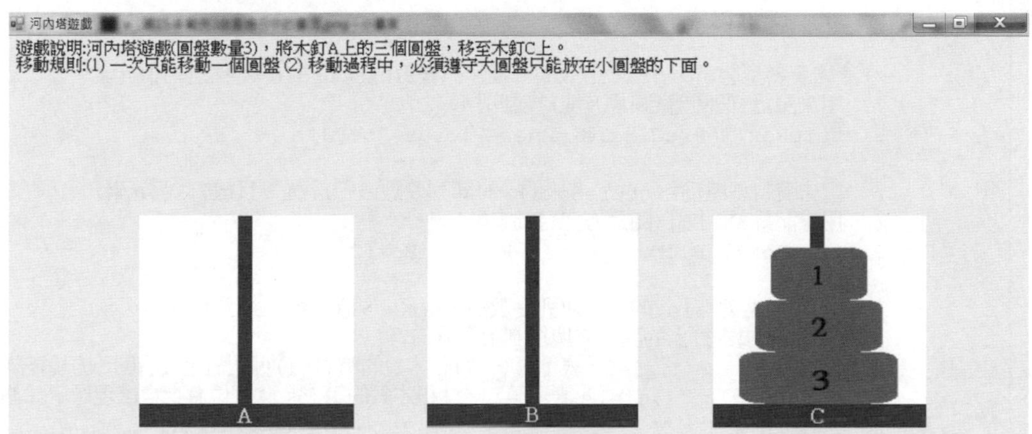

圖 15-9　遊戲完成後的畫面

▶ **TowerofHanoi.cs** 的程式碼如下：

- 在 **TowerofHanoi.cs** 的程式碼視窗中，撰寫以下程式碼：

```
using System;
using System.Collections.Generic;
using System.ComponentModel;
using System.Data;
using System.Drawing;
using System.Linq;
using System.Text;
using System.Threading.Tasks;
using System.Windows.Forms;

namespace TowerOfHanoi
{
    public partial class FrmTowerOfHanoi : Form
    {
        public FrmTowerOfHanoi()
        {
```

```
            InitializeComponent();
        }

        PictureBox Pic; // 紀錄被拖曳的圖片方塊控制項名稱

        // 紀錄(圖片方塊)控制項未被拖曳前位於哪一根木釘上
        char PicOnWhichNail;

        // 紀錄(圖片方塊)控制項未被拖曳前的Left屬性值及Top屬性值
        int PicLeft, PicTop;

        // 紀錄滑鼠在控制項內的位置(即，滑鼠的Left屬性值及Top屬性值)
        int mouseX, mouseY;

        bool canDrag; // 紀錄是否可以滑鼠來拖曳圖片方塊控制項

        // 紀錄被拖曳的圖片方塊控制項是否可以放在其他的木釘上
        bool canPutDown;

        //宣告資料型態爲PictureBox的一維陣列變數PicCircle，且擁有3個元素
        // 用來記錄3個圓盤(圖片方塊)控制項
        PictureBox[] PicCircle = new PictureBox[3];

        // 宣告資料型態爲PictureBox的一維陣列變數PicNail，且擁有3個元素
        // 用來記錄3根木釘(圖片方塊)控制項
        PictureBox[] PicNail = new PictureBox[3];

       // 宣告資料型態爲int的二維陣列變數picValue，擁有9(=3X3)個元素，
        // 且紀錄3根木釘上的圖片方塊控制項的分佈。
        // 例，picValue[i,j]=0，表示第(j+1)根木釘的第(i+1)個位置上沒有圖片方塊控制項
        // 例，picValue[i,j]=1，表示第(j+1)根木釘的第(j+1)個位置上會出現標示1的圖片
        // 方塊控制項
        int[,] picValue = new int[3, 3] { { 1, 0, 0 }, { 2, 0, 0 }, { 3, 0, 0 } };

        // 紀錄被拖曳的Pic(圖片方塊)控制項位置所對應的二維陣列picValue的元素值
        // 作爲Pic(圖片方塊)控制項被放下的位置違反規定時，恢復原狀之用
        int picValueOriginal;

        // 紀錄被拖曳的Pic(圖片方塊)控制項位置所在的列
        int row;

        private void FrmTowerOfHanoi_Load(object sender, EventArgs e)
        {
            LblHint.Text = "遊戲說明:河內塔遊戲(圓盤數量3)，將木釘A上的三個圓盤"
                + "，移至木釘C上。\n移動規則:(1) 一次只能移動一個圓盤 (2) 移動"
                + "過程中，必須遵守大圓盤只能放在小圓盤的下面。";

            // 在表單上產生PicPicNail[0],...,PicPicNail[2](圖片方塊)控制項
            // 並設定PicNail[0],...,PicNail[2](圖片方塊)控制項的相關屬性值及事件
            // 在表單上產生PicCircle[0],...,PicCircle[2](圖片方塊)控制項
            // 並設定PicCircle[0],...,PicCircle[2](圖片方塊)控制項的相關屬性值及事件
            for (int i = 0; i < 3; i++)
            {
                PicNail[i] = new PictureBox();
                // 在表單上加入PictureBox(圖片方塊)控制項:PicNail[i]
```

```
                this.Controls.Add(PicNail[i]);

                PicNail[i].Width = 200;
                PicNail[i].Height = 200;
                PicNail[i].Left = 125 + i * 270;
                PicNail[i].Top = 170;
                PicNail[i].Image = ImgNail.Images[i];

                // SendToBack方法的作用，是將控制項所在的位置層設定在下層。
                PicNail[i].SendToBack();

                PicCircle[i] = new PictureBox();
                // 在表單上加入PictureBox(圖片方塊)控制項:PicCircle[i]
                this.Controls.Add(PicCircle[i]);

                // PicCircle[i](圖片方塊)控制項的Name屬性值爲Pici,
                // Pici表示第i個(圖片方塊)控制項名稱
                PicCircle[i].Name = "Pic" + i.ToString();

               PicCircle[i].Tag = i + 1;
                PicCircle[i].Width = 90 + i * 30;
                PicCircle[i].Height = 50;
                PicCircle[i].Left = 180 - 15 * i;
                PicCircle[i].Top = 200 + 49 * i;
                PicCircle[i].Image = ImgCircle.Images[i];
                PicCircle[i].SizeMode = PictureBoxSizeMode.StretchImage;

                if (i >= 1) // 第2及3個圓盤無法作用
                    PicCircle[i].Enabled = false;

                // PicCircle[0]~PicCircle[2]控制項，訂閱的PicCircle[0]控制項的
                // Pic0_MouseDown， Pic0_MouseEnter，
                // Pic0_MouseMove及Pic0_MouseUp事件處理函式
                PicCircle[i].MouseEnter += new EventHandler(Pic0_MouseEnter);
                PicCircle[i].MouseDown += new MouseEventHandler(Pic0_MouseDown);
                PicCircle[i].MouseMove += new MouseEventHandler(Pic0_MouseMove);
                PicCircle[i].MouseUp += new MouseEventHandler(Pic0_MouseUp);

                // BringToFront方法的作用，是將控制項所在的位置層設定在上層
                PicCircle[i].BringToFront();
            }
        }

        // PicCircle[0,0](圖片方塊)控制項的Pic0_MouseEnter事件處理函式
        // 顯示如何操作Pic(圖片方塊)控制項的說明
        protected void Pic0_MouseEnter(object sender, EventArgs e)
        {
            Pic = (PictureBox)sender;
            if (Pic.Enabled)
              TtipOperation.SetToolTip(Pic, "按住滑鼠左鍵，並拖曳圓盤到其他木釘上");
        }

        // PicCircle[0,0](圖片方塊)控制項的Pic0_MouseDown事件處理函式
        // 取得被拖曳的圖片方塊控制項名稱Pic，被拖曳的Pic控制項座標位置，
        // 被拖曳的Pic控制項所在的木釘名稱，及滑鼠當時的座標位置
```

```
        // 設定被拖曳的Pic控制項下方的(圖片方塊)控制項有作用
        // 備份Pic控制項未被拖曳前的位置所對應的二維陣列picValue的元素值
        // 設定Pic控制項未被拖曳前的位置所對應的二維陣列picValue的元素值=0
        protected void Pic0_MouseDown(object sender, MouseEventArgs e)
        {
            canDrag = false;
            if (e.Button == MouseButtons.Left)
            {
                Pic = (PictureBox)sender;

                PicLeft = Pic.Left;
                PicTop = Pic.Top;

                if ((PicLeft >= PicNail[0].Left  &&
                    PicLeft <= PicNail[0].Left + PicNail[0].Width) &&
                  (PicTop >= PicNail[0].Top && PicTop <=
                     PicNail[0].Top + PicNail[0].Height))
                {
                    PicOnWhichNail = 'A';

                    // 取得Pic控制項被拖曳前的位置是第1根木釘的第幾個
                    for (row = 0; row < 3; row++)
                        if (picValue[row, 0] > 0)
                            break;

                    // 設定被拖曳的Pic控制項的下方面(圖片方塊)控制項有作用
                    if (row < 2)
                        PicCircle[picValue[row+1, 0]-1].Enabled = true;

                    // 紀錄被拖曳的Pic控制項位置所對應的二維陣列picValue的元素
                    // 值，作爲Pic控制項被放下的位置違反規定時，恢復原狀之用
                    picValueOriginal = picValue[row, 0];

                    // 設定被拖曳的Pic控制項位置所對應的二維陣列picValue的元素
                    // 值=0，表示此位置已無(圖片方塊)控制項
                    picValue[row, 0] = 0;
                }
                else if ((PicLeft >= PicNail[1].Left &&
                        PicLeft <= PicNail[1].Left + PicNail[1].Width) &&
                      (PicTop >= PicNail[1].Top && PicTop <=
                        PicNail[1].Top + PicNail[1].Height))
                {
                   PicOnWhichNail = 'B';

                   // 取得Pic控制項被拖曳前的位置是第2根木釘的第幾個
                   for (row = 0; row < 3; row++)
                       if (picValue[row, 1] > 0)
                           break;

                   // 設定被拖曳的Pic控制項的下方面(圖片方塊)控制項有作用
                   if (row < 2)
                       PicCircle[picValue[row + 1, 1]-1].Enabled = true;

                   // 備份Pic控制項未被拖曳前的位置所對應的二維陣列picValue的元
                   // 素值，作爲Pic控制項被放下的位置違反規定時，恢復原狀之用
                   picValueOriginal = picValue[row, 1];

                   // 設定Pic控制項未被拖曳前的位置所對應的二維陣列picValue的元
```

```
                   // 素值=0，表示此位置已無(圖片方塊)控制項
                   picValue[row, 1] = 0;
                }
                else if ((PicLeft >= PicNail[2].Left &&
                        PicLeft <= PicNail[2].Left + PicNail[2].Width)  &&
                      (PicTop >= PicNail[2].Top && PicTop <=
                        PicNail[2].Top + PicNail[2].Height))
                {
                    PicOnWhichNail = 'C';

                    // 取得Pic控制項被拖曳前的位置是第3根木釘的第幾個
                    for (row = 0; row < 3; row++)
                        if (picValue[row, 2] > 0)
                            break;

                    // 設定被拖曳的Pic控制項的下方面(圖片方塊)控制項有作用
                    if (row < 2)
                        PicCircle[picValue[row + 1, 2]-1].Enabled = true;

                    // 紀錄被拖曳的Pic控制項位置所對應的二維陣列picValue的元素
                    // 值，作爲Pic控制項被放下的位置違反規定時，恢復原狀之用
                    picValueOriginal = picValue[row, 2];

                    // 設定被拖曳的Pic控制項位置所對應的二維陣列picValue的元素
                    // 值=0，表示此位置已無(圖片方塊)控制項
                    picValue[row, 2] = 0;
                }

                mouseX = e.X;
                mouseY = e.Y;
                canDrag = true; // 設定可以滑鼠來拖曳控制項
            }
        }

        // PicCircle[0,0](圖片方塊)控制項的Pic0_MouseMove事件處理函式
        // 取得Pic(圖片方塊)控制項被拖曳後的位置
        protected void Pic0_MouseMove(object sender, MouseEventArgs e)
        {
            if (canDrag)
            {
                Pic = (PictureBox)sender;
                Pic.Left = Pic.Left + (e.X - mouseX);
                Pic.Top = Pic.Top + (e.Y - mouseY);
            }
        }

        // PicCircle[0,0](圖片方塊)控制項的Pic0_MouseUp事件處理函式
        protected void Pic0_MouseUp(object sender, MouseEventArgs e)
        {
            if (e.Button == MouseButtons.Left)
            {
                canPutDown = false;
                if ((Pic.Left >= PicNail[0].Left &&
                   Pic.Left <= PicNail[0].Left + PicNail[0].Width) &&
                  (Pic.Top >= PicNail[0].Top && Pic.Top <=
```

```
                PicNail[0].Top + PicNail[0].Height))
            {
                // 取得Pic控制項所要放置的位置是第1根木釘的第幾個
                for (row = 0; row < 3; row++)
                    if (picValue[row, 0] > 0)
                        break;

                if (row == 3 || (picValueOriginal < picValue[row, 0]))
                {
                    canPutDown = true;
                    picValue[row - 1, 0] = picValueOriginal;

                    // Pic控制項要放置的位置第1根木釘的位置
                    Pic.Left = 125 + 270 * (1 - 1) + (PicNail[0].Width
                                                   - Pic.Width) / 2;
                    Pic.Top = 200 + 49 * (row - 1);

                    Pic.BringToFront(); //Pic(圖片方塊)控制項放在上層
                    if (row != 3)
                        PicCircle[picValue[row, 0] - 1].Enabled = false;
                        //將放下位置的下方(圖片方塊)控制項設成無法作用
                }
            }
            else if ((Pic.Left >= PicNail[1].Left &&
                   Pic.Left <= PicNail[1].Left + PicNail[1].Width) &&
                  (Pic.Top >= PicNail[1].Top && Pic.Top <=
                   PicNail[1].Top + PicNail[1].Height))
            {

                // 取得Pic控制項所要放置的位置是第2根木釘的第幾個
                for (row = 0; row < 3; row++)
                    if (picValue[row, 1] > 0)
                        break;

                if (row == 3 || (picValueOriginal < picValue[row, 1]))
                {
                    canPutDown = true;
                    picValue[row - 1, 1] = picValueOriginal;

                    // Pic控制項要放置的位置第2根木釘的位置
                    Pic.Left = 125 + 270 * (2 - 1) + (PicNail[1].Width-
                                                      Pic.Width)/2;
                    Pic.Top = 200 + 49 * (row - 1);

                    Pic.BringToFront();  //Pic(圖片方塊)控制項放在上層
                    if (row != 3)
                        PicCircle[picValue[row, 1] - 1].Enabled = false;
                         //將放下位置的下方(圖片方塊)控制項設成無法作用
                }
            }
            else if ((Pic.Left >= PicNail[2].Left &&
                   Pic.Left <= PicNail[2].Left + PicNail[2].Width) &&
                  (Pic.Top >= PicNail[2].Top && Pic.Top <=
                   PicNail[2].Top + PicNail[2].Height))
            {
```

```
                    // 取得Pic控制項所要放置的位置是第3根木釘的第幾個
                    for (row = 0; row < 3; row++)
                        if (picValue[row, 2] > 0)
                            break;

                    if (row == 3 || (picValueOriginal < picValue[row, 2]))
                    {
                        canPutDown = true;
                        picValue[row - 1, 2] = picValueOriginal;

                        // Pic控制項要放置的位置第3根木釘的位置
                        Pic.Left = 125 + 270 * (3 - 1) + (PicNail[2].Width
                                                    - Pic.Width) / 2;
                        Pic.Top = 200 + 49 * (row - 1);

                        Pic.BringToFront();  //Pic(圖片方塊)控制項放在上層
                        if (row != 3)
                            PicCircle[picValue[row, 2] - 1].Enabled = false;
                            //將放下位置的下方(圖片方塊)控制項設成無法作用
                    }
                }

                // 被拖曳的Pic控制項放下的位置違反規定時，將Pic控制項放回原始
                // 位置，將原始位置所對應的二維陣列picValue的元素值恢復原值
                // 並將原始位置下方的(圖片方塊)控制項設成無法作用
                if (!canPutDown)
                {
                    Pic.Left = PicLeft;
                    Pic.Top = PicTop;
                    if (PicOnWhichNail == 'A')
                    {
                        picValue[row, 0] = picValueOriginal;
                        if (row < 2)
                            PicCircle[picValue[row + 1, 0] - 1].Enabled = false;
                    }
                    else if (PicOnWhichNail == 'B')
                    {
                        picValue[row, 1] = picValueOriginal;
                        if (row < 2)
                            PicCircle[picValue[row + 1, 1] - 1].Enabled = false;
                    }
                    else
                    {
                        picValue[row, 2] = picValueOriginal;
                        if (row < 2)
                            PicCircle[picValue[row + 1, 2] - 1].Enabled = false;
                    }
                }
                canDrag = false;
            }
        }
    }
}
```

程式說明

1. **ToolTip** 是 Visual C# 的內建類別，位於 **`System.Windows.Forms`** 命名空間內。**SetToolTip()** 是 **ToolTip(提示說明)** 類別的內建方法，主要的作用是設定滑鼠移入有作用的**控制項**時，該控制項要顯示的浮動提示說明。因此，要設定**控制項**的浮動提示說明，則必須先在**表單**上佈置一個**提示說明**控制項，然後才能以 **SetToolTip()** 方法設定**控制項**的浮動提示說明。設定**控制項**要顯示的浮動提示說明之語法如下：

```
ToolTip提示說明控制項名稱.SetToolTip(控制項名稱, "浮動提示說明");
```

2. 程式第 121 列 **TtipOperation.SetToolTip(Pic, " 按住滑鼠左鍵，才能拖曳圓盤到其他木釘上 ");** 中的 **TtipOperation**，是 **ToolTip 提示說明**控制項名稱，而 **Pic** 則是 **PicureBox 圖片方塊**控制項名稱。此敘述的作用，是設定 **Pic** 控制項要顯示的浮動提示說明為「按住滑鼠名稱左鍵，才能拖曳圓盤到其他木釘上」。當滑鼠移入 **Pic 圖片方塊**控制項時，會顯示「按住滑鼠左鍵，才能拖曳圓盤到其他木釘上」。

自我練習

一、選擇題

(　) 1. 當使用者按下鍵盤中的按鍵到放掉的過程中，會依序觸發哪三個事件？
(A)KeyDown,KeyUp,KeyPress　(B)KeyPress,KeyUp,KeyDown
(C)KeyPress,KeyDown,KeyUp　(D)KeyDown,KeyPress,KeyUp

(　) 2. 在 **KeyPress** 事件中，可以利用其參數 e 的哪個屬性，取得使用者所按下的字元按鍵？
(A)KeyChar　(B)Handled　(C)GetType　(D)ToString

(　) 3. 當使用者在作用的**控制項**上按下鍵盤中的按鍵後，若要清除所按下的按鍵，則必須將 **KeyPress** 事件參數 **e** 的 **Handled** 屬性值設為什麼？
(A)Cancel　(B)Yes　(C)true　(D)false

(　) 4. 當使用者按下滑鼠左鍵到放掉的過程中，會依序觸發哪三個事件？
(A)Click,MouseUp,MouseDown　(B)MouseDown,MouseUp,Click
(C)MouseDown,Click,MouseUp　(D)MouseUp,Click,MouseDown

(　) 5. 當使用者將滑鼠游標移入某控制項時，會觸發該控制項的哪個事件？
(A)MouseIn　(B)MouseEnter　(C)Mouseout　(D)MouseLeave

(　) 6. 使用者可以利用滑鼠事件參數 **e** 的哪個屬性，取得滑鼠游標在控制項內的 Y 座標值？
(A)Top　(B)Left　(C)X　(D)Y

二、程式設計

1. 範例 3 的第 140~211 列中的三段程式碼類似，使用迴圈改寫這段程式碼。第 237~313 列中的三段程式碼也類似，同樣使用迴圈改寫這段程式碼。
2. 寫一雙人互動的最後一顆玻璃彈珠遊戲視窗應用程式專案。在表單控制項上動態佈置 4 列 25 行共 100 個**按鈕**控制項，並設定每一個**按鈕**的 **BackgroundImage** 屬性值都為 **d:\c#\data\GlassMarbleWhite.png**（玻璃彈珠影像），每一個**按鈕**的 **BackgroundImageLayout** 屬性值都為 **Stretch**。執行時，兩位玩家輪流使用滑鼠隨意在 1~3 個「玻璃彈珠」按鈕內移動，表示拿走 1~3 顆玻璃彈珠。當滑鼠移入「玻璃彈珠」按鈕時，玻璃彈珠影像就消失不見。若滑鼠滑過 3 個「玻璃彈珠」按鈕後，或停在「玻璃彈珠」按鈕上超過 2 秒，則換另一位玩家。當剩下一顆玻璃彈珠時，遊戲結束輸出誰獲勝。為符合題目的需求，可自行佈置其他控制項。

CHAPTER 16

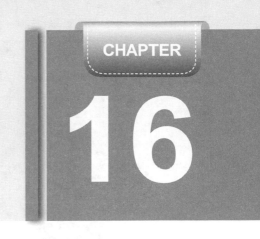

對話方塊控制項與檔案處理

在視窗應用程式中，互動式內建「**對話方塊**」視窗主要的目的，是提供使用者方便存取所需要的資源或功能變更設定。常用的**對話方塊**控制項有**開檔對話方塊**、**存檔對話方塊**、**字型對話方塊**、**色彩對話方塊**及**列印對話方塊**。它們所對應的基礎類別分別為 **OpenFileDialog**、**SaveFileDialog**、**FontDialog**、**ColorDialog** 及 **PrintDialog**。

OpenFileDialog、**SaveFileDialog**、**FontDialog** 及 **ColorDialog** 控制項陳列在工具箱的**對話方塊**項目中，而 **PrintDialog** 控制項陳列在工具箱的**列印**項目中。

16-1 OpenFileDialog(開檔對話方塊)／SaveFileDialog(存檔對話方塊)控制項

OpenFileDialog (**開檔對話方塊**) 控制項，主要是作為使用者開啓檔案的互動式介面，它在表單上的模樣類似 openFileDialog1 。

SaveFileDialog (**存檔對話方塊**) 控制項，主要是作為使用者儲存檔案的互動式介面，它在表單上的模樣類似 saveFileDialog1 。

開檔對話方塊控制項及**存檔對話方塊**控制項，在設計階段是佈置於表單的正下方，程式執行時，它並不會出現在表單上，屬於幕後運作的「非視覺化」控制項。程式執行中，欲開啓**開檔對話方塊**控制項及**存檔對話方塊**控制項畫面，都必須呼叫 **ShowDialog()** 方法來達成。**開檔對話方塊**控制項及**存檔對話方塊**控制項被開啓時，其樣貌如「圖 16-1　開檔對話方塊」及「圖 16-2　存檔對話方塊」所示。

圖 16-1　開檔對話方塊

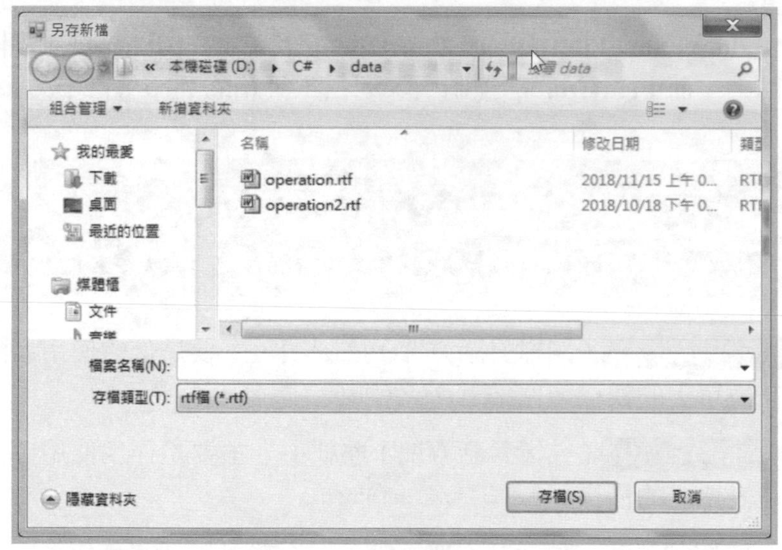

圖 16-2　存檔對話方塊

16-1-1　開檔對話方塊控制項常用之屬性及方法

開檔對話方塊控制項的 **Name** 屬性值，預設為 **openFileDialog1**。若要變更 **Name** 屬性值，則務必在設計階段透過**屬性**視窗完成設定。**開檔對話方塊**控制項的 **Name** 屬性值的命名規則，請參考「表 12-1　常用控制項之命名規則」。

開檔對話方塊控制項常用的屬性及方法如下：

1. **FileName 屬性**：用來記錄**開檔對話方塊**控制項中的檔案名稱，預設為 **openFileDialog1**。在程式碼視窗中，要設定或取得**開檔對話方塊**控制項的

FileName 屬性值，其撰寫語法如下：
設定語法：

```
開檔對話方塊控制項名稱.FileName = "檔案名稱";
```

例：設定 **openFileDialog1** **開檔對話方塊**控制項的 **FileName** 屬性值爲 **operation.rtf**。

```
openFileDialog1.FileName = "operation.rtf";
```

取得語法：

```
開檔對話方塊控制項名稱.FileName
```

註：

此結果之資料型態爲 **String**。

例：取得 **openFileDialog1** **開檔對話方塊**控制項的 **FileName** 屬性值。

```
openFileDialog1.FileName
```

2. InitialDirectory **屬性**：用來記錄**開檔對話方塊**控制項中的預設目錄。在**程式碼**視窗中，要設定或取得**開檔對話方塊**控制項的 **InitialDirectory** 屬性值，其撰寫語法如下：
設定語法：

```
開檔對話方塊控制項名稱.InitialDirectory = "目錄名稱";
```

例：設定 **openFileDialog1** **開檔對話方塊**控制項的 **InitialDirectory** 屬性值爲 **d:\c#\data**。

```
openFileDialog1.InitialDirectory = "d:\\c#\\data";
```

取得語法：

```
開檔對話方塊控制項名稱.InitialDirectory
```

註：

此結果之資料型態爲 **String**。

例：取得 **openFileDialog1** **開檔對話方塊**控制項的 **InitialDirectory** 屬性值。

```
openFileDialog1.InitialDirectory
```

3. Filter **屬性**：用來記錄**開檔對話方塊**控制項的「檔案類型」中所設定的篩選字串。在**程式碼**視窗中，要設定或取得**開檔對話方塊**控制項的 **Filter** 屬性值，其撰寫語法如下：
設定語法：

```
開檔對話方塊控制項名稱.Filter = "副檔名1說明|*.副檔名1||
                                副檔名2說明|*.副檔名2|…|全部|*.*";
```

例：設定 **openFileDialog1** 開檔對話方塊控制項的 **Filter** 屬性值為 **rtf 檔 |*.rtf|** 文字檔 **|*.txt**。

```
openFileDialog1.Filter = "rtf檔|*.rtf|文字檔|*.txt";
```

取得語法：

```
開檔對話方塊控制項名稱.Filter
```

註：

此結果之資料型態為 **String**。

例：取得 **openFileDialog1** 開檔對話方塊控制項的 **Filter** 屬性值。

```
openFileDialog1.Filter
```

4. **ShowDialog() 方法**：用來開啓**開檔對話方塊**控制項畫面，撰寫語法如下：

```
開檔對話方塊控制項名稱.ShowDialog();
```

例：開啓 **openFileDialog1** 開檔對話方塊控制項畫面。

```
openFileDialog1.ShowDialog();
```

16-1-2 存檔對話方塊控制項常用之屬性及方法

存檔對話方塊控制項的 **Name** 屬性值，預設為 **saveFileDialog1**。若要變更 **Name** 屬性值，則務必在設計階段透過**屬性**視窗完成設定。**存檔對話方塊**控制項的 **Name** 屬性值的命名規則，請參考「表 12-1　常用控制項之命名規則」。

存檔對話方塊控制項常用的屬性及方法如下：

1. **FileName 屬性**：用來記錄**存檔對話方塊**控制項中的檔案名稱。在**程式碼**視窗中，要設定或取得**存檔對話方塊**控制項的 **FileName** 屬性值，其撰寫語法如下：
設定語法：

```
存檔對話方塊控制項名稱.FileName = "檔案名稱";
```

例：設定 **saveFileDialog1** 存檔對話方塊控制項的 **FileName** 屬性值為 **operation.rtf**。

```
saveFileDialog1.FileName = "operation.rtf";
```

取得語法：

```
存檔對話方塊控制項名稱.FileName
```

註：

此結果之資料型態為 **String**。

例：取得 **saveFileDialog1** 存檔對話方塊控制項的 **FileName** 屬性值。

```
saveFileDialog1.FileName
```

2. InitialDirectory **屬性**：用來記錄存檔對話方塊控制項中的預設目錄。在程式碼視窗中，要設定或取得存檔對話方塊控制項的 **InitialDirectory** 屬性值，其撰寫語法如下：
設定語法：

```
存檔對話方塊控制項名稱.InitialDirectory = "目錄名稱";
```

例：設定 **saveFileDialog1** 存檔對話方塊控制項的 **InitialDirectory** 屬性值為 **d:\c#\data**。

```
saveFileDialog1.InitialDirectory = "d:\\c#\\data";
```

取得語法：

```
存檔對話方塊控制項名稱.InitialDirectory
```

註：

此結果之資料型態為 **String**。

例：取得 **saveFileDialog1** 存檔對話方塊控制項的 **InitialDirectory** 屬性值。

```
saveFileDialog1.InitialDirectory
```

3. Filter **屬性**：用來記錄存檔對話方塊控制項的「檔案類型」中所設定的篩選字串。在程式碼視窗中，要設定或取得存檔對話方塊控制項的 **Filter** 屬性值，其撰寫語法如下：
設定語法：

```
存檔對話方塊控制項名稱.Filter = "副檔名1說明|*.副檔名1|
                              副檔名2說明|*.副檔名2|…|全部|*.*";
```

例：設定 **saveFileDialog1** 存檔對話方塊控制項的 **Filter** 屬性值為 **rtf 檔 |*.rtf| 文字檔 |*.txt**。

```
saveFileDialog1.Filter = "rtf檔|*.rtf|文字檔|*.txt";
```

取得語法：

```
存檔對話方塊控制項名稱.Filter
```

註：

此結果之資料型態為 **String**。

例：取得 **saveFileDialog1** 存檔對話方塊控制項的 **Filter** 屬性值。

```
saveFileDialog1.Filter
```

4. **ShowDialog() 方法**：用來開啓**存檔對話方塊**控制項畫面，撰寫語法如下：

```
存檔對話方塊控制項名稱.ShowDialog();
```

例：開啓 **saveFileDialog1 存檔對話方塊**控制項畫面。

```
saveFileDialog1.ShowDialog();
```

16-2 RichTextBox(豐富文字方塊)控制項

RichTextBox **(豐富文字方塊)**控制項，主要是作為文字輸入及輸出的介面，它在表單上的模樣類似 。另外，它也能將 .rtf 檔或純文字檔的內容載入到其中。**豐富文字方塊**控制項，具有類似「MS Word」文書處理應用程式的文字處理功能。例：選取文字的顏色及背景顏色變更、執行超連結等。

16-2-1 豐富文字方塊常用之屬性

豐富文字方塊控制項的 **Name** 屬性值，預設為 **richTextBox1**。**豐富文字方塊**控制項常用的屬性如下：

1. **Text 屬性**：用來記錄**豐富文字方塊**控制項中的文字內容，預設值為空白。在**程式碼**視窗中，要設定或取得**豐富文字方塊**控制項的 **Text** 屬性值，其撰寫語法如下：
   設定語法：

```
豐富文字方塊控制項名稱.Text = "文字內容";
```

例：設定 **richTextBox1 豐富文字方塊**控制項的 **Text** 屬性值為**我是豐富文字方塊控制項**。

```
richTextBox1.Text = "我是豐富文字方塊控制項";
```

取得語法：

```
豐富文字方塊控制項名稱.Text
```

註：

此結果之資料型態為 **String**。

例：取得 **richTextBox1 豐富文字方塊**控制項中的文字內容。

```
richTextBox1.Text
```

2. AcceptsTab **屬性**：用來記錄**豐富文字方塊**控制項是否接受 **Tab**（定位字元），預設值為 **False**，表示不接受 **Tab** 鍵當作**豐富文字方塊**控制項中的輸入。在**程式碼**視窗中，要設定或取得**豐富文字方塊**控制項的 **AcceptsTab** 屬性值，其撰寫語法如下：
   設定語法：

```
豐富文字方塊控制項名稱.AcceptsTab = true (或 false);
```

例：設定 **richTextBox1 豐富文字方塊**控制項的 **AcceptsTab** 屬性值為 true。

```
richTextBox1.AcceptsTab = true;
```

取得語法：

```
豐富文字方塊控制項名稱.AcceptsTab
```

註：

此結果之資料型態為 **Boolean**。

例：取得 **richTextBox1 豐富文字方塊**控制項是否接受 **Tab**（定位字元）。

```
richTextBox1.AcceptsTab
```

3. SelectedText **屬性**：用來記錄**豐富文字方塊**控制項中所選取的文字。在**程式碼**視窗中，取得**豐富文字方塊**控制項的 **SelectedText** 屬性值的語法如下：

```
豐富文字方塊控制項名稱.SelectedText
```

註：

此結果之資料型態為 **String**。

例：取得 **richTextBox1 豐富文字方塊**控制項中所選取的文字。

```
richTextBox1.SelectedText
```

4. SelectionColor **屬性**：用來記錄**豐富文字方塊**控制項中所選取文字的顏色。在**程式碼**視窗中，要設定或取得**豐富文字方塊**控制項的 **SelectionColor** 屬性值，其撰寫語法如下：
   設定語法：

```
豐富文字方塊控制項名稱.SelectionColor = Color.Color結構的屬性;
```

註：

Color 結構的相關說明，請參考「12-2-1　表單常用之屬性」。

例：設定 **richTextBox1** **豐富文字方塊**控制項的 **SelectionColor** 屬性值爲綠色。

```
richTextBox1.SelectionColor = Color.Green;
```

取得語法：

```
豐富文字方塊控制項名稱.SelectionColor
```

註：

此結果之資料型態爲 **Color** 結構。

例：取得 **richTextBox1** **豐富文字方塊**控制項中所選取文字的顏色。

```
richTextBox1.SelectionColor
```

5. SelectionBackColor **屬性**：用來記錄**豐富文字方塊**控制項中所選取文字的背景顏色。在程式碼視窗中，要設定或取得**豐富文字方塊**控制項的 **SelectionBackColor** 屬性值，其撰寫語法如下：

   設定語法：

```
豐富文字方塊控制項名稱.SelectionBackColor = Color.Color結構的屬性;
```

註：

Color 結構的相關說明，請參考「12-2-1　表單常用之屬性」。

例：設定 **richTextBox1** **豐富文字方塊**控制項的 **SelectionBackColor** 屬性值爲紫色。

```
richTextBox1.SelectionBackColor = Color.Purple;
```

取得語法：

```
豐富文字方塊控制項名稱.SelectionBackColor
```

註：

此結果之資料型態爲 **Color** 結構。

例：取得 **richTextBox1** **豐富文字方塊**控制項中所選取文字的背景顏色。

```
richTextBox1.SelectionBackColor
```

6. SelectionFont **屬性**：用來記錄**豐富文字方塊**控制項中所選取文字的字型、大小與字型樣式，預設值為「新細明體，9 點，標準」。在程式碼視窗中，要設定或取得**豐富文字方塊**控制項的 **SelectionFont** 屬性值，其撰寫語法如下：
   設定語法：

```
豐富文字方塊控制項名稱.SelectionFont = new Font("字型",大小, FontStyle.FontStyle列舉的成員);
```

註：

- 字型名稱：包括新細明體、標楷體等。
- 大小：字型最小 9 點，最大 72 點。
- **FontStyle** 表示文字的樣式及效果，是 Visual C# 的內建列舉，位於 **System.Drawing** 命名空間內。**FontStyle** 列舉的成員，包括 **Regular**（標準字）、**Italic**（斜體字）、**Bold**（粗體字）、**Underline**（文字加底線）及 **Strikeout**（文字加刪除線）。文字的樣式及效果若只有一種，稱為「單一樣式」，否則稱為「複數樣式」。複數樣式，是透過「|」將單一樣式連結而成的。
  單一樣式的表示法如下：

  FontStyle.Regular ：表示標準字
  FontStyle.Italic ：表示斜體字
  FontStyle.Bold ：表示粗體字
  FontStyle.Underline ：表示文字有加底線
  FontStyle.Strikeout ：表示文字有加刪除線
  複數樣式的表示法如下：
  FontStyle.Bold | FontStyle.Italic ：表示粗斜體字
  …

例：設定 **richTextBox1 豐富文字方塊**控制項中所選取文字的字型為**標楷體**、大小為 **16** 點與字型樣式為 **Italic**。

```
richTextBox1.SelectionFont = new Font("標楷體",16, FontStyle.Italic);
```

取得**豐富文字方塊**控制項中的文字字型名稱之語法：

```
豐富文字方塊控制項名稱.SelectionFont.Name
```

註：

此結果之資料型態為 **String**。

取得**豐富文字方塊**控制項中所選取文字的字型大小之語法：

```
豐富文字方塊控制項名稱.SelectionFont.Size
```

註：

此結果之資料型態為 **Int32**。

取得**豐富文字方塊**控制項中所選取文字的字型樣式及效果之語法：

```
豐富文字方塊控制項名稱.SelectionFont.Style
```

註：

- 此結果之資料型態為 **FontStyle** 列舉。
- 另外，還可利用以下五種語法所得到的結果，判斷**豐富文字方塊**控制項中的文字字型是否為某種樣式及效果。以下五種語法所回傳的資料之型態皆為 **Boolean**。若得到的結果為 **true**，則表示此**豐富文字方塊**控制項中的文字具有該種樣式及效果，否則不具有該種樣式及效果。

  取得**豐富文字方塊**控制項中所選取的文字是否為標準字之語法：

  ```
  豐富文字方塊控制項名稱.SelectionFont.Regular
  ```

  取得**豐富文字方塊**控制項中所選取的文字是否為斜體字之語法：

  ```
  豐富文字方塊控制項名稱.SelectionFont.Italic
  ```

  取得**豐富文字方塊**控制項中所選取的文字是否為粗體字之語法：

  ```
  豐富文字方塊控制項名稱.SelectionFont.Bold
  ```

  取得**豐富文字方塊**控制項中所選取的文字是否有加底線之語法：

  ```
  豐富文字方塊控制項名稱.SelectionFont.Underline
  ```

  取得**豐富文字方塊**控制項中所選取的文字是否有刪除線之語法：

  ```
  豐富文字方塊控制項名稱.SelectionFont.Strikeout
  ```

例：依據上例

```
richTextBox1.SelectionFont = new Font("標楷體",16, FontStyle.Italic);」
```

敘述設定後，可取得

richTextBox1.SelectionFont.Name　的結果為標楷體，
richTextBox1.SelectionFont.Size　的結果為 16，
richTextBox1.SelectionFont.Style　的結果為 FontStyle.Italic，
richTextBox1.SelectionFont.Regular　的結果為 false，
richTextBox1.SelectionFont.Italic　的結果為 true，
richTextBox1.SelectionFont.Bold　的結果為 false，
richTextBox1.SelectionFont.Underline　的結果為 false，
richTextBox1.SelectionFont.Strikeout　的結果為 false。

7. SelectionLength **屬性**：用來記錄**豐富文字方塊**控制項中所選取字元的長度。在程式碼視窗中，要設定或取得**豐富文字方塊**控制項的 **SelectionLength** 屬性值，其撰寫語法如下：
   設定語法：

   ```
   豐富文字方塊控制項名稱.SelectionLength = 正整數;
   ```

   例：設定 **richTextBox1 豐富文字方塊**控制項的 SelectionLength 屬性值為 6。

   ```
   richTextBox1.SelectionLength = 6;
   ```

   取得語法：

   ```
   豐富文字方塊控制項名稱.SelectionLength
   ```

   註：
   此結果之資料型態為 **Int32**。

   例：取得 **richTextBox1 豐富文字方塊**控制項中所選取字元的長度。

   ```
   richTextBox1.SelectionLength
   ```

8. DetectUrls **屬性**：用來記錄**豐富文字方塊**控制項中符合 **URL** 格式的文字是否具有超連結，預設值為 **true**，表示符合 **URL** 格式的文字之顏色會自動改為藍色且加上底線。在程式碼視窗中，要設定或取得**豐富文字方塊**控制項的 **DetectUrls** 屬性值，其撰寫語法如下：
   設定語法：

   ```
   豐富文字方塊控制項名稱.DetectUrls = true (或 false);
   ```

   例：設定 **richTextBox1 豐富文字方塊**控制項中的 DetectUrls 屬性值為 false。

   ```
   richTextBox1.DetectUrls = false;
   ```

   取得語法：

   ```
   豐富文字方塊控制項名稱.DetectUrls
   ```

   註：
   此結果之資料型態為 **Boolean**。

   例：取得 **richTextBox1 豐富文字方塊**控制項中符合 **URL** 格式的文字是否具有超連結。

   ```
   richTextBox1.DetectUrls
   ```

16-2-2 豐富文字方塊常用之方法及事件

豐富文字方塊控制項常用的方法及事件如下：

1. **LoadFile() 方法**：將指定的文字檔內容載入**豐富文字方塊**控制項內。可以載入的文字檔之格式，有 **Rich Text Format(RTF)** 及 **ASCII** 兩類。

   (1) 載入 ASCII 檔的語法如下：

   ```
   豐富文字方塊名稱.LoadFile("指定的ASCII檔名稱",RichTextBoxStreamType.PlainText);
   ```

   例：將 **d:\C#\data\famouswords.txt** 文字檔的內容載入 **richTextBox1 豐富文字方塊**控制項內。

   ```
   richTextBox1.LoadFile("d:\\C#\\data\\famouswords.txt",
                         RichTextBoxStreamType.PlainText);
   ```

   (2) 載入 RTF 檔的語法如下：

   ```
   豐富文字方塊名稱.LoadFile("指定的RTF檔名稱", RichTextBoxStreamType.RichText);
   ```

   例：將 **d:\C#\data\operation.rtf** 檔的內容載入 **richTextBox1 豐富文字方塊**控制項內。

   ```
   richTextBox1.LoadFile("d:\\C#\\data\\operation.rtf",RichTextBoxStreamType.RichText);
   ```

2. **SaveFile() 方法**：將**豐富文字方塊**控制項中的資料存入指定的文字檔內。文字檔的格式，有 **Rich Text Format(RTF)** 及 **ASCII** 兩類。

   (1) 存入 ASCII 檔的語法如下：

   ```
   豐富文字方塊名稱.SaveFile("指定的ASCII檔名稱", RichTextBoxStreamType.PlainText);
   ```

   例：將 **richTextBox1 豐富文字方塊**控制項中的資料存入 **d:\C#\data\famouswords.txt** 檔。

   ```
   richTextBox1.SaveFile("d:\\C#\\data\\famouswords.txt",RichTextBoxStreamType.PlainText);
   ```

   (2) 存入 RTF 檔的語法如下：

   ```
   豐富文字方塊名稱.SaveFile("指定的RTF檔名稱", RichTextBoxStreamType.RichText);
   ```

   例：將 **richTextBox1 豐富文字方塊**控制項中的資料存入 **d:\C#\data\operation.rtf** 檔。

   ```
   richTextBox1.SaveFile("d:\\C#\\data\\operation.rtf",RichTextBoxStreamType.RichText);
   ```

3. **Copy() 方法**：將**豐富文字方塊**控制項中所選取的文字，複製到剪貼簿中。複製的語法如下：

   ```
   豐富文字方塊控制項名稱.Copy();
   ```

   例：將 **richTextBox1 豐富文字方塊**控制項所選取的文字，複製到剪貼簿中。

   ```
   richTextBox1.Copy();
   ```

4. Paste() **方法**：將**剪貼簿**中的內容，貼到**豐富文字方塊**控制項中游標所在的位置。貼上的語法如下：

```
豐富文字方塊控制項名稱.Paste();
```

例：將**剪貼簿**中的內容，貼到 **richTextBox1 豐富文字方塊**控制項中游標所在的位置。

```
richTextBox1.Paste();
```

5. Cut() **方法**：將**豐富文字方塊**控制項中所選取的文字，搬移到**剪貼簿**。複製的語法如下：

```
豐富文字方塊控制項名稱.Cut();
```

例：將 **richTextBox1 豐富文字方塊**控制項所選取的文字，搬移到**剪貼簿**。

```
richTextBox1.Cut();
```

6. Find() **方法**：用來取得特定文字在**豐富文字方塊**控制項中的索引值。若**豐富文字方塊**控制項中包含**特定文字**，則回傳**特定文字**所在的索引值，否則回傳 **-1**。
取得**特定文字**在**豐富文字方塊**控制項中的索引值之語法如下：

```
豐富文字方塊控制項名稱.Find("特定文字")
```

註：

此結果之資料型態為 **Int32**。

例：取得「一日復一日」在**豐富文字方塊**控制項中的索引值。

```
richTextBox1.Find("一日復一日")
```

7. LinkClicked **事件**：當使用者按**豐富文字方塊**控制項中符合 **URL** 格式的文字時，會觸發**豐富文字方塊**控制項的 **LinkClicked** 事件。因此，當使用者按符合 **URL** 格式的文字時，若要連結到 **URL** 所指向的網頁，則連結的程式碼必須撰寫在 **LinkClicked** 事件處理函式中。這樣的運作方式，彷彿超連結。連結的程式碼語法如下：

```
private void richTextBox1_LinkClicked(object sender, LinkClickedEventArgs e)
{
  System.Diagnostics.Process.Start(e.LinkText);
}
```

註：

- 只有在**豐富文字方塊**控制項的 **DetectUrls** 屬性值設為 **true** 的情況下，**LinkClicked** 事件才會被觸發。
- **e.LinkText** 代表在**豐富文字方塊**控制項中被按的 **URL** 文字。

範例 1

撰寫一簡易文書處理視窗應用程式專案，以符合下列規定：

- 視窗應用程式專案名稱為 **TextEditor**。
- 專案中的表單名稱為 **TextEditor.cs**，其 **Name** 屬性值設為 **FrmTextEditor**，**Text** 屬性值設為**簡易的文書處理應用程式**。在此表單上佈置以下控制項：
  - 一個**豐富文字方塊**控制項：它的 **Name** 屬性值設為 **RtxtContent**。
  - 八個**按鈕**控制項：它們的 **Name** 屬性值，分別設為 **BtnCopy**、**BtnPaste**、**BtnCut**、**BtnUndo**、**BtnOpenFile**、**BtnSaveFile**、**BtnSaveNewFile** 及 **BtnCancel**。它們的 **Text** 屬性值，分別設為**複製**、**貼上**、**剪下**、**復原**、**開啓舊檔**、**存檔**、**另存新檔**及**放棄**。
  - 兩種**對話方塊**控制項：**開檔對話方塊**及**存檔對話方塊**。它們的 **Name** 屬性值，分別設為 **OpnFilDlgRtxt** 及 **SavFilDlgRtxt**。
- 當使用者按「開啓舊檔」鈕時，顯示**開檔對話方塊**。按「開啓舊檔 (O)」鈕後，將檔案內容顯示在 **RtxtContent** **豐富文字方塊**控制項中。其他按鈕作用，與 MS Word 文書處理應用程式功能相似。
- **其他相關屬性（顏色、文字大小…），請自行設定即可。**

專案的輸出入介面需求及程式碼

- 執行時的畫面示意圖如下：

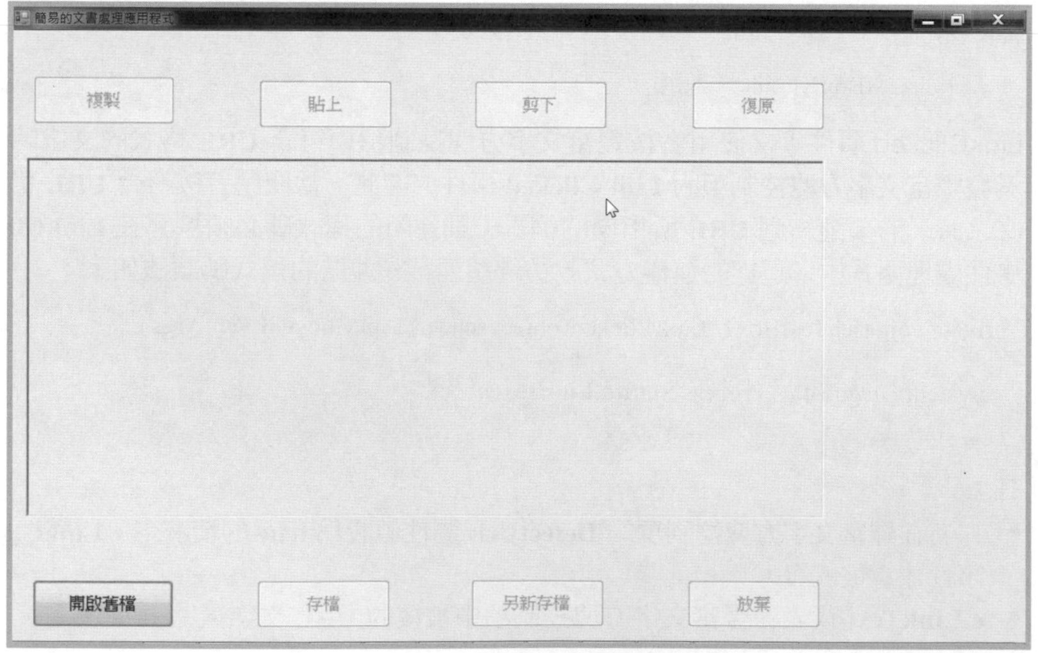

圖 16-3　範例 1 執行後的畫面

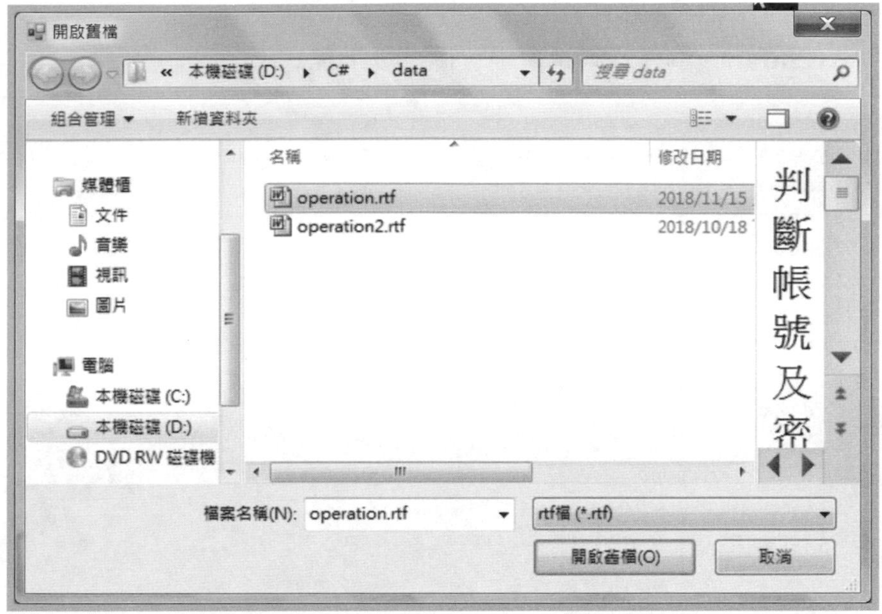

圖 16-4　按「開啓舊檔」鈕後的畫面

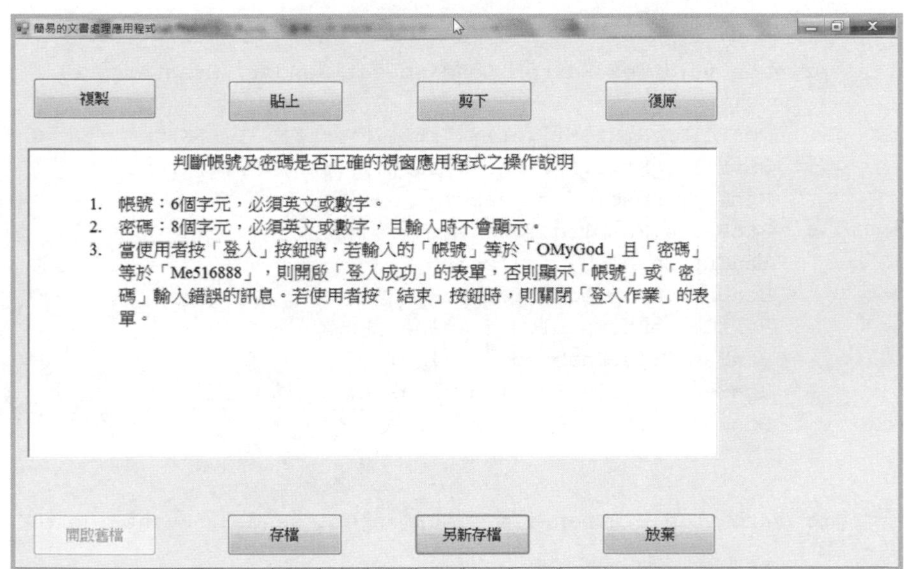

圖 16-5　選 Operation.rtf 並按「開啓舊檔 (O)」鈕後的畫面

▶ **TextEditor.cs** 的程式碼如下：

◆ 在 **TextEditor.cs** 的程式碼視窗中，撰寫以下程式碼：

```
using System;
using System.Collections.Generic;
using System.ComponentModel;
using System.Data;
using System.Drawing;
using System.Linq;
using System.Text;
using System.Threading.Tasks;
using System.Windows.Forms;
using System.IO;

namespace TextEditor
{
    public partial class TextEditor : Form
    {
        public TextEditor()
        {
            InitializeComponent();
        }

        private void TextEditor_Load(object sender, EventArgs e)
        {
            OpnFilDlgRtxt.Filter = "rtf檔|*.rtf|文字檔|*.txt";
            SavFilDlgRtxt.Filter = "rtf檔|*.rtf|文字檔|*.txt";
            BtnCopy.Enabled = false;
            BtnPaste.Enabled = false;
            BtnCut.Enabled = false;
            BtnUndo.Enabled = false;
            RtxtContent.Enabled = false;
            BtnSaveFile.Enabled = false;
            BtnSaveNewFile.Enabled = false;
            BtnCancel.Enabled = false;
        }

        private void BtnOpenFile_Click(object sender, EventArgs e)
        {
            if (OpnFilDlgRtxt.ShowDialog() == DialogResult.OK)
            {
                // 參考「表6-13 String類別的字元或子字串搜尋方法」
                // IndexOf():取得字串中第1次出現子字串str 的索引值
                if (OpnFilDlgRtxt.FileName.IndexOf(".rtf") > 0)
                    RtxtContent.LoadFile(OpnFilDlgRtxt.FileName,
                                       RichTextBoxStreamType.RichText);
                else if (OpnFilDlgRtxt.FileName.IndexOf(".txt") > 0)
                    RtxtContent.LoadFile(OpnFilDlgRtxt.FileName,
                                       RichTextBoxStreamType.PlainText);
                else
```

```
                {
                    MessageBox.Show("檔案格式不對", "重新選取檔案");
                    return;  // 結束 BtnOpenFile_Click事件處理函式
                }
                BtnCopy.Enabled = true;
                BtnPaste.Enabled = true;
                BtnCut.Enabled = true;
                BtnUndo.Enabled = true;
                RtxtContent.Enabled = true;
                BtnSaveFile.Enabled = true;
                BtnSaveNewFile.Enabled = true;
                BtnCancel.Enabled = true;
                BtnOpenFile.Enabled = false;
            }
        }

        private void BtnCopy_Click(object sender, EventArgs e)
        {
            RtxtContent.Copy();
        }

        private void BtnPaste_Click(object sender, EventArgs e)
        {
            RtxtContent.Paste();
        }

        private void BtnCut_Click(object sender, EventArgs e)
        {
            RtxtContent.Cut();
        }

        private void BtnUndo_Click(object sender, EventArgs e)
        {
            RtxtContent.Undo();
        }

        private void BtnSaveFile_Click(object sender, EventArgs e)
        {
            if (OpnFilDlgRtxt.FileName.IndexOf(".rtf") > 0)
                RtxtContent.SaveFile(OpnFilDlgRtxt.FileName,
                                  RichTextBoxStreamType.RichText);
            else if (OpnFilDlgRtxt.FileName.IndexOf(".txt") > 0)
                RtxtContent.SaveFile(OpnFilDlgRtxt.FileName,
                                  RichTextBoxStreamType.PlainText);
            else
            {
                MessageBox.Show("檔案格式不對", "無法存檔");
                return;  // 結束 BtnSaveFile_Click事件處理函式
            }
            MessageBox.Show("存檔成功", "存檔作業");
```

```
        }

        private void BtnSaveNewFile_Click(object sender, EventArgs e)
        {
            if (SavFilDlgRtxt.ShowDialog() == DialogResult.OK)
            {
                if (SavFilDlgRtxt.FileName.IndexOf(".rtf") > 0)
                    RtxtContent.SaveFile(SavFilDlgRtxt.FileName,
                                            RichTextBoxStreamType.RichText);
                else if (SavFilDlgRtxt.FileName.IndexOf(".txt") > 0)
                    RtxtContent.SaveFile(SavFilDlgRtxt.FileName,
                                            RichTextBoxStreamType.PlainText);
                else
                {
                    MessageBox.Show("檔案格式不對", "無法存檔");
                    return;  // 結束BtnSaveNewFile_Click事件處理函式
                }
                MessageBox.Show("另存新檔成功", "存檔作業");
            }
        }

        private void BtnCancel_Click(object sender, EventArgs e)
        {
            DialogResult dr = MessageBox.Show("您要放棄" +
                      OpnFilDlgRtxt.FileName +"的檔案內容變更嗎?", this.Text,
                      MessageBoxButtons.YesNo, MessageBoxIcon.Information);
            if (dr == DialogResult.Yes)
            {
                RtxtContent.Clear();
                BtnCopy.Enabled = false;
                BtnPaste.Enabled = false;
                BtnCut.Enabled = false;
                BtnUndo.Enabled = false;
                RtxtContent.Enabled = false;
                BtnSaveFile.Enabled = false;
                BtnSaveNewFile.Enabled = false;
                BtnCancel.Enabled = false;
                BtnOpenFile.Enabled = true;
            }
        }
    }
}
```

16-3 FontDialog(字型對話方塊)／ColorDialog(色彩對話方塊)控制項

FontDialog(字型對話方塊)控制項，主要是作爲使用者設定文字字型、樣式、大小及效果的互動式介面，它在表單上的模樣類似 fontDialog1 。

ColorDialog(色彩對話方塊)控制項，主要是作爲使用者設定表單或各種控制項前景顏色或背景顏色的互動式介面，它在表單上的模樣類似 colorDialog1 。

字型對話方塊控制項及**色彩對話方塊**控制項，在設計階段是佈置於表單的正下方。程式執行時，它們並不會出現在表單上，屬於幕後運作的「非視覺化」控制項。程式執行中，欲開啓**字型對話方塊**控制項及**色彩對話方塊**控制項畫面，必須呼叫 **ShowDialog()** 方法來達成。

字型對話方塊控制項及**色彩對話方塊**控制項被開啓時，它們的樣貌如「圖 16-6　字型對話方塊」及「圖 16-7　色彩對話方塊」所示。

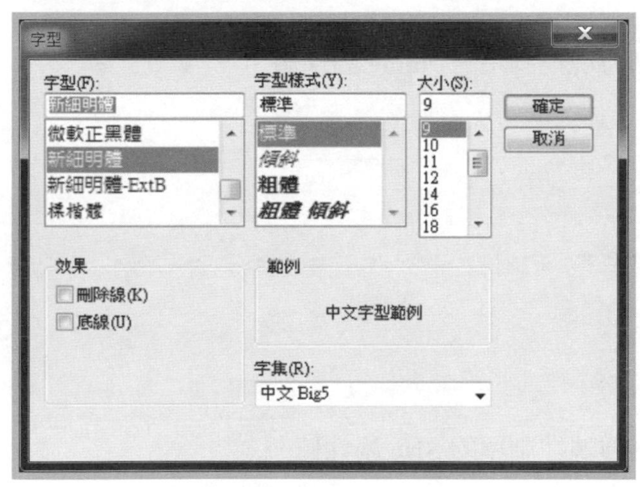

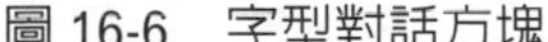
圖 16-6　字型對話方塊

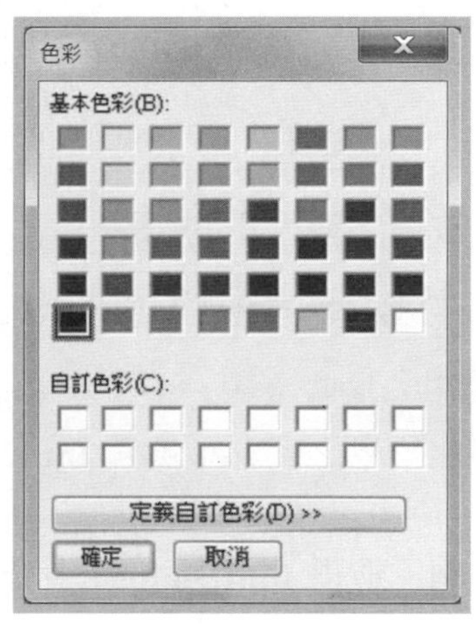

圖 16-7　色彩對話方塊

16-3-1 字型對話方塊控制項常用之屬性及方法

字型對話方塊控制項的 **Name** 屬性值，預設爲 **fontDialog1**。若要變更 **Name** 屬性值，則務必在設計階段透過**屬性**視窗完成設定。**字型對話方塊**控制項的 **Name** 屬性值的命名規則，請參考「表 12-1　常用控制項之命名規則」。

字型對話方塊控制項常用的屬性及方法如下：

1. **Font 屬性**：用來記錄**字型對話方塊**控制項所設定的文字字型、大小及樣式。在程式碼視窗中，要設定或取得**字型對話方塊**控制項的 **Font** 屬性值，其撰寫語法如下：

設定語法：

```
字型對話方塊控制項名稱.Font = new Font("字型名稱",大小,
                          FontStyle.FontStyle列舉的成員);
```

例：設定 **fontDialog1** 字型對話方塊控制項的字型名稱、大小及樣式，分別為**標楷體**、**16** 及 **Italic**（斜體字）。

```
fontDialog1.Font = new Font("標楷體", 16, FontStyle.Italic);
```

註：

FontStyle 列舉的成員說明，請參考「12-2-1　表單常用之屬性」的 **Font** 屬性介紹。

取得字型名稱的語法：

```
字型對話方塊控制項名稱.Font.Name
```

註：

此結果之資料型態為 **String**。

例：取得 **fontDialog1** 字型對話方塊控制項的 **Name** 屬性值。

```
fontDialog1.Font.Name
```

取得字型大小的語法：

```
字型對話方塊控制項名稱.Font.Size
```

註：

此結果之資料型態為 **Int32**。

例：取得 **fontDialog1** 字型對話方塊控制項的 **Size** 屬性值。

```
fontDialog1.Font.Size
```

取得字型樣式的語法：

```
字型對話方塊控制項名稱.Font.Style
```

註：

- 此結果之資料型態為 **FontStyle** 列舉。
- **FontStyle** 列舉說明，請參考「12-2-1　表單常用之屬性」的 **Font** 屬性介紹。

例：取得 **fontDialog1** 字型對話方塊控制項的 **Style** 屬性值。

```
fontDialog1.Font.Style
```

2. ShowColor **屬性**：用來記錄字型對話方塊控制項中是否包含色彩清單，預設值 **false**，表示字型對話方塊控制項中未包含色彩清單。在程式碼視窗中，要設定或取得字型對話方塊控制項的 **ShowColor** 屬性值，其撰寫語法如下：
   設定語法：

   ```
   字型對話方塊控制項名稱.ShowColor = true (或 false);
   ```

   例：設定 **fontDialog1** 字型對話方塊控制項中有包含色彩清單。

   ```
   fontDialog1.ShowColor = true;
   ```

   取得語法：

   ```
   字型對話方塊控制項名稱.ShowColor
   ```

   註：

   此結果之資料型態為 **Boolean**。

   例：取得 fontDialog1 字型對話方塊控制項的 ShowColor 屬性值。

   ```
   fontDialog1.ShowColor
   ```

3. Color **屬性**：用來記錄字型對話方塊控制項所設定的顏色。當 **ShowColor** 屬性值為 **true** 時，在字型對話方塊控制項中，才會出現顏色選項。在程式碼視窗中，要設定或取得字型對話方塊控制項的 **Color** 屬性值，其撰寫語法如下：
   設定語法：

   ```
   字型對話方塊控制項名稱.Color = Color.Color結構的屬性;
   ```

   例：設定 **fontDialog1** 字型對話方塊控制項的 **Color** 屬性值為 **Red**（紅色）。

   ```
   fontDialog1.Color = Color.Red;
   ```

   取得語法：

   ```
   字型對話方塊控制項名稱.Color
   ```

   註：

   - 此結果之資料型態為 **Color** 結構。
   - **Color** 結構說明，請參考「12-2-1　表單常用之屬性」的 **BackColor** 屬性介紹。

   例：取得 **fontDialog1** 字型對話方塊控制項的 **Color** 屬性值。

   ```
   fontDialog1.Color
   ```

4. ShowDialog() **方法**：用來開啓**字型對話方塊**控制項畫面，撰寫語法如下：

```
字型對話方塊控制項名稱.ShowDialog();
```

例：開啓 **fontDialog1** 字型對話方塊控制項畫面。

```
fontDialog1.ShowDialog();
```

5. Reset() **方法**：將**字型對話方塊**控制項的所有屬性值還原成預設值，撰寫語法如下：

```
字型對話方塊控制項名稱.Reset();
```

例：將 **fontDialog1** 字型對話方塊控制項的所有屬性值還原成預設值。

```
fontDialog1.Reset();
```

16-3-2 色彩對話方塊控制項常用之屬性及方法

色彩對話方塊控制項的 **Name** 屬性值，預設爲 **colorDialog1**。若要變更 **Name** 屬性值，則務必在設計階段透過**屬性**視窗完成設定。**色彩對話方塊**控制項的 **Name** 屬性值的命名規則，請參考「表 12-1　常用控制項之命名規則」。

色彩對話方塊控制項常用的屬性及方法如下：

1. Color **屬性**：用來記錄**色彩對話方塊**控制項所設定的顏色。在程式碼視窗中，要設定或取得**色彩對話方塊**控制項的 **Color** 屬性值，其撰寫語法如下：
設定語法：

```
色彩對話方塊控制項名稱.Color = Color.Color結構的屬性;
```

例：設定 **colorDialog1** 色彩對話方塊控制項的 **Color** 屬性值爲 **Blue**（藍色）。

```
colorDialog1.Color = Color.Blue;
```

取得語法：

```
色彩對話方塊控制項名稱.Color
```

註：

- 此結果之資料型態爲 **Color** 結構。
- **Color** 結構說明，請參考「12-2-1　表單常用之屬性」的 **BackColor** 屬性介紹。

例：取得 **colorDialog1** 色彩對話方塊控制項的 **Color** 屬性值。

```
colorDialog1.Color
```

2. ShowDialog() **方法**：用來開啓**色彩對話方塊**控制項畫面，撰寫語法如下：

```
色彩對話方塊控制項名稱.ShowDialog();
```

例：開啓 **colorDialog1** 色彩對話方塊控制項畫面。

```
colorDialog1.ShowDialog();
```

3. **Reset() 方法**：將色彩對話方塊控制項的所有屬性值還原成預設值，撰寫語法如下：

```
色彩對話方塊控制項名稱.Reset();
```

例：將 **colorDialog1** 色彩對話方塊控制項的所有屬性值還原成預設值。

```
colorDialog1.Reset();
```

範例 2

撰寫一簡易的文書處理視窗應用程式專案，以符合下列規定：

- 視窗應用程式專案名稱爲 **TextAndColorAndFontEditor**。
- 專案中的表單名稱爲 **TextAndColorAndFontEditor.cs**，其 **Name** 屬性值設爲 **FrmTextAndColorAndFontEditor**，Text 屬性值設爲**簡易的文書處理應用程式**。在此表單上佈置以下控制項：
    - 一個**豐富文字方塊**控制項：它的 **Name** 屬性值設爲 **RtxtContent**。
    - 十個按鈕控制項：它們的 **Name** 屬性值分別設爲 **BtnCopy**、**BtnPaste**、**BtnCut**、**BtnUndo**、**BtnOpenFile**、**BtnSaveFile**、**BtnSaveNewFile**、**BtnCancel**、**BtnFontSet** 及 **BtnColorSet**。它們的 **Text** 屬性值，分別設爲**複製**、**貼上**、**剪下**、**復原**、**開啓舊檔**、**存檔**、**另存新檔**、**放棄**、**字型設定**及**色彩設定**。
    - 四種對話方塊控制項：**開檔對話方塊**、**存檔對話方塊**、**字型對話方塊**及**色彩對話方塊**。它們的 **Name** 屬性值，分別設爲 **OpnFilDlgRtxt**、**SavFilDlgRtxt**、**FntDlgRtxt** 及 **ClrDlgRtxt**。
- 當使用者按「開啓舊檔」鈕時，顯示**開檔對話方塊**。按「開啓舊檔 (O)」鈕後，將檔案內容顯示在 **RtxtContent 豐富文字方塊**控制項中。其他按鈕作用，與 MS Word 文書處理應用程式功能相似。
- 其他相關屬性（顏色、文字大小…），請自行設定即可。

專案的輸出入介面需求及程式碼

- 執行時的畫面示意圖如下：

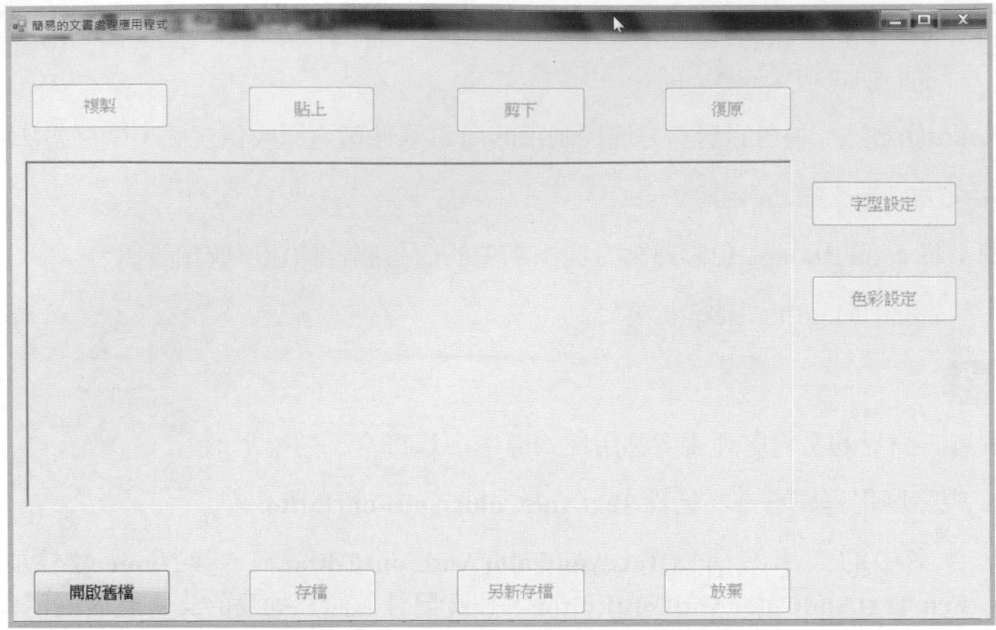

圖 16-8　範例 2 執行後的畫面

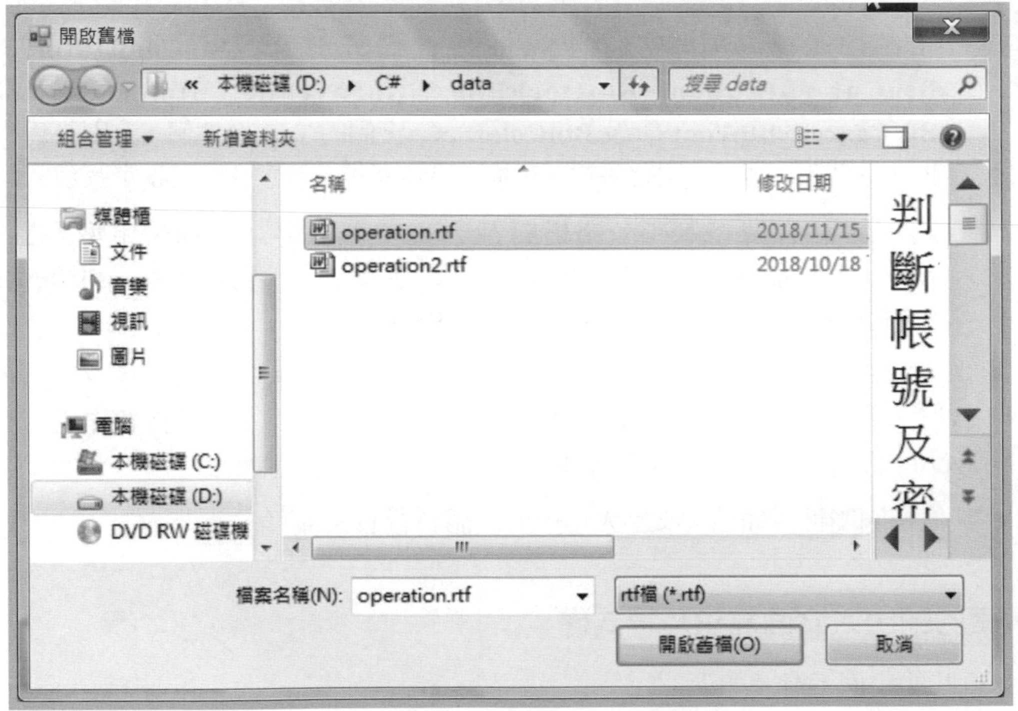

圖 16-9　按「開啓舊檔」鈕後的畫面

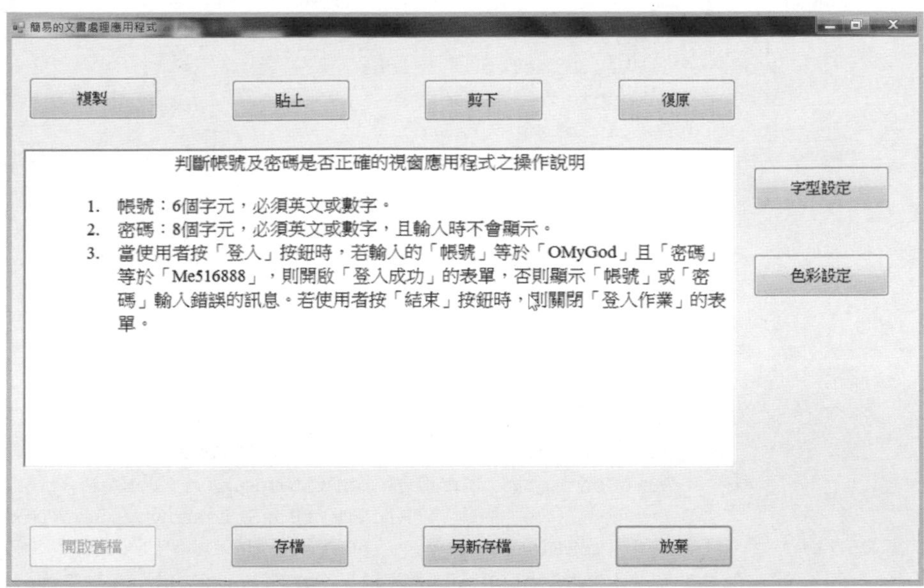

圖 16-10　選 Operation.rtf 並按「開啟舊檔 (O)」鈕後的畫面

▶ **TextAndColorAndFontEditor.cs** 的程式碼如下：

◆ 在 **TextAndColorAndFontEditor.cs** 的程式碼視窗中，撰寫以下程式碼：

```
using System;
using System.Collections.Generic;
using System.ComponentModel;
using System.Data;
using System.Drawing;
using System.Linq;
using System.Text;
using System.Threading.Tasks;
using System.Windows.Forms;
using System.IO;

namespace TextAndColorAndFontEditor
{
    public partial class FrmTextAndColorAndFontEditor : Form
    {
        public FrmTextAndColorAndFontEditor()
        {
            InitializeComponent();
        }

        private void FrmTextAndColorAndFontEditor_Load(object sender, EventArgs e)
        {
            OpnFilDlgRtxt.Filter = "rtf檔|*.rtf|文字檔|*.txt";
            SavFilDlgRtxt.Filter = "rtf檔|*.rtf|文字檔|*.txt";
            BtnCopy.Enabled = false;
            BtnPaste.Enabled = false;
            BtnCut.Enabled = false;
            BtnUndo.Enabled = false;
            RtxtContent.Enabled = false;
```

```
            BtnSaveFile.Enabled = false;
            BtnSaveNewFile.Enabled = false;
            BtnCancel.Enabled = false;
            BtnColorSet.Enabled = false;
            BtnFontSet.Enabled = false;
        }

        private void BtnOpenFile_Click(object sender, EventArgs e)
        {
            if (OpnFilDlgRtxt.ShowDialog() == DialogResult.OK)
            {
                // 參考「表6-13 String類別的字元或子字串搜尋方法」
                // IndexOf():取得字串中第1次出現子字串str 的索引值
                if (OpnFilDlgRtxt.FileName.IndexOf(".rtf") > 0)
                    RtxtContent.LoadFile(OpnFilDlgRtxt.FileName,
                                       RichTextBoxStreamType.RichText);
                else if (OpnFilDlgRtxt.FileName.IndexOf(".txt") > 0)
                        RtxtContent.LoadFile(OpnFilDlgRtxt.FileName,
                                           RichTextBoxStreamType.PlainText);
                else
                {
                    MessageBox.Show("檔案格式不對", "重新選取檔案");
                    return; // 結束 BtnOpenFile_Click事件處理函式
                }
                BtnCopy.Enabled = true;
                BtnPaste.Enabled = true;
                BtnCut.Enabled = true;
                BtnUndo.Enabled = true;
                RtxtContent.Enabled = true;
                BtnSaveFile.Enabled = true;
                BtnSaveNewFile.Enabled = true;
                BtnCancel.Enabled = true;
                BtnColorSet.Enabled = true;
                BtnFontSet.Enabled = true;
                BtnOpenFile.Enabled = false;
            }
        }

        private void BtnCopy_Click(object sender, EventArgs e)
        {
            RtxtContent.Copy();
        }

        private void BtnPaste_Click(object sender, EventArgs e)
        {
            RtxtContent.Paste();
        }

        private void BtnCut_Click(object sender, EventArgs e)
        {
```

```
            RtxtContent.Cut();
        }

        private void BtnUndo_Click(object sender, EventArgs e)
        {
            RtxtContent.Undo();
        }

        private void BtnSaveFile_Click(object sender, EventArgs e)
        {
            if (OpnFilDlgRtxt.FileName.IndexOf(".rtf") > 0)
                RtxtContent.SaveFile(OpnFilDlgRtxt.FileName,
                                RichTextBoxStreamType.RichText);
            else if (OpnFilDlgRtxt.FileName.IndexOf(".txt") > 0)
                RtxtContent.SaveFile(OpnFilDlgRtxt.FileName,
                                    RichTextBoxStreamType.PlainText);
            else
            {
                MessageBox.Show("檔案格式不對", "無法存檔");
                return;  // 結束 BtnSaveFile_Click事件處理函式
            }
            MessageBox.Show("存檔成功", "存檔作業");
        }

        private void BtnSaveNewFile_Click(object sender, EventArgs e)
        {
            if (SavFilDlgRtxt.ShowDialog() == DialogResult.OK)
            {
                if (SavFilDlgRtxt.FileName.IndexOf(".rtf") > 0)
                    RtxtContent.SaveFile(SavFilDlgRtxt.FileName,
                                RichTextBoxStreamType.RichText);
                else if (SavFilDlgRtxt.FileName.IndexOf(".txt") > 0)
                    RtxtContent.SaveFile(SavFilDlgRtxt.FileName,
                                RichTextBoxStreamType.PlainText);
                else
                {
                    MessageBox.Show("檔案格式不對", "無法存檔");
                    return;  // 結束BtnSaveNewFile_Click事件處理函式
                }
                MessageBox.Show("另存新檔成功", "存檔作業");
            }
        }

        private void BtnCancel_Click(object sender, EventArgs e)
        {
            DialogResult dr = MessageBox.Show("您要放棄" +
                    OpnFilDlgRtxt.FileName + "的檔案內容變更嗎?", this.Text,
                    MessageBoxButtons.YesNo, MessageBoxIcon.Information);
```

```
                if (dr == DialogResult.Yes)
                {
                    RtxtContent.Clear();
                    BtnCopy.Enabled = false;
                    BtnPaste.Enabled = false;
                    BtnCut.Enabled = false;
                    BtnUndo.Enabled = false;
                    RtxtContent.Enabled = false;
                    BtnSaveFile.Enabled = false;
                    BtnSaveNewFile.Enabled = false;
                    BtnCancel.Enabled = false;
                    BtnColorSet.Enabled = false;
                    BtnFontSet.Enabled = false;
                    BtnOpenFile.Enabled = true;
                }
            }

            private void BtnFontSet_Click(object sender, EventArgs e)
            {
                if (FntDlgRtxt.ShowDialog() == DialogResult.OK)
                {
                    if (RtxtContent.SelectedText.Length > 0)
                        RtxtContent.SelectionFont = FntDlgRtxt.Font;
                    else
                        RtxtContent.Font = FntDlgRtxt.Font;
                }
            }

            private void BtnColorSet_Click(object sender, EventArgs e)
            {
                if (ClrDlgRtxt.ShowDialog() == DialogResult.OK)
                {
                    if (RtxtContent.SelectedText.Length > 0)
                        RtxtContent.SelectionColor = ClrDlgRtxt.Color;
                    else
                        RtxtContent.ForeColor = ClrDlgRtxt.Color;
                }
            }
        }
    }
```

16-4 PrintDialog(列印對話方塊)／PrintDocument(列印文件)控制項

PrintDialog (列印對話方塊)控制項，主要是作爲使用者設定印表機及列印參數的互動式介面。**列印對話方塊**控制項在表單上的模樣類似 printDialog1 。

PrintDocument (列印文件)控制項，主要是作爲**列印對話方塊**控制項所要列印的資料來源。**列印文件**控制項在表單上的模樣類似 printDocument1 。

列印文件控制項及**列印對話方塊**控制項，在設計階段是佈置於表單的正下方。程式執行時，它們並不會出現在表單上，屬於幕後運作的「非視覺化」控制項。程式執行中，欲開啓**列印對話方塊**控制項畫面，必須呼叫 **ShowDialog()** 方法來達成。**列印對話方塊**控制項被開啓時，它的樣貌如「圖 16-11　列印對話方塊」所示。

圖 16-11　列印對話方塊

16-4-1 列印對話方塊控制項常用之屬性及方法

列印對話方塊控制項的 **Name** 屬性值，預設爲 **printDialog1**。若要變更 **Name** 屬性值，則務必在設計階段透過**屬性**視窗完成設定。**列印對話方塊**控制項的 **Name** 屬性值的命名規則，請參考「表 12-1　常用控制項之命名規則」。

列印對話方塊控制項常用的屬性及方法如下：

1. Document **屬性**：用來記錄要列印的資料來源，預設爲無。在**程式碼**視窗中，要設定或取得**列印對話方塊**控制項的 **Document** 屬性值，其撰寫語法如下：

設定語法：

```
列印對話方塊控制項名稱.Document = 列印文件控制項的「Name」屬性值;
```

例：將 **printDialog1** 列印對話方塊控制項的 **Document** 屬性值設為 **printDocument1** 列印文件控制項。

```
printDialog1.Document = printDocument1;
```

取得語法：

```
列印對話方塊控制項名稱.Document
```

註：

此結果之資料型態為 **PrintDocument** 類別。

例：取得 **printDialog1** 列印對話方塊控制項的 **Document** 屬性值。

```
printDialog1.Document
```

2. **ShowDialog() 方法**：是用來開啟**列印對話方塊**控制項畫面，撰寫語法如下：

```
列印對話方塊控制項名稱.ShowDialog();
```

例：開啟 **printDialog1** 列印對話方塊控制項畫面。

```
printDialog1.ShowDialog();
```

16-4-2 列印文件控制項常用之屬性、方法及事件

列印文件控制項的 **Name** 屬性值，預設為 **printDocument1**。若要變更 **Name** 屬性值，則務必在設計階段透過**屬性**視窗完成設定。列印文件控制項的 **Name** 屬性值的命名規則，請參考「表 12-1　常用控制項之命名規則」。

列印文件控制項常用的屬性、方法及事件如下：

1. **DocumentName 屬性**：用來記錄列印文件時，顯示在正在列印視窗（參考圖 16-12）或印表機佇列中的文件名稱，預設為 **document**。在程式碼視窗中，要設定或取得列印文件控制項的 **DocumentName** 屬性值，其撰寫語法如下：
設定語法：

```
列印文件控制項名稱.DocumentName = "文件名稱";
```

例：將 **printDocument1** 列印文件控制項的 **DocumentName** 屬性值設定為 **D:\C#\data\operation1.rtf**。

```
printDocument1.DocumentName = "D:\\C#\\data\\operation1.rtf";
```

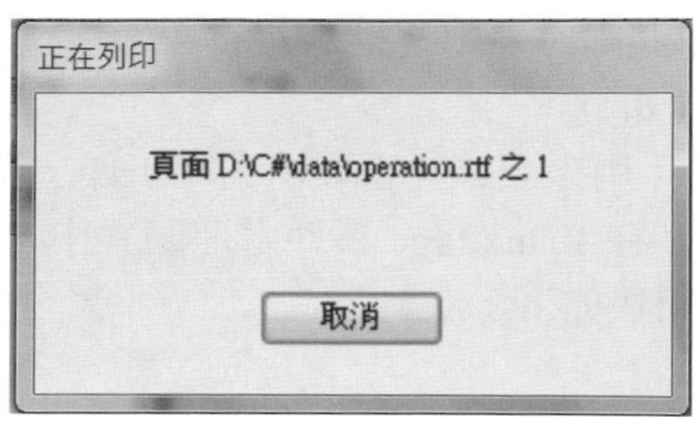

圖 16-12 「正在列印」的視窗畫面

取得語法：

```
列印文件控制項名稱.DocumentName
```

註：

此結果之資料型態爲 **String**。

例：取得 **printDocument1** 列印文件控制項的 **DocumentName** 屬性值。

```
printDocument1.DocumentName
```

2. **Print() 方法**：用來列印**列印文件**控制項中的文件資料。呼叫 **Print()** 方法時，會觸發列印文件控制項的 **PrintPage** 事件。呼叫 **Print()** 方法的撰寫語法如下：

```
列印文件控制項名稱.Print();
```

例：呼叫 **printDocument1** 控制項中的 **Print()** 方法。

```
printDocument1.Print();
```

3. **PrintPage 事件**：當呼叫列印文件控制項的 **Print()** 方法時，就會觸發本事件。因此，可將列印文件資料的程式碼，撰寫在 **PrintPage** 事件處理函式中，就能輸出文件資料。

一、列印文字資料的程序如下：

Step1：宣告一個 **Graphics** 類別的畫布物件變數，並指向 PaintEventArgs 類別的 Graphics 屬性值。語法如下：

```
Graphics 物件變數名稱 = e.Graphics;
```

註：

- **Graphics** 爲 Visual C# 的內建類別，位於 **System.Drawing** 命名空間內。在 **Graphics** 類別中，內建許多繪製文字或圖形的方法。**Graphics** 類別常用的繪製方法，請參考表 16-1。
- e 爲 **PrintPage** 事件處理函式的參數，它的資料型態爲 **PrintPageEventArgs** 類別。
- **PrintPageEventArgs** 爲 Visual C# 的內建類別，位於 **System.Drawing.**

Printing 命名空間內，主要提供列印文件的相關資訊。**PrintPageEventArgs** 類別常用的屬性如下：

1. Cancel **屬性**：用來記錄是否取消列印工作，預設值為 **false**，表示不會取消列印工作。在 **PrintPage** 事件處理函式中，要設定或取得 **Cancel** 屬性值，其撰寫語法如下：

   設定語法：

   ```
   e.Cancel = true (或false);
   ```

   例：取消列印工作。

   ```
   e.Cancel = true;
   ```

   取得列印工作是否取消的語法：

   ```
   e.Cancel
   ```

   註：

   此結果之資料型態為 **Boolean**。

2. Graphics **屬性**：記錄被繪製的 **Graphics** 類別物件實例。取得被繪製的 **Graphics** 類別物件實例之語法如下：

   ```
   e.Graphics
   ```

   註：

   此結果之資料型態為 **Graphics** 類別。

3. MarginBounds **屬性**：記錄列印頁面所設定的邊界資訊。列印頁面常用的邊界資訊包括：

   e.MarginBounds.Left：列印頁面範圍的左邊界。
   e.MarginBounds.Top：列印頁面範圍的上邊界。
   e.MarginBounds.Width：列印頁面範圍的寬度。
   e.MarginBounds.Height：列印頁面範圍的高度。

表 16-1　Graphics 類別常用的物件繪製方法

回傳資料的型態	方法名稱	作用
void	DrawString(String str, Font font, Brush brush, Single x, Single y)	以 font（文字格式）和 brush（顏色）為前提，將 str（字串）從座標位置 (x, y) 開始繪製
void	DrawImage(Image image, Int32 x, Int32 y)	將 image（影像）從座標位置 (x, y) 開始繪製

方法說明

1. **str** 是 **DrawString()** 方法的第 1 個參數，代表要輸出的字串，它的資料型態為 **String** 類別。
2. **font** 是 **DrawString()** 方法的第 2 個參數，代表要輸出的文字字型、大小及樣式，它的資料型態為 **Font** 類別。**Font** 為 Visual C# 的內建類別，位於 **System.Drawing**。
3. **brush** 是 **DrawString()** 方法的第 3 個參數，代表要輸出的文字色彩，它的資料型態為 **Brush** 類別。**Brush** 為 Visual C# 的內建類別，位於 **System.Drawing**。雖然 **brush** 之資料型態為 **Brush** 類別，但子類別 **SolidBrush** 繼承父類別 **Brush** 的特性，因此也可以 **SolidBrush** 類別來宣告參數 **brush**。
4. **x** 及 **y** 是 **DrawString()** 方法的第 4 個及第 5 個參數，分別代表列印頁面左上角的 **X** 座標及左上角的 **Y** 座標，它們的資料型態都為 Single。
5. **image** 是 **DrawImage()** 方法的第 1 個參數，代表要輸出的影像，它的資料型態為 **Image** 類別。**Image** 為 Visual C# 的內建類別，位於 **System.Drawing**。
6. **x** 及 **y** 是 **DrawImage()** 方法的第 2 個及第 3 個參數，分別代表列印頁面左上角的 **X** 座標及左上角的 **Y** 座標，它們的資料型態都為 **Int32**。

Step2：宣告一個 **Font** 類別的字型物件變數，並設定其文字的字型、大小及樣式。語法如下：

```
Font 物件變數名稱 = new Font("字型名稱",大小, FontStyle.FontStyle列舉的成員);
```

註：

FontStyle 列舉的成員，請參考「12-2-1　表單常用之屬性」的 **Font** 屬性相關說明。

例：宣告一個 **Font** 類別的字型物件變數 **font**，並設定其文字的字型、大小及樣式，分別為 **RtxtContext 豐富文字方塊**控制項的字型、大小及樣式。

```
Font font = new Font(RtxtContext.Font.Name, RtxtContext.Font.Size,
                     RtxtContext.Font.Style);
```

Step3：宣告一個 **SolidBrush** 類別的筆刷物件變數，並設定其文字的顏色。語法如下：

```
SolidBrush 物件變數名稱 = new SolidBrush(Color.Color結構的屬性);
```

註：

Color 結構的屬性，請參考「12-2-1　表單常用之屬性」的 **ForeColor** 屬性相關說明。

例：宣告一個 **SolidBrush** 類別的筆刷物件變數 **brush**，並設定其文字的顏色爲 **RtxtContext** 豐富文字方塊控制項的文字顏色。

```
SolidBrush  brush = new SolidBrush(RtxtContext.ForeColor);
```

Step4：利用 **Graphics** 類別的繪圖物件變數去呼叫 **DrawString()** 方法，並傳入要列印的文字類型控制項的 **Text** 屬性值、字型物件變數名稱、筆刷物件變數名稱、列印頁面的「上邊界」及「左邊界」，就能將控制項的 Text 屬性中之文字繪製出來。語法如下：

```
Graphics類別的物件變數名稱.DrawString(控制項名稱.Text, 字型變數物件名稱,
                  筆刷物件變數名稱, e.MarginBounds.Top, e.MarginBounds.Left);
```

例：利用 **Graphics** 類別的畫布物件變數 **graphics** 去呼叫 **DrawString()** 方法，並傳入 **RtxtContext** 豐富文字方塊控制項的 **Text** 屬性值、字型物件變數 **font**、筆刷物件變數 brush、列印頁面的上邊界 **e.MarginBounds.Top** 及左邊界 **e.MarginBounds.Left**，將 **RtxtContext** 豐富文字方塊控制項的文字繪製出來。

```
graphics = DrawString(RtxtContext.Text, font, brush, e.MarginBounds.Top,
                  e.MarginBounds.Left);
```

二、列印**圖形影像**資料的程序如下：

Step1：宣告一個 **Graphics** 類別的畫布物件變數，並指向 PaintEventArgs 類別的 Graphics 屬性值。語法如下：

```
Graphics  物件變數名稱 = e.Graphics;
```

Step2：利用 **Graphics** 類別的畫布物件變數去呼叫 **DrawImage()** 方法，並傳入要列印的控制項之 **Image** 或 **BackgroundImage** 屬性值、列印頁面的「上邊界」及「左邊界」，就能將控制項的 Image 或 BackgroundImage 屬性中之圖案繪製出來。語法如下：

```
Graphics類別的物件變數名稱.DrawImage(控制項名稱.Image,  e.MarginBounds.Top,
                  e.MarginBounds.Left);
```

範例 3

撰寫一簡易的文書處理視窗應用程式專案，以符合下列規定：

- 視窗應用程式專案名稱爲 **TextFullEditor**。
- 專案中的表單名稱爲 **TextFullEditor.cs**，其 **Name** 屬性值設爲 **FrmTextFullEditor**，**Text** 屬性值設爲**簡易的文書處理應用程式**。在此表單上佈置以下控制項：
  - 一個豐富文字方塊控制項：它的 **Name** 屬性值設爲 **RtxtContent**。

- 十一個按鈕控制項：它們的 **Name** 屬性值，分別設爲 **BtnCopy**、**BtnPaste**、**BtnCut**、**BtnUndo**、**BtnOpenFile**、**BtnSaveFile**、**BtnSaveNewFile**、**BtnCancel**、**BtnFontSet**、**BtnColorSet** 及 **BtnPrintSet**。它們的 **Text** 屬性值，分別設爲**複製**、**貼上**、**剪下**、**復原**、**開啓舊檔**、**存檔**、**另存新檔**、**放棄**、**字型設定**、**色彩設定**及**列印**。
- 五種**對話方塊**控制項：**開檔對話方塊**、**存檔對話方塊**、**字型對話方塊**、**色彩對話方塊**及**列印對話方塊**。它們的 **Name** 屬性值，分別設爲 **OpnFilDlgRtxt**、**SavFilDlgRtxt**、**FntDlgRtxt**、**ClrDlgRtxt** 及 **PrtDlgRtxt**。
- 一個列印文件控制項：它的 **Name** 屬性値設爲 **PrtDocRtxt**。

▶ 當使用者按「開啓舊檔」鈕時，顯示**開檔對話方塊**。按「開啓舊檔 (O)」鈕後，將檔案內容顯示在 **RtxtContent 豐富文字方塊**控制項中。當使用者按「列印」鈕時，顯示**列印對話方塊**。按「列印 (P)」鈕後，將 **RtxtContent 豐富文字方塊**控制項的內容列印出來。其他按鈕作用，與 MS Word 文書處理應用程式功能相似。

▶ 其他相關屬性（顏色、文字大小…），請自行設定即可。

專案的輸出入介面需求及程式碼

▶ 執行時的畫面示意圖如下：

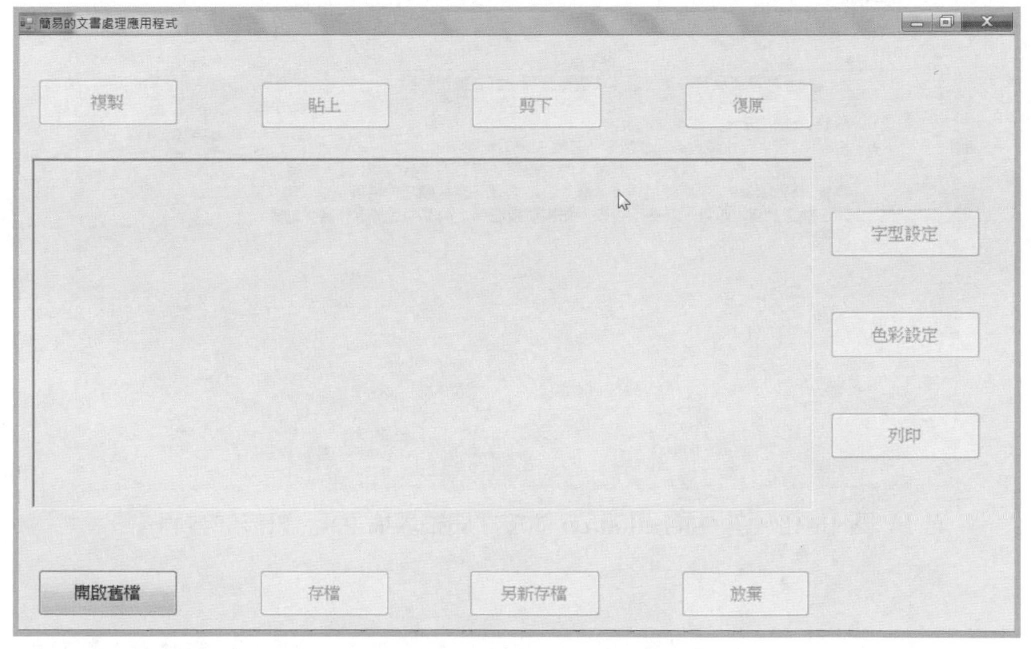

圖 16-13　範例 3 執行後的畫面

圖 16-14　按「開啓舊檔」鈕後的畫面

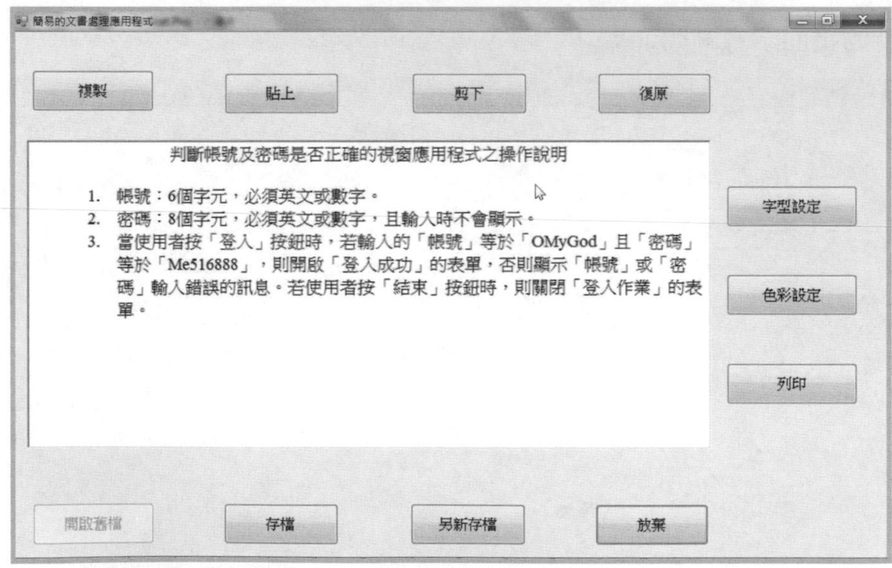

圖 16-15　選 **Operation.rtf** 並按「開啓舊檔 (O)」鈕後的畫面

圖 16-16　按「列印」鈕後的畫面

▶ TextFullEditor.cs 的程式碼如下：

◆ 在 TextFullEditor.cs 的程式碼視窗中，撰寫以下程式碼：

```
using System;
using System.Collections.Generic;
using System.ComponentModel;
using System.Data;
using System.Drawing;
using System.Linq;
using System.Text;
using System.Threading.Tasks;
using System.Windows.Forms;
using System.IO;
using System.Drawing.Printing;

namespace TextFullEditor
{
    public partial class FrmTextFullEditor : Form
    {
        public FrmTextFullEditor()
        {
            InitializeComponent();
        }

        private void FrmTextFullEditor_Load(object sender, EventArgs e)
        {
            OpnFilDlgRtxt.Filter = "rtf檔|*.rtf|文字檔|*.txt";
            SavFilDlgRtxt.Filter = "rtf檔|*.rtf|文字檔|*.txt";
            BtnCopy.Enabled = false;
```

```
            BtnPaste.Enabled = false;
            BtnCut.Enabled = false;
            BtnUndo.Enabled = false;
            RtxtContent.Enabled = false;
            BtnSaveFile.Enabled = false;
            BtnSaveNewFile.Enabled = false;
            BtnCancel.Enabled = false;
            BtnColorSet.Enabled = false;
            BtnFontSet.Enabled = false;
            BtnPrintSet.Enabled = false;
        }

        private void BtnOpenFile_Click(object sender, EventArgs e)
        {
            // 若在OpnFilDlgRtxt(開檔對話方塊)控制項中，按開啓舊檔鈕
            if (OpnFilDlgRtxt.ShowDialog() == DialogResult.OK)
            {
                // 參考「表6-13 String類別的字元或子字串搜尋方法」
                // IndexOf():取得字串中第1次出現子字串str 的索引值
                if (OpnFilDlgRtxt.FileName.IndexOf(".rtf") > 0)
                        RtxtContent.LoadFile(OpnFilDlgRtxt.FileName,
                                RichTextBoxStreamType.RichText);
                else if (OpnFilDlgRtxt.FileName.IndexOf(".txt") > 0)
                    RtxtContent.LoadFile(OpnFilDlgRtxt.FileName,
                               RichTextBoxStreamType.PlainText);
                else
                {
                    MessageBox.Show("檔案格式不對", "重新選取檔案");
                    return;   // 結束BtnOpenFile_Click事件處理函式
                }
                BtnCopy.Enabled = true;
                BtnPaste.Enabled = true;
                BtnCut.Enabled = true;
                BtnUndo.Enabled = true;
                RtxtContent.Enabled = true;
                BtnSaveFile.Enabled = true;
                BtnSaveNewFile.Enabled = true;
                BtnCancel.Enabled = true;
                BtnColorSet.Enabled = true;
                BtnFontSet.Enabled = true;
                BtnPrintSet.Enabled = true;
                BtnOpenFile.Enabled = false;
            }
        }

        private void BtnCopy_Click(object sender, EventArgs e)
        {
            RtxtContent.Copy();
        }

        private void BtnPaste_Click(object sender, EventArgs e)
        {
            RtxtContent.Paste();
        }
```

```
        private void BtnCut_Click(object sender, EventArgs e)
        {
            RtxtContent.Cut();
        }

        private void BtnUndo_Click(object sender, EventArgs e)
        {
            RtxtContent.Undo();
        }

        private void BtnSaveFile_Click(object sender, EventArgs e)
        {
            if (OpnFilDlgRtxt.FileName.IndexOf(".rtf") > 0)
                RtxtContent.SaveFile(OpnFilDlgRtxt.FileName,
                            RichTextBoxStreamType.RichText);
            else if (OpnFilDlgRtxt.FileName.IndexOf(".txt") > 0)
                RtxtContent.SaveFile(OpnFilDlgRtxt.FileName,
                            RichTextBoxStreamType.PlainText);
            else
            {
                MessageBox.Show("檔案格式不對", "無法存檔");
                return;   // 結束BtnSaveFile_Click事件處理函式
            }
            MessageBox.Show("存檔成功", "存檔作業");
        }

        private void BtnSaveNewFile_Click(object sender, EventArgs e)
        {
            // 若在SavFilDlgRtxt(存檔對話方塊)控制項中，按存檔鈕
            if (SavFilDlgRtxt.ShowDialog() == DialogResult.OK)
            {
                if (SavFilDlgRtxt.FileName.IndexOf(".rtf") > 0)
                    RtxtContent.SaveFile(SavFilDlgRtxt.FileName,
                                RichTextBoxStreamType.RichText);
                else if (SavFilDlgRtxt.FileName.IndexOf(".txt") > 0)
                    RtxtContent.SaveFile(SavFilDlgRtxt.FileName,
                                RichTextBoxStreamType.PlainText);
                else
                {
                    MessageBox.Show("檔案格式不對", "無法存檔");
                    return;   // 結束BtnSaveNewFile_Click事件處理函式
                }
                MessageBox.Show("另存新檔成功", "存檔作業");
            }
        }

        private void BtnCancel_Click(object sender, EventArgs e)
        {
            DialogResult dr = MessageBox.Show("您要放棄" +
                OpnFilDlgRtxt.FileName + "的檔案內容變更嗎?",
                this.Text, MessageBoxButtons.YesNo,MessageBoxIcon.Information);
            if (dr == DialogResult.Yes)
            {
                RtxtContent.Clear();
```

```
                BtnCopy.Enabled = false;
                BtnPaste.Enabled = false;
                BtnCut.Enabled = false;
                BtnUndo.Enabled = false;
                RtxtContent.Enabled = false;
                BtnSaveFile.Enabled = false;
                BtnSaveNewFile.Enabled = false;
                BtnCancel.Enabled = false;
                BtnColorSet.Enabled = false;
                BtnFontSet.Enabled = false;
                BtnPrintSet.Enabled = false;
                BtnOpenFile.Enabled = true;
            }
        }

        private void BtnFontSet_Click(object sender, EventArgs e)
        {
            // 若在FntDlgRtxt(字型對話方塊)控制項中，按確定鈕
            if (FntDlgRtxt.ShowDialog() == DialogResult.OK)
            {
                if (RtxtContent.SelectedText.Length > 0)
                    RtxtContent.SelectionFont = FntDlgRtxt.Font;
                else
                    RtxtContent.Font = FntDlgRtxt.Font;
            }
        }

        private void BtnColorSet_Click(object sender, EventArgs e)
        {
            // 若在ClrDlgRtxt(色彩對話方塊)控制項中，按確定鈕
            if (ClrDlgRtxt.ShowDialog() == DialogResult.OK)
            {
                if (RtxtContent.SelectedText.Length > 0)
                    RtxtContent.SelectionColor = ClrDlgRtxt.Color;
                else
                    RtxtContent.ForeColor = ClrDlgRtxt.Color;
            }
        }

        private void BtnPrintSet_Click(object sender, EventArgs e)
        {
            // 指定PrtDlgRtxt(列印對話方塊)控制項的資料來源
            // 爲PrtDocRtxt(列印文件)控制項
            PrtDlgRtxt.Document = PrtDocRtxt;

            // 若在PrtDlgRtxt(列印對話方塊)控制項中，按列印鈕
            if (PrtDlgRtxt.ShowDialog() == DialogResult.OK)
            {
                // 設定顯示在印表機佇列中的文件名稱
                PrtDocRtxt.DocumentName = OpnFilDlgRtxt.FileName;

                // 呼叫PrtDocRtxt(列印文件)控制項的Print方法，去觸發
                // PrtDocRtxt(列印文件)控制項的PrintPage事件，並執行列印工作
                PrtDocRtxt.Print();
```

```
            }
        }

        private void PrtDocRtxt_PrintPage(object sender, PrintPageEventArgs e)
        {
            Graphics graphics = e.Graphics;
            Font font = new Font(RtxtContent.Font.Name,
                            RtxtContent.Font.Size, RtxtContent.Font.Style);
            SolidBrush brush = new SolidBrush(RtxtContent.ForeColor);

            // 以font字型及brush筆刷顏色爲前提，將RtxtContent(豐富文字方塊)控制
            // 項的內容從位置座標(e.MarginBounds.Top, e.MarginBounds.Left)開始繪製
            graphics.DrawString(RtxtContent.Text, font, brush,
                            e.MarginBounds.Top, e.MarginBounds.Left);
        }
    }
}
```

自我練習

一、選擇題

( ) 1. 在程式執行中，當開啓 **OpenFileDialog 開檔對話方塊**控制項的畫面時，若在其「資料夾」中要出現使用者預設的初始資料夾名稱，則必須將初始資料夾名稱設定在哪個屬性中？
(A)Filter (B)FileName (C)InitialDirectory (D)Title

( ) 2. 在程式執行中，呼叫哪個方法才可以開啓 **FontDialog 字型對話方塊**控制項的畫面？
(A)Open (B)ShowDialog (C)Get (D)Show

( ) 3. 在程式執行中，呼叫哪個方法才可以將 **ColorDialog 色彩對話方塊**控制項的所有屬性還原成預設值？
(A)New (B)Reset (C)Initial (D)Return

( ) 4. 呼叫 **PrintDocument** 列印文件控制項的 **Print** 方法，會觸發 **PrintDocument** 列印文件控制項的哪個事件？
(A)PrintPage (B)BeginPrint (C)EndPrint (D)Print

( ) 5. 欲將指定檔案的內容載入 **RichTextBox 豐富文字方塊**控制項中，必須使用 **RichTextBox 豐富文字方塊**控制項的哪一個方法？
(A)OpenData (B)LoadData (C)OpenFile (D)LoadFile

( ) 6. 欲將 **RichTextBox 豐富文字方塊**控制項中所選取的資料複製到「剪貼簿」上，必須使用 **RichTextBox 豐富文字方塊**控制項的哪一個方法？
(A)Copy (B)Paste (C)Cut (D)CopyPaste

( ) 7. 欲將 **RichTextBox 豐富文字方塊**控制項的內容儲存至指定的檔案內，必須使用 **RichTextBox 豐富文字方塊**控制項的哪一個方法？
(A)SaveFile (B)SaveData (C)FileSave (D)DataSave

二、程式設計

1. 以範例 1 為基礎，再增加搜尋與取代的功能。

   [提示] 執行時的畫面示意圖如下：

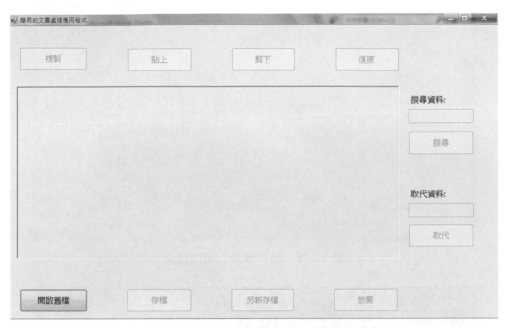

圖 16-17　自我練習 1 執行畫面

2. 寫一繪製圖形影像視窗應用程式專案，以符合下列規定：
   ■ 視窗應用程式專案名稱為 **PrintGraphics**。
   ■ 專案中的表單名稱為 **PrintGraphics.cs**，其 **Name** 屬性值設為 **FrmPrintGraphics**，**Text** 屬性值設為**繪製圖形影像**。在此表單上佈置以下控制項：
   - 一個**圖片方塊**控制項：它的 **Name** 屬性值設為 **PicContent**。
   - 三個**按鈕**控制項：它們的 **Name** 屬性值，分別設為 **BtnOpenFile**、**BtnPrintSet** 及 **BtnClose**。它們的 Text 屬性值，分別設為**開啟舊檔**、**列印**及**關閉**。
   - 一個**開檔對話方塊**控制項：**OpenFileDialog**。它的 **Name** 屬性值，設為 **OpnFilDlgPic**。
   - 兩種**列印**控制項：**PrintDocument** 及 **PrintDialog**。它們的 **Name** 屬性值分別設為 **PrtDocPic** 及 **PrtDlgPic**。

   ■ 當使用者按「開啟舊檔」鈕時，顯示開啟舊檔對話方塊。按「開啟舊檔(O)」鈕後，將檔案內容顯示在 **PicContent 圖片方塊**控制項中。當使用者按「列印」鈕時，顯示**列印對話方塊**控制項。按「列印 (P)」鈕後，將 **PicContent 圖片方塊**控制項的內容列印出來。
   ■ 其他相關屬性（顏色、文字大小…），請自行設定即可。

［提示］執行時的畫面示意圖如下：

圖 16-18　自我練習 2 執行畫面

圖 16-19　按「開啓舊檔」鈕後的畫面

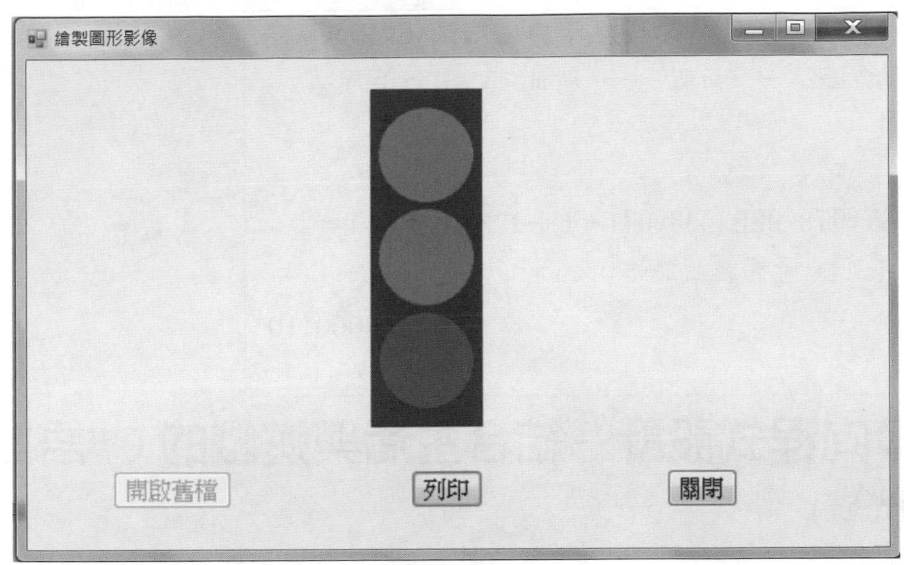

圖 16-20　選 redlight.png 並按「開啟舊檔 (O)」鈕後的畫面

國家圖書館出版品預行編目資料

物件導向程式設計 : 結合生活與遊戲的 C#語言 / 邏輯林編著. -- 初版. -- 新北市 : 全華圖書, 2019.01

面 ; 公分

ISBN 978-986-503-031-5(平裝附光碟片)

1.C#(電腦程式語言)

312.32C 108000110

物件導向程式設計－結合生活與遊戲的 C#語言

(附範例光碟)

作者 / 邏輯林
發行人 / 陳本源
執行編輯 / 李慧茹
封面設計 / 楊昭琅
出版者 / 全華圖書股份有限公司
郵政帳號 / 0100836-1 號
印刷者 / 宏懋打字印刷股份有限公司
圖書編號 / 06405007
初版三刷 / 2022 年 02 月
定價 / 新台幣 550 元
ISBN / 978-986-503-031-5(平裝附光碟片)
全華圖書 / www.chwa.com.tw
全華網路書店 Open Tech / www.opentech.com.tw
若您對本書有任何問題，歡迎來信指導 book@chwa.com.tw

臺北總公司(北區營業處)
地址：23671 新北市土城區忠義路 21 號
電話：(02) 2262-5666
傳真：(02) 6637-3695、6637-3696

南區營業處
地址：80769 高雄市三民區應安街 12 號
電話：(07) 381-1377
傳真：(07) 862-5562

中區營業處
地址：40256 臺中市南區樹義一巷 26 號
電話：(04) 2261-8485
傳真：(04) 3600-9806(高中職)
(04) 3601-8600(大專)